KB144872

판다의 엄지

THE PANDA'S THUMB:
More Reflections in Natural History
by Stephen Jay Gould

판다의 엄지

자연의 역사 속에 감춰진 진화의 비밀

스티븐 제이 굴드

김동광 옮김

사이언스 클래식 29

THE PANDA'S THUMB

지넷 맥이너리
Jeanette McInerney

이스터 폰티
Ester L. Ponti

르네 스택
Rene C. Stack

내가 초등학생일 때 나를 가르쳐 준
퀸스 P526 공립 초등학교의 세 교사에게

"교사, 그의 영향은 영원하리라."
— 헨리 애덤스

머리말

자연의 역사 속에서 진화론을 재고찰한다

미국 동물학자 에드먼드 비처 윌슨(Edmund Beecher Wilson, 1856~1939년)은 『발생과 유전에서의 세포(*The Cell in Development and Inheritance*)』라는, 이미 고전이 된 뛰어난 저서의 속표지에 가이우스 플리니우스 세쿤두스(Gaius Plinius Secundus, 23~79년)의 책에서 인용한 모토를 옮겨 놓았다. 플리니우스는 79년, 베수비오 화산의 대분화를 조사하기 위해 배를 타고 나폴리 만에 나왔다가, 폼페이 시민들을 질식시켰던 것과 같은 가스에 휩쓸려 뜻하지 않게 죽음을 맞이한 대박물학자이다. 플리니우스는 이렇게 썼다. "*Natura nusquam magis est tota quam in minimis.*" "가장 작은 피조물에서처럼 자연이 그 완전성을 드러내는 경우는 결코 없다."라는 뜻이다. 두말할 나위도 없이 윌슨은 이 위대한 로마 인이 전혀 몰랐던 극미의 구조, 즉 생명체의 현미경적 구성 단위를 찬미하기 위해 플리니우스의 말을 멋대로 차용한 것이었다. 그러나 플리니우스의 그 말은 생물 개체를 염두에 둔 것이었다.

플리니우스의 이 말은 나를 매혹시켰을 뿐만 아니라 자연학(自然學, Natural history는 자연에 대한 지식, 탐구를 뜻하며 自然誌 또는 自然學으로 번역된다. 책에 따라서는 自然史라고 번역되기도 했다. 이 책에서는 자연학이라는 역어를 선택했다. 다만 저널 명에 쓰인 경우에는 음역해서 《내추럴 히스토리》라고 했고, 자연사 박물관처럼 고유 명사에서는 자연사라고 번역했다. — 옮긴이)의 본질을 꿰뚫고 있다. 오랜 옛날부터 지속되어 온 틀에 박힌 양식(신화가 찬양하듯 그렇게 잘 지켜지는 것은 아니지만)에 등장하는 자연학에 관한 에세이는, 비버가 불가사의한 토목 공사를 벌인다거나, 거미가 부드러운 거미줄을 치는 방법과 같은 동물들의 특이성을 기술하는 정도에 그치는 경우가 많다. 물론 그런 일에도 분명 즐거움이 있다. 누가 그것을 부정하겠는가? 그러나 생물은 그것보다 훨씬 많은 것을 우리에게 말해 줄 수 있다. 모든 생물이 우리에게 가르침을 주는 것이다. 다시 말해 생물의 형태나 행동은, 우리가 그것들을 읽을 수 있는 능력을 가지고 있는 한, 일반적인 메시지를 나타내고 있다. 그리고 이 가르침에 사용되는 언어가 바로 진화론이다. 이것은 무척 즐거운 일이며 따라서 설명할 필요가 있다.

자연 과학의 모든 분야 중에서 가장 재미있고 중요한 분야 중 하나인 진화론의 세계에 내가 발을 들여놓은 것은 크나큰 행운이었다. 소년 시절, 내가 자연을 배우기 시작한 무렵에는 진화론에 관해서 아무것도 알지 못했고 들은 것도 전혀 없었다. 고작해야 공룡에 대해 외경심을 품었던 정도였다. 나는 고생물학자란 뼈를 파내 그것들을 이어 붙이고 어떤 뼈를 어디에 연결할 것인가라는 중차대한 문제를 제외하고 다른 일에는 전혀 신경 쓰지 않는 사람들이라고 생각했다. 그 후 나는 진화론을 접하게 되었다. 진화론을 알게 되면서 지금까지, 세부 내용의 풍부함과 그 속에 내재된 설명의 통합 가능성이라는 자연학의 이중성이 나를 매료시켰다.

많은 사람들이 진화론에 매력을 느끼는 것은 그것이 가지는 세 가지 속성 때문이라고 생각한다. 첫째 진화론은 현재 수준만으로도 만족하다고 확신할 수 있을 만큼 충분히 확립되어 있지만, 앞으로도 불가사의한 현상이라는 귀중한 발굴물들을 얼마든지 내놓을 수 있을 만큼 미발달(未發達)했기 때문에, 아직도 풍부한 미래의 가능성을 가지고 있다. 두 번째로 시공을 뛰어넘는 수량적인 일반 법칙을 다루는 여러 과학 분야에서 역사의 특수성을 직접적인 대상으로 삼는 과학 분야까지, 진화론은 그 모두를 포괄하는 연속체(continuum)의 한가운데에 위치하고 있다. 이 세계에는 추상적인 일반성(개체군의 성장이나 DNA의 구조 같은 여러 법칙)을 탐구하는 사람들도 있으며, 일반적인 것으로는 환원할 수 없는 잡다한 특수성(예를 들면 티라노사우루스는 그 빈약한 앞다리를 어떤 용도에 이용했을까 등)을 밝히는 데 즐거움을 느끼는 사람들도 있다. 진화론은 이처럼 온갖 종류의 관심과 연구 분야를 가진 사람들에게 근거지를 마련해 준다. 세 번째로 진화론은 우리 모두의 생존과 관계된 문제를 다룬다. 우리가 '계통(genealogy)'이라는 중대한 문제에 무관심할 수 있을까? 다시 말해 우리가 어디에서 왔는지, 그리고 이런 물음 자체가 도대체 무엇을 의미하는지 등의 문제이다. 또한 세균에서 흰긴수염고래에 이르는, 그리고 그 중간에 엄청난 수의 딱정벌레들의 세계도 있다. 현재 기록된 것만도 100만 종 이상에 달하는 동물이 있으며, 제각기 독특한 아름다움을 뽐내고 저마다의 귀중한 이야기를 간직하고 있다.

이 책에 실린 글에서 다룬 현상들은 생명의 기원에서 조르주 퀴비에(Georges Cuvier, 1769~1832년)의 뇌, 그리고 태어나기 전에 죽는 진드기에 이르기까지 넓은 범위를 포괄하고 있다. 그러나 나는 찰스 로버트 다윈(Charles Robert Darwin, 1809~1882년)의 사상과 그 영향에 중점을 두고 이 책에 실린 모든 글들을 진화론에 집중시켜서, 여러 글을 모아 놓은 책이 빠지기 쉬운 일관성의 부재라는 문제를 피할 수 있기를 기대한다. 이전에 출간된 에세이집 『다윈 이후(*Ever Since Darwin*)』의 서문에서도 썼듯이 "나는 전문가일 뿐 박식가는 아니다. 내가 행성이나 정치에 관해 알고 있는 것은, 그것들이 생물의 진화와 교차하는 지점에 국한되는 경우뿐이다."

나는 이 책에 실린 에세이들을 통일성 있는 전체로 구성하기 위해서, 모두 8부로 정리했다. 판다와 거북, 앵글러피시를 다루는 1부에서는 진화라는 현상이 일어났다는 사실을 어떻게 믿을 수 있는지를 설명한다. 여기에서 나는 진화의 증거가 역사 속에서 드러나는 불완전성에 있다는 역설을 제기하고자 한다. 1부 이후에는 세 겹 샌드위치식 구성이 이어진다. 먼저 세 장의 빵 역할을 하는, 자연학의 진화학적 연구의 중요한 주제와 관련된 3개의 부(다윈의 학설과 적응의 의미를 다룬 2부, 변화의 속도와 그 양식을 다룬 5부, 크기와 시간의 척도를 다룬 8부)가 있다. 그리고 그 사이의 내용물에 해당하는 2개의 중간층(하나는 3부와 4부, 또 하나는 6부와 7부)이 있다. 중간층은 동물과 그들 역사의 특이성을 다룬다. (샌드위치 비유를 더 발전시켜서 1부 이후의 이 샌드위치 구조를 더 세분하여, 7개의 부를 빵과 고기로 나누고 싶어 하는 사람이 있다면, 굳이 반대하지는 않는다.) 또한 나는 그 샌드위치를 이쑤시개(모든 부를 관통하는 부차적인 주제)로 찔러 지금까지 사람들이 편안하게 안주해 왔던 통념을 자극했다. 과학이 문화에 깊이 스며들 수밖에 없는 이유는 무엇인가, 자연 속에서 본질적인 조화와 진보를 찾아내려는 희망에 다윈주의가 부응할 수 없는 이유는 무엇인가 등이 그런 문제이다. 이런 자극은 각각 적극적인 의미를 가지고 있다. 문화적 편견에 대한 이해를 통해 우리는 과학을 다른 모든 형태의 창조성에서 나타나는 것과 마찬가지로 친밀하고 쉽게 접근할 수 있는 인간 활동으로 볼 수 있게 된다. 또한 생명의 의미를 자연 속에서 수동적으로 읽어 낼 수 있으리라는 덧없는 기대를 버릴 때, 비로소 우리는 자신의 내부에서 그 의미를 찾게 된다.

이 책에 실린 글들은 내가 《내추럴 히스토리(*Natural History*)》에 "이 생명관(This View of Life)"이라는 제목의 칼럼으로 매월 연재한 기사를 조금 고쳐 쓴 것이다. 그중 세 편의 글에는 '후기'를 붙였다. 피에르 테야르 드 샤르댕(Pierre Teilhard de Chardin, 1881~1995년)이 필트다운의 사기 사건에 연루되었을 가능성이 있다는 추가 논거(10장), 96세가 되어서도 논쟁을 즐겼던 J 할렌 브레츠(J Harlen Bretz, 1882~1981년)의 편지(19장), 세균 자성 설명에 관하여 남반구에서 얻은 확증(30장)을 다룬 세 편의 글에 후기를 붙였다. 나는 이 글들이 내가 생각했던 것처럼 단명하지 않을 것이라고 설득해 준 에드 바버(Ed Barber)에게 감사하고 싶다. 또한 《내추럴 히스토리》의 편집장 앨런 턴스(Alan Terns)와 편집자 플로렌스 에델스타인(Florence Edelstein)은 문장과 사고 방식을 알기 쉽게 고쳐 주고, 적절한 제목을 붙이도록 도와주었다. 또한 학계 여러 지인들의 친절한 도움이 없었다면, 네 편의 에세이는 완성될 수 없었을 것이다. 캐럴린 프류어로반(Carolyn Fluehr-Lobban)은 존 랭던 헤이든 다운(John Langdon Haydon Down, 1828~1896년) 박사를 내게 소개해 주었고, 많이 알려지지 않은 그의 논문을 내게 보내 주었을 뿐만 아니라, 내게 자신의 견해를 들려주고 자신의 견해와 글을 내게 아낌없이 나누어 주었다(15장). 에른스트 발터 마이어(Ernst Walter Mayr, 1904~2005년)는 일찍부터 민속 분류법(tolk taxonomy)의 중요성을 주장해 왔고, 모든 참고 문헌을 가지고 있었다(20장). 짐 케네디(Jim Kennedy)는 랜돌프 커크패트릭(Randolf Kirkpatrick, 1863~1950년)의 저작을 내게 소개해 주었다(22장). 그의 도움이 없었다면 나는 그 저서를 에

워싼 침묵의 장막을 결코 젖힐 수 없었을 것이다. 리처드 프랑켈(Richard Frankel) 박사는 내게 보낸 네 쪽 분량의 편지에서 매혹적인 세균의 실체를 물리학에 대해서는 아무것도 모르는 문외한에게 명쾌히 설명해 주었다(30장). 나는 동료들의 관대함으로부터 많은 힘을 얻었고, 그 사실을 기쁘게 생각한다. 기록된 혹평도 있지만 쓰지 않은 이야기들이 더 많다. 그리고 그밖에도 다윈 핀치(5장)의 실제 이야기를 들려준 프랭크 설로웨이(Frank Sulloway, 1947년~), 문헌을 찾아 주고 뛰어난 식견과 인내심을 가지고 설명해 준 다이안 폴(Diane Paul), 마사 덴클라(Martha Denckla), 팀 화이트(Tim White), 앤디 놀(Andy Knoll), 칼 운시(Carl Wunsch) 등에게도 감사의 마음을 전한다.

다행스럽게도 내가 이 글들을 쓴 무렵은 진화론의 역사에서 대단히 자극적인 시기였다. 데이터는 풍부했지만 개념이 결핍되었던 1910년대 고생물학의 상황을 생각하면, 지금 이 시기에 연구할 수 있다는 것이 나에게는 굉장한 특전인 셈이다.

진화론은 그 영향과 설명의 범위를 모든 방향으로 넓히고 있다. 오늘날 DNA의 기본 구조, 발생학, 행동 연구 등 전혀 이질적인 분야에서 벌어지는 대단한 진전을 생각해 보면 그 점을 잘 알 수 있을 것이다. 오늘날 분자 진화학은 놀랄 만큼 새로운 사고 방법(자연 선택설의 대안으로서의 중립설(theory of neutrality). 진화의 우연성을 강조하는 이론으로 돌연변이의 대부분이 자연 선택과 무관하게 중립적이라는 기무라 모토오(木村資生, 1924~1994년)의 주장이 대표적이다. — 옮긴이)을 제공하고 자연학에서 오래전부터 알려진 많은 수수께끼를 해명한다는 두 가지 측면에서 기대를 모으는 완전히 성숙한 연구 분야가 되었다(24장 참조). 그와 더불어 삽입 배열(inserted sequence, DNA 위를 옮겨다닐 수 있는 일군의 DNA 염기 배열 — 옮긴이)이나 도약 유전자(jumping gene, 유전체 안의 한 장소에서 다른 장소로 이동할 수 있는 DNA 조각 — 옮긴이) 등의 발견은, 진화적인 의미를 배태하고 있다고 생각되는 새로운 종류의 유전학적 복잡성을 표면화시켰다. 세 문자로 이루어진(triplet) 암호는 기계어에 지나지 않고, 그보다 높은 수준의 제어가 존재할 것이다. 만약 다세포 생물이 배아 발생 과정의 복잡한 통합적 조정의 타이밍을 어떻게 조정하는지 규명할 수 있다면, 발생 생물학은 분자 유전학과 자연학을 하나의 생명 과학으로 통합시킬 수 있을지도 모른다. 또한 혈연 선택(kin selection) 이론은 다윈의 이론을 사회 행동의 영역으로까지 확대시켜 그 결과가 많은 기대를 모으고 있다. 그러나 나는 그 열렬한 주창자들이 과학적 설명에 계층 구조가 있다는 것을 이해하지 못하고 있으며, 그것을 다윈 이론이 적용되지 않는 인류 문화의 영역에까지 (허용 한계를 넘는 유추를 동원해서) 확장하려 하고 있다고 생각한다. (7장과 8장 참조)

그러나 다윈의 이론이 그 영토를 넓히는 한편으로, 그동안 신봉되었던 원리들 중 일부가 쇠퇴하거나, 또는 최소한 그 보편성을 잃고 있다. 과거 30년 동안 군림해 왔던 다윈주의의 현대판인 '현대의 종합설(modern syntheis)'은 국지 개체군(local population)에서의 적응적인 유전자 치환이라는 모형을 채택하고 있으며, 그 축적과 확대를 통해 생명의 전체 역사를 충분히 설명할 수 있다고 생각되어 왔다. 그 모형은 작고, 국지적이고, 적응적인 조절이라는 경험적인 영역에서는 훌륭하게 작동할 것으로 생각된다. 예를 들어 학명이 비스톤 베툴라리아(*Biston betularia*)인 나방의 일부 개체군의 몸색깔이 검게 변한 것은 공장 지대의 매연으로 시꺼매진 나무 위에서 눈에 잘 띄지 않기 위해 선택된 반응으로서, 단 하나의 유전자의 치환으로 일어났다. 그러나 새로운 종의 기원이 단지 더 많은 유전자와 보다 큰 효과로 이 과정이 확장되는 것에 불과할까? 생물의 주요 계통에서 나타나는 보다 큰 진화의 경향이 단지 연속한 적응적 변화가 누적된 것에 불과할까?

최근 (나 자신을 포함해) 많은 진화학자들이 이 '종합설'에 의심을 품게 되면서, 여러 수준에서의 진화적 변화가 여러 가지 원인을 반영하는 것이 아닌가라는 계층적 관점이 제기되었다. 어떤 개체군에서 나타나는 소규모의 조절은 순차적이고 적응적인 현상인지도 모른다. 그러나 종(種)의 분화란 적응과는 관계 없는 여러 원인으로 다른 종과의 불임성(不姙性)을 확립시키는 주요 염색체 변화로 인해 일어나는 것으로 생각된다. 또한 진화적 경향이란 하나의 큰 개체군이 긴 시간에 걸쳐 느린 속도로 끊임없이 변화하는 것이 아니라, 본질적으로 정적(靜的)인 종에 대한 어떤 높은 수준의 선택을 나타내는 것일 수 있다. (굴드는 진화가 오랜 기간 정지해 있는 평형 상태를 깨뜨리고 일어난다는 단속 평형설을 주장했다. — 옮긴이)

현대의 종합설이 등장하기 이전에는, 많은 생물학자들이 자신들이 빠져 있는 혼란과 무기력한 상태를 드러냈다. (참고 문헌의 W. Bateson, 1922 참조) 여러 수준에서의 진화의 메커니즘으로 제창된 것이, 통일된 과학의 확립을 방해할 수 있을 정도로 서로 모순된 것으로 생각되었기 때문이다. 그런데 현대의 종합설이 나타난 후에는, 진화란 국지적인 개체군에서 일어나는 점진적이고 적응적인 변화라는 사고 방식(사려 깊지 않은 젊은 학자들 사이에서는 거의 정설로까지 받아들여지고 있는 생각일 뿐이다.)이 확산되었다. 내 생각으로는, 우리는 지금 유전학자 윌리엄 베이트슨(William Bateson, 1861~1926년) 시대의 무정부 상태와 현대의 종합설에서 비롯된 고정된 사고 방식 사이에서 풍부한 결실을 얻을 수 있는 길을 추구하고 있는 것 같다. 현대의 종합설은 적절한 상황에서는 제대로 작동할 것이다. 그러나 돌연변이와 선택이라는 동일한 다윈주의적 과정들이 실은 진화 수준이라는 계층 구조 중에서도 고차 영역에서 전혀 다른 방식으로 작용할 가능성도 있다. 인과 요인들이 균일하다고 가정하고, 그것을 토대로 다윈주의를 핵심으로 하는 단일한 일반 이론을 얻을 수 있으리라고 기대할 수도 있을 것이다. 그러나 다른 한편, 가장 낮은 수준에서 일어나는 현상을 기반으로 한 적응적인 유전자 치환 모형으로 그것보다 높은 수준의 현상을 설명하는 것을 방해하는 메커니즘의 복수성(multiplicity)도 계산에 넣지 않으면 안 된다.

이런 복잡한 소동의 뿌리에는, 도저히 단순화시킬 도리가 없는 자연계의 복잡성이 있다. 생물이란 생명계라는 당구대 위에서 예측할 수 있는 새로운 위치이지, 단순하고 측정 가능한 외부 힘으로 움직일 수 있는 당구공이 아니다. 또한 충분히 복잡한 계(系)는 그만큼 큰 풍부함을 갖는다. 생물은 끝없이 정교한 방법으로 자신의 미래를 구속하는 역사를 가지고 있다. (1부의 여러 장 참조) 그들이 보여 주는 형태의 복잡성은, 자연선택의 어떠한 압력이 최초의 구축을 지휘했든 간에, 그 압력에 대응하는 여러 가지 기능을 수반하는 것이다(4장 참조). 지금까지 거의 밝혀지지 않은 배아 발생의 복잡한 경로가 보증하는 것은, 단순한 입력(예를 들어 발생의 어느 시점에서의 극히 작은 변화)이 출력(생물의 성체, 18장 참조)에서 두드러진 놀라운 변화를 가져올 수 있다는 것이다.

찰스 로버트 다윈은 이 풍부함을 표현하는 인상적인 비교로 그의 위대한 저서를 끝맺었다. 그는 행성의 운행처럼 훨씬 단순한 계와 그 결과로 나타나는 끝없는 정적인 주기 운동을, 생명계의 복잡성과 장구한 시간에 걸친 경탄스러울 정도로 예측 불가능한 변화와 비교하고 있다.

> 생명은 그 여러 가지 힘과 함께 처음에는 하나 또는 소수의 종류로 시작되었으며, 이후 지구가 확고한 중력의 법칙에 따라 주기 운동을 계속하면서 처음의 극히 단순한 것으로부터 무한히 많은 종류로 비할데 없이 아름답고 훌륭하게 진화했고, 또한 지금도 진화하고 있다는 이 생명관에는 장엄한 무엇이 깃들어 있다.

차례

5부 변화의 속도

6부 최초의 생물

7부 무시되고 과소 평가된 동물들

8부 크기와 시간

1부

완전과 불완전

판다의 엄지에 관한 3부작

1장

판다의 엄지

영웅이 생애의 정점에서 자신의 야망을 접는 일은 좀처럼 없다. 승리는 끝없이 새로운 승리를 부르고, 그러다가 파멸에 이르는 경우도 적지 않다. 알렉산드로스 대왕은 더 이상 정복할 새로운 세계가 없다는 사실을 한탄했고, 지나친 영토 확장을 시도했던 나폴레옹은 러시아의 혹독한 겨울에 갇혀 스스로의 운명을 결정지었다. 그러나 찰스 다윈은 『종의 기원』(1859년)을 집필한 후에도 온갖 수단을 동원해 자신의 자연 선택설을 선전하거나, 자신의 이론을 인류의 진화에까지 확장시키는 작업을 하지 않았다. (그는 1871년이 되어서야 『인간의 유래(*The Descent of Man*)』을 발간했다. 『종의 기원』 이후 처음 발간된 그의 저서는 『영국과 외국의 난초류가 곤충류에 의해서 수정하는 여러 고안에 대하여(*On the Various Contrivances by Which British and Foreign Orchids Are Fertilized by*

Insects)』(1862년)였고, 이 책은 거의 알려지지 않았다.)

다윈은 자연학과 연관된 작은 주제들을 여러 번 다루었다. 그는 따개비 분류학, 덩굴식물, 그리고 지렁이가 만드는 부식토 등을 주제로 책을 썼다. 덕분에 그에게는 별난 동식물에 대한 이야기를 일관성 없이 마구써 대는 구식 자연학자라느니, 운 좋게도 적시에 적절한 통찰력을 가지고 나타난 남자라는 식의 별반 좋지 않은 평판이 돌아왔다. 그러나 지난 20년 동안 다윈에 관한 면밀한 조사와 연구가 활발히 진행되어 이런 식의 터무니없는 신화는 완전히 사라졌다(2장 참조). 그 전에는 한 고명한 학자가 잘못된 인식을 가진 많은 동료들 앞에서 다윈을 "몇 가지 개념들을 적절히 짝지었을 뿐 …… 대사상가라고는 할 수 없는 사람 …… "이라고 평한 적도 있었다.

그러나 실제로 다윈의 모든 저서들은 그가 평생에 걸쳐 구축한 장대하고 일관된 체계, 즉 진화의 사실성을 입증하면서, 동시에 그 기본 메커니즘으로 자연 선택을 주장하는, 일관된 체계의 한 부분을 구성하고 있다. 다윈이 난초 자체를 연구한 것은 아니었다. 다윈의 모든 저서를 독파하는 큰일을 해 낸 캘리포니아 대학교의 생물학자 마이클 기셀린(Michael T. Ghiselin, 1939년~)은 『다윈적 방법의 승리(*Triumph of the Darwinian Method*)』라는 저서에서, 난초류에 대한 다윈의 연구는 진화를 주장하는 다윈의 싸움 중 하나로서 중요한 에피소드라는 사실을 올바르게 인식하고 있다.

다윈은 난초류에 대한 책을 진화에 대해, 중요한 다음과 같은 전제로 시작하고 있다.

> 어떤 식물이 자화 수분(自花受粉)을 계속하는 것은 장기간의 생존이라는 목표를 위해서는 형편없는 전략이다. 그것은 후손들이 동일한 개체의 부모 유전자밖에 갖지 못하기 때문에, 그 개체군이 환경 변화에 직면했을 때 진화적

인 유연성을 발휘할 수 있는 충분한 변이성(變異性, variabillity)을 가질 수 없기 때문이다. 따라서 암컷과 수컷의 기관을 모두 갖춘 꽃피우는 식물들은 일반적으로 타화 수분(他花受粉)을 확보하는 메커니즘을 발달시키고 있다. 난초도 마찬가지이다. 이 식물은 곤충들과 동맹을 맺어 왔다. 난초류는 우선 곤충을 유인한 다음 끈적끈적한 화분이 꽃을 찾은 곤충에 달라붙게 한다. 그러고 나서 곤충의 몸에 달라붙은 꽃가루를 다음에 찾는 다른 난초의 암컷 기관에 확실히 전달한다는 놀라울 만큼 다양한 '장치'를 진화시킨 것이다.

다윈의 책은 이러한 장치의 개요를 설명한 것으로, 말하자면 동물 우화집(중세 문학 장르의 하나로 '동물지'라고도 하며 대개 기묘한 동물 이야기로 도덕적, 종교적 교훈을 주려 했다. ― 옮긴이)의 식물판(版)인 셈이다. 그리고 그것은, 중세의 동물 우화집과 마찬가지로 사람들에게 교훈을 주려는 의도를 가지고 있었다. 거기에 담겨 있는 메시지는 역설적이지만 깊은 의미를 담고 있다. 난초는 보통의 꽃이 가진 일반적인 구성 요소, 다시 말해 원래는 전혀 다른 기능을 가지고 있던 부분들을 기초로 매우 복잡한 장치들을 만들어 냈다. 만약 신이 자신의 지혜와 힘을 드러내기 위해 훌륭한 기계를 고안한 것이라면, 원래 다른 목적에 맞도록 만들어진 부품들을 짜깁기해 사용하지는 않았을 것이다. 난초류는 어떤 이상적인 기술자가 만든 작품이 아니다. 그 식물은 구할 수 있는 제한된 구성 요소들을 이용해서 임시방편으로 만들어진 것이다. 다시 말해 난초 꽃은 보통의 꽃에서 진화한 것이 틀림없다는 뜻이다.

따라서 하나의 역설이 성립한다. 1부를 구성하는 3부작의 공통 주제는 다음과 같다. 우리의 생물학 교과서는 진화를 설명할 때, 최고의 설계(design)의 예, 즉 나비가 말라죽은 나뭇잎을 거의 완전히 흉내 낸다거나,

새들의 입맛을 돋우는 벌레들이 마치 독(毒)을 가진 것처럼 의태(擬態)하는 것 등을 예로 드는 것을 좋아한다. 그렇지만 이상적인 설계는 진화를 논하기 위한 논거로는 그리 적절하지 않다. 왜냐하면 그러한 이상적인 설계는 전능한 조물주의 행동을 흉내 내는 것이기 때문이다. 오히려 현명한 신이라면 결코 택하지 않았을 기묘한 배치라든가 별스러운 해결 방법이야말로 진화를 입증할 수 있는 좋은 소재이다. 현명한 신이라면 결코 택하지 않았을 경로, 역사에 속박되어 어쩔 수 없이 진행된 자연의 과정을 추적하는 편이 훨씬 유리한 것이다. 이런 사실을 다윈만큼 잘 이해한 사람은 없었다. 미국의 생물학자 에른스트 발터 마이어(Ernst Walter Mayr, 1904~2005년)는 다윈이 진화론을 옹호하면서 끊임없이 최소한의 의미를 가지는 생명체의 여러 부분이나 지리 분포에 관심이 많았음을 잘 보여 주고 있다. 내가 자이언트판다(*Ailuropoda melanoleuca*)와 그 엄지의 문제에 주목하게 된 것도 바로 그 점이다.

자이언트판다는 식육목(食肉目)에 속하는 동물로, 특이한 곰의 일종이다. 보통의 곰이 식육목 중에서도 잡식성(雜食性)이 가장 두드러진 동물인 데 비해 판다의 식성은 한 방향으로 좁게 한정되었다. 판다는 오직 대나무만을 먹기 때문에, 사실은 식육목이라는 이름과는 어울리지 않는다. 판다는 중국 서부의 산악 지방에 있는 깊은 대나무 숲에 서식한다. 그리고 포식자(捕食者)에게 위협당하는 일도 없이 땅바닥에 주저앉아 하루에 10~12시간을 대나무를 우적우적 씹어 먹으며 보낸다.

나는 어린 시절에 앤디 판다(Andy Panda, 1939년에서 1949년까지 월터 란츠가 탄생시킨 극장용 애니메이션의 등장 인물로 인기가 높았다. — 옮긴이)의 열렬한 팬이었다. 카운티 페어라는 작은 시골 축제에서 우연히 우유병을 모두 쓰러뜨리고 상으로 받은 봉제 인형 판다를 소중히 간직하기도 했다. 따라서 미국과 중국 사이의 긴장 완화가 처음 결실을 맺어, 탁구 시합에 이어 두 마리의 판다가 워싱턴 동물원에 도착했을 때 나는 뛸 듯이 기뻤다. 나는 당장 그 동물원으로 달려가 외경스러운 시선으로 그들을 바라보았다. 판다들은 하품을 하기도 하고, 기지개를 켜거나 느린 걸음으로 몇 발자국씩 걸어 다니기도 했지만 거의 종일토록 좋아하는 대나무를 먹는 것으로 시간을 보내고 있었다. 그들은 상반신을 세운 자세로 앉아 앞발을 이용해 능숙한 솜씨로 대나무 줄기를 잡고 잎을 뜯어내고 새순만을 먹었다.

나는 판다의 뛰어난 재주에 몹시 감탄했다. 그리고 달리는 기능으로 적응한 계통의 후손이 어떻게 앞발을 그처럼 잘 쓸 수 있는지 의문을 품게 되었다. 그들은 2개의 앞발로 대나무의 줄기를 쥐고, 유연하게 보이는 엄지와 나머지 발가락들 사이로 줄기를 통과시켜서 잎을 훑어냈다. 나는 그 모습을 보고 무척 당황했다. 일찍이 나는 다른 손가락과 마주볼 수 있는 능란한 엄지야말로 인류의 번영을 이끈 특징의 하나라고 배웠기 때문이다. 인간은 영장류의 선조에게 나타난 이 중요한 유연성을 한층 향상시키면서 계속 유지시킨 반면, 대부분의 다른 포유류들은 발가락을 특수화시키는 과정에서 그것을 희생시켰다. 식육목에 속하는 동물은 달리고, 찌르고, 할퀴어 댄다. 내가 키우는 고양이는 심리적으로 나를 조종할 수는 있어도, 혼자서 타자기를 치거나 피아노를 연주하는 일은 절대 할 수 없다.

그래서 나는 그 판다의 엄지 이외의 발가락의 수를 세어 보았다. 나는 그 결과에 또 한번 놀랐다. 나머지 손가락은 4개가 아니라 5개였다. 그렇다면 '엄지'는 독립적으로 진화한 여섯 번째 발가락인가? 다행스럽게도 자이언트판다에 관한 바이블이라 할 수 있는 한 권의 책이 있다. 일찍이 시카고의 필드 자연사 박물관의 척추동물 해부학 과장을 맡고 있는 D. 드와이트 데이비스(D. Dwight Davis)가 쓴 연구서가 그것이다. 이 책은 현대의 진화적 비교 해부학 분야에서 최대의 업적 중 하나로 꼽을 수 있을 정도이다. 그리고 거기에는 일반인들이 판다에 관해 알고 싶어 할 내용 이상의 사실들이 상세히 씌여 있다. 물론 데이비스는 내가 품은 의문에도 답을 주고 있었다.

책에 따르면 실제로 판다의 '엄지'는 해부학적으로 발가락이 아니었다. 그것은 일반적으로는 손목을 이루는 작은 부분인 요골종자골(橈骨種子骨, 엄지 쪽에 있는 씨앗 모양의 뼈 — 옮긴이)이라는 뼈가 커진 것이다. 판다의 요골종자골은 대폭 커지고 길이가 늘어나서 실제 발가락의 발바닥뼈(metapodial bone, 손가락이나 발가락을 손과 발의 가운데에 있는 뼈와 연결시키기 위해 늘어난 뼈를 가리킨다. 사람의 손과 발에는 각기 5개가 있다. — 옮긴이)와 거의 같은 길이이다. 이 요골종자골이 판다의 앞발의 발바닥을 이루는 두 부분 중 하나이며, 5개의 발가락이 발바닥의 다른 부분의 틀을 이루고 있다. 따라서 하나의 얕은 고랑이 발바닥의 두 부분을 분리시키고 있고, 이 고랑

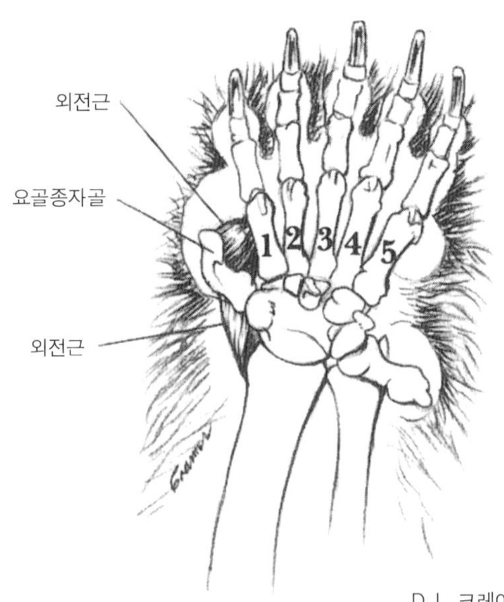

D. L. 크레이머(D. L. Cramer) 그림.

이 대나무 줄기를 쥘 수 있는 통로 구실을 하는 셈이다.

판다의 엄지는 그것을 보강하는 뼈를 가지고 있을 뿐만 아니라, 그 기민함의 근원이 되는 근육까지 겸비하게 되었다. 그러나 이 근육들은 요골종자골과 마찬가지로, 완전히 새롭게 생겨난 것이 아니다. 다윈의 난초류의 꽃의 각 부분과 마찬가지로, 이것들은 이미 알려진 일부 구조가 새로운 기능으로 바뀐 것이다.

요골종자골의 외전근(外轉筋, 이 뼈를 나머지 진짜 발가락들에서 멀어지게 벌리는 근육)에는 *abductor pollicis longus*('엄지의 긴 외전근', *pollicis*는 *pollex*의 소유격으로 라틴 어로 '엄지'라는 뜻이다.)이라는 긴 명칭이 붙어 있다. 사실 이 명칭은 판다에게는 어울리지 않는다. 다른 식육목에서 이 근육은 첫째 발가락, 그러니까 진짜 엄지에 붙어 있다. 판다의 경우에는 더 짧은 2개의 근육이 요골종자골과 엄지 사이에 뻗어 있다. 이 근육들이 '종자골 엄지'를 진짜 발가락들 쪽으로 가깝게 끌어당기는 기능을 한다.

판다에게서 나타나는 이처럼 기묘한 배치의 기원에 관해서, 다른 식육목의 구조로부터 어떤 단서를 얻을 수 있을까? 데이비스의 지적에 따르면, 자이언트판다와 가장 가까운 친척뻘인 곰이나 미국너구리는 먹이를 먹을 때 앞발을 쓰는 능력에서는 다른 어떤 식육목보다 뛰어난 것 같다. 과거의 은유를 사용하자면, 판다는 그들의 선조 덕분에, 먹이를 섭취하는 능력을 한층 더 진화시키기 유리한 지점에서 시작했다. 게다가 보통의 곰들도 이미 요골종자골이 조금 커진 상태이다.

대부분의 식육목 동물에서, 판다의 요골종자골을 움직이는 것과 같은 외전근은 첫째손가락, 즉 실제 엄지의 뿌리 부분에 붙어 있다. 그런데 보통의 곰에서는, '엄지의 긴 외전근'이 2개의 힘줄(健)로 끝난다. 그중 하나는 대부분의 식육목과 마찬가지로 이 엄지의 기부에 붙어 있고, 다른 하나는 요골종자골에 붙어 있다. 이것들보다 짧은 2개의 근육도, 보통

곰에서는 그 일부가 요골종자골에 붙어 있다. 데이비스는 이런 말로 결론을 맺고 있다. "따라서 이 현저한 새로운 기구, 즉 기능적으로는 새로운 손가락을 조작하는 근육계는, 판다의 가장 가까운 곰류에서 이미 나타난 조건들을 근본적으로 변화시킬 필요가 없었다. 게다가 근육계에 생긴 이러한 일련의 사건은 모두 종자뼈의 단순한 과성장(過成長)으로부터 자동적으로 일어날 수 있는 것으로 생각된다."

판다의 종자골 엄지는, 뼈 1개의 두드러진 확대와 근육계의 대폭적인 배치 전환으로 탄생한 복잡한 구조이다. 그런데 데이비스는 그 장치 전체가 요골종자골 자체의 성장에 대한 기계적 반응으로 발생했다고 말한다. 커진 뼈가 가로막아 근육이 원래 위치를 벗어나는 바람에 근육의 위치 전환, 즉 전위(轉位)가 일어났다는 것이다. 또한 데이비스는 요골종자골의 확대는 단지 한차례의 유전적 변화, 어쩌면 성장의 타이밍과 속도에 영향을 주는 단 한 차례의 돌연변이로 인해 생긴 것이 아닐까 하고 생각했다.

그런데 판다의 뒷발에도 앞발만큼은 아니지만 앞발의 요골종자골에 상응하는 것으로 경골종자골이라는 뼈가 성장하고 있다. 그러나 경골종자골은 새로운 '발가락'을 지탱하지 않는다. 우리가 알고 있는 한, 그 크기가 커졌다는 사실만으로는 아무런 이익도 주지 않는다. 데이비스는 "이 2개의 뼈가 함께 성장하게 된 것은, 한쪽만 성장하는 경우에 대한 자연 선택의 반응으로, 단순한 유형의 유전 변화를 나타내는 것이다."라고 말한다. 손가락처럼 여러 개가 반복적으로 발생하는 신체의 부분은, 각각에 대응한 유전자의 작용으로 하나씩 완성되는 것이 아니다. 예를 들어 여러분의 엄지를 '위한' 유전자라든가, 당신의 발의 엄지를 만들기 위한 유전자, 가운뎃손가락을 위한 유전자는 없다. 반복적으로 발생하는 부분은 그 전부가 보조를 맞추어 발육하는 것이다. 따라서 어느 한 요소에 변화를 일으키는 선택은 그밖의 다른 요소에도 그에 상응하는 변화를 일으킨다. 손의 엄지를 크게 바꾸면서 발의 엄지를 변형시키지 않는 것은 양쪽을 함께 성장하게 만드는 것보다 유전적으로 복잡하다. (전자의 경우에는 전체적인 협조가 깨지고 손의 엄지에만 특전이 주어지므로, 연관된 여러 다른 구조가 커지지 않도록 억눌러야만 한다. 반면 후자의 경우에는 단 하나의 유전자가 해당 손가락과 발가락의 발생을 조절하는 영역에서 그 성장 속도를 증대시키면 된다.)

판다의 엄지는 다윈의 난초류의 식물에 해당하는 훌륭한 동물적인 대응물이라고 할 수 있다. 공학자가 생각해 낸 가장 뛰어난 고안물도 역사는 당해 낼 수 없다. 판다의 실제 엄지는 다른 역할을 맡고 있어서 별도의 기능을 갖기에는 지나치게 특수화되어 있었기 때문에, 물건을 붙잡을 수 있도록 서로 마주보는 손가락으로 변하는 것은 불가능했다. 그래서 판다는 손에 있는 다른 부분을 활용하지 않을 수 없었고, 확대된 손목뼈를 이용한다는 조금 꼴사납지만 일단 도움이 되는 해결 방법에 만족할 수밖에 없었다. 종자골 엄지는 기술자들이 묘기를 겨누는 경기에서는 어떤 상도 타지 못할 것이다. 마이클 기셀린의 말을 빌자면, 그것은 임시변통의 기발한 장치이지 뛰어난 신기술은 아니다. 그러나 그것은 매우 훌륭하게 작동하고 있으며 전혀 있을 법하지 않은 것을 기반으로 구축되었기 때문에 한층 더 우리의 상상력을 자극한다.

난초에 관한 다윈의 책에는 이와 비슷한 예들이 무수히 등장한다. 예를 들면, 습지에 자라는 에피팍티스(Epipactis)라는 난초는 입술 꽃잎을 함정으로 사용한다. 이 입술 모양의 꽃잎은 2개의 부분으로 나뉘어 있다. 하나는 꽃의 아래쪽에 있는 꿀(곤충이 꽃을 찾아오는 목표가 이 꿀을 얻기 위한 것이다.)로 채워져 있는 큰 컵 모양의 부분이다. 꽃의 위쪽 끝에 있는 또 하나의 부분은 일종의 착륙장 역할을 한다. 곤충이 이 활주로에 내리면 무게 때문에 이 부분을 내리눌러 안에 들어 있는 꿀의 컵에 이르는 입구

습지에 자라는 에피팍티스. 아랫부분의 꽃받침이 움직인다.

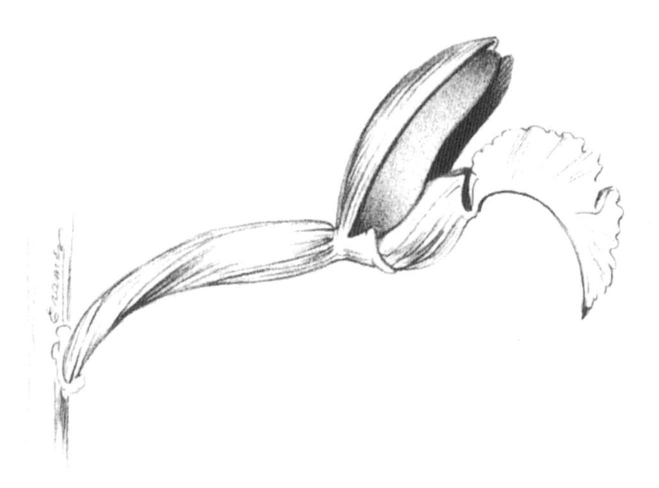

곤충이 착륙하면 입술 꽃잎의 활주로가 내려간다. D. L. 크레이머 그림.

곤충이 아래의 컵 속에 들어가면 입술 꽃잎의 활주로가 올라간다. D. L. 크레이머 그림.

가 열린다. 그러면 곤충은 컵 속으로 들어가게 된다. 그런데 곤충이 컵으로 들어가면 활주로는 탄력으로 다시 위로 올라가 결과적으로 곤충을 꿀의 컵에 가둬 버린다. 그 곤충은 이용할 수 있는 또 하나의 출구, 즉 화분(花粉) 덩어리에 닿지 않고는 지날 수 없는 통로를 거쳐 밖으로 나갈 수밖에 없다. 이것은 그야말로 놀랄 만큼 뛰어난 장치이지만, 그 모두는 보통의 꽃잎, 다시 말해 난초류의 선조가 언제든지 사용할 수 있는 일부분에서 발달한 것이다.

그 후 다윈은 다른 난초의 입술 꽃잎이 교잡 수정(交雜受精)을 확실하게 할 수 있도록 일련의 정교한 장치를 진화시킨 과정을 보여 주었다. 예를 들면, 곤충이 꿀에 도달하기 위해서는 주둥이를 화분 덩어리 주위로 우회시킬 수밖에 없도록 복잡한 주름을 발달시킨 것도 있다. 또 곤충을 꿀과 화분 양쪽으로 이끌기 위해 깊은 통로나 이랑을 발달시킨 것도 있다. 통로가 터널로 되어 있어서 꽃이 관(管) 모양을 이루고 있는 경우도 가끔 있다. 이러한 적응 형태는 모두 난초의 선조의 어느 단계에서 보통의 꽃잎으로 출발한 한 부분에서 발생한 것이다. 그렇지만 자연은 얼마 안 되는 재료를 바탕으로 많은 일을 할 수 있다. 다윈의 말을 빌리자면, 난초류는 "하나의 꽃을 다른 식물체의 화분으로 수정시킨다는 오직 하나의 목적을 달성하기 위해서 자원의 낭비"를 과시하고 있는 셈이다.

생물의 형태에 관한 다윈의 다음과 같은 은유는, 진화가 이와 같이 제한된 원료를 사용해서 이처럼 풍부한 다양성과 적절한 '설계'의 세계를 만들어 낼 수 있다는 사실에 대한 그 자신의 경외심을 잘 반영하고 있다.

어떤 기관이 원래 무언가 특별한 목적을 위해 만들어진 것이 아닌 경우도 있을 것이다. 그러나 그 기관이 현재 그 목적을 위해 도움이 된다면, 그것은 그 목적을 위해 특별히 고안된 것이라고 말해도 무방할 것이다. 같은 원리로 만약 어떤 사람이 무언가 특별한 목적을 위한 기계를 만들 필요가 있을 때, 낡은 바퀴나 스프링, 활차 등을 그대로 사용하면서 작은 변화만을 가해서 무언가를 만들어야 하는 경우에, 이런 부품들을 조립해서 완성된 그 기계는 전체로서 그 목적을 위해 특별히 고안된 것이라고 말해도 좋을 것이다. 이처럼 자연계 전체에 걸쳐, 모든 생물의 거의 모든 부분은 조금씩 변화하는 조건에 맞추어 여러 목적에 이용되면서, 먼 옛날 저마다 독특하고 진기한 형태를 가진 무수한 종류의 생물 기계 속에서 훌륭하게 기능해 왔다.

어쩌면 바퀴나 활차를 조립한다는 은유가 만족스럽지 않을지도 모르겠다. 그렇지만 우리 자신의 몸이 얼마나 훌륭하게 기능하는지를 생각해 보라. 프랑스의 생물학자 프랑수아 자코브(François Jacob, 1920~2013년)의 말을 빌리자면, 자연은 뛰어난 땜장이이지 신묘한 장인은 아닌 것이다. 과연 이 두 가지 훌륭한 기술의 우열을 가릴 수 있는 사람이 누가 있겠는가?

2장

역사를 이야기해 주는 의미 없는 징후들

그 어원과 현재의 의미가 맞지 '않을' 때, 말이 그 역사를 드러내는 단서를 제공하는 경우가 있다. 예를 들어 봉급을 뜻하는 'emoluments'라는 영어 단어는 각지의 제분업자(miller, 이 말은 '갈아서 가루로 만든다.'는 의미의 라틴 어 '*molere*'에서 유래한 것이다.)에게 지불되는 보수에서 나온 것으로 생각되며, 재앙을 뜻하는 'disaster'라는 말은 과거에는 사람들이 불길한 별(evil star) 때문에 재앙이 내린다고 생각했음을 알려 준다.

진화론자들은 언제나 언어적 변화를 의미있는 유추를 제공하는 비옥한 밭이라 생각했다. 찰스 다윈은 인간의 맹장이나 수염고래가 태아기에 가지는 이빨과 같은 흔적 구조에 대해 진화론적 주장을 펼치면서 이렇게 쓰고 있다. "흔적 기관은 어떤 단어의 철자에는 잔존하지만 발음상으로는 필요 없게 된 문자, 그러나 단어의 유래를 탐색할 때에는 하나의 단서가 되는 문자에 비유할 수 있다." 생물과 언어 모두 진화하는 것이다.

이 에세이는 이상한 사실들의 목록 뒤편에 숨어 있는 것을 탐구하는 것처럼 보일지 모르지만, 실은 방법, 또는 과학자들 사이에 널리 사용되고 있지만 대개는 자각되지 않는 특수한 방법에 관한 추상적인 이야기이다. 판에 박힌 고정 관념에 따르면, 과학자는 언제나 실험과 논리에 의존한다. 흰 가운을 입은 한 중년 남자(대개는 남녀 차별주의자이며 내성적이고 과묵하고, 그러나 진리에 대한 열정에 불타고 있거나 그렇지 않으면 혈기가 넘쳐흐르는 괴짜인 경우가 많다.)가 플라스크에 두 종류의 화학 물질을 넣고 결과를 기다린다. 가설, 예상, 실험, 그리고 결과 …… 이런 것이 과학적 방법으로 간주되어 왔다.

그러나 대부분의 과학 분야는 실제로 이렇지 않으며, 이런 식으로 연구가 이루어질 수도 없다. 고생물학자이자 진화 생물학자인 나는 역사를 복원하는 일을 업으로 삼고 있다. 역사란 유일무이하며 지극히 복잡한 것이다. 그것은 플라스크에서 재현할 수 있는 종류의 것이 아니다. 역사, 특히 인류의 연대기에도 지질학적인 연대기에도 기록되어 있지 않은 먼 옛날의, 직접 관찰할 수 없는 역사를 추구하는 과학자들은, 실험적 방법보다 추론적 방법을 사용할 수밖에 없다. 그들은 역사적 과정(process)이 '현재에 반영된 결과'를 조사해서, 선조대에서부터 오늘날에 이르는 단어, 생물, 지형 등의 경로를 재구성해야 한다. 일단 그 경로를 추적하게 되면, 역사가 그 경로를 거치게 된 여러 원인을 구체적으로 밝힐 수 있는 가능성이 생긴다. 그러나 어떻게 현재의 어떤 결과로부터 그와 같은 경로를 추론할 수 있는 것일까? 도대체 그런 경로가 존재한다는 사실을 어떻게 확신할 수 있는 것일까? 어떻게 우리는 현재의 모습이 역사적인 변화의 산물이고, 영구불변한 우주의 항구적인 일부가 아니라는 사실을 알 수 있는 것인가?

다윈이 직면했던 문제가 바로 그것이었다. 그에게 반대하는 창조론자들은 모든 생물 종이 처음 창조된 이래 변화하지 않았다고 생각하고 있었기 때문이다. 그렇다면 다윈은 현생 종들이 역사의 산물이라는 것을 어떻게 입증했을까? 흔히 그가 진화의 가장 인상적인 결과, 즉 환경에 완벽하게 적응한 생물(예를 들어 죽은 나뭇잎처럼 보이는 나비, 나뭇가지와 흡수한 알락해오라기, 하늘을 나는 갈매기나 바다의 참치 같은 훌륭한 공학적 설계)에 눈을 돌렸을 것이라고 생각할지 모른다.

그러나 역설적이게도 다윈은 정반대의 일을 했다. 그는 기이한 것이나 불완전한 것을 찾았다. 갈매기는 경이로운 설계의 예라고 생각할 수 있을 것이다. 이미 진화에 대한 믿음이 있는 사람이라면, 그 날개의 공학적 설계는 형태를 빚어내는 자연 선택의 뛰어난 힘을 반영하는 것으로 생각할 것이다. 그러나 완전함으로는 진화를 입증할 수 없다. 왜냐하면 완전한 것은 굳이 역사를 필요로 하지 않기 때문이다. 다시 말해 생명체의 설계상의 완전함은 그 완전무결한 공학적 설계에서 신(神)이라는 조형자의 존재를 찾아온 창조론자들이 옛날부터 즐겨 주장한 논거인 것이다. 공기 역학의 경이로움을 보여 주는 새의 날개는 오늘날 우리가 보는 모습 그대로 (신이) 창조했다는 것이 그들의 주장이다.

그러나 다윈은 만약 생물이 역사를 가지고 있다면, 현재의 생물에 선조의 여러 단계의 '흔적'이 남아 있을 것이라고 추론했다. 현재의 상황에서는 의미를 갖지 않는 과거의 흔적들, 즉 무용한 것, 기묘한 것, 특이한 것, 불균형한 것들이 역사의 존재를 입증할 수 있는 징후인 것이다. 그것들은 세계가 지금의 형태로 만들어진 것이 아님을 입증하는 증거이다. 만약 역사에 끝이 있고 세계가 완성될 수 있다면 그런 흔적들도 사라질 것이다.

과거에 곡물이나 곡식을 찧는 일과 아무런 관계도 없었다면, 금전상의 보수를 의미하는 일반적인 단어의 글자 뜻에 지금은 사라져 버린 직업이 반영되는 이유가 무엇이겠는가? 만약 고래의 선조가 실제로 사용할 수 있는 이빨을 가지고 있었고, 그 이빨들이 새끼에게 유해하지 않은 어느 한 시기에 흔적 기관으로 남아 있었다는 사실을 인정하지 않는다면, 새끼 때 어미의 자궁 속에서는 이빨이 있지만 태어나자마자 이빨이 몸속으로 흡수되고 평생 고래수염이라는 필터로 크릴새우를 걸러 먹는 고래의 생활을 어떻게 설명할 수 있겠는가?

거의 모든 생물이 흔적 구조를 가지고 있다는 사실만큼 다윈을 기쁘게 한 진화의 증거는 없었다. 그는 흔적 기관에 대해 "쓸모 없음이라는 각인이 새겨진, 이렇듯 기묘한 상태의 부분"이라고 쓰고 있다. 그는 이렇게 말했다. "변형을 가져오는 대물림(descent with modification)에 관한 나의 견해, 다시 말해 흔적 기관의 기원에 대한 나의 생각은 간단하다." 그것은 그 생물의 선조의 몸에서는 기능을 했지만 지금은 해부학적으로 아무런 쓸모 없는 구조인 것이다.

이러한 일반적 요지는 흔적 기관과 생물학을 넘어, 역사적 과학의 모든 영역으로 확산된다. 현재의 관점에서 기이함은 역사의 징후이다. 이 3부작의 첫 번째 에세이는 같은 주제를 각각 다른 맥락에서 다루고 있다. 판다의 '엄지'가 진화를 입증할 수 있는 것은, 그것이 꼴사나운 모양을 하고 있고 손목의 요골종자골이라는 이상한 부분에서 발생했기 때문이다. 진짜 엄지는 선조에서와 마찬가지로 식육목 동물이 달리거나 할퀼 때 사용하는 앞발 발가락으로서의 역할에 적합했다. 따라서 엄지는 초식성으로 변한 후손에게 다른 발가락과 마주보고 대나무를 잡는 발가락으로 변형될 수 없었다.

지난 주에 나는 생물학과는 전혀 관계 없는 문제에 몰두했다. '베테랑(veteran)'과 '수의사(veterinarian)'라는 전혀 다른 의미를 가지는 두 단어의 어원이 모두 'old'에 해당하는 라틴 어 '*vetus*'라는 사실에 의문을 품게 된 것이다. 이 경우에도 해답을 얻기 위해서는 계보학적인 접근 방식을 취해야만 했다. 'veteran'이라는 말은 별 문제가 없다. 그 어원과 현재의 의미가 일치하기 때문이다. 따라서 그 말에는 역사에 대한 암시가 없다. 그보다는 'veterinarian'이 더 흥미롭다. 도시인들은 수의사를 뜻하는 'vet'라는 말을 자신들이 애완용으로 기르는 개나 고양이의 하인처럼 생각하는 경향이 있다. 나는 수의사가 원래는 농장이나 목장의 동물을 치료했다는 사실을 잊고 있었다. 그리고 그것은 오늘날의 수의사도 마찬가지라고 생각한다. 나의 뉴요커풍 편협함을 용서하라. 'vet'와 '*vetus*'라는 말은 '짐 나르는 동물'이라는 개념을 통해 서로 연결된다. 즉 '무거운 짐을 지고도 견딜 수 있다.'라는 의미의 'old(노련함)'인 것이다. 가축은 라틴 어로 '*veterinae*'이다.

역사적 과학이 가지는 이러한 일반 원칙은 지구에도 똑같이 적용할 수 있다. 판 구조론의 수립으로 과학자들은 지구 표면의 역사를 다시 복원할 수 있게 되었다. 판 구조론에 따르면, 2억 2500만 년 이전에 그보다 일찍 존재하던 몇 개의 대륙이 하나로 합쳐졌던 초대륙 '판게아(Pangaea)'가 과거 2억 년 동안 여러 조각으로 나뉘어 현재의 여러 대륙이 되었다고 한다. 따라서 현재의 기묘함이 역사를 말해 주는 신호라면, 우리는 오늘날의 동물에서 나타나는 불가사의한 현상이 먼 옛날의 대륙의 위치에 대한 적응과 어떤 연관성이 있는지 질문을 던져야 할 것이다. 자연학의 최대 수수께끼와 경이로움 중 하나가 여러 동물들의 장거리 이동과 회유 경로이다. 이처럼 긴 이동 경로 중 일부는 계절에 따라 생존에 적합한 기후를 찾아가는 직행 루트로 충분히 이해할 수 있다. 예를 들어 매년 겨울이면 몸집이 큰 포유류 동물들(인간)이 추위를 피해 금속제 새에 올라타 플로리다 주로 이동하는 현상을 볼 수 있는데 그것은 그다지 이상한 일이 아니다. 그러나 다른 한편으로는 가까운 곳에 적당한 장소가 얼마든지 있는데도 불구하고, 섭식지(攝食地)에서 번식 장소까지 놀랄 만큼 정확하게 수천 킬로미터를 이동하는 동물도 있다. 이처럼 특이한 이동 경로를 먼 옛날의 대륙 배치를 나타낸 지도상에서 본다면 훨씬 거리가 짧게 느껴지고, 이해하기도 쉬워지지 않을까? 바다거북의 이동에 대한 세계적인 전문가인 플로리다 대학교의 아치 카(Archie Carr, 1909~1987년)는 그런 주장을 제기했다.

바다거북 켈로니아 미다스(*Chelonia mydas*)의 한 개체군은 중부 대서양에 있는 절해의 고도 작은 어센션 섬에 상륙해 번식한다. 오랜 옛날에는 수프를 만드는 런던의 요리사나 식료품 보급을 위해 섬에 들렀던 군함의 승무원들이 그 거북을 즐겨 잡아갔다. 카는 꼬리표를 달아 놓은 이 섬의 거북들이 무려 3,200킬로미터나 떨어진 번식 장소까지 이동했다는 사실을 발견했다. 켈로니아 미다스는 "섭식지로 이용하던 해안에서 수백 킬로미터 이상 떨어진 바늘 끝과 같은 육지", "대양 한가운데 간신히 머리를 내민 첨탑" 위에서 번식하기 위해 브라질 해안에서 무려 3,200킬로미터를 여행한 것이다. 카의 발견이 있기 전까지 누가 그런 사실을 꿈에라도 생각했겠는가.

바다거북이 섭식과 번식을 별개의 장소에서 하는 데에는 충분한 이유가 있다. 그들은 안전하고 물이 얕은 '목장'에서 해초를 먹으며 살아가지만, 번식에는 모래 사장이 잘 발달해서 훤히 노출된 해양, 그리고 가능하다면 포식자가 드문 섬의 해안이 좋을 것이다. 그러나 그러한 번식 조건을 만족시키는 다른 번식장이 훨씬 가까운 곳에 있는데도 불구하고 대양 한가운데까지 일부러 3,200킬로미터를 여행하는 이유는 무엇일까? (같은 종으로 코스타리카의 카리브 해 연안에서 번식하는 큰 개체군도 있다.) 카는 이렇게 쓰고 있다. "만약 이 거북들이 실제로 이동한다는 사실이 그토록 분명하게 밝혀지지 않았다면, 이러한 항해에 따르는 온갖 어려움을 어떻게 극복했는지 믿기지 않을 정도이다."

아마도 카는 이 기나긴 여행이 훨씬 더 이해하기 쉬운 어떤 것의 연장일 것이라고 추론하는 듯하다. 다시 말해 대서양이 분리된 지 얼마되지 않은 2개의 대륙 사이에 놓인 웅덩이에 지나지 않았던 시기에, 대서양 한가운데에 있는 섬까지 헤엄쳐 이동하는 것은 아주 쉬운 일이었을 것이라는 추측이다. 남아메리카와 아프리카는 켈로니아 속의 조상들이 이미 그 지역에 서식하고 있던 약 8000만 년 전에 둘로 갈라졌다. 어센션 섬은 새로운 해저가 지구 내부에서 솟아 올라오는 허리띠 모양의 지대인 대서양 중앙 해령에 위치하고 있다. 땅 밑에서 솟아오르는 물질은 때로 섬을 이룰 수 있을 정도로 높이 쌓이기도 한다.

아이슬란드는 대서양 중앙 해령이 만든 섬들 중 가장 큰 섬이며, 어센션 섬도 같은 과정이 낳은 축소판이다. 해령의 한쪽에 생성된 섬은 밑에서 솟아올라 바깥쪽으로 퍼지는 새로운 물질들로 인해 점차 가운데에서 바깥쪽으로 밀려나게 된다. 따라서 섬은 해령에서 멀리 떨어질수록 오래된 것이 보통이다. 그 섬은 점차 침식되어 줄어들고 결국에는 수면 밑으로 내려가 해산(海山)이 되기도 한다. 섬이 활동 중인 해령에서 멀어짐에 따라 새로운 재료 물질의 공급이 중단되기 때문이다. 그러한 섬은 산호를 비롯한 그밖의 다른 생물이 계속 퇴적하지 않으면 파도에 침식되어 결국 해수면 아래로 가라앉게 된다. (또한 이러한 섬은 높아진 해령에서 대양의 심부로 향하는 내리막 사면을 이동하면서 차차 수면 아래로 가라앉을 수도 있다.)

그런 이유로 카는 어센션 섬의 바다거북의 선조가 브라질 해안에서 백악기 후기에 대서양 중앙 해령에 있었던 "어센션 섬의 조상쯤 되는 섬"까지 짧은 거리를 헤엄쳐 건넜다는 가설을 제안했다. 그 후 이 섬이 점차 이동하여 가라앉고 또 하나의 새로운 섬이 그 해령 위에 나타나자 바다거북은 그곳까지 좀 더 먼 거리를 헤엄치게 되었다는 것이다. 이러한 과정이 계속되어, 매일 조금씩 조깅 거리를 늘리던 사람이 결국 마라토너가 되었다는 이야기처럼, 거북들의 여정이 3,200킬로미터에 이르게 되었다. (이 역사적인 가설은 바다거북들이 어떻게 푸른 바다 위에 흩어져 있는 점처럼 작은 섬을 찾아낼 수 있는가라는 또 다른 매력적인 물음까지는 설명하지 못한다. 갓 부화된 어린 새끼 거북들이 적도 해류를 타고 브라질까지 표류해서 올 수 있다 하더라도, 어떻게 다시 섬으로 되돌아갈 수 있는 것일까? 카의 추정에 따르면, 그들은 어떤 천체에서 항로의 단서를 찾아 여행을 시작하고 어센션 섬의 물의 특징(맛이나 냄새?)을 기억해서 섬의 자취를 찾아 고향으로 돌아갈 수 있을 것이라고 한다.)

카의 가설은 특이한 사례를 통해 역사를 재구성한 뛰어난 예이다. 나도 이 가설을 받아들일 수 있으면 좋겠다. 내가 이 가설을 쉽게 받아들일 수 없는 것은 상식적인 문제점 때문이 아니다. 상식적인 문제란 이런 것이다. 예를 들어 하나의 섬이 해수면 아래로 가라앉을 무렵 항상 새로운 섬이 제시간에 나타나서 오래된 섬을 대신한다는 가설을 믿을 수 있을까? 단 한 세대에 하나의 섬만 생성하지 않아도 전체 (설명) 체계가 무너질 수 있는데도? 또한 과연 새로운 섬이 거북에게 잘 발견될 수 있도록 정확하게 '그들의 진로에' 형성될 수 있었을까? 또한 어센션 섬 자체도 나이가 채 700만 년이 못된다.

그런데 나는 이런 상식적인 문제점보다도 이론상의 결함이 더 마음에 걸린다. 만약 켈로니아 미다스라는 종 전체가 어센션 섬으로 이동했거나, 또는 그보다 나은 경우로 유연 관계가 가까운 종의 일군이 이 여행을 했다면 나는 별로 이의를 제기하지 않을 것이다. 왜냐하면 행동은 형태와 마찬가지로 오래된 기원을 가지며 후손에게 대물림되기 때문이다. 그런데 켈로니아 미다스는 전 세계의 바다 구석구석에 번식하고 있다. 어센션 섬의 바다거북은 수많은 번식 개체군 중 하나에 지나지 않는다. 이 번식군의 먼 옛날의 선조는 2억 년 전에는 웅덩이처럼 작았던 대서양에 살았을 수도 있지만, 우리에게 알려진 켈로니아 속에 대한 기록은 1500만 년 전까지밖에 없다. 반면 켈로니아 미다스라는 종은 그보다 훨씬 젊을 것으로 추측된다. (불완전하지만, 화석 기록은 1000만 년 이상 살아남았던 척추동물의 종이 거의 없다는 사실을 말해 주고 있다.) 카는 어센션 섬의 조상 섬에 헤엄쳐 닿았던 거북은 켈로니아 미다스의 먼 선조(적어도 다른 속에 속할 것이다.)였다고 생각했다. 몇 차례의 종 분화를 거친 결과, 이 백악기의 선조는 현재의 바다거북과 유연 관계가 멀어지게 되었다. 카의 가설이 옳다고 가정하고, 그럴 경우 어떤 일이 일어날지를 생각해 보자. 선조 종은 몇 개의 번식 개체군으로 분리되었을 테고, 그중 하나만 어센션 섬의 조상 섬으로 건너갔을 것이다. 이 종은 그 후 알려지지 않은 여러 진화 단계를 거쳐 계속 새로운 종으로 진화한 결과 켈로니아 미다스와 유연 관계가 멀어졌을 것이다. 매 단계에서 어센션 섬의 개체군은 다른 격리된 개체군들과 보조를 맞춰 하나의 종에서 다른 종으로 변화하면서 각기 온전성(integrity)을 유지했다.

그렇지만 우리가 알고 있는 한, 진화는 이런 식으로 진행되지 않는다. 새로운 종은 격리된 작은 개체군에서 시작하여 이후 확산되어 나가는 것이다. 넓은 범위에 걸쳐 흩어져 서로 분리된 동일 종의 아(亞)개체군들은 한 종에서 다음 종으로 병행하여 진화하지 않는다. 만약 아개체군들이 서로 분리되어 번식하는 계통(系統)이라면, 모두 같은 방식으로 진화해서 각기 새로운 종이라 불릴 만큼 변화했을 때 여전히 이종 교배가 가능하다는 말일 텐데 그 얼마나 우연한 일이겠는가? 나는 다른 종들과 마찬가지로 켈로니아 미다스가 아프리카와 남아메리카가 지금과는 달리 서로 가까웠던 과거 1000만 년 이내의 한 시기에 작은 지역에서 발생했을 것으로 추측한다.

대륙 이동설이 유행하기 전인 1965년에 카는 다른 설명을 시도했다. 내게는 이 설명이 훨씬 설득력 있게 들렸다. 그 가설은 어센션 섬의 개체군이 켈로니아 미다스라는 종이 진화한 이후에 나타난 것이라고 설명하기 때문이다. 그는 어센션 섬 개체군의 선조가 적도 해류를 타고 표류하다가 서아프리카에서 우연히 어센션 섬에 도착했다고 주장했다. (카는 서아프리카의 레피도켈리스 올리바케아(*Lepidochelys olivacea*)라는 꼬마바다거북도 이 경로를 따라 남아메리카 해안으로 이주했다고 주장하고 있다.) 그 후 바다거북의 새끼들은 동쪽에서 서쪽으로 향하는 같은 해류를 타고 브라질로 표류했다. 그런데 문제는 어떻게 다시 어센션 섬으로 돌아오느냐였다. 그러나 거북의 이동 메커니즘은 지극히 불가사의한 것이어서 꼭 새끼 거북이 이전 세대로부터 유전 정보를 전해 받지 않더라도 자신이 태어난 장소를 기억하도록 각인(imprint)되는 것은 가능하다.

나는 학자들 사이에 대륙 이동설이 확실한 사실로 받아들여진 것이 카가 생각을 바꾼 유일한 요인이라고는 생각하지 않는다. 카는 자신의 새로운 이론이 일반적으로 과학자들이 선호하는 설명의 몇 가지 기본 양식(나의 전통 타파적인 사고 방식에 따르면 부정확한 것이지만)을 갖추고 있기 때문에 마음을 바꾸었음을 암시하고 있다. 카의 새로운 이론에 따르면, 특이한 어센션 경로는 이해할 수 있고 예측 가능한 방식으로 조금씩 서서히 발전한 셈이다. 과거에 그는 그러한 변화를 돌연한 사건이며 우연하고 예측 불가능한 역사의 변덕이라고 보았다. 진화학자들은 임의적이지 않고 점진적인 학설을 좋아하는 경향이 있다. 그러나 나는 이것이 서양의 철학적 전통에서 오는 뿌리 깊은 편견이지, 자연의 방식을 그대로 반영하는 것이 아니라고 생각한다(5장 참조). 그리고 나는 카의 새로운 학설을 전통 철학을 옹호하는 대담한 가설로 간주한다. 나는 그의 가설이 틀렸다고 생각한다. 그러나 그의 창의성과 노력, 그리고 방법에는 박수를 보내고 싶다. 그는 특이한 것을 변화의 신호로 사용한다는 매우 중요한 역사적 원칙을 충실히 따랐기 때문이다.

이 거북 이야기는 역사적 과학의 또 다른 측면(이번에는 설명의 원리가 아닌 좌절이라는 것)도 보여 주는 것 같다. 결과가 원인을 명확하게 밝혀 주는 경우는 거의 없다. 우리가 화석이나 인간의 연대기와 같은 직접적인 증거를 갖고 있지 않을 때, 또 현재의 어떤 결과만을 토대로 그 과정을 추론해야 할 때, 우리는 대개 벽에 부딪치거나 확률에 대한 추측을 하는데 그치고 만다. 많은 길이 거의 모두 로마로 통하기 때문이다.

이번 승부는 바다거북의 승리이다. 그래서 안 될 이유가 있는가? 포르투갈 선원들이 아프리카 해안을 끼고 항해하고 있을 때, 켈로니아 미다스는 대양의 한가운데의 한 점을 향해 곧바로 헤엄치고 있었다. 뛰어난 과학자들이 몇 세기에 걸쳐 항해용 도구를 발명하려고 안간힘을 쓰는 동안, 이 바다거북은 넓은 하늘을 쳐다보면서 한 치의 오차도 없이 목적지를 향해 나아가고 있었던 것이다.

3장

이중의 어려움

자연은 지금까지 내가 생각하던 것 이상으로 영국 수필가 아이작 월턴(Izaak Walton, 1593~1683년)을 미숙한 아마추어 낚시꾼으로 보이게 만든다. 테드 윌리엄스(Ted Williams, 1918~2002년)의 등장 전까지 가장 유명한 낚시꾼이었던 월턴은 1654년에 자신을 매혹시키는 것에 대해 이렇게 썼다. "내가 가진 것은 모조 피라미 …… 하도 정교하고 감쪽같이 만들어져서 급류에서 아무리 날카로운 눈을 가진 송어라도 속일 수 있다네."

나는 이전에 발간한 『다윈 이후』라는 책의 한 장에서 민물 대합조개의 일종인 람프실리스(Lampsilis)가 몸의 뒷부분에 미끼 '물고기'를 달고 다닌다는 이야기를 썼다. 눈을 의심할 정도로 훌륭한 이 미끼는 유선형의 '몸통'을 가지고 있고, 몸통 옆쪽에는 목표물을 더 잘 유인하기 위한 지느러미와 꼬리 모양의 플랩(flap, 너풀너풀한 돌출물)을 달고 있으며, 안점(눈 모양의 반점) 무늬까지 흉내 내고 있다. 이 플랩은 마치 작은 물고기가 헤엄치는 듯한 리드미컬한 물결 운동을 한다. 이 '미끼 물고기'는 람프실리스의 육아낭(미끼의 몸통)과 외피(미끼의 지느러미와 꼬리)에서 생겨난 것이다. 이 미끼 덕분에 진짜 물고기가 꼬이면 어미 조개는 가짜 미끼를 알아차리지 못한 진짜 물고기를 향해 육아낭에서 자신의 유생을 발사한다. 발사된 람프실리스의 유생은 진짜 물고기의 아가미에 붙어 기생 동물로 자라나기 때문에, 이 미끼는 매우 유용한 장치인 셈이다.

그런데 나는 최근 그런 생물이 람프실리스만이 아니라는 사실을 알고 몹시 놀랐다. 어류학자인 시어도어 웰스 피치 3세(Theodore Wells Pietsch III, 1945년~)와 데이비드 그로베커(David B. Grobecker)는 필리핀산 앵글러피시(아귀의 일종 — 옮긴이) 한 마리의 표본을 발견했다. 그것은 야생에서 벌인 대담한 모험의 성과가 아니라 새로운 과학 지식의 원천이 되기도 하는 수조를 갖춘 어느 마을의 소매점에서 산 것이었다. (때로는 남자다움보다 세심함 쪽이 신기한 발견을 가능하게 하는 덕목이 되기도 한다.) 앵글러피시는 유생을 다른 물고기에게 무임 승차시키는 것이 아니라, 자신의 먹이를 낚시로 잡는다. (그래서 '낚시꾼 물고기'라는 별명이 붙기도 한다. — 옮긴이) 이 물고기는 주둥이 끝에 심하게 변형된 등지느러미의 가시를 달고 있다. 그리고 그 가시 끝에 매우 적절한 미끼가 달려 있다. 빛이 닿지 않은 깊은 암흑 세계에 사는 심해종 중에는 자체 조명을 사용해서 낚시를 하는 생물들이 있는데 그들은 자신의 미끼에 인광 세균을 기생시킨다. 얕은 물에 사는 종은 화려한 색깔과 울퉁불퉁한 몸체를 가지고 있어서, 얼핏 보기에는 해면이나 조류에 덮인 바위처럼 보인다. 그들은 해저에 달라붙어서 움직이지 않으면서 입의 가까운 곳에 있는 그 '미끼'를 물결치거나 흔들리게 한다. 이 '유혹물'은 종에 따라 다르지만, 연충류나 갑각류를 비롯해서 바

필리핀산 앵글러피시. 사진 제공: 데이비드 그로베커.

다에 사는 여러 종류의 무척추동물들에게서, 때로는 불완전하지만, 비슷한 형태로 나타난다.

그런데 피치와 그로베커가 발견한 앵글러피시는 람프실리스의 뒤쪽에 붙어 있는 미끼와 완전히 동일한, 인상적인 물고기의 형태를 띤 미끼를 진화시켰다. 이것은 앵글러피시에서는 처음 발견된 것이었다. (이 두 사람의 논문에는 '완전한 낚시꾼'이라는 적절한 표제가 붙어 있으며, 책머리에는 앞에서 언급한 월턴의 구절을 인용하고 있다.) 이 절묘한 속임수는 정확한 위치에 마치 눈(眼)처럼 보이는 착색된 점까지 찍어 놓고 있다. 더욱이 몸통 아래쪽에는 가슴지느러미와 배지느러미를 나타내는 납작한 실이 달려 있고, 등이 연장되어 등지느러미와 꼬리지느러미와 비슷한 모습으로 발달했다. 게다가 아무리 보아도 영락없는 꼬리 비슷한 것이 뒤쪽의 돌출부에서 이어져 나와 있다. 피치와 그로베커는 다음과 같이 결론지었다. "이 '미끼'는 필리핀 해역에 흔한 농어류의 한 과(科)로 쉽게 판단할 정도로 작은 물고기의 정확한 복제품이라고 할 수 있다." 이 앵글러피시는 때로 그 미끼를 수중에서 미세하게 물결치게 해서, "마치 헤엄치는 물고기의 측면에서 나타나는 파동을 흉내 내기"까지 한다.

람프실리스와 앵글러피시에서 나타나는 이러한 거의 똑같은 계략은, 언뜻 보기에는 다윈 진화를 뒷받침하는 실례처럼 보일지도 모른다. 만약 자연 선택이 이런 일을 두 번이나 할 수 있다면 무슨 일이든 해 낼 수 있지 않겠는가. 앞의 두 장에서 다룬 주제를 계속하면서 이 3부작을 끝내게 되겠지만, 완전성은 진화론자이든 창조론자이든 모두에게 똑같이 중요한 의미를 가진다. 「시편」의 기자는 이렇게 노래하지 않았는가? "하늘은 신의 영광을 드러내고, 창공은 그의 솜씨를 알려 준다."(「시편」 19편) 앞의 두 장에서는, 불완전성이 진화를 입증하는 열쇠 역할을 한다고 했지만, 이 장에서는 완전성에 다윈주의가 어떻게 대응하는가에 대해 설명하고자 한다.

그런데 완전성보다 더 설명하기 어려운 유일한 현상이 한 가지 있다. 그것은 유연 관계가 아주 먼 다른 종의 동물에게서 동일한 완전성이 반복해서 나타나는 현상이다. 육아낭과 외피로부터 진화한 대합조개의 뒤쪽에 달린 물고기, 등지느러미의 가시에서 진화한 앵글러피시의 코 앞에 달린 물고기. 이렇게 기원이 다른 동일한 완전성이 문제를 더 어렵게 한다. 물론 진화론적으로 두 '어류'의 기원을 논하는 것은 그리 어려운 일이 아니다. 람프실리스에 관해서는 실제로 그럴듯한 중간 단계들을 확인할 수도 있다. 앵글러피시의 등지느러미에 달린 가시가 '미끼'로 기능한다는 것은, 판다의 엄지나 난초의 입술 꽃잎에서 일어난 진화를 강력하게 뒷받침해 준다. 즉 가용한 부분을 임시 방편으로 사용한다는 원리를 암시하는 것이다(1장 참조). 그러나 다윈주의자들은 단지 진화를 입증하는 것 이상의 연구를 해야 한다. 그들에게는 임의적인 변이와 자연 선택이라는 기본 메커니즘을 진화적 변화의 근본 원인으로 옹호할 책임이 있다.

반다윈주의 진화론자들은 진화가 계획되지 않고 특정 방향을 갖지 않는다는 다윈주의의 중심 개념에 반대하는 주장으로서, 별개의 계통에서 나타나는 매우 유사한 적응 형태의 '반복' 발생을 항상 선호해 왔다. 만약 서로 다른 종의 생물들이 매우 흡사한 해결 방법으로 수렴한다면, 그것은 임의의 변이에 따라 작동하는 자연 선택의 결과가 아니라 변화의 방향이 미리 설정되어 있다는 것을 말해 주는 것이 아닐까? 또한 반복해서 나타나는 형태 자체를 그것에 이르는 무수한 진화적 사건들의 원인으로 간주해서는 안 되는 것일까?

예를 들어 헝가리 태생의 영국 작가인 아서 케스틀러(Arthur Koestler, 1905~1983년)는 최근에 발간된 6권의 저서에서, 다윈주의를 제대로 이해하지 못한 채 잘못된 캠페인을 전개했다. 케스틀러는 진화를 특정 방향으로 제한하고, 자연 선택의 영향을 거부하는 것으로 생각되는 어떤 지시력(ordering force)을 찾아내고자 했다. 유연 관계가 먼 서로 다른 계통에서 반복적으로 우수한 설계가 진화한다는 사실이 그가 의지하는 보루였다. 그는 여러 차례 반복해서 늑대와 '태즈메이니아주머니늑대'의 거의 동일한 머리뼈를 예로 들었다. (이 유대류 육식 동물은 늑대와 비슷하지만, 계통학적으로는 웜뱃(wombat, 작은 곰과 비슷하게 생긴 오스트레일리아산 유대 동물 — 옮긴이), 캥거루, 코알라 등과 훨씬 가깝다.) 가장 최근작 『야누스(*Janus*)』에서 케스틀러는 이렇게 쓰고 있다. "지금까지 살펴보았듯이, 늑대라는 단일 종의 임의적인 돌연변이와 자연 선택에 의한 진화만으로는 이 어려움을 넘을 수 없다. 이러한 과정을 섬과 대륙에서 각각 독립적으로 두 차례 일으킨다는 것은 기적을 제곱한다는 것을 의미할 것이다."

이에 대한 다윈주의의 대응은 부정과 설명을 모두 포함한다. 첫째, 부정으로, 고도로 수렴된 여러 개체군이 대개 동일하다는 주장은 결코 진실이 아니라는 것이다. 1931년에 죽은 벨기에 출신의 뛰어난 고생물학자 루이 돌로(Louis Dollo, 1857~1931년)는 많은 사람들에게 잘못 이해된 '진화 불가역의 법칙'이라는 원칙('돌로의 법칙'이라고 불리기도 한다.)을 수립했다. 사실을 정확하게 이해하지 못한 과학자들 중에는, 돌로가 진화란 오로지 앞을 향해 전진할 뿐이며 절대 뒷걸음질을 용납하지 않는 지향력(directing force)이라는 주장을 펼쳤다고 생각하는 사람도 있다. 그리고 그들은 돌로를, 자연 선택이 자연의 질서를 구성하는 요인이 아니라고 주장하는 비(非)다윈주의자에 포함시켰다.

그런데 실제로 돌로는 수렴 진화(收斂進化, 다른 계통에서 비슷한 적응 형질이 반복적으로 나타나는 현상)에 흥미를 가진 다윈주의자였다. 그는 기초 확률론의 관점에서 보아도, 수렴을 통해 완전히 유사한 현상은 절대 일어날 수 없다고 주장했다. 생물은 결코 자신의 과거를 지울 수 없다는 것이다. 물론 계통이 다른 생물이 공통된 생활 양식에 적응하면서 외형적인 유사성을 나타낼 수는 있다. 그러나 생명체는 복잡하고 독립적인 수많은 부분으로 이루어지기 때문에, 그 전부가 완전히 동일한 결과를 얻기 위해 두 번 진화할 가능성은 전혀 없다. 진화는 거꾸로 돌릴 수 없다(불가역)는 것은 바로 그런 뜻이다. 선조의 징후는 반드시 보존되며, 수렴은 아무리 그럴듯하게 보여도 항상 표면적일 수밖에 없는 것이다.

여기에서 내가 가장 경탄스럽게 생각하는 수렴의 예를 하나 살펴보자. 그것은 바로 어룡이다. 육생 선조에서 파생한 이 바다 파충류는 어류에 흡사하게 수렴해서, 고도로 효율적인 유체 역학적 설계의 등지느러미와 꼬리를 적재적소에 진화시켰다. 이 구조들이 주목할 만한 까닭은, 그것들이 원래 아무것도 없는 그야말로 무(無)에서 진화했기 때문이

어룡. 사진 제공: 미국 자연사 박물관(American Museum of Natural History).

다. 선조인 육생 파충류는 등에 아무런 혹도 없었고, 꼬리에는 지느러미로 발달할 수 있는 돌기 하나도 없었다. 그럼에도 불구하고 어룡은 전체 설계나 복잡한 세부 구조의 측면에서 물고기와는 다르다. (예를 들어 어룡의 척주가 아래쪽 꼬리지느러미 속으로 뻗어 있는 데 비해, 꼬리 척추를 갖는 어류의 척주는 위쪽 꼬리지느러미 속으로 뻗어 있다.) 어룡은 폐를 가지고 있어서 수면에서 호흡하고, 지느러미가 아니라 변형된 발뼈를 골격으로 하는 지느러미 모양의 발을 가지고 있기 때문에 여전히 파충류에 속한다.

케스틀러의 육식 동물도 같은 이야기를 해 주고 있다. 태반 늑대와 유대류의 '늑대'는 모두 사냥을 하기 적합하도록 설계되어 있지만, 전문가라면 그들의 머리뼈를 착각하는 일은 결코 없다. 외면적인 형태와 기능이 수렴한다고 해서 유대류 특유의 여러 가지 작은 특징들이 지워지지는 않기 때문이다.

둘째, 설명으로, 다윈주의는 케스틀러가 생각한 것처럼 변덕스러운 변화 이론이 아니다. 임의적인 변이가 변화의 원료일 수는 있다. 그러나 자연 선택은 대부분의 변이체(變異體)들을 배격하는 한편, 국지적인 환경에 대해 적응을 향상시킨 소수의 변이체들을 수용 축적함으로써, 이전보다 훨씬 우수한 설계를 형성해 간다.

강한 수렴(strong convergence)이 일어나는 기본 이유는, 너무 평범하게 들릴지 모르지만, 단순히 생존을 이어 가는 몇 가지 방법들이 (그 방법들이 기능하는) 모든 생명체에 엄격한 형태와 기능이라는 기준을 부과하기 때문이다. 육식성 포유류는 부지런히 달리고 날카로운 이로 먹이를 사냥하지 않으면 안 된다. 그들은 먹이를 찢어서 삼키기 때문에, 먹이를 잘게 으깨는 어금니가 필요하지 않다. 태반 늑대와 유대류 늑대는 모두 지속적으로 질주하는 데 유리한 구조를 가지며, 날카롭고 뾰족한 긴 송곳니와 퇴화한 어금니를 가지고 있다. 육생 척추동물은 네다리를 이용해 전진하며, 균형을 잡기 위해 꼬리를 사용하는 경우도 있다. 물속을 헤엄치는 물고기는 지느러미로 균형을 잡으며, 뒤쪽에서 꼬리로 추진력을 얻는다. 물고기처럼 생활하는 어룡류는 폭이 넓은 추진형 꼬리를 진화시켰다. (이것은 나중에 고래에서 일어난 변화와 비슷하다.) 그러나 고래의 수평 꼬리가 상하로 물을 치는 데 비해, 어류나 어룡류의 수직 꼬리는 좌우 방향으로 움직인다.

다시 웬트워스 톰프슨(D'Arcy Wentworth Thompson, 1860~1948년)이 오늘날에도 판을 거듭하면서 현대적 의미를 잃지 않고 있는 『성장과 형태에 관해서(*On Growth and Form*)』라는 책을 처음 발간한 것은 1942년이었다. 지금까지 뛰어난 논변으로 정교한 설계가 반복적으로 나타난다는 생물학적 주제를 논한 사람은 그밖에 없다. 과대 선전이나 과장을 용납하지 않는 것으로 유명한 피터 브라이언 메더워(Peter Brian Medawar, 1915~1987년) 경은 이 책을 "영어로 기술된 모든 과학 출간물 중에서 타의 추종을 불허하는 가장 훌륭한 문학 작품"이라고 평했다. 동물학자이자 수학자, 고전학자이자 산문 문장가인 톰프슨은 나이를 먹은 후에야 작위를 받았지만, 그 사고 방식이 너무도 이단적이어서 권위주의적인 런던 대학교나 옥스퍼드, 케임브리지 대학교에서는 자리를 얻지 못하고, 생애를 스코틀랜드의 작은 대학에서 마감했다.

톰프슨은 공상가라기보다는 탁월한 보수주의자였다. 그는 진지하게 피타고라스에게 경도되었으며, 그리스 기하학자로서 연구했다. 그는 자연물 속에서 반복적으로 구현되는 이상적 세계의 추상적인 형태를 찾아내는 데에 무한한 기쁨을 느꼈다. 벌집이나 일부 거북의 등딱지에서 반복적인 정육각형이 나타나는 이유는 무엇인가? 솔방울이나 해바라기 꽃(그리고 줄기에 잎이 나는 방식에서도 종종)에 나타나는 나선의 수가 피보나치 수열을 따르는 이유는 무엇인가? (공통되는 한 점에서 방사하는 여러 개의 나선으로 이루어진 계(系)는 왼감기나 오른감기의 형태로 나타난다. 왼감기와 오른감기의 나선의 수는 같지 않고, 피보나치 수열에서 연속하는 2개의 수로 나타난다. 피보나치 수열이란 이웃하는 2개의 정수(整數)의 합으로 이루어지는 수열을 뜻한다. 즉 1, 1, 2, 3, 5, 8, 13, 21 등이 그 수열에 해당한다. 예를 들어 솔방울은 13개의 왼감기 나선과 21개의 오른감기 나선을 가질 수 있다.) 수많은 고둥의 껍데기, 숫양의 뿔, 빛을 향해 날아가는 나방의 궤적까지도 대수 나선이라 불리는 곡선을 이루는 까닭은 무엇인가?

톰프슨의 대답은 매번 동일했다. 이러한 추상적인 형태들이 공통의 문제에 최선의 해결책을 주기 때문이라는 것이다. 이것들은 적응에 이르는 최선의, 그리고 대개는 유일한 길이기 때문에, 서로 다른 생물 종에서 반복적으로 발생하는 것이다. 삼각형, 평행사변형, 육각형은 빈틈없이 완전하게 공간을 채우는 유일한 평면 도형이다. 그중에서도 육각형이 가장 많이 사용되는 것은, 그것이 원에 가깝고 지지벽의 역할을 하기에 적절하고 내부 넓이를 극대화시킬 수 있기 때문이다. (벌집을 예로 들자면, 육각형은 가장 많은 양의 꿀을 저장하기 위한 최소의 구조물이다.) 피보나치 패턴은 그 정점에서, 가용한 가장 큰 공간에서 한 번에 하나씩, 새로운 요소를 덧붙이는 방식으로 구축된 모든 방사상 나선 계에서는 자동적으로 나타난다. 대수 나선은 크기가 커져도 형태가 변하지 않는 유일한 곡선이다. 나는 톰프슨이 제시한 이러한 추상적 형태를 최적의 적응 형태라고 인정한다. 그러나 '좋은' 형태가 종종 이처럼 단순한 수적 규칙성을 보이는 이유는 무엇인가 같은, 좀 더 큰 형이상학적인 주제에 대해서는, 단지 무지와 경이를 표할 수밖에 다른 도리가 없다.

지금까지 나는 반복되는 완전성이라는 문제에 들어 있는 주제의 절반밖에 이야기하지 않았다. 나는 '왜'에 대한 이야기를 해 왔다. 나는 수렴이 두 종의 복잡한 생물을 완전히 동일하게 만드는 일(그것은 다윈적인 진화 과정을 합당한 힘 이상으로 무리하게 곡해시키는 것이다.)은 결코 일어나지 않는다고 주장했다. 그리고 매우 유사한 반복이라는 문제를, 극히 제한된 해결 방법밖에 없는 공통의 문제에 대한 최적의 적응으로써 설명하고자 했다.

그렇다면 '왜'가 아닌 '어떻게'라는 물음에는 무슨 대답을 할 수 있을까? 우리는 람프실리스나 앵글러피시의 미끼에 대해 알고 있다. 그러나 그 미끼는 어떻게 발생했을까? 최종적인 적응 형태가 아무리 복잡하고 특이하더라도, 그 이전의 조상에서는 다른 기능이었던 평범한 부분에서 진화한 경우 그 문제는 더 난해해진다. 예를 들어 앵글러피시의 미끼 물고기가 그 정교한 모방에 도달하기까지 500회의 전혀 별개의 변형이 필요했다면, 그 과정은 어떻게 시작된 것일까? 그리고 최종 목표를 인식하고 있는 어떤 비다윈적인 힘이 그것을 추진한 것이 아니라면, 그러한 변형이 잇달아 계속된 까닭은 무엇인가? 단지 한 단계의 변형만으로 무슨 이득이 있는가? 500분의 1의 변형만으로도 진짜 물고기의 호기심을 자극하기에 충분했을까?

이 문제에 대한 톰프슨의 답은 조금 과장되기는 했지만, 그 본질은 예언적인 것이었다. 그는 생명체는 그것에 작용하는 여러 가지 물리적인 힘에 의해 직접 그 형태가 주어진다고 주장했다. 즉 최적의 형태란 적절한 여러 가지 물리적 힘의 영향을 받는 가소성 물질의 자연적인 상태 그 이상도 이하도 아니라는 것이다. 생물은 여러 가지 물리적 힘이 작용하

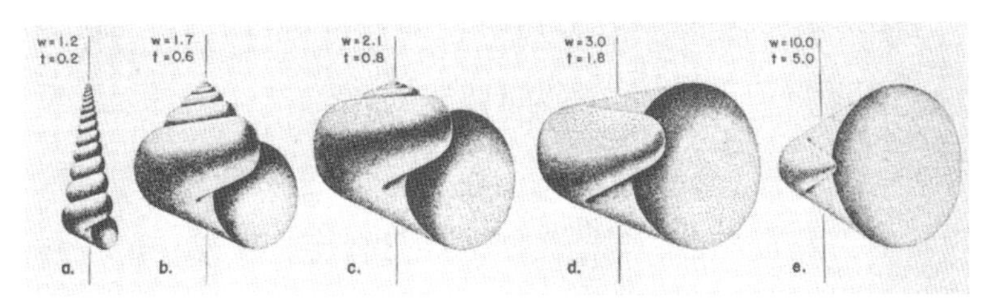

컴퓨터가 그린 이 그림(비슷하기는 하지만 진짜는 아니다.)에서, 대합조개처럼 보이는 오른쪽 맨 끝(e)은 '껍데기'가 성장할 때 원뿔형이 증가하는 비율을 적게 하면 간단히 왼쪽에 있는 '소용돌이' 모양으로 변형시킬 수 있다. 또한 이 원뿔형을 나선축에 대해 상하 방향으로 평행 이동시키는 비율을 크게 하면 '고둥'으로 변형시킬 수 있다. 위의 도형들은 이런 식으로 4개의 변수를 주어 변형시킨 것이다. 사진 제공: 데이비드 라우프.

는 계가 변할 때, 하나의 최적 상태에서 다른 최적 상태로 갑작스럽게 도약한다. 이제 우리는 대부분의 물리적인 힘들이 너무 약해서 형태를 직접 바꿀 수 없음을 알고 있다. 따라서 우리는 그 대신 자연 선택에서 그 답을 찾는다. 그러나 선택이 느리고 지속적인 방식으로밖에 작용할 수 없다면, 다시 말해 어떤 복잡한 적응 형태를 형성하는 과정에서 한 걸음씩 누적적으로밖에 작용할 수 없다면, 우리는 다시 벽에 부딪치게 된다.

나는 가능한 하나의 답이, 여러 가지 물리적 힘이 생명체를 직접 형성시킨다는 아직 입증되지 않은 주장을 제기한 톰프슨의 통찰의 본질 속에 들어 있다고 생각한다. 복잡한 형태는 여러 요인들을 생성하는 훨씬 단순한(종종 대단히 단순한) 체계에 의해서 완성되고는 한다. 생물을 이루는 여러 부분들은 성장 과정에서 복잡한 방식으로 연결되고, 그중 어떤 변화가 그 생명체 전체로 퍼져 나가 전혀 예상하지 못했던 방식으로 그 생명체를 변화시킬 수도 있다. 시카고에 있는 필드 자연사 박물관의 데이비드 라우프(David Raup, 1933~2015년)는 톰프슨의 통찰을 현대의 컴퓨터에 응용해서 앵무조개에서 대합조개, 달팽이에 이르는 모든 고둥들의 기본 형태가 단 세 가지의 단순한 성장 경사(gradient)를 여러 가지로 바꿈으로써 형성될 수 있음을 보여 주었다. 나는 라우프의 프로그램을 사용해서, 세 가지 경사 중에서 2개만 수정해서 흔한 달팽이를 보통 대합조개로 바꿀 수 있다. 실제로 믿건 안 믿건 간에, 현존하는 달팽이의 특수한 한 속은 흔히 볼 수 있는 대합조개의 껍데기와 흡사한 2장의 껍데기를 가지고 있어서, 언젠가 놀라운 클로즈업 영화에서 달팽이의 머리가 2장의 껍데기 사이를 뚫고 나오는 것을 보고 너무 놀라서 숨을 쉴 수 없을 정도로 흥분한 적이 있다.

진화의 징후로서 완전성과 불완전성의 문제를 다룬 나의 3부작은 이것으로 끝을 맺는다. 그러나 실은 3부작은 모두 판다의 '엄지'와 연관되는 논의의 연장이다. 이야기를 풀어 나가는 과정에서 이런저런 샛길로 빠지기도 하고, 엉뚱한 이야기를 하기도 했지만, 지금까지 다룬 세 장의 유일한 구체적인 목표는 판다의 엄지이다. 역사를 이야기하는 징후로서는 불완전한, 하나의 손목뼈에서 비롯된 엄지는 가용한 부분들을 활용해서 만들어진 것이다. 드와이트 데이비스는 무수한 단계를 거쳐 곰에서 판다에 도달할 수밖에 없다면, 자연 선택은 무력한 것이 아닌가라는 딜레마에 부딪쳤다. 그래서 그는, 요인들을 생성하는 단순한 체계로 문제를 환원시키는, 톰프슨의 해결 방법을 옹호했다. 또한 데이비스는 근육이나 신경을 모두 갖춘 엄지라는 복잡한 장치가 요골종자골이 단순히 확장되는 과정에서 자동적으로 생겨났다고 주장했다. 또한 데이비스는 머리뼈의 형태에서 나타난 복잡한 변화(잡식성에서 거의 대나무만을 먹는 식성으로 변해 간 것)도 한두 가지 근본적인 변화로 인해 나타났을 것이라고 주장했다. 그리고 그는 이렇게 결론지었다. "극히 소수의 (아마 6개 이하) 유전 메커니즘이 곰속에서 자이언트판다 속으로의 적응적 이행에 관여했다. 이러한 메커니즘의 작용은 대부분 분명하게 확인할 수 있다."

따라서 우리는 그 밑에 내재하는 변화의 유전적 연속성(다윈주의 가정의 본질)에서 그 결과의 잠재적이고 일시적인 변화(즉 그것의 결과로 나타난 복잡한 성체)로 이행할 수 있게 된 것이다. 복잡한 체계에서는, 입력(input)이 매끄럽게 이어져도 그 출력(output)에서는 일화적인 변화가 나타날 수 있다. 여기서 우리는 우리 자신의 존재 문제, 그리고 우리를 구성하고 있는 것들을 이해하려는 탐구라는 중심적인 역설과 맞닥뜨린다. 이보다 낮은 구조적 복잡성 수준에서는 이러한 의문을 제기할 수 있는 뇌가 진화하지 않을 것이다. 인간 정도의 복잡성 수준에서는, 우리의 뇌가 고안하기 좋아하는 단순한 답들 속에서 해답을 찾아낸다는 것은 기대하기 어렵기 때문이다.

2부

다원적 세계

4장

자연 선택과 인간의 뇌: 다윈 대 월리스

샤르트르 대성당의 남쪽 수랑(袖廊, 십자형 교회의 양쪽 날개부 — 옮긴이)에는 중세에 만들어진 가장 훌륭한 스테인드글라스 창문이 하나 있다. 거기에는 구약 성서에 나오는 네 명의 예언자, 이사야, 예레미야, 에스겔, 다니엘이 거인의 어깨 위에 올라선 난장이로 묘사되어 있다. 1961년 우쭐거리는 대학생 신분으로 처음 이곳을 방문해 그 창문을 쳐다보았을 때, 나는 곧바로 "내가 멀리까지 내다볼 수 있었다면, 그것은 거인의 어깨 위에 서 있었기 때문이다."라는 아이작 뉴턴(Isaac Newton, 1643~1727년)의 유명한 아포리즘을 떠올렸다. 그리고 나는 이 말이 뉴턴이 처음 한 것이 아니었음을 알아내고는 마치 대발견이라도 한 것처럼 들떴다. 그 후 몇 년이 지나 세상 풍파에 찌들어 우쭐거림이 한풀 꺾인 나는 컬럼비아 대학교의 저명한 과학 사회학자 로버트 킹 머튼(Robert King Merton, 1910~2003년)이 뉴턴 이전에 이 비유가 사용된 용례를 무려 책 한 권에 달하는 분량으로 수집했다는 사실을 알았다. 그 책에는 적절하게도 『거인들의 어깨 위에서(*On The Shoulders of Giants*)』라는 제목이 붙었다. 머튼은 이 명문구(名文句)를 1126년 당시의 샤르트르의 베르나르(Bernard of Chartres)까지 추적해 올라가서, 저 장대한 남쪽 수랑에 있는 창문(성 베르나르의 사후에 설치되었다.)은 샤르트르의 베르나르의 은유를 스테인드글라스에 구현해 내려는 시도라고 생각하는 학자들의 말까지 찾아냈다.

머튼은 중세에서 르네상스기에 걸친 유럽의 지식인 사회를 종횡무진하는 즐거운 놀이로 자신의 책을 현명하게 구성했지만, 그는 진지한 주장을 제기하고 있다. 머튼은 자연 과학에서의 '복수 발견(multiple discoveries)' 연구에 자신의 평생을 바쳤다. 그는 중요한 개념(idea)은 여러 사람에 의해 나타나는 경우가 많고, 거의 동시에 나타나는 경우도 자주 있다고 생각했다. 따라서 위대한 과학자들은 각자의 문화 속에 묻혀 있는 것이지, 그것으로부터 유리되어 있는 것이 아니라고 설득했다. 위대한 개념들은 대부분 "분위기가 감돌고" 있어서, 여러 과학자들이 같은 시기에 각자의 그물을 휘두르고 있다는 것이다.

머튼이 이야기하는 '복수 발견'의 가장 유명한 예는 나 자신의 연구 분야인 진화 생물학에서 찾아볼 수 있다. 이미 잘 알려진 사실이기 때문에 이 자리에서는 간략하게 소개하겠다. 다윈은 1838년에 독자적으로 자연 선택설을 수립했고, 그 이론을 1842년과 1844년에 2편의 발간되지 않은 초고에서 처음으로 개진했다. 그는 자신의 이론에 추호의 의심도 품지 않았지만, 그 혁명적인 함의를 그대로 발표하는 것에 두려움을 느꼈다. 그 결과 다윈은 무려 15년 동안이나 애태우고 방황하고 기다리고 심사숙고하며 자료 수집을 계속했다. 그리고 마침내 친한 친구들의 강요에 가까운 설득으로 『종의 기원』의 4배 정도의 엄청난 분량의 대작을 쓰기 위해 자신의 노트를 정리하기 시작했다. 그런데 1858년에, 다윈은 자기보다 훨씬 젊은 자연학자 앨프리드 러셀 월리스(Alfred Russel Wallace, 1823~1913년)로부터 편지와 함께 한 편의 원고를 받았다. 월리스는 말레이 군도의 한 섬에서 말라리아에 걸려 누워 있는 동안 자연선택설을 독자적으로 구축했다. 다윈은 월리스의 이론이 그 세부에 이르기까지 자신의 이론과 흡사하다는 사실을 알고 아연실색했다. 더구나 월리스는 자신과 마찬가지로 생물학이 아닌 토머스 로버트 맬서스(Thomas Robert Mathus, 1766~1834년)의 『인구론(*Essay on Population*)』에서 착상을 얻었다고 쓰고 있었다. 극도로 불안해진 다윈은 마치 예상했던 것처럼 여유 있는 제스처를 취했지만, 다른 한편 자신의 정당한 선취권을 확보할 수 있는 방법을 찾을 수 있기를 열렬히 원했다. 그리고 지질학자 찰스 라이엘(Charles Lyell, 1797~1875년)에게 다음과 같은 편지를 썼다. "월리스든 그밖의 누구에게든 비천하게 행동하는 것으로 비쳐지느니 차라리 저의 책을 모조리 불살라 버리는 편이 훨씬 낫습니다." 그러나 그는 이러한 암시를 덧붙였다. "혹시 명예를 지키면서 제 이론을 발표할 수 있다면, 저는 월리스가 저의 전반적 결론과 동일한 논문을 보내 왔기 때문에 …… 제가 이 초고를 발표하게 되었다고 쓸 작정입니다." 라이엘과 식물학자 조지프 달턴 후커(Joseph Dalton Hooker, 1817~1911년)는 그가 던진 미끼를 물었고 다윈을 구원하기 위한 노력을 시작했다. 다윈이 성홍열로 죽은 어린 아들에 대한 슬픔으로 집에 틀어박혀 있는 동안, 그들은 다윈의 1844년 에세이의 발췌본과 월리스의 원고를 함께 실은 공저 논문을 런던의 '린네 학회'에 보냈다. 이듬해 다윈은 그것보다 훨씬 긴 저술을 필사적으로 편집하고 고쳐 쓴 요약본, 즉 『종의 기원』을 출간했다. 이로써 월리스는 빛을 잃었다.

역사상 월리스는 다윈의 이름이 나오면 항상 그 뒤를 따르는 '그림자'로 하락했다. 공적으로도 사적으로도 다윈은 자신보다 훨씬 젊은 동료 학자에게 항상 친절하고 관대했다. 그는 1870년에 월리스에게 이런 편지를 보냈다. "우리 두 사람이 어떤 의미에서는 라이벌이면서도, 서로에게 한 번도 질투심을 느끼지 않았다는 사실을 돌이켜 생각하면서, 귀하께서도 그 점에 만족한다면 좋겠다고 바라고 있습니다. 제 생애에는 그 이상 만족스러운 일은 없습니다." 이 편지에 대한 답변에서, 월리스도 시종일관 겸손한 자세를 보였다. 1864년 그는 다윈에게 이런 글을 보냈다. "자연 선택설 그 자체에 대해서 저는 그 이론이 오직 선생님의 연구의 소산이라고 주장할 것이며, 앞으로도 계속 그렇게 할 것입니다. 제가 그 주제에 관해서 작은 깨달음을 얻기 훨씬 전에 이미 선생님은, 제가 한 번도 생각해 본 적이 없는 세부에 걸쳐 그 이론을 정립하셨습니다. 제 논문은 그 누구도 설득시킬 수 없었거나, 또는 단지 기발한 공상 이상의 주목을 끌지 못했을 것입니다. 그것에 비해 선생님의 저서는 자연학 연구에 혁명을 일으켰고, 오늘날 최고 지성인들의 마음을 사로잡았습니다."

진심에서 우러난 이 호의와 상호 지지는 그때나 지금이나 진화론의 근본 문제에 대한 중대한 견해 차이를 덮었다. 자연 선택은 진화적 변화의 요인으로서 얼마나 독점적인 영향력을 발휘하는가? 생물의 특성은 모두 적응이라는 관점에서 볼 수 있는가? 월리스가 다윈에게 종속된 분신의 역할을 넘어서지 못했다는 통념은 대중에게 마치 정설처럼 받아들여졌고, 진화론 연구자들 중에도 이 두 사람이 여러 가지 이론적인 문제를 두고 사사건건 의견을 달리 했다는 사실을 아는 사람은 거의 없다. 게다가 그들의 공공연한 불일치가 기록으로 남아 있는 특수한 한 영역, 즉 인간 지능의 기원에 대한 주제에서 많은 평자들이 뒤늦게야 이 문제를 논의하고 있다. 그것은 이 논쟁을 자연 선택의 힘에 관한 좀 더 일반적인 견해 차이라는 맥락 속에 올바로 위치지우지 못했기 때문이다.

미묘하고 파악하기 어려운 개념들을 완고하고 절대적인 용어로 표현하면 하찮아지거나 심지어는 비속해지는 경우가 많다. 카를 하인리히 마르크스(Karl Heinrich Marx, 1818~1883년)는 자신이 마르크스주의자임을 부정할 수밖에 없다고 생각했고, 아인슈타인은 자신의 주장을 "모든 것은 상대적이다."라는 식으로 해석하는 중대한 오해와 맞서 논쟁했다. 다윈은 자신이 한 번도 품지 않았던 극단적인 아이디어에 자신의 이름이 도용되는 것을 보았다. 그가 살던 시대와 오늘날에도 '다윈주의'는 사실상 모든 진화적 변화를 자연 선택의 산물로 보는 관점인 것처럼 정의되고는 하기 때문이다. 실제로 다윈은 자신의 이름이 이런 식으로 잘못 거론된다는 사실에 괴로움을 호소하며 불평을 늘어놓았다. 그는『종의 기원』의 최종판(1872년)에서 이렇게 쓰고 있다. "최근 나의 결론이 크게 오해되고, 또한 내가 종의 변화를 오로지 자연 선택의 결과로 돌리는 것처럼 이야기되고 있기 때문에, 이 책의 초판 및 이후 판에서 서문의 말미에 썼던 다음과 같은 가장 확실한 표현을 이 자리에서 다시 한번 강조해도 될 것 같다. '나는 자연 선택은 변화의 주요 수단이기는 하지만 유일한 수단은 아니라고 확신한다.' 그러나 이런 시도는 아무 효과도 없었다. 끊임없이 계속되는 오해의 힘, 그것은 실로 엄청난 것이었다."

그런데 당시 영국에는 소수의 엄격한 선택설 옹호자들(그 이름이 잘못 사용된 의미에서의 '다윈주의자들')이 있었다. 앨프리드 러셀 월리스가 그 주도자격이었다. 이 생물학자들은 모든 진화적 변화의 원인을 자연 선택으로 돌렸다. 그들은 모든 형태, 특정 기관의 모든 기능, 특정 행동을 모두 적응, 즉 선택이 '보다 나은' 생물을 향해 이끈 산물로 생각했다. 또한 그들은 자연의 '적절함(rightness)'에 대한 신념, 즉 모든 생물이 나름의 환경에 절묘하게 적응했다는 확고한 신념을 가지고 있었다. 그들은 자비로운 신성(神性)을 자연 선택의 전능한 힘으로 대체시킴으로써 어떤 의미에서는 자연의 조화라는 창조론적 관념을 재도입한 셈이다. 한편 다윈은 복잡하고 혼란스러운 우주를 있는 그대로 직시하는 일관된 다원주의자였다. 그는 적응이나 조화를 중시했다. 그 이유는 자연 선택이 진화의 여러 힘 중에서 가장 우월하다고 생각했기 때문이다. 그러나 진화에는 자연 선택 말고 다른 과정도 함께 작용한다. 그리고 생물들은 적응의 결과가 아니고 생존에 직접 도움을 주지도 않는 특성들도 얼마든지 가지고 있다. 다윈은 비적응적인 변화로 이어지는 두 가지 원리를 강조했다. ① 생물은 통합적인 체계이기 때문에, 한 부분의 적응적 변화가 다른 특성들에 비적응적 변화를 가져올 수 있다. (다윈의 표현으로 "성장의 상호관계(correlations of growth)"였다.) ② 선택의 영향으로 구체적인 기능을 수행하도록 발생한 기관은, 그 구조에 따른 결과로, 선택받지 않은 다른 많은 기능도 함께 수행할 수 있다.

월리스는 1867년 초에 발표한 논문에서 경직된 초선택주의자(hyper-selectionist)의 논조로(월리스의 표현으로 "순수 다윈주의(pure Darwinism)"로) 자신의 관점을 "자연 선택설로부터의 필연적인 연역"이라고 불렀다.

> 생명체의 선택이라는 명백한 사실도, 특별한 기관도, 특징적인 형태나 무늬도, 본능이나 습관의 특이성도, 종 또는 종 사이의 관계도, 그것들을 가진 개체 또는 종족에게 현재 유용하거나, 또는 과거에 유용하지 않았다면 결코 존재할 수 없다.

훗날 월리스는 생물의 어떤 특징이 쓸모없는 것처럼 보이는 것은, 단지 우리의 지식이 불완전하기 때문이라고 주장했다. 이것은 주목할 만한 주장이었다. 왜냐하면 이 주장에 따라 유용성의 원리가 반박이 통하지 않는 '선험적'인 무엇이 되기 때문이다. "어떤 기관에 대해 그 '무용성'을 단언하는 것은 …… 사실을 언명하는 것이 아니며, 언명이 될 수도 없다. 그것은 단지 그 목적이나 기원에 대한 우리의 무지를 드러내는 것에 불과하다."

다윈이 월리스와 벌인 공적, 사적 논쟁은 모두 자연 선택의 힘에 대한 그들의 서로 다른 평가와 관련된 것이었다. 먼저 두 사람은 '성 선택(sexual selection)'의 주제를 둘러싸고 논쟁을 벌였다. 성 선택은 (섭식(攝食)과 방어에서 일차적으로 나타나는) 보통의 '생존 투쟁'과는 무관하거나 심지어는 유해한 것처럼 보이지만, 짝짓기의 성공을 높이는 기능을 가지는 장치로 해석할 수 있는 여러 특징들(예를 들어 사슴의 정교한 가지가 달린 뿔이나 공작의 꼬리 깃털 등)의 기원을 설명하기 위해서, 다윈이 제안한 부차적인 과정에 해당하는 것이다. 다윈은 두 종류의 성 선택을 제안했다. 하나는 암컷(여자)에 접근하기 위한 수컷(남자)끼리의 경쟁, 다른 하나는 암컷에 의한 수컷의 선택이다. 다윈은 현생 인류의 인종 분화의 원인 중 많은 부분을 각 민족마다 서로 다른 미(美)의 기준에 기초를 둔 성 선택으로 돌렸다. (사람의 진화에 대한 다윈의 책 『인간의 유래』(1871년)는 실은 동물계 전체에 걸친 성 선택에 관한 긴 논문과 성 선택에 크게 기반한 인간의 기원에 관한 추론을 담은 그보다 짧은 논문을 한데 묶은 것이었다.)

사실 성 선택이라는 개념은 자연 선택과 모순되는 것이 아니다. 왜냐하면 성 선택은 바로 생식의 성공에 차이가 있을 수밖에 없다는 다윈적 필연성으로 이어지는 또 하나의 경로이기 때문이다. 그러나 월리스는 세 가지 이유로 성 선택이라는 사고 방식에 찬성하지 않았다. 첫째 성 선택은 자연 선택을 단지 교미가 아니라 생존 그 자체를 위한 싸움으로 보는 19세기 특유의 사고 방식의 통칙을 훼손한다. 둘째, 성 선택은 동물의

'의지(volition)', 특히 암컷이 수컷을 선택한다는 개념에 지나치게 중점을 둔다. 셋째, 이것이 가장 중요한 문제인데, 성 선택적 관점에 따르면 잘 설계된 기계인 생물의 작동과 무관한 중요한 특징이 수없이 발달했다는 사실을 허용해야 한다. 그러한 이유로 월리스는 성 선택설이, 동물을 자연 선택의 순수한 물질적 힘이 만든 절묘한 작품으로 보는 자신의 견해를 위협한다고 느낀 것이다. (실제로 다윈은 인종 사이에 수많은 차이점이 나타나는 것은 바람직한 설계에 기반한 생존과는 아무런 관계가 없으며, 단지 여러 인종의 미적 기준이 매우 다양함을 반영하는 것에 지나지 않는다고 주장했다. 따라서 이러한 차이는 적응적 근거는 전혀 없다는 것이다. 월리스는 수컷끼리의 투쟁에 근거한 성 선택을 자연 선택에 대한 자신의 개념과 상당히 가까운 은유라고 생각했다. 그러나 그는 암컷의 선택이라는 개념을 배격했으며, 거기서 생기는 특징을 모두 자연 선택의 적응 작용의 탓으로 돌려 다윈을 무척 괴롭혔다.)

다윈은 『인간의 유래』를 준비하던 1870년에 월리스에게 보낸 편지에 다음과 같이 썼다. "저는 당신과 다른 생각을 가지고 있다는 사실을 무척 유감스럽게 생각합니다. 솔직히 말하자면, 저는 그 점이 두렵고, 그 때문에 끊임없이 스스로를 불신의 눈으로 바라보고 있습니다. 그리고 우리 두 사람이 서로를 완전히 이해하는 일은 결코 불가능한 것이 아닌가 하고 우려하고 있습니다." 그는 월리스가 성 선택을 받아들이기 꺼려하는 이유를 이해하려고 애썼고, 심지어는 친구가 가진 자연 선택에 대한 진지한 확신을 어떻게든 받아들이려고 애썼다. 그는 또 월리스에게 이렇게 썼다. "제가 지금 자기 방어와 성 선택에 관해서 심각하게 고민하고 있다는 이야기를 들으면 기쁘겠지요. 오늘 아침 저는 기쁘게도 당신의 입장으로 흔들렸지만, 저녁에는 다시 과거의 저의 입장으로 돌아왔습니다. 저는 결코 그 입장에서 벗어나지 못하는 것이 아닌가 걱정하고 있습니다."

그러나 성 선택을 둘러싼 논쟁은 가장 감정적이고 논쟁의 여지가 많은 주제, 즉 인간의 기원에 관한 훨씬 심각하고 널리 알려진 견해 차이로 이어지는 서곡에 지나지 않았다. 요약하자면, 월리스는 초선택주의자였고, 생물 형태의 모든 미묘한 차이에서 자연 선택의 작용을 인정하지 않는 다윈을 힐난했지만, 인간 뇌의 문제에 이르러 돌연 비난을 멈추었다. 월리스는 우리의 지성이나 도덕성은 자연 선택의 산물일 수 없다고 주장했다. 그리고 자연 선택이 진화의 유일한 길이기 때문에, 생물이 이룬 혁신 중에서 가장 새롭고 가장 위대한 것을 구축하기 위해서는 보다 강한 어떤 힘, 직접적으로 말하면 신이 개입한 것이 틀림없다고 보았다.

성 선택이라는 면에서 자신이 월리스에게 영향을 줄 수 없다는 사실로 괴로워하던 다윈은 이제 종착점까지 와서 갑자기 월리스의 태도가 일변한 사실에 아연실색했다. 1869년, 그는 월리스에게 이런 편지를 보냈다. "저는 당신이 당신의 자식이면서 동시에 제 자식이기도 한 것을 너무 완전히 죽이지 말았으면 합니다." 한 달 후, 다윈은 다시 간곡히 충고했다. "당신이 제게 이야기해 주지 않았다면, 저는 (인간에 관한 당신의 견해는) 어떤 다른 사람이 덧붙인 것으로 생각했을 것입니다. 당신도 예상하겠지만, 저는 당신과 완전히 생각이 다릅니다. 그리고 그 점에 대해 무척 가슴 아프게 생각하고 있습니다." 월리스는 이 비난에 민감하게 반응했고, 그 후 인간의 지능에 관한 자신의 생각을 "나의 특별한 이단적 견해"라고 부르게 되었다.

월리스가 완벽한 일관성을 유지하던 마지막 순간에 태도를 바꾼 것에 대한 일반적인 설명은 그가 인간을 자연 선택의 체계에 완전히 포함시키는 마지막 한 걸음을 내딛을 용기가 없었다는 것이다. 그 마지막 한 걸음은 다윈이 『인간의 유래』(1871년)과 『인간과 동물의 감정 표현(*Expression of the Emotions in Man and Animals*)』(1872년)이라는 두 권의 책에서 훌륭한 불요불굴의 태도로 전진시킨 한 걸음이다. 대부분의 역사적 평가는 인간 지능의 기원에 대한 월리스의 입장과 연관된 세 가지 요소 중에서 한 가지(또는 그 이상) 때문에 그를 다윈보다 뒤지는 인물로 평하고 있다. 하나는 그가 겁쟁이였다는 것이고, 두 번째는 인간의 독특함에 대한 문화적 강제나 전통적인 통념을 넘어설 수 없었다는 점이고, 세 번째는 자연 선택을 (성 선택에 대한 논쟁에서) 그처럼 강하게 주장했으면서 가장 결정적인 순간에는 자연 선택을 버렸다는 일관성의 부재이다.

나는 월리스의 정신을 분석하는 따위의 일은 결코 할 수 없다. 그리고 인간의 지능과 다른 동물 사이의 간격을 넘지 못했던 그의 마음 깊은 곳의 동기에 대해 논할 생각도 없다. 그러나 그가 주장한 논리를 평가할 수는 있다. 그리고 그에 대한 전통적인 설명이 부정확할 뿐만 아니라 정반대라는 것을 알 수 있었다. 월리스는 동물에서 인간에 이르는 문턱에서 자연 선택을 포기하지 않았다. 인간의 마음에 대해 그가 자연 선택을 인정하지 않은 것은, 오히려 수미일관하게 자연 선택에 대한 그의 경직된 사고 방식을 고수했기 때문이다. 그는 결코 입장을 바꾸지 않았다. 그에게 중요한 진화적 변화의 유일한 원인은 오직 자연 선택뿐이었다. 다윈을 상대로 벌인 두 가지 논쟁, 즉 성 선택과 인간 지능의 기원에 대한 논쟁은 월리스의 일관된 주장을 잘 보여 주고 있다. 결코 그는 어떤 경우에는 자연 선택론을 고수하고 어떤 경우에는 그것으로부터 도망치는 식의 모순된 태도를 보이지 않았다. 인간 지능에 관해서 월리스가 잘못을 저지른 원인은 그의 경직된 선택주의의 부적절함 때문이지 그 적용의 실패 때문이 아니다. 그리고 그의 주장의 결함은 오늘날의 문헌에 나오는 가장 '현대적'인 진화론적 추론에서도 여전히 드러나는 약점이기 때문에 오늘날 우리의 연구에 대해서도 많은 시사점을 주고 있다. 왜냐하면 오늘날 사람들이 보다 선호하는 이론에 내재된 사고 방식이 공교롭게도 다윈의 다윈주의보다 윌리스의 경직된 선택주의에 훨씬 가깝기 때문이다. 게다가 이 이론은 앞에서 이야기한 맥락에서 보면 역설적이게도 '신다윈주의(Neo-Darwinism)'이라고 불리고 있다.

월리스는 인간 지능의 독특함에 대해 여러 가지 주장을 폈다. 그의 핵심은 당시로서는 무척 낯선 것이었지만, 현재의 관점에서 그 주장을 되돌아보면 최고의 칭송을 들을 만한 것이었다. 월리스는 19세기의 몇 안 되는 인종 차별 반대론자였다. 그는 인류의 모든 집단이 선천적으로 동등한 지적 능력을 가지고 태어났다고 진정으로 확신했다. 월리스는 해부학적 특징과 문화와 연관된 두 가지 주장으로, 진정한 의미에서 인습에 사로잡히지 않은 평등주의를 고수했다. 무엇보다도 그는 '야만인'의 뇌가 백인의 뇌보다 별달리 작거나 구조적으로 불완전하지 않다고 주장했다. "가장 하등한 야만인의 뇌나, 선사 시대 인류의 뇌는 그 크기와 복잡성에서 가장 고등한 유형과 비교해서 …… 거의 손색이 없다." 게다가 문화적 조건만 주어지면 가장 미개한 야만인도 우리의 매우 품격 있는 생활에 동화되는 것을 볼 때, 미개함이란 그 능력 자체가 결여되어 나타나는 것이 아니라 이미 가지고 있는 능력을 사용하지 않기 때문에 발생하는 것일 뿐이다. "그러한 능력은 하등한 종족들에게도 잠재해 있다. 왜냐하면 유럽인이 훈련한 원주민 군악대가 세계 각지에 조직되었고, 최고 수준의 현대 음악을 훌륭히 연주할 수 있을 정도이기 때문이다."

물론 내가 월리스를 인종 차별 반대론자라고 부른다고 해서, 그가 모든 민족의 문화적 특성을 그 본질적인 가치에서 동등한 것으로 보았다고 주장하는 것은 아니다. 월리스는 당시의 대부분의 사람들과 마찬가지로, 유럽적 방식의 우월성을 의심하지 않은 문화적 국수주의자였다. 그는 '야만인'의 능력에 관해서는 완고하게 자신의 입장을 고수했을 수도 있다. 그러나 다음과 같은 그의 잘못된 생각을 살펴보면 그가 야만인의 생활에 대해 유치한 의견을 가지고 있었던 것은 분명하다. "우리의 법률, 정부, 그리고 과학은 다양하고 복잡한 현상을 통해 예상되는 결과를 논리적으로 추론하도록 우리에게 요구한다. 심지어는 체스 같은 놀이도 우리가 이러한 능력을 고도로 발휘하게 한다. 이런 측면을 추상적 개념을 나타내는 단어라고는 하나도 없는 야만인의 언어와 비교해 보라. 극히 간단한 필요성 이상의 통찰이란 야만인에게는 전혀 필요하지 않다. 그들의 감각에 직접 호소하지 않는 일반 문제들에 관해서 추론하고, 그 문제들을 서로 결부시키고 비교한다는 것은 그들에게는 불가능하다."

여기에 월리스의 딜레마가 있다. 즉 우리의 실제 선조들로부터 오늘날 생존해 있는 원주민에 이르는 모든 '야만인'은 유럽의 예술이나 도덕, 철학의 가장 섬세한 정교함까지 발전시키고 그 가치를 완전히 인식할 수 있는 뇌를 가지고 있었다. 그러나 현재 그들은, 자연의 상태에서, 빈곤한 언어와 도덕을 가진 초보적인 문화를 형성하고 있기 때문에, 원래 가진 능력의 극히 작은 일부밖에 사용하지 않고 있다.

그러나 자연 선택은 당장의 사용(immediate use)에만 유용한 특징을 만들 수 있을 뿐이다. 인간의 뇌는, 그것이 원시 사회에서 형성되었다는 점을 감안한다면 지나친 과잉 설계(overdesign)에 해당한다. 따라서 자연 선택이 인간의 뇌를 구축할 수 없었다는 다음과 같은 주장이 제기되는 것이다.

> 야만인들의 제한된 정신 발달을 위해서는 …… 고릴라 뇌의 1.5배 정도 크기로도 충분하다. 따라서 그들의 큰 뇌는 결코 진화의 법칙들에 의해서만 발달한 것이 아님을 인정해야 한다. 진화의 본질은 각각의 종의 요구에 엄격히 부응해서 일정 수준의 조직에 도달하는 것이지 결코 그것을 능가하는 것이 아니기 때문이다. …… 따라서 자연 선택은 유인원의 뇌보다 조금 고등한 정

도의 뇌를 야만인에게 주는 이상의 일을 할 수 없었을 것이다. 그러나 실제로 그들은 철학자의 뇌와 거의 다르지 않은 뇌를 가지고 있다.

월리스는 이 일반적인 주장을 추상적인 지능에 한정시키지 않고, 유럽적인 '품격'의 모든 측면, 특히 언어와 음악에까지 확장시켰다. "특히 여성의 후두(喉頭)가 가진 음악적 소리를 내는 경이로운 발성 능력, 그 소리의 넓은 음역(音域), 유연함, 감미로움"에 대한 그의 관점을 살펴보면 그의 생각을 분명히 알 수 있다.

야만인의 습관을 보면 어떻게 이러한 능력이 자연 선택을 통해 발달할 수 있었는지 도무지 이해할 수 없다. 왜냐하면 이 능력은 그들에게 결코 필요하지도, 사용되지도 않았기 때문이다. 야만인의 노래는 대개 단조로운 울부짖음에 지나지 않고, 더구나 여자가 노래를 부르는 경우는 좀처럼 없다. 야만인들이 아름다운 목소리로 아내를 고르는 일은 결코 없고, 거친 건강미나 강한 힘, 신체의 아름다움 등이 선택 기준이 된다. 따라서 문명인들 사이에서나 효과가 나타날 이 경이로운 능력이 성 선택으로 발달했을 리가 없다. 이 기관은 초기 인류에게는 필요 없는 최신의 능력을 갖고 있기 때문에, 그 기관은 마치 인간의 미래의 진보를 예측하여 미리 준비된 것처럼 보인다.

결국 만약 인간의 보다 높은 수준의 여러 능력이 우리가 그것을 사용하거나 필요로 하기 이전에 나타난 것이라면, 그것들은 자연 선택의 산물일 수 없다. 그리고 만약 그것들이 미래의 필요성을 예상하고 발생한 것이라면, 그것은 훨씬 고등한 지능을 가진 존재가 직접 만들어 낸 것이 틀림없다. "이러한 수준의 현상들로부터 내가 도출해 낼 수 있는 추론은 우월한 지성이 인류의 발전을 어떤 특정한 방향, 그리고 특정한 목표를 향해 이끌었다는 사실이다." 이렇게 해서 월리스는 자연 신학(natural theology)의 진영에 다시 가세하게 되었다. 이번에도 다윈은 간곡히 충고했지만, 월리스의 마음을 돌릴 수 없었고, 결국 탄식할 수밖에 없었다.

월리스의 잘못은 진화론을 인간에게 확대하기를 꺼려 했다는 것이 아니라, 그의 진화 사상 전체에 널리 스며들어 있는 초선택주의라는 근본적인 문제에 있다. 만약 초선택주의가 유효하다면, 만약 모든 생물의 모든 부분이 오직 당장의 이용이라는 목적을 위해서만 만들어졌다면, 월리스를 반박할 수 없을 것이다. 우리보다 큰 뇌를 가졌던 초기의 크레마뇽인은 동굴 벽에 놀라운 그림을 그렸지만, 교향곡을 작곡하거나 컴퓨터를 제작하지 않았다. 원시 시대 이래 우리가 성취한 모든 것은 능력이 변하지 않는 뇌에 기반한 문화적 진화의 산물이다. 월리스의 관점에 따르면, 그러한 뇌는 처음부터 원래 목표했던 기능을 훨씬 초과하는 과잉의 능력을 갖추고 있었기 때문에, 그것은 결코 자연 선택의 산물일 수 없다는 것이다.

그렇지만 초선택주의는 유효하지 않다. 그것은 훨씬 더 정교한 다윈의 관점을 서투르게 모방한 것이며, 생물의 형태와 기능의 본질을 한편으로는 잘못 이해하고 다른 한편으로는 무시한 결과로 빚어진 오류이다. 자연 선택이 어떤 특정 기능 또는 기능군(群)을 '위해' 하나의 기관을 만들었을 수도 있다. 그러나 그 '목적'이 해당 기관의 능력을 완전히 특정짓는다고 장담할 수는 없다. 특정 목적을 위해 설계된 것은, 그 구조의 복잡함으로 인해, 다른 여러 기능도 함께 수행하는 것이다. 어떤 회사 컴퓨터는 매월 지불하는 수표를 발행하기도 하지만, 같은 기계가 선거 개표 결과를 분석하기도 하고, 또는 삼목놀이(tic-tack-toe, 오목 비슷한 어린이들의 놀이 — 옮긴이)에서 사람을 이기기도(최소한 대등한 경기를 벌이기도) 한다. 우리의 큰 뇌는 음식물을 얻고, 사회에 적응하고, 그밖의 일을 하는 데 필요한 일련의 기능을 얻기 '위해' 발달했을 수도 있다. 그렇지만 이러한 기능만이 이 복잡한 '기계'가 할 수 있는 일의 한계는 아니다. 다행스럽게도 그 한계 중에는, 특히 누구나 쓸 수 있는 쇼핑 목록 작성에서부터 극히 일부의 사람만이 할 수 있는 웅대한 오페라의 작곡에 이르기까지, 무엇을 쓴다는 능력도 포함되어 있다. 또한 우리의 후두는 사회 생활을 위해 필요한 음을 또박또박 발음하는 분절음(分節音)을 '위해' 생겨났을 수도 있다. 그러나 그러한 해부학적 설계는 샤워를 하면서 흥얼거리는 콧노래에서부터, 극히 드물게 나타나는 프리마돈나의 아름다운 노래에 이르기까지 훨씬 다양한 가능성을 가지고 있는 것이다.

초선택주의는 오랫동안 여러 모습으로 우리와 함께해 왔다. 왜냐하면 그것은 자연의 조화라는 신화(이 세계는 가능한 모든 세계 중 최선의 세계이며, 만물은 그 세계 속에서 가능할 수 있는 최선의 것이라는(이 경우에 모든 생물의 구조는 구체적인 목적을 위해 훌륭하게 설계되었다는) 생각)가 19세기 후기에 과학이라는 옷을 입은 변형판이기 때문이다. 실제로 그것은 볼테르(Voltaire, 1694~1778년)가 소설 『캉디드(*Candide*)』에서 생생하게 풍자한 어리석은 팡그로스 박사의 환상(세계는 반드시 좋은 것은 아니지만, 우리가 가질 수 있는 최선이라는 생각)이다. 월리스보다 1세기 앞선 책이지만, 이 책에서 팡그로스 박사는 월리스의 주장이 가진 오류의 본질을 정확하게 집어내면서 이렇게 말한다. "삼라만상은 지금과 같은 모습일 수밖에 없다. …… 모든 것은 최선의 목적을 위해 만들어졌다. 우리의 코는 안경을 쓰기 위해 만들어졌다. 따라서 우리는 안경을 쓴다. 다리는 구두를 신기 위해 만들어졌다. 그래서 우리는 구두를 신는다." 이런 팡그로스주의는 오늘날에도 사라지지 않고 있다. 인간의 행동을 주제로 한 수많은 대중서들은 인간이 수렵을 하기 '위해' 큰 뇌를 진화시켰다고 주장하며, 현대 모든 악(惡)의 근원을 이러한 생활 양식 때문에 형성된 인간의 사고와 감정에서 찾을 수 있다고 설명한다.

역설적이게도 월리스의 초선택주의는 한때 그가 뒤엎으려고 무던히 애썼던 창조론의 기본 신념, 즉 사물에는 '적절함'이 있고, 모든 것은 통합된 전체 속에서 일정한 자리를 차지한다는 믿음으로 되돌아갔다. 부당하게도 월리스는 다윈에 대해 이렇게 쓰고 있다.

> 그는 창조의 아름다움과 조화와 완전성을 마음속으로부터 믿는 사람이었다. 그는 애정 어리고, 인내심 강하고, 경외심 넘치는 연구를 생물의 여러 가지 현상에 바쳤지만, 처음에 그의 가르침은 파렴치하고 무신론적이라는 비난을 받았다. 그러나 그는 수많은 적응 현상을 밝혀내면서, 가장 하찮은 생물의 전혀 중요하지 않은 부분도 나름의 용도와 목적이 있다는 것을 증명할 수 있었다.

나는 자연이 조화를 이루고 있다는 사실 자체를 부정하지는 않는다. 그러나 생물의 구조는 숨은 능력을 가지고 있다. 그 구조가 어떤 한 가지 목적을 위해 형성되었다 하더라도, 그밖의 다른 기능에 사용될 수도 있다. 그리고 바로 이러한 유연성 속에 우리 삶의 번잡함과 희망이 함께 들어 있는 것이다.

5장

중용을 취한 다윈

"우리는 비탄의 해협을 항해하기 시작했다." 오디세우스는 이렇게 이야기한다. "한편에는 스킬라가 살고 있다. 스킬라는 발이 열둘이나 달려 있고, 엄청나게 긴 목이 여섯이나 되는 괴물이다. 각각의 목에 달려 있는 끔찍한 머리에는 두껍고 조밀한 이빨이 3열로 나 있는 입이 붙어 있고, 그 입들은 음험하고 검은 죽음을 머금고 있다. 그리고 다른 한편에는 엄청난 카리브디스(배를 삼킨다고 전해지는 큰 규모의 소용돌이 괴물 — 옮긴이)가 바닷물을 빨아들인다. 그녀는 종종 빨아들인 물을 뱉어내는데 마치 거대한 불 위에 놓인 가마솥처럼 가장 깊은 안쪽에서부터 부글부글 끓어오른다." 오디세우스는 간신히 카리브디스를 비켜 갈 수 있었지만, 스킬라는 가장 뛰어난 뱃사람 여섯 명을 낚아채 그의 눈앞에서 게걸스럽게 먹어 치웠다. 오디세우스는 그 일을 "그동안 해로(海路)를 찾기 위한 항해에서 겪은 고통 중에서 내 눈으로 목격한 가장 비참한 일"이었다고 술회하고 있다.

사람을 유혹하는 괴물과 위험은 전설이나 은유에서 쌍을 이루어 함께 등장하는 경우가 많다. 프라이팬과 불("Jump out of fryingpan into fire." 작은 화를 피하려다 큰 낭패를 당한다는 미국 속담에서 가져온 문구 — 옮긴이), 악마와 깊고 푸른 바다 등을 생각해 보면 쉽게 이해할 수 있을 것이다. 양쪽을 다 피하기 위해서는 완고한 견실함(기독교 복음 전도자들의 편협함과 완고함)이나 그리 유쾌하지 않은 두 대립물 사이의 중간(아리스토텔레스의 황금률(黃金律)과 같은 것) 중에서 하나를 택해야만 한다. 바람직하지 않은 양 극단 사이를 헤쳐 나간다는 생각은 분별 있는 생활을 위한 중요한 처방이다.

과학적 창조성의 본질은 토론이 벌어지면 약방의 감초처럼 등장하는 주제이며 황금률을 찾기 위한 가장 유력한 후보이기도 하다. 극단적인 두 가지 입장이 신중하지 못한 사람들의 지지를 받아 직접 경쟁을 벌인 일은 한 번도 없었다. 오히려 한쪽이 부상하면 다른 쪽이 가라앉는 식으로 서로를 대체시키는 방식이었다.

첫 번째 입장, 이른바 귀납주의(inductivism)는 위대한 과학자란 우선 위대한 관찰자이며 인내심 강한 정보 수집자라는 주장을 신봉해 왔다. 귀납주의자들의 주장에 따르면, 새로운 중요한 학설은 무수한 사실들이라는 튼튼한 기반 위에서만 태어날 수 있기 때문이다. 이러한 건축학적 관점에서는, 개개의 사실은 청사진 없이 세워진 건조물의 벽돌 하나하나이다. 따라서 벽돌을 쌓기 전에 이론(즉 완성된 건물)에 대해 이야기하거나 생각하는 것은 지나치게 성급하고 어리석은 일이다. 오랫동안 귀납주의는 과학에서 상당한 위세를 누렸고, 일종의 '공식' 입장을 대표하기도 했다. 왜냐하면 귀납주의는, 설령 그것이 잘못이더라도, 완전한 성실성,

완벽한 객관성, 그리고 논쟁의 여지가 없는 최종 진리를 향한 과학적 전진이라는 거의 자동적인 본성을 끊임없이 권유하기 때문이다.

그러나 귀납주의 비판자들이 올바르게 지적했듯이, 귀납주의는 과학을 기발함이나 직관, 그리고 천재성이라는 통속적 개념에 수반되는 그 밖의 주관적 속성을 인정하지 않는 거의 비인간적인 비정한 분야로 만들어 버렸다. 귀납주의 비판자들은 위대한 과학자란 실험이나 관찰보다는 독특한 예감과 통합력에서 뛰어나다고 주장한다. 귀납주의에 대한 이러한 비판은 분명 타당하다. 그래서 나는 지난 30년 동안 귀납주의가 사물을 좀 더 깊이 이해하기 위한 필수 서곡의 지위를 박탈당했다는 사실을 매우 기쁘게 생각한다. 그런데 비판자들 중에는 귀납주의에 강도 높은 공격을 퍼부으면서 창조적 사고란 본질적으로 주관적임을 강조하며, 귀납주의 대신 또 다른 극단적이고 비생산적인 주장을 제기하는 사람들이 있었다. 이러한 '유레카'식 관점에서는, 창조성이란 천재적인 인물에게만 허용되는 입에 올리기에도 황송한 신성한 무엇이다. 그것은 예상이나 예견, 그리고 분석 등을 절대 허용하지 않으며, 마치 전광석화처럼 일어난다. 그러나 극소수의 특별한 사람만이 그 번개를 맞을 수 있다. 우리와 같은 보통 사람들은 외경과 감사의 마음으로 그들을 지켜보아야 한다. ('유레카'란 아르키메데스가 시라쿠사에서 목욕을 하다가 자기 몸이 밀어낸 물이 욕조 밖으로 넘치는 것을 보고 돌연 비중을 측정하는 방법을 알아내고는 알몸으로 거리로 뛰쳐나가 "유레카(내가 발견했다.)"라고 외쳤다는 이야기를 말하는 것이다.)

나 역시 이처럼 서로 대립하는 극단적인 입장에 의해 주술에서 깨어났다. 귀납주의는 천재를 지루하고 틀에 박힌 활동으로 축소시켜 버린다. 반면 유레카주의는 천재를 우리가 이해하고 배울 수 있는 영역이 아니라 본질적으로 신비로운 영역에 있는 도달하기 어려운 지위로 인정한다. 그렇다면 이러한 두 가지 관점의 좋은 측면만 취하고, 유레카주의의 엘리트성과 귀납주의의 평범성을 버릴 수는 없을까? 창조성의 개인적이고 주관적인 성격을 용인하지 않고, 모든 인간에게 공통된 능력(천재를 흉내 내는 것까지는 기대하지 않더라도, 최소한 이해는 할 수 있는 능력)을 강조하거나 증폭하는 하나의 사고 양식으로 받아들일 수는 없을까?

과학의 성인전(聖人傳)에서 소수의 사람들만이 이러한 높은 지위를 얻었다. 그런데 그럴만한 자격을 얻으려면 모든 논변이 들어맞아야만 한다. 그러한 이유로 진화 생물학 최고의 성인(聖人)인 찰스 다윈은 귀납주의자와 유레카주의자의 양 진영에서 모두 가장 좋은 예로 제시되어 왔다. 나는 이 장에서 이러한 해석은 모두 잘못된 것이며, 자연 선택설을 위한 다윈의 기나긴 모험 여행에 관한 최근의 연구 결과가 그의 중간적인(intermediate) 위치를 입증하고 있다는 사실을 주장하고자 한다.

다윈의 시대에는 귀납주의의 영향력이 워낙 강해서, 다윈 자신도 그 영향력 아래에 있었다. 다윈은 노년에 들어서도 자신이 젊은 시절에 열중했던 업적을 귀납주의에 따라 잘못 서술했다. 출판을 목적으로 한 것이 아니라 자신의 자녀에게 교훈을 남기기 위해 쓴 자서전에 다윈은 이후 100년 가까운 기간 동안 역사가들을 잘못된 방향으로 이끈 유명한 몇 구절을 적었다. 자연 선택설에 이르기까지의 자신의 여정을 기술하면서, 다윈은 이렇게 말했다. "나는 참된 베이컨적 원칙들에 따라 연구했고, 아무런 이론도 없이 광범위하게 구체적 사례를 수집했다."

다윈에 대한 귀납주의적인 해석은 주로 비글 호에 탑승했던 5년간에 초점이 맞춰져 있다. 그가 목사를 꿈꾸던 학생에서 오히려 목사들의 강적으로 변신하게 된 것은 세계 전체에 대한 날카로운 관찰력 덕분이었다는 것이다. 따라서 전통적인 설명에 따르면, 남아메리카에서 발견한 거대한 화석 포유류의 뼈, 갈라파고스 군도의 거북과 핀치류, 오스트레일리아의 유대류 동물상을 잇달아 관찰하면서, 다윈은 차츰 눈을 뜨게 되었다고 한다. 그리고 완전한 객관성이라는 체로 수많은 사실들을 걸러 내면서, 그는 진화의 진리와 자연 선택이라는 메커니즘을 조금씩 이해하게 되었다고 한다.

이런 일반적인 설명이 부적절한 이유는 진부한 첫 번째 예, 즉 갈라파고스의 이른바 다윈의 핀치(Darwin's finch)의 허위성에서 가장 두드러지게 나타난다. 오늘날 우리는 이 작은 새가 남아메리카 대륙에 그리 오래되지 않은 공통의 선조를 가지고 있다는 사실을 알고 있다. 그리고 이 새들은 외딴 갈라파고스 군도에서 인상 깊은 일군의 종으로 방산(放散) 분화했다는 사실이 밝혀졌다. 소수의 육생종만이 남아메리카 대륙과 갈라파고스 사이에 가로놓인 드넓은 대양이라는 장애물을 넘을 수 있었다. 그러나 운 좋은 철새들은 가끔 붐비는 본토에서, 경쟁 상대가 없는 비교적 한산한 곳을 찾아내기도 한다. 따라서 핀치류는 정상 상황이었다면 다른 새들이 차지했을 법한 역할을 맡도록 진화해서, 잘 알려졌듯이 먹이 유형에 따른 일련의 적응 형태들, 즉 씨앗을 으깨서 먹는 형태, 곤충을 먹는 형태, 심지어는 식물들이 곤충을 격퇴하기 위해 발달시킨 선인장 가시를 능란하게 처리하는 형태 등을 발달시켰다. 격리(대륙과 섬의 격리와 많은 섬 사이의 격리)가 분리, 독립 적응, 그리고 종 분화를 일으키는 기회를 제공했다는 것이다.

전통적 관점에 따르면, 핀치류를 발견한 다윈은 그들의 역사를 정확하게 추론하고 자신의 노트에 다음과 같은 유명한 몇 줄의 기록을 남겼다. "이러한 설명에 근거가 조금이라도 있다면, 군도(群島)의 동물학은 계속 조사해 볼 가치가 있다. 이러한 사실은 종의 안정성을 그 뿌리에서부터 무너뜨리는 것이기 때문이다." 그러나 조지 워싱턴의 벚나무에서 신앙심 깊은 십자군에 이르는 무수한 영웅담에서 알 수 있듯이 통속적인 읽을거리를 자극하는 것은 진실보다 희망이다. 분명히 다윈은 핀치류를 발견했다. 그러나 그는 핀치류가 하나의 공통 선조에서 갈라진 변종이라는 사실을 인식하지 못했다. 실제로 그는 많은 핀치류에 대해서 그것을 발견한 섬의 이름조차 기록하지 않았고, 심지어 단지 "갈라파고스 군도"라고만 적은 것도 있다. 새로운 종들이 형성되는 과정에서 격리의 역할에 대해 다윈이 현지에서 인식한 사실은 그 정도였다. 그가 진화론을 재구성한 것은 런던에 돌아간 후, 대영 박물관의 한 조류학자가 그 새들이 모두 핀치류라는 사실을 정확하게 확인해 준 다음이었다.

다윈의 노트에서 자주 인용되는 부분은 갈라파고스의 거북 이야기와 거북의 몸과 비늘의 크기와 형태에 나타나는 미세한 차이를 통해 원주민들이 "모든 거북을 어떤 섬에서 온 것인지 그 자리에서 판별할 수 있다."라는 등의 이야기이다. 그러나 이것은 핀치류에 대한 전통 이야기와는 다른 훨씬 차원이 낮은 이야기이다. 왜냐하면 핀치류는 하나하나가 진정한 별개의 종이며 진화의 산 증거인 데 비해, 육지 거북 사이의 미묘한 차이는 하나의 종에서 나타나는 작은 지리적 변이(變異)에 지나지 않기 때문이다. 이처럼 작은 차이가 증폭되어 새로운 종을 만들었다는 주장은 오늘날 우리가 잘 알고 있듯이 타당하기는 하지만 추론의 비약에 지나지 않는다. 결국 모든 창조론자들은 지리적 변이를 인정했지만(인종의 경우를 생각해 보라.), 그 변이가 처음에 창조된 원형(archetype)이라는 엄격한 한계 너머까지 진행될 수 없다고 주장한다.

나는 비글 호 항해가 다윈의 생애에 미친 결정적 영향을 과소 평가할 생각은 없다. 그 항해는 다윈이 좋아한 독립적인 자기 자극(independent self-stimulation)이라는 방식으로 그에게 생각할 수 있는 장소와 자유, 그리고 충분한 시간적 여유를 주었다. (대학 생활에 대해 그가 가졌던 애증의 감정, 일반 기준으로 보면 중간 정도에 그친 성적 등은 통상적인 커리큘럼에서 그가 느꼈던 불행감을 투영한다.) 그는 1834년에 남아메리카에서 다음과 같은 편지를 썼다.

"나는 벽개(劈開, 광물이나 암석에 난 규칙적인 갈라짐 — 옮긴이)나 층리, 융기선 등에 대해서는 명확한 개념을 전혀 갖고 있지 않다. 나는 내게 많은 사실을 이야기해 줄 수 있는 책도 갖고 있지 않으며, 책이 내게 가르쳐 준 사실을 내 눈앞에 펼쳐진 사실에 적용할 수도 없다. 따라서 결국 나는 나 자신의 결론을 이끌어 낼 수밖에 없다. 그리고 그것은 가장 장려한 수수께끼이다." 다윈은 자신이 본 암석과 식물, 그리고 동물들로부터 자극받아 모든 창조의 산파(産婆)인 의구심이라는 중요한 태도를 갖게 되었다. 1836년 오스트레일리아의 시드니. 이 대륙의 기후와 지리는 어떤 면에서도 유대류의 발생에 유리해 보이지 않았기 때문에, 다윈은 이성적인 신이 이 대륙에 그토록 많은 유대류를 만든 이유가 무엇인가라는 의구심을 품었다. "나는 햇볕이 좋은 강가에 엎드려서, 세계의 다른 지역과 비교해서 이 나라의 동물들이 기묘한 특색을 가진 이유에 대해 곰곰이 생각하고 있었습니다. 자신의 이성을 넘어서는 그 무엇도 믿지 않는 사람이라면 이렇게 외칠 것입니다. '분명 두 창조자가 따로따로 일을 한 것이 틀림없다!'"

그럼에도 불구하고 다윈은 진화론을 수립하지 못한 채 런던으로 돌아왔다. 그는 마음속에서는 이미 생물이 진화한다는 진리를 깨닫고 있었지만, 그것을 설명할 메커니즘을 찾지 못했다. 자연 선택설은 비글 호 항해에서 얻은 여러 가지 사실들을 직접 해석하는 과정에서 나온 것이 아니며, 그 후 2년에 걸친 사색과 고투를 통해 형성되었다. 이것은 과거 20년 동안 발견되어 출판된 일련의 노트에 잘 투영되어 있다. 이 노트를 통해 우리는 다윈이 몇 가지 이론을 검증하고, 폐기시키고, 때로는 잘못된 단서들은 좇기도 했음을 알 수 있다. 실제로 훗날 그가 자신이 마음을 비우고 사실을 기록했다고 주장한 것은 그 때문이었다. 그는 항상 의미와 통찰을 탐색하면서 철학자와 시인, 그리고 경제학자 등의 저작을 읽었다. 자연 선택설이 비글 호 항해에서 얻은 많은 사실을 기초로 귀납적으로 얻어졌다고 하는 것은 그 때문이다. 훗날 그는 이 노트 중 한 권에 "윤리에 관한 형이상학으로 가득참(*Full of Metaphysics on Morals*)"이라는 제목을 붙였다.

그러나 이 우회적인 경로가 귀납주의라는 스킬라의 거짓을 드러냈다고 하더라도, 그것은 마찬가지로 단순화된 신화, 즉 유레카주의라는 카리브디스를 낳은 셈이 된다. 화가 치밀 정도로 사람들을 혼란시킨 자서전에서 실제로 다윈은 '유레카'를 기록하고 있다. 다시 말해 그는 자연 선택설이 좌절과 암중 모색이 점철된 1년 이상의 기간이 지난 후에, 전혀 뜻하지 않은 섬광처럼 우연히 그의 머릿속에 떠오른 것처럼 기술하고 있다.

> 1838년 10월, 그러니까 내가 체계적인 조사를 시작한 지 15개월가량 지났을 무렵, 나는 우연히 재미삼아, 인구 문제를 논한 맬서스의 책을 읽었다. 나는 동식물의 습성을 오랫동안 관찰해 왔기 때문에, 도처에서 일어나는 생존투쟁을 평가할 충분한 준비가 되어 있었다. 그런데 문득 이러한 상황에서는 주변 환경에 유리한 변이는 보존되지만 불리한 변이는 소멸하는 경향이 있으리라는 생각이 떠올랐다. 그 결과가 새로운 종을 만들었을 것이다. 이제야 나는 제대로 된 이론을 얻은 것이다.

그런데 이 노트도 다윈이 말년에 한 회상과 일치하지 않는다. 말년의 회상에서는 다윈이 맬서스주의의 통찰에 대해, 그것을 발견했을 때 느꼈던 환희를 전혀 특별하게 기록하지 않은 것이다. 다윈은 그 이야기를 감탄 부호(!) 하나나도 붙이지 않고 지극히 평범한 투로 짧게 언급했을 뿐이었다. 그는 흥분하면 곧잘 감탄 부호를 2개나 3개까지도 붙였다. 그는 특별한 무게를 주지 않았고 파악하기 힘든 혼란스러운 세계를 새로운 통찰에 비추어 재해석했을 뿐이다. 다음날 그는 영장류의 성적 호기심에 관해서 그보다 훨씬 긴 글을 썼다.

자연 선택설은 자연계의 많은 사실로부터 능숙하게 귀납해서 얻은 것이 아니며, 또한 우연히 맬서스의 책을 읽은 덕분에 다윈의 잠재 의식이 촉발되어 번개처럼 떠오른 것도 아니다. 실제로 그것은 여러 곳으로 가지를 뻗었지만, 그 자체로 질서 있는 방식으로 이루어진 의식적이고 생산적인 탐색의 결과였다. 그 탐색은, 다윈 자신의 생물학과는 거리가 먼, 여러 분야에서 얻은 놀랄 만큼 폭넓은 범위의 통찰과 자연학의 수많은 사실을 기반으로 이루어졌다. 다윈은 귀납주의와 유레카주의 사이에서 중용의 길을 걸었다. 그의 재능은 범속하지도 않았지만 그렇다고 아무도 가까이 갈 수 없을 만큼 비범한 것도 아니었다.

다윈에 관한 연구는 1959년의 『종의 기원』 출간 100주년 이래, 폭발적으로 늘어났다. 다윈의 노트가 간행되었고, 비글 호의 귀환에서 맬서스주의의 통찰에 이르는 중요한 2년의 시간을 여러 연구자들이 집중적으로 연구한 결과, 다윈의 창조성에 대한 '중용' 가설을 주창하는 이론으로 결말지어졌다. 특히 중요한 두 권의 저작이 각각 가장 넓은 척도와 가장 좁은 척도에 초점을 맞추고 있다. 하워드 그루버(Howard E. Gruber, 1922~2005년)가 다윈의 생애에서 이 시기를 뛰어난 심리학적, 지적 관점에서 다룬 다윈의 전기 『다윈의 인간론(*Darwin on Man*)』은 다윈의 탐구 과정에서 나타난 모든 잘못된 단서와 전환점들을 추적하고 있다. 그루버는 다윈이 끊임없이 여러 가지 가설을 생각해 낸 다음 그것들을 시험하고 잘못된 가설을 폐기시켰고, 그 과정에서 결코 사실들을 이것저것 맹목적으로 긁어모으는 식으로 수집하지 않았다는 것을 보여 준다. 다윈은 새로운 종이 처음부터 결정된 수명(life span)을 가진다는 개념을 포함하는 기발한 공상적 가설에서 출발했다. 그리고 종이 생존 경쟁의 세계에서 경쟁에 의해 멸종한다는 개념에, 가끔 멈추기도 했지만 점차 접근해 갔다. 다윈이 맬서스의 『인구론』를 읽었을 때 느꼈던 희열에 가까운 느낌을 기록하지 않은 것은, 그때 이미 그 조각 맞추기 퍼즐은 한두 개의 조각만 더 맞추면 완성되는 단계에까지 와 있었기 때문일 것이다.

실반 슈웨버(Silvan S. Schweber)는 맬서스를 읽기 전의 수주일 동안의 다윈의 행동을 기록이 허용하는 한 아주 미세한 부분까지 재구성했다. (「다시 찾은 '종의 기원'의 기원(*The Origin of the 'Orgin' Revisited*)」(*Journal of the History of Biology*, 1977) 슈웨버의 주장에 따르면, 그 조각 퍼즐의 마지막 한 조각은 자연학에서 얻은 새로운 사실들에서 온 것이 아니라, 그의 연구 분야와는 멀리 떨어진 다른 분야에서 다윈이 벌인 지적 방황을 통해 발견되었다. 특히 다윈은 사회 과학자이자 철학자인 오귀스트 콩트(Auguste Comte, 1798~1857년)의 유명한 저서 『실증 철학 강의(*Cours de Philosophie Positive*)』에 관한 긴 서평을 읽은 적이 있었다. 특히 그는 "타당한 이론은 예견 가능하다는 성격을 띠며, 최소한 잠재적으로 양적(量的)이다."라는 콩트의 주장에 큰 영향을 받았다. 그다음 다윈은 더걸드 스튜어트(Dugald Stewart)의 『애덤 스미스의 생애와 저작에 관해서(*On the Life and Writing of Adam Smith*)』를 읽었고, 사회 전반의 구조에 관한 이론은 개인의 구속되지 않은 행동을 분석하는 것에서 출발해야 한다는 스코틀랜드 학파 경제학자들의 기본 이념을 흡수했다. (자연 선택설은 무엇보다 번식에서 성공하려는 개개 생물들의 투쟁에 관한 이론인 것이다.) 이어서 그는 정량화(quantification)를 모색하게 되었고, 그 과정에서 당대의 가장 유명한 통계학자였던 벨기에의 아돌프 자크 케틀레(Adolphe Jacques Quetelet, 1796~1874년)가 쓴 매우 긴 분석을 읽었다. 케틀레의 연구에서 그는 특히 맬서스의 정량적 주장에 마음이 끌렸다. 맬서스의 정량적 주장은 인구가 기하 급수적으로 늘어나는 데 비해 식량은 산술 급수적으로 증가하기 때문에 필연적으로 치열한 생존 경쟁이 일어난다는 것이다. 실은 다윈은 이전에도 여러 차례 맬서스류의 주장을 읽은 적이 있었지만, 이번에야 그 주장이 가지는 중요성을 제대로 인식할 준비가 되어 있었다. 따라서 그는 우연히 맬서스를 읽은 것이 아니었고, 이미 그 내용을 알고 있었다. 다윈이 한 "재미 삼아(amusement)"라는 말을 곧이곧대로 받아들여서는 안 되며, 케틀레의 간접적인 언급에서 보고 이미 충격을 받은 유명한 주장을 원래의 저술에서 명확한 기술(記述)로 읽어 보고 싶다는 욕구를 나타내는 표현으로 추정해야 할 것이다.

다윈이 자연 선택설을 수립하기 이전의 중요한 몇 시기에 대한 슈웨버의 상세한 분석을 읽으면서, 나는 문득 다윈이 생물학이라는 그 자신의 전공 분야로부터는 결정적인 영향을 받지 않았다는 생각이 들었다. 직접 그에게 영향을 미친 것은 사회 과학자, 경제학자, 그리고 통계학자 들이었다. 만약 천재성에 어떠한 공통 분모가 있다면, 나는 관심의 폭과 여러 분야 사이에서 유용한 유사성을 이끌어 내는 능력을 우선 꼽고 싶다.

실제로 자연 선택설은 애덤 스미스(Adam Smith, 1723~1790년)의 자유 방임주의 경제학에 대한 유비가 연장된 것으로 간주해야 한다고 나는 생각한다. 다윈 자신이 그 사실을 의식하고 있었는지의 여부는 확실히 모르지만 말이다. 스미스가 전개한 주장의 본질은 일종의 역설이었다. 즉 스미스의 주장은 만약 모든 사람에게 최대의 이익을 줄 수 있는 질서 잡힌 경제를 원한다면, 각 개인에게 각자의 이익을 추구해서 경쟁을 시키고 싸우게 하라는 것이다. 그 과정에서 옥석이 가려지고 무능력자가 제거된 후에는, 안정적으로 조화를 이룬 사회가 나타난다는 것이다. 스미스의 주장에 따르면, 미리 예정된 원리나 보다 높은 차원의 통제(control)를 통해서가 아니라 각 개인 사이의 투쟁으로부터 뚜렷한 질서가 발생한다는 것이다. 더걸드 스튜어트는 다윈이 읽은 책에서 스미스가 주장한 체계를 다음과 같이 요약하고 있다.

> 어떤 국민을 발전시키기 위한 가장 효과적인 계획은 …… 그들이 정의의 여러 규칙을 지키는 한, 모든 사람들이 각자의 방법으로 각자의 이익을 추구하게 만들고, 또한 개별 기업과 자본을 동료 시민들과 완전히 자유롭게 경쟁하도록 만드는 것이다. 그 사회에서 자연스럽게 할당되는 것보다 큰 몫의 자본을 특정 산업으로 돌리려고 …… 노력하는 정책은 모두 …… 실제로는 그것이 추진하려는 원대한 목표를 파탄으로 몰아넣게 된다.

슈웨버는 이렇게 쓰고 있다. "스코틀랜드 학파의 분석은 각 개인의 행동이 결합된 결과가 그 사회가 기반으로 삼고 있는 여러 제도로 귀결하며, 이러한 사회는 안정되고 발전하는 사회이고 계획하거나 지시하는 사람이 없이도 제대로 기능한다는 것이다."

우리는 다윈의 독창성이 그가 진화라는 개념 자체를 지지했기 때문이 아니라는 것을 알고 있다. 그 이전에 이미 많은 과학자들이 그렇게 했다. 그의 특별한 공헌은 증거 자료로 그것을 입증했다는 점이며, 또한 진화가 어떻게 작용하는가에 관한 새로운 이론을 전개했다는 것이다. 다윈 이전의 진화론자들은 완전함을 향한 내적 경향이나 이미 타고난 방향성 등에 기초를 둔 별 실현성 없는 도식을 제안했다. 다윈은 각 개체 사이에서 일어나는 직접적인 상호 작용을 기반으로 자연스럽고 시험 가능한 이론을 주창했다. (그의 반대자들까지도 그 이론을 무자비하고 냉혹한 기계론으로 간주할 정도였다.) 자연 선택설은 합리적인 경제를 추구한 애덤 스미스의 기본 주장을 생물학으로 창조적으로 옮겨놓은 것이었다. 다시 말해 자연의 균형과 질서는 고도의 외재적(신에 의한) 통제나, 전체에 직접적으로 작용하는 여러 가지 법칙을 기반으로 발생하는 것이 아니라, 각자의 이익을 추구하는(오늘날의 용어로 이야기하자면, 생식에서 각 개체가 거두는 성공의 편차에 따라 유전자를 미래 세대로 전달하기 위해) 개체 사이에 벌어지는 투쟁의 결과로 나타나는 것이다.

많은 사람들이 이 주장을 접하고 당혹감을 느꼈다. 가장 중요한 결론 중 일부를 해당 연구 분야 자체의 자료에서 얻은 것이 아니라 당대의 정치나 문화에서 얻은 유추에서 이끌어 낸 것이라면, 그것은 과학의 순수성을 손상시키는 것은 아닐까? 카를 마르크스는 프리드리히 엥겔스(Friedrich Engels, 1820~1895년)에게 보낸 유명한 편지에서, 자연 선택설과 당시 영국의 사회 상황과의 유사성을 날카롭게 지적했다.

> 다윈이 동물과 식물 속에서 노동, 경쟁, 새로운 시장의 개척, '발명', 게다가 맬서스주의의 '생존 투쟁' 등의 요소들로 이루어진 그의 영국 사회를 인식하고 있다는 것은 주목할 만한 사실입니다. 그것은 바로 홉스가 이야기하는 '*bellum omnium eontra omnes*(만인에 대한 만인의 싸움)'입니다.

그럼에도 불구하고 마르크스는 열렬한 다윈 숭배자였다. 언뜻 보기에 역설적으로 보이는 이 사실에 열쇠가 있다. 내가 이 장에서 다룬 주제에 포함되는 여러 가지 이유, 즉 귀납주의만으로는 불충분하다는 것, 창조성에는 다른 분야까지 포괄하는 관심의 폭이 필요하다는 것, 유추는 통찰을 얻기 위한 깊은 원천이라는 것 등의 이유로 나는 위대한 사상가를 그의 사회적 배경에서 분리할 수 없음을 강조하고자 한다. 또한 어떤 사상의 원천과 그 사상의 올바름 또는 그로 인한 결실은 별개의 문제이다. 발견의 심리와 발견의 유용성은 전혀 별개의 주제인 것이다. 다윈이 자연 선택의 개념을 경제학에서 도용했을 수도 있지만, 그럼에도 불구하고 그 개념은 여전히 옳을 수 있다. 독일의 사회주의자 카를 요한 카우츠키(Karl Johann Kautsky, 1854~1938년)는 1902년에 이렇게 썼다. "어떤 개념이 특정 계급에서 나오거나 그들의 이해 관계에 합치한다는 사실은 그 개념이 참인지 거짓인지에 대해 아무것도 증명하지 못한다." 여기에서 애덤 스미스의 자유 방임주의가 경제학에서는 유효하지 않다는 사실은 무척이나 역설적이다. 왜냐하면 그것은 질서와 조화가 아니라 소수 독점과 혁명으로 이어지기 때문이다. 그러나 다수의 개체 사이에서 벌어지는 투쟁은 자연의 법칙처럼 생각된다.

많은 사람들은 위대한 통찰의 일차적 원인을 행운이라는 막연한 현상으로 돌리기 위해 이렇게 주장한다. 즉 다윈이 부유한 집에 태어난 것은 행운이며, 비글 호에 동승하게 된 것도 행운이며, 그의 시대의 여러 개념들 속에서 생활할 수 있었던 것도 행운이고, 우연히 맬서스 목사의 저서를 읽게 된 것도 행운이라는 것이다. 결국 그는 시기적절하게 적재적소에 있었던 것뿐이다. 그렇지만 사물을 이해하려고 애쓴 다윈의 개인적인 고투, 그의 관심과 연구의 폭넓음, 진화의 메커니즘에 대한 그의 탐구의 방향성 등에 대한 많은 문헌을 읽으면서, 우리는 왜 루이 파스퇴르(Louis Pasteur, 1822~1895년)가 "준비된 사람에게는 운이 따른다."라는 유명한 경구를 만들어 냈는지 이해할 수 있게 된다.

6장

태어나기도 전에 죽는 진드기

어린 시절에 자주 묻고는 하는 하늘은 왜 푸른가, 달은 왜 차고 이지러지는가, 풀은 왜 초록색인가 등의 순진무구한 질문만큼 부모에게 자신의 무능함을 절감하고 당황하게 만드는 일이 또 있을까? 부모는 자신이 그 답을 잘 알고 있다고 생각하면서도, 한 세대 전에 비슷한 상황에서 더듬거리는 답을 들었기 때문에 그런 질문에 대비해서 연습을 해 본 적이 없다. 따라서 그만큼 당황감도 큰 것이다. 우리가 실제로 그런 질문에 대답하려 할 때 큰 어려움을 느끼는 까닭은 우리가 스스로 그 문제들을 잘 알고 있다고 생각하기 때문이다. 그 문제들이 지극히 초보적이거나 우리 주변에서 일상적으로 일어난다고 생각하는 것이다.

이렇듯 분명한 것처럼 여겨지면서도 실제로는 잘못된 답을 주기가 일쑤인 문제 중에서 우리의 생물학적 생활과 밀접하게 관련된 것이 하나 있다. 그것은 인간, 그리고 우리에게 친숙한 거의 대부분의 생물 종에서 남자(수컷)와 여자(암컷)의 수가 거의 같은 이유이다. (사람의 경우에는, 태어날 때에는 남자가 여자보다 많지만, 사망률이 다르기 때문에 그 후에는 여자가 조금 더 많아진다. 하지만 1 대 1 비율의 차이는 그다지 크지 않다.) 얼핏 생각하기에 그 답은 프랑스의 풍자 작가 프랑수아 라블레(François Rabelais, 1483?~1553년)의 풍자처럼 "사람의 얼굴에 있는 코처럼 분명한" 것처럼 보인다. 결국 유성 생식을 위해서는 상대가 필요하다. 그리고 그 수가 같다는 것은 모든 사람이 교배한다는 것을 말해 주는 것이며, 이것은 다윈이 이야기하는 번식 능력 극대의 행복한 상황이다. 그러나 조금만 생각해 보면 문제가 그렇게 단순하지 않다는 것을 알 수 있다. 따라서 우리는 난처한 입장에 처하게 되고, 앞에서 소개한 비유를 윌리엄 셰익스피어(William Shakespeare, 1564~1616년)가 개작한 "사람 얼굴에 있는 코처럼 자신의 눈으로 볼 수 없고, 알 수 없고, 불가해한 농담"이라는 말에 더 끌리게 된다. 만약 어떤 종류의 동물에게 번식 능력의 극대가 가장 적합한 상태라면, 굳이 수컷과 암컷이 동수여야 할 이유가 무엇인가? 결국 우리에게 가까운 종의 경우, 난자의 크기는 언제나 정자보다 훨씬 크고 수는 훨씬 적기 때문에, 암컷이 낳는 후손의 수에는 한계가 있다. 즉 하나의 난자가 한 개체의 후손을 만들 수 있지만 개개의 정자는 그것이 불가능하다. 또한 하나의 수컷은 여러 암컷을 임신시킬 수 있다. 그렇다면 예를 들어 1개체의 수컷이 9개체의 암컷과 교배할 수 있고 그 개체군이 100개체로 이루어졌다면, 그 개체군이 10개체의 수컷과 90개체의 암컷으로 이루어지지 않는 이유는 무엇인가? 이런 구성을 가진 개체군의 번식 능력은 분명히 각각 50개체의 수컷과 암컷으로 이루어진 개체군의 번식 능력을 넘어설 것이다. 암컷이 많은 개체군은 더 빠른 번식률 덕분에, 수컷과 암컷이 동수인 개체군과 벌이는 모든 진화적 경쟁에서 승리할 것이다.

그러므로 얼핏 생각하기에는 자명한 것처럼 보이는 사실도 실제로는 확실하지 않으며 여전히 다음과 같은 문제를 남긴다. 유성 생식을 하는 대부분의 종이 거의 자웅(雌雄) 동수를 이루는 까닭은 무엇인가? 대부분의 진화 생물학자들에 따르면, 이 물음에 대한 답은 다윈의 자연 선택설이 생식의 성공을 추구하는 개체들 사이의 투쟁에 대해서만 이야기하고 있다는 사실을 인식하는 데에 있다. 자연 선택설은 개체군이나 종, 생태계 등의 이익에 대해서는 아무런 언급도 포함하지 않는다. 90개체의 암컷과 10개체의 수컷으로 이루어진 개체군이 더 바람직하다는 주장은 개체군 전체를 위한 이익의 관점에서 나온 것이다. 그것은 대부분의 사람들이 진화에 대해 가지고 있는 통념이며, 완전히 잘못된 관점이다. 진화가 개체군 전체의 이익을 위해 일어난다면, 유성 생식을 하는 종의 수컷은 그 상대적인 수가 암컷보다 적을 것이다.

진화가 집단을 대상으로 작동한다면 암컷이 다수를 차지하는 편이 분명 유리하다. 그럼에도 불구하고 실제 관찰에서는 수컷과 암컷의 수가 동일하다. 이러한 사실은 다윈의 주장이 옳다는 것을 훌륭하게 입증해 준다. 즉 자연 선택은 개체들의 번식 성공을 극대화하려는 투쟁을 통해 작용한다는 주장 말이다. 영국의 뛰어난 수리 생물학자인 로널드 에일머 피셔(Ronald Aylmer Fischer, 1890~1962년)가 처음으로 다윈주의적 주장의 골격을 세웠다. 피셔의 주장은 다음과 같다. 이를테면 어느 한쪽의 성이 우세해졌다고 가정하자. 예를 들어 수컷이 암컷보다 적게 태어났다고 하자. 그러면 수컷은 수가 적어지는 만큼 교배할 기회가 늘어나고, 따라서 암컷보다 많은 후손을 남기게 된다. 즉 평균 한 마리 이상의 암컷을 임신시키게 된다. 따라서 어떤 유전적 요인이 한 부모에게서 태어난 수컷의 상대적 비율에 영향을 준다면(실제로 이러한 요인은 존재한다.), 수컷을 낳는 유전적 경향을 가진 부모는 다윈적인 이득을 얻는 셈이 된다. 다시 말해 후손에게는 수컷이 많아야 번식에서 성공할 확률이 높기 때문에, 2대 후손에서는 평균 이상의 수컷이 태어나게 된다. 그에 따라 수컷의 번식을 선호하는 유전자가 확산되고 따라서 수컷의 출생 빈도도 높아진다. 그러나 이러한 수컷의 이득은 수컷의 출생이 증가함에 따라 저하되며, 이윽고 수컷과 암컷이 동수가 될 때 완전히 사라진다. 이것은 암컷의 수가 적을 때에도 암컷의 출생을 돕는 방향으로 작용하기 때문에, 성비(性比)는 다윈적인 과정을 통해 '1 대 1'이라는 평형값을 유지하게 되는 것이다.

그렇다면 생물학자는 피셔의 성비 이론을 어떻게 검증할 수 있을까? 역설적이게도 이 이론의 예측을 뒷받침해 준 종들은 최초의 관찰 이상의 큰 도움을 주지 못한다. 일단 주장의 기본 골격을 세운 다음, 자신들이 가장 잘 알고 있는 종이 자웅 동수인지의 여부를 확인했다고 하자. 그 후 다른 수천 종이 같은 질서를 가지고 있음을 알았다고 해서, 우리가 어떤 결론에 도달할 수 있을까? 이 성비가 모든 생물 종에 적합한 것은 확실하다. 그러나 하나의 새로운 종이 늘어날 때마다 우리의 확신이 그만큼 늘어나는 것은 아니다. 암컷과 수컷의 성비가 성립하는 것은 다른 요인 때문이 아닐까?

피셔의 이론을 검증하기 위해서는 예외를 찾아야 한다. 다시 말해 그의 이론의 전제가 성립하지 않을 수 있는 흔하지 않은 상황, 즉 성비가 어떻게 1 대 1에서 벗어나는가를 구체적으로 예견할 수 있는 상황을 찾아야만 한다. 만약 전제가 바뀌었을때 변화된 결과를 분명하고 성공적으로 예측할 수 있다면, 우리는 그것으로부터 우리의 확신을 강력하게 뒷받침하는 독립된 검증을 얻을 수 있다. 이 방법은 "예외는 법칙을 시험한다(The exception proves the rule.)."라는 오래된 격언 속에 구현되어 있지만, 이 격언이 'prove'라는 말이 일상적이지 않은 의미를 담고 있기 때문에 오해하는 사람이 많다. 'prove'는 조사 또는 시도라는 뜻을 가진 '*probarego*'라는 라틴 어에서 유래했다. 오늘날 이 단어의 일반적 의미는 최종적이고 납득할 만한 입증이지만, 앞에서 언급한 격언은 예외가 의심의 여지 없는 타당성을 확인해 준다는 뜻처럼 보인다. 그런데 이 단어의 어원에 좀 더 가까운 다른 의미로 'prove'('proving ground(시험장)'이나 인쇄소의 'proof(교정쇄)')는 같은 어원에서 유래한 검사 또는 탐사라는 뜻을 가진 'probe'에 더 가깝다. 변화된 상황에서 나타난 결과를 조사하고 탐사해서 그 법칙을 검사하는 것이 바로 예외라는 것이다.

여기에서 자연의 풍부한 다양성이 우리에게 도움을 준다. 붉은관모토히새(towhee, 북아메리카산 동부산 멧샛과의 작은 새 — 옮긴이), 의족을 한 것 같은 토히새, 등에 반점을 가진 토히새, 부리가 교차하는 토히새, 내사시가 있는 토히새 등을 평생 동안 주의 깊게 관찰하고 자신의 목록에 추가하는 들새 관찰자들의 상투적인 이미지는 부당하게도 웃음거리가 되고, 그들의 관찰이 박물학자들이 생명의 다양성을 다루는 데 실제로 이용되고 있다는 사실을 왜곡시킨다. 우리가 자연학의 과학을 수립할 수 있었던 것은, 무엇보다 자연의 풍부함 덕분이다. 즉 그 다양성이 규칙을 찾아내는 모든 과정에서 적절한 예외들이 발견될 수 있음을 실질적으로 보증하기 때문이다. 특이함이나 괴이함은 보편성에 대한 검증이지, 한차례의 놀라움이나 웃음거리로 넘기고 지나갈 무엇이 아니다.

다행스럽게도 자연은 피셔의 주장에 위배되는 종이나 생활 양식을 넘칠 만큼 풍부하게 제공한다. 1967년에 영국의 생물학자 윌리엄 도널드 해밀턴(William Donald Hamilton, 1936~2000년)은, 그런 사례와 논의를 정리하여 「이상한 성비(Extraodinary sex ratios)」라는 제목의 논문을 쓴 적이 있다. 나는 이 글에서 이러한 위배 사례 중에서 가장 명백하고 중요한 하나를 예로 들어 검토하려고 한다.

자연이 인간의 훈계에 주의를 기울이는 경우는 드물다. 예로부터 형제나 자매 사이의 성 관계는 피해야 할 금기로 전해져 왔으며, 거기에는 충분한 근거가 있다. 그 이유는 너무 많은 바람직하지 않은 열성 유전자가 동형(homo)이 되어 형질을 발현하지 않도록 하기 위해서이다. (이러한 유전자는 드물고, 유연 관계가 없는 부모가 그 유전자를 모두 가지고 있을 가능성은 작다. 그러나 두 형제자매가 같은 유전자를 가질 확률은 보통 50퍼센트이다.) 그러나 일부 동물에게는 이러한 규칙이 없으며, 배타적으로 형제와 자매 사이에서 교배가 이루어질 수도 있다.

형제자매 교배가 배타적으로 일어난다는 것은 1 대 1의 성비에 대한 피셔 주장의 대전제를 뿌리에서부터 흔드는 것이다. 만약 암컷들이 항상 자신의 형제에 의해 수태된다면, 다음 세대에 교배하는 두 배우자는 같은 부모에게서 태어나게 된다. 피셔는 수컷들이 암컷과는 다른 부모를 가진다고 가정하고, 그런 가정 아래 수컷의 공급 부족은 수컷을 우선적으로 낳을 수 있는 부모에게 유전적인 이득이라는 보상을 줄 것이라고 가정했다. 그러나 만약 같은 부모(조부모)에게서 태어난 형제자매 사이에서 교배가 일어나면, 형제자매(부모)가 낳은 새끼(조부모의 손자)들은 수컷과 암컷의 비율에 관계 없이 모두 동일한 유전적 특성을 갖게 된다. 이렇게 될 경우 수컷과 암컷이 동수 균형을 유지해야 할 아무런 이유도 없으며, 암컷이 많은 경우가 유리하다는 이전의 주장이 다시 제기된다. 만약 조부모의 각 쌍이 손자에게 줄 수 있는 에너지의 양이 한정되어 있다면, 그리고 더 많은 자손을 낳는 조부모가 다윈적 의미에서 유리한 지위를 가진다면, 조부모들은 될 수 있는 한 많은 딸을 낳고 아들은 모든 딸에게 확실히 수정시킬 수 있을 만큼의 숫자만 낳을 것이다. 즉 만약 아들에게 충분한 성적 능력만 있다면, 그 부모는 아들을 한 개체만 낳고 나머지 에너지를 될 수 있는 한 많은 딸들을 낳는 데 쏟을 것이다. 항상 그렇듯이 아낌없이 베푸는 풍부한 자연은 피셔의 법칙을 엄밀히 검증할 수 있도록 무수히 많은 예외를 제공한다. 실제로 형매(兄妹) 교배를 하는 종은 최소한의 수컷을 낳는 경우가 많다.

그러면 이제 E. A. 올버드리(E. A. Albadry)와 M. S. F. 토피크(M. S. F. Tawfik)가 1966년에 기술한 아다크티리디움(*Adactylidium*) 속의 진드기 수컷의 기묘한 일생에 대해 생각해 보자. 이 진드기는 어미의 몸에서 나온 후 불과 몇 시간 이내에 죽어 버리기 때문에, 얼핏 보기에는 그 짧은 생애 동안 아무것도 하지 않는 것처럼 보인다. 어미 몸에서 나와 살아 있는 그 짧은 시간 동안 수컷은 먹이를 먹거나 교미도 하지 않는다. 성체로 짧은 기간만 사는 동물들은 비교적 많이 알려져 있다. 예를 들어 하루살이는 긴 유생 기간을 끝낸 후 겨우 하루밖에 살지 못한다. 그래도 하루살이는 이 귀중한 몇 시간 동안 교미를 해서 자신의 종족이 계속 유지될 수 있도록 한다. 그런데 아다크티리디움의 수컷은 전혀 아무 일도 하지 않고, 단지 태어나서 죽는 것처럼 보인다.

이 불가사의를 해명하기 위해서는 그들의 생활 주기 전체를 조사해 어미의 체내까지 들여다보아야만 한다. 아다크티리디움의 임신한 암컷은 삽주벌레라는 곤충의 알에 기생한다. 이 곤충의 알 1개가 아다크리디움 암컷이 모든 새끼들을 키우는 유일한 영양원이다. 이 암컷은 죽을 때까지, 다른 것은 아무것도 먹지 않기 때문이다. 지금까지 알려진 사실에 따르면 아다크티리디움은 오직 형매 교배만을 한다고 한다. 그러므로 최소의 수컷을 낳을 것이다. 게다가 생식에 사용할 수 있는 에너지는 단 1개의 삽주벌레 알이 가지는 영양원으로 엄격히 한정되어 있기 때문에, 새끼의 수도 제한되며 새끼들 중에서 암컷이 많을수록 유리하다. 실제로 이 진드기는 5~8마리의 자매들과, 그녀들의 형제이자 남편인 단한 마리의 수컷으로 이루어진 한배의 새끼들을 키우기 때문에, 우리의 예측과 잘 들어맞는다. 그러나 오직 한 마리의 수컷만을 낳는다는 것은 상당한 모험이다. 만약 공교롭게도 그 한 마리의 수컷이 죽기라도 한다면 자매들은 모두 처녀로 늙게 되고, 그 어미의 진화적인 생애도 끝날 테니까 말이다.

이 진드기가 수컷을 단 한 마리만 낳고 한배의 새끼들이며 생식력을 가지는 암컷들의 수를 극대화시켰다면, 수컷을 보호하는 동시에 그 자매들에게 근접해 있도록 보장하는 두 가지 적응 전략을 통해 위험성을 줄일 수 있다. 어미의 몸속에서 유충부터 성충이 될 때까지 양육할 수도 있다. 그렇다면 아예 모체의 튼튼한 껍질 속에서 다 키워 교미까지 시키면 어떨까? 이것보다 더 좋은 방법이 있을까? 실제로 어미 진드기가 삽주벌레의 알에 달라붙은 지 약 48시간 후에 어미 진드기의 체내에서 6~9개의 알이 부화한다. 이렇게 모체 안에서 태어난 유충들은 어미의 몸을 먹는다. 문자 그대로 모체를 몸 안쪽에서부터 게걸스럽게 파먹는 것이다. 이틀 후 새끼 진드기는 성체가 되고 한 마리의 수컷이 모든 누이들과 교미를 한다. 이 무렵 모체의 체내 조직은 산산조각나고, 비어 있는 곳은 진드기의 성충들, 그 배설물, 그들이 탈피한 유충기와 번데기 시기의 껍질로 가득 찬다. 교미를 마치고 다 자란 새끼들은 이윽고 모체의 벽에 구멍을 뚫고 밖으로 나온다. 그중에서 암컷들은 다시 삽주벌레의 알을 찾아 동일한 과정을 시작해야 하지만, 수컷은 '태어나기도 전에' 이미 진화에서의 역할을 끝낸 상태이다. 수컷은 어미 몸에서 나와 바깥 세계의 아름다움을 접하자마자 곧 죽는다.

그런데 그 과정을 한 단계 더 진행하지 못하는 이유는 무엇일까? 수컷이 모체 밖으로 나오고 죽는 이유는 무엇일까? 누이들과 교미를 끝내면 수컷의 임무는 끝난 것이다. 말 그대로 진드기판(版) 시므온의 찬송의 노래('Nunc Dimittis', 시므온의 노래. 「누가복음」 2장 29~32절)를 불러도 좋을 것이다. "주님, 이제 주님께서는 주님의 말씀을 따라, 이 종을 세상에서 평안히 떠나가게 해 주십니다." 실제로 다양한 생명의 세계에서는 있을 수 있는 일은 어떤 것이라도 적어도 한 번쯤은 일어날 수 있다. 아다크티리디움의 가까운 친척뻘인 진드기가 바로 그런 경우이다. 아카로페낙스 트리볼리(*Acarophenax tribolii*)라는 이름의 이 종은 배타적으로 형매 교배만을 한다. 단 한 개체의 수컷을 포함한 15개의 알이 모체 안에서 발육한다. 그 수컷은 어미 진드기의 껍질 속에서 부화한 후 모든 누이와 교미하고, 그 후 모체 밖으로 태어나기 전에 죽는다. 이 진드기의 생애는 그다지 재미가 없어 보일지도 모른다. 그렇지만 아카로페낙스 수컷은 아브라함이 100세가 되어서야 자식을 낳아서 성취한 것과 동일한 일을 자신의 진화적 연속성을 위해 해 낸 것이다.

자연계의 기묘함은 훌륭한 소설을 능가한다. 그것은 생명의 역사와 그 의미에 관한 흥미로운 이론들의 한계를 탐색하기 위한 소재인 것이다.

7장

라마르크의 미묘한 색조

유감스럽게도 이 세상이 우리의 희망에 따라 바뀌는 일은 좀처럼 없으며 사리에 맞는 방식으로 움직이기를 끊임없이 거부한다. 구약 성서 「시편」의 기자가 "나는 젊어서나 늙어서나 의인이 버림받는 것과 그의 자손이 구걸하는 것을 보지 못하였다."(「시편」 37편 25절)라고 썼을 때, 그는 세상을 올바르게 꿰뚫어 보지 못했다. 겉으로 보기에는 합리적인 것처럼 생각되는 횡포가 과학을 저해하기도 한다. 알베르트 아인슈타인(Albert Einstein, 1879~1955년) 이전에 어느 누가, 빛의 속도에 가까워지면 그 물체의 질량과 시간 흐름이 변한다는 이야기를 믿었겠는가?

생명계가 진화의 산물이라면 그것이 대단히 단순하고 또한 직접적인 방법으로 시작되었다고 생각하지 않을 이유는 과연 무엇인가? 생물이 자신의 노력으로 스스로를 개량하여, 그 유리함을 유전자의 변화라는 형태로 후손에게 전한다고(전문 용어로는 오래전부터 '획득 형질의 유전'이라고 불리고 있다.) 주장해서 안 되는 까닭은 또 무엇인가? 이러한 사고 방식이 우리의 상식에 호소하는 것은 그 단순성 때문만이 아니라, 진화는 생물 자체가 열심히 노력한 결과에 따라 진행되고, 본질적으로 진보적인(progressive) 경로를 따라 나아간다는 우리 마음에 쏙 드는 함의를 가지고 있기 때문일 것이다. 그러나 다른 한편 우리는 모두 죽음을 피할 수 없는 운명을 타고났으며, 유한한 우주의 중심에 살고 있는 것도 아니다. 따라서 '획득 형질의 유전'은 자연이 비웃는, 또 하나의 인간의 희망을 나타내는 것이기도 하다.

획득 형질의 유전은 흔히 라마르크주의(Lamarckism)라는 짧은 명칭(역사적으로는 정확하지 않지만)으로 알려져 있다. 프랑스의 위대한 생물학자였고 초기 진화론자인 장 바티스트 피에르 앙투안 드 모네 라마르크(Jean Baptiste Pierre Antoine de Monet Lamark, 1744~1829년)는 획득 형질의 유전을 믿었다. 그러나 그것이 그의 진화론의 핵심은 아니었고, 그 이론을 그가 창시하지 않았다는 것도 확실하다. 이 사고 방식의 계보를 라마르크 이전까지 더듬기 위해 지금까지 수백 권에 달하는 책이 저술되었다. (참고 문헌의 Zirkle, 1946 참조) 라마르크는 생명이란 연속적으로 그리고 자연 발생적으로 지극히 단순한 형태로 발생하는 것이라고 주장했다. 그 후 생명은 "그 조직 체계를 끊임없이 복잡화시키는 경향을 띠는 어떠한 힘"에 의해 추동되어 복잡성의 사다리(ladder of complexity)를 올라간다는 것이다. 이 힘은 "절실한 요구"에 대응하는 생물의 창조적인 반응을 통해 작용한다. 그러나 생명은 하나의 사다리로 정리할 수 있는 무엇이 아니다. 왜냐하면 사다리를 타고 올라간다는 길도 국지적 환경의 여러 요구로 인해 바뀌는 경우가 흔하기 때문이다. 예를 들어 기린은 긴 목을 획득하고, 섭금류(涉禽類)에 속하는 새는 물갈퀴가 달린 발을 획득한다. 한편 두더지나 동굴에 사는 물고기는 점차 시력을 잃어 간다. '획득 형질의 유전'은 이러한 체계 속에서 나름대로 중요한 역할을 하지만, 중심 역할을 하는 것은 아니다. 그것은 부모의 노력으로 후손이 이익을 얻는 것을 보증하는 메커니즘이지만, 사다리를 오르도록 진화를 추진하는 것은 아니다.

19세기 말에는 수많은 진화론자들이 다윈의 자연 선택설을 대체할 대안을 찾고 있었다. 그들은 라마르크를 다시 읽은 후 그 핵심(발생이 연속적으로 일어난다는 것과 복잡화를 일으키는 여러 가지 힘이 있다는 것)은 모두 버리고, 획득 형질의 유전이라는 역학의 한 측면만을, 초점의 중심에 올려놓았다. 그것은 라마르크 자신의 생각과는 전혀 다른 것이었다. 게다가 이들 자칭 '신(新)라마르크주의자들'은 절실한 요구에 대해 생물 자체가 능동적이고 창조적으로 반응한 결과가 바로 진화라는 라마르크의 근본 이념을 폐기시켰다. 그들은 '획득 형질의 유전'이라는 개념을 계속 유지했지만, 여기에서의 획득의 의미를 수동적인 생물이 각인(刻印) 작용을 가지는 환경에 의해 직접 부여받는 무엇이라는 식으로 해석한 것이다.

나는 오늘날 통용되는 라마르크주의의 용례를 받아들이지만, 내 나름대로 그 의미를 생물은 적응적인 여러 형질을 획득하고 그것들을 변화된 유전 정보라는 형태로 후손에게 전달함으로써 진화한다는 관점이라고 정의할 것이다. 그러나 나는 이 명칭이 150년 전에 죽은 대단히 뛰어난 학자를 칭송하기에는 너무나 빈약하다는 사실을 지적하고자 한다. 미묘함이나 풍부함은 이 세계에서는 너무도 자주 폄하된다. 이를테면 불쌍한 '마시멜로(marshmallow)'의 예를 살펴보자. 사실 마시멜로는 양아욱이라는 식물의 이름이다. 과거에는 이 식물의 뿌리가 맛있는 사탕을 만드는 데 쓰였지만, 오늘날 마시멜로는 설탕, 젤라틴, 옥수수 시럽 등으로 만든 형편없는 대용품의 이름이 되었다.

이러한 의미에서 라마르크주의는 20세기 들어서도 가장 잘 알려진 진화 이론이라는 지위를 계속 유지해 왔다. 다윈은 사실로서의 진화를 주장하는 싸움에서 승리했다. 그러나 그 메커니즘을 밝히는 그의 이론, 즉 자연 선택설은 자연학의 전통과 그레고어 요한 멘델(Gregor Johann Mendel, 1822~1884년)의 유전학이 1930년대에 하나로 융합될 때까지 그다지 널리 알려지지 않았다. 게다가 다윈 자신도 라마르크주의를 진화의 메커니즘으로 자연 선택에 비해 부차적인 것으로 보았지만, 완전히 부정하지 않았다. 예를 들면 하버드 대학교의 고생물학자(어쩌면 지금 내가 사용하고 있는 바로 이 책상에서 그 글을 쓴 것으로 생각되는) 퍼시 레이몬드(Percy Raymond, 1879~1952년)는 1938년에 이르러서도 자신의 동료들에게 이렇게 말했다. "아마도 대개의 사람들은 어느 정도는 라마르크주의자일 것이다. 엄격한 비판자의 관점에서 본다면 많은 사람이 라마르크보다 더한 라마르크주의자로 비칠지도 모른다." 또한 최근까지의 사회 과학에서의 많은 이론들을 이해하기 위해서는 라마르크주의의 영향이 거기에까지 미치고 있음을 인정하지 않을 수 없다. 그 개념들은 우리가 흔히 가정하는 다윈주의적 틀에 억지로 밀어넣어서는 이해할 수 없다. 개혁 운동가들이 빈곤, 알코올 중독, 범죄 등의 '타락'에 관해서 이야기할 때, 대개 그들은 그런 문제들을 문자 그대로 생각한다. 아버지의 죄는 확실한 유전을 통해 3세대 이상까지 영향을 미친다는 식으로 말이다. 1930년대에 트로핌 데니소비치 리센코(Trofim Denisovich Lysenko, 1898~1976년)가 소련의 농업이 겪고 있던 위기에서 벗어나기 위해서 라마르크주의적인 구제책을 주창했을 때, 그가 19세기 초의 터무니없는 상황을 부분적으로 되살려 낸 것은 아니었다. 그가 부활시킨 것은 급속히 광채를 잃고 있지만 여전히 존중해야 할 이론이었다. 이러한 작은 역사적 정보가 그의 정치적 헤게모니를 유지시켜 주거나 그가 헤게모니를 장악하는 데 사용한 방법들을 덜 끔찍하게 만들지는 못했겠지만, 그의 주장에 들어 있는 불가사의함을 조금은 덜어 주었을 것이다. 리센코와 소련의 멘델주의자들 사이의 논쟁은 처음부터 온당한 과학 논쟁이었다. 그러나 훗날 리센코는 속임수, 기만, 조작, 살인 등 모든 수단을 동원해 자신의 지위를 고수하려고 몸부림쳤고, 그것이 비극 그 자체였다.

다윈의 자연 선택설은 라마르크주의보다 훨씬 복잡하다. 그것은 단지 하나의 힘이 아니라, 2개의 서로 다른 과정을 가정하기 때문이다. 자연 선택설과 라마르크주의는 모두 적응의 개념, 즉 생물은 새로운 조건에 가장 적합한 형태나 기능, 행동을 진화시키는 방법으로 끊임없이 변화하는 환경 조건에 대응한다는 관점을 기반으로 삼고 있다. 그러므로 두 가지 이론 모두 환경에 대한 정보가 생물에게 전달되어야만 한다. 라마르크주의의 경우에는 이러한 전달이 더 직접적이다. 어떤 생물은 환경의 변화를 감지하여 '올바른' 방법으로 응답하고 그 적절한 반응을 후손에게 직접 전달한다는 것이다.

그것에 비해 다윈주의는 변이와 방향성의 원인이 되는 힘이 각기 다른 2단계의 과정이다. 다윈주의자들은 첫 단계인 유전적 변이가 '임의적(random)'이라고 말한다. 그런데 이 '임의적'이라는 말은 모든 방향이 동일하게 같다는 수학적 의미로 쓰인 것이 아니기 때문에, 실은 그리 적절한 표현은 아니다. 그것은 단지 변이가 적응의 방향에서 특정한 지향성을 가지지 않고 일어난다는 의미로 쓰인 것에 지나지 않는다. 예를 들어 기온이 낮아지면 털이 많은 개체가 다른 개체에 비해 그만큼 생존에 유리하다 해도, 털이 많이 나는 유전적 변이가 높은 빈도로 발생하기 시작하는 것은 아니다. 2단계 선택은 '무방향성(unoriented)'의 변이에 대해 작용하여, 유리한 변이체에 그만큼 큰 번식상의 성공을 주면서 개체군을 변화시킨다.

라마르크주의와 다윈주의 사이의 본질적인 차이는 여기에 있다. 기본적으로 라마르크주의는 지향성을 가진 변이 이론이다. 만약 털이 많은 쪽이 유리하다면 동물은 그 필요성을 인식해 그것을 발전시키고 나아가 그 가능성을 후손에게 전달한다는 것이다. 따라서 변이는 자동적으로 적응을 향한 지향성을 갖게 되고, 자연 선택과 같은 제2의 힘을 필요로 하지 않는다. 그러나 많은 사람이 라마르크주의가 말하는 방향성을 가지는 변이의 본질적 역할을 잘못 이해하고 있다. 그들은 흔히 다음과 같이 주장한다. 이를테면 화학적 또는 방사성 돌연변이 유발원이 돌연변이율을 높여 어떤 개체군의 유전적 변이의 풀(pool)이 확장되는 식으로, 환경이 유전에 영향을 준다는 점에서 라마르크주의는 옳은 것이 아닐까? 그러나 이 메커니즘은 변이의 '양(量)'은 늘릴지언정, 변이를 유리한 방향으로 추진시키지는 않는다. 라마르크주의는 유전적 변이가 적응적인 방향으로 '선택적으로' 일어난다고 주장한다.

영국의 대표적인 의학 잡지 《랜싯(*Lanset*)》 1979년 6월 2일호에서 폴 E. M. 파인(Paul E. M. Fine) 박사는 획득은 되지만 방향성이 없는 유전적 변이가 대물림되는 여러 가지 생화학적 경로를 검토하여, 그가 '라마르크주의'라고 부른 것을 지지했다. 본질적으로 벌거벗은(naked) DNA의 작은 덩어리인 바이러스는 세균의 유전 물질에 자신을 삽입하여, 그 세균의 염색체의 일부를 통해 그 후손에게 전달될 수 있다. 또한 '역전사 효소(逆轉寫酵素, reverse transcriptase)'라 불리는 효소는 세포질의 RNA에서 '역방향으로' 세포핵의 DNA로 정보 읽기를 매개할 수 있다. 핵 DNA에서 중개 RNA를 거쳐 신체를 형성하는 단백질로 이동하는 거스를 수 없는 유일한 정보 흐름이 있다고 본 과거의 개념이 항상 성립하는 것은 아니다. 비록 제임스 듀이 왓슨(James Dewey Watson, 1928년~)은 "DNA가 단백질을 만드는 RNA를 만든다."라는 사실이 분자 생물학의 "중심 원리

(Central Dogma)"라고 절대시했지만 말이다. 그런데 세균 속으로 들어간 바이러스는 후손에게 전달되는 '획득 형질'이기 때문에, 파인은 어떤 경우에는 라마르크주의가 옳다고 주장했다. 그러나 파인은 형질이 적응적인 이유에서 획득된다는 라마르크주의의 요구를 잘못 이해하고 있다. 라마르크주의는 방향성을 가지는 변이에 대한 이론이기 때문이다. 이러한 생화학 메커니즘 중 일부가 생존에 유리한 유전 정보로 통합되어 들어간다는 것을 나타내는 증거는 어디에도 없다. 어쩌면 그것이 가능할 수도 있고, 실제로 일어날 수도 있을 것이다. 만약 그렇게 된다면 그것은 흥미진진한 새로운 전개이고 진정한 라마르크주의가 될 것이다.

그러나 지금까지 환경이나 획득된 적응이 생식 세포를 특정한 방향으로 돌연변이시킨다는 믿음을 뒷받침할 만한 근거는 멘델류의 이론이나 DNA에 대한 생화학 연구 어디에서도 발견되지 않았다. 차가워진 날씨가 정자나 난자의 염색체에 털이 길어지는 돌연변이를 일으키라고 '명령'하는 일이 어떻게 가능할까? 야구 선수 피트 로스(Pete Rose, 1941년~)가 자신의 정자에 어떻게 허슬 플레이를 전달할 수 있을까? (피트 로스는 생애 최다 안타 등 많은 기록을 남긴 미국의 메이저 리그 야구 선수로 '찰리 허슬'이라는 별명으로 불린다. 허슬 플레이라는 말을 만든 사람으로, 힘 있는 주루 플레이, 저돌적 슬라이딩 등 원기 왕성한 경기 방식을 허슬 플레이라고 한다. — 옮긴이) 만약 그런 일이 일어날 수 있다면 정말 멋질 것이다. 그렇게 되면 매우 간단할 것이다. 그것은 다윈적인 과정이 허용하는 것보다 훨씬 빠른 속도로 진화를 전진시킬 것이다. 그러나 우리가 아는 한, 그것은 자연계의 방법이 아니다.

그럼에도 불구하고 라마르크주의는 적어도 인기 있는 공상 속에서는 계속 살아남아 있다. 따라서 우리는 반드시 그 이유를 물어야 한다. 특히 아서 케스틀러는 여러 권의 책에서 전력을 다해 라마르크주의를 옹호하고 있다. 그중에서 『산파개구리의 수수께끼(*The Case of the Midwife*

Toad)』라는 책은 오스트리아의 라마르크주의 생물학자 폴 캐머러(Paul Kammerer, 1880~1926년)의 정당성을 입증하는 데에 책 한 권을 모두 할애하고 있다. 폴 캐머러는 자신에게 커다란 영광을 안겨 준 개구리 표본이 실은 먹물을 주입한 속임수였다는 사실이 발각된 후, 1926년에 자살했다. (그가 자살한 주된 이유는 다른 데 있었지만.) 케스틀러는 자신이 비정하고 기계론적이라고 생각한 다윈주의의 정통성을 공격하기 위해서, 소위 '소(小)라마르크주의(mini-Lamarckianism)'라는 것을 수립하려고 노력했다. 나는 라마르크주의가 두 가지 중요한 이유로 사람들의 마음에 지속적인 호소력을 가진다고 생각한다.

첫째, 몇 가지 진화적인 현상 중에는 언뜻 보기에 라마르크류의 해석을 시사하는 것처럼 생각되는 것이 있다. 대개 라마르크주의가 가지는 호소력은 다윈주의에 대한 오해에서 비롯되는 일이 많다. 예를 들어 많은 유전적 적응보다 유전적 기반이 없는 행동상의 변화가 먼저 일어난다는 주장이 자주 제기되는 것을 들 수 있다. 그리고 이것은 사실이다. 과거나 지금이나 때로 일어나는 일이지만 박샛과에 속하는 몇 종의 작은 새는 영국식 우유병 뚜껑을 비틀어 열어서, 그 안에 들어 있는 크림을 마시는 법을 배운다. 그렇다면 사람들은 이 좀도둑질을 좀 더 쉽게 하기 위해서, 주둥이 형태에 진화가 일어나리라고 상상할 것이다. (그러나 우유를 종이 상자에 넣거나 가정 배달이 중지되는 일 등이 일어나기 때문에, 그 진화는 분명 맹아(萌芽) 상태에서 시들어 버리고 말 것이다.) 행동상의 능동적이고 비(非)유전적인 혁신이 진화를 위한 기초를 다진다는 점에서 이것은 라마르크적이지 않을까? 그리고 다윈주의는 환경을 정련(精鍊)의 뜨거운 불이라고 생각하고, 생물이란 그 불 앞에서 단련되는 수동적 존재로 간주하는 것은 아닐까?

그러나 다윈주의는 환경 결정론과 같은 기계론적 주장이 아니다. 다윈주의는 생물을 그것을 형성하는 환경으로부터 타격을 받는 당구공으로 생각하지 않는다. 행동에서 나타나는 이러한 혁신의 사례들은 완전히 다윈적인 것이다. 그럼에도 불구하고 환경을 스스로 만들어 가는 창조자로서의 능동적인 생물 역할을 그토록 힘주어 강조한다는 점에서, 우리는 라마르크를 칭송한다. 우유병을 따서 먹는 방법을 기억한 박새는 자신의 환경을 변화시킴으로써 새로운 선택압(選擇壓, 자연 선택에 작용하는 환경의 여러 가지 특성. 예를 들어 먹이의 부족이나 포식자의 활동, 짝짓기 상대를 차지하기 위한 경쟁 등이 그것이다. — 옮긴이)을 만들어 낸 것이다. 이제 자연 선택은 조금 다른 형태의 부리들을 선호하게 될 것이다. 그러나 새로운 환경이 박새를 자극해, 유리한 형태를 향한 유전적 변이를 일으키는 것은 아니다. 이것이 그리고 이것만이 라마르크주의이다.

'볼드윈 효과(Baldwin effect)', '유전적 동화(genetic assimilation)' 그리고 그 밖의 여러 이름으로 불리는 또 하나의 현상은 그 성격으로 보아 더 라마르크적으로 보인다. 그런데 그 현상은 다윈적인 관점에도 부합한다. 고전적인 예를 들어 보자. 예를 들어 타조는 다리에 경결(못과 같은 단단한 피부 — 옮긴이)을 가지고 있어, 그 부분을 지면에 대고 무릎을 꿇듯이 앉는다. 경결은 실제로 사용되기 이전에 알에서부터 이미 발달하기 시작한다. 이것은 라마르크의 시나리오를 필요로 하는 것이 아닐까? 다시 말해 매끈한 다리를 가졌던 선조가 무릎을 꿇고 앉기 시작했고, 비유전적 적응으로 경결을 획득한 것이 아닐까? 경결은 사람들이 직업 때문에, 예를 들어 글을 많이 쓰는 작가들처럼 손가락에 못이 박히거나 발뒤축에 두꺼운 각질이 생기는 경우처럼 생긴다. 그 후 경결은 사용되기 전에 발달하는 유전적 적응으로 후손에게 전해졌다는 것이다.

'유전적 동화'에 대한 다윈적인 설명은 케스틀러가 좋아하는 예인 폴 캐머러의 산파개구리(남유럽에 서식하는 무당개구릿과의 총칭 — 옮긴이)에도 적용할 수 있다. 공교롭게도 캐머러는 그 사실을 모른 채 다윈적인 실험을 했던 것이다. 이 육생 개구리는 앞발의 첫째 발가락에 깔쭉깔쭉한 이랑과 같은 혹('교미 패드(nuptial pad)'라고도 불린다.)을 가지고 있다. 이것은 물에 살던 선조 때부터 진화한 것이다. 일반적으로 산파개구리 수컷은 미끄러운 환경에서 암컷과 교미를 할 때 암컷을 꽉 붙잡기 위해 이 패드를 이용한다. 그러나 마른 땅에서 교미하는 산파개구리는 이런 혹을 가지고 있지 않다. 그렇지만 이 혹이 발현되는 변칙적인 개체도 가끔 있다. 이것은 이 혹을 만드는 유전 능력이 완전히 상실되지 않았음을 보여 준다.

캐머러는 일부 산파개구리들을 물속에서 번식시켜, 생존에 부적합한 물이라는 환경에서 살아남은 소수의 알에서 다음 세대를 번식시켰다. 이 과정을 수세대에 걸쳐 반복한 결과, 그는 교미 패드를 가진 수컷 개구리를 얻을 수 있었다. (혹이 생기는 효과를 높이기 위해 실험 개체에 먹물을 주사했다는 사실이 발각되어 캐머러의 실험이 날조였음이 밝혀졌지만, 캐머러 본인이 직접 한 일은 아닌 것 같다.) 따라서 캐머러는 자신이 라마르크 효과를 실증했다고 결론지었다. 즉 그가 산파개구리를 선조들이 살던 환경으로 되돌려 놓았고, 그 개구리는 선조의 적응을 다시 획득해 그것을 유전적 형태로 후손에게 전달했다는 것이다.

그러나 정작 캐머러가 한 것은 다윈적인 실험이었다. 그가 그 개구리들을 물속에서 번식시켰을 때, 극히 소수의 알만 살아남았다. 즉 캐머러는 물속에서의 생존 성공에 도움이 되는 모든 유전적 변이에 대해 강한 선택압을 행사한 것이다. 더구나 그는 수세대에 걸쳐 이 압력을 강화시켰다. 캐머러의 선택은 수중 생활에 유리한 유전자를 한데 모은 것이며, 이것은 1세대의 개구리 부모가 전혀 갖지 않았던 조합이었다. 교미 패드는 일종의 수서 적응이기 때문에, 그 발현은 수중에서의 생존 성공을 높이는 유전자 집합(즉 캐머러의 다윈적 선택에 의해 빈도가 높아진 유전자 집합)과 관련이 있는지도 모른다. 마찬가지로 타조도 처음에는 비유전적인 적응으로 경결을 발생시켰을 것이다. 그러나 경결에 의해 강화된 땅에 무릎을 꿇고 앉는 습성 자체도, 이러한 특성들을 유전자에 암호로 기록하는 임의적인 유전적 변이의 보존을 위한 새로운 선택압으로 작용하기 시작한다. 따라서 경결 자체가 획득 형질의 유전으로 인해 성체에서 새끼에게 신비로운 방식으로 전달되는 것은 결코 아니다.

두 번째, 그리고 내가 라마르크주의의 매력이 아직까지도 사라지지 않는 보다 중요한 이유라고 생각하는 것은 우리의 삶에 어떤 본질적 의미도 부여하지 않는 삭막한 우주와 직면할 때, 라마르크의 관점이 우리에게 어느 정도 위안을 준다는 것이다. 라마르크주의는 인간이 가지는 편견 중에서도 가장 뿌리 깊은 두 가지, 즉 노력은 항상 보답받아야 한다는 우리의 신념과 세계는 본질적으로 목표를 가지며 끊임없이 발전한다는 우리의 희망을 강화시키는 역할을 한다. 라마르크의 관점이 케스틀러와 같은 인문주의자들의 마음에 호소력을 가지는 이유는 유전성에 관한 학문적인 논의보다 오히려 이러한 위안에 있는 셈이다. 그것에 비해 다윈주의는 이런 식의 위안을 주지 않는다. 다윈주의는 생물이 번식의 성공을 목표로 싸워서, 국지적인 환경에 적응한다고 주장할 뿐이기 때문이다. 다윈주의에 따르면, 우리는 다른 무엇에서 의미를 찾아야만 한다. 그리고 그것은, 미술, 음악, 문학, 윤리학, 개인의 투쟁, 그리고 케스틀러식의 인문주의 등이 모두 추구하려는 것이 아닐까? 그 답은 (설령 그 답이 절대적인 것이 아니고 개인적인 것이라 하더라도) 우리 자신 속에 있는데도, 왜 자연에게 요구하고, 자연의 운행 방식을 거기에 맞춰 좁게 한정시키려는 것일까?

따라서 현재 판단할 수 있는 한, 라마르크주의는 지금까지 그것이 위치해 온 영역에서는(즉 유전적인 대물림에 대한 생물학적 이론으로서는) 잘못된 이론이다. 그렇지만 순전히 비유적인 의미에서만 이야기한다면 그것은 완전히 다른 종류의 또 하나의 '진화(즉 인류의 문화적 진화)'를 가져오는 '유전' 양식이라 할 수 있다. 호모 사피엔스(*Homo Sapiens*)는 적어도 5만 년 이상 전에 나타났으며, 그 후 어떠한 유전적인 향상이 있었다는 증거는 하나도 없다. 나는 평균적인 크로마뇽인이 적절한 훈련을 받기만 하면, 우리 중에서 가장 뛰어난 전문가와 같은 정도로 컴퓨터를 조작할 수 있으리라고 생각한다. (실제로 크로마뇽인들은 현생 인류보다 조금 큰 뇌를 갖고 있다.) 지금까지 인류가 성취해 온 것은 모두 문화적 진화의 결과이다. 그리고 우리는 과거의 모든 생명의 역사에 적용되는 척도로는 잴 수 없을 만큼 빠른 속도로 그것을 달성해 왔다. 지구의 장구한 역사라는 맥락에서 연구하는 지질학자들은 수백 년이나 수천 년 같은 규모의 시간을 다루지 않는다. 그렇지만 지구의 역사에서 보면 밀리마이크로초(1마이크로초는 100만분의 1초이므로, 1밀리마이크로초는 1000만분의 1초에 해당한다. — 옮긴이)에 불과한 짧은 시간 동안 우리는 한 가지 변하지 않는 생물학적 발명품의 힘으로 지구의 표면을 바꾸어 왔다. 그 발명품의 이름은 바로 자의식이다. 도끼를 든 10만 명의 사람에서, 폭탄, 우주선, 도시, 텔레비전, 컴퓨터 등을 가진 40억 이상의 인류에 이르기까지, 이 모든 과정이 큰 유전적 변화 없이 이루어졌다.

문화적 진화는 다윈적인 과정과는 비교할 수도 없는 빠른 속도로 진행되고 있다. 다윈적인 진화는 호모 사피엔스에서도 계속되고 있지만, 그 속도가 너무 느려서 우리의 역사에 더 이상 큰 영향을 주지 못하고 있다. 지구의 역사가 매우 중요한 이 지점에 도달하게 된 것은 라마르크적인 과정이 그 역사에 작용했기 때문이다. 인류의 문화적 진화는 그 성격상 우리의 생물학적 역사와는 완전히 상반되며 오히려 라마르크적이다. 우리가 한 세대 동안에 배운 것은 교육이나 글쓰기를 통해 다음 세대에 직접 전달된다. 과학 기술이나 문화에 관한 한 획득 형질이 대물림되는 것이다. 라마르크적인 진화는 신속함과 축적을 그 특징으로 한다. 라마르크적인 진화는 과거의 순수한 생물학적인 변화 양식과 현대의 새롭고 해방적인(어쩌면 그것이 지옥의 나락을 향하는지도 모르지만) 무엇을 향해 미친 듯이 가속되는 변화 양식 사이에 중대한 차이가 있음을 말해 주고 있다.

8장

이타적인 집단과 이기적인 유전자

물질 세계는 상자 속에 또 다른 상자가 들어 있듯이, 계속 그 수준이 높아지는 여러 층의 계층 구조로 이해할 수 있다. 원자에서 출발해서 원자들이 모여 이루어진 분자로, 분자로 구성된 결정으로, 광물로, 암석으로, 지구로, 태양계로, 무수한 항성들로 이루어진 은하로, 그리고 무수한 은하들로 이루어진 우주로……. 그리고 이렇게 저마다 상이한 수준에는 서로 다른 힘이 작용하고 있다. 돌은 중력 때문에 낙하하지만, 원자나 분자 수준에서는 중력이 아주 미약하기 때문에 일반적인 계산에서는 흔히 무시된다.

생명 역시 여러 수준에서 작동하며, 진화의 과정에서는 그 각각의 수준이 독자적인 역할을 한다. 이 장에서는 유전자, 개체, 그리고 종이라는 세 가지 주요 수준에 대해 생각해 보자. 유전자는 생물 개체의 청사진이고, 개체는 종이라는 건축물을 구축하는 기본 구성 단위이다. 진화는 돌연변이를 필요로 한다. 자연 선택은 숱한 일련의 선택 과정 없이는 작동하지 않기 때문이다. 돌연변이는 변이가 일어나는 궁극의 원천이며, 유전자는 변이가 일어나는 단위이다. 선택의 단위는 개체이다. 그러나 개체가 진화하는 것은 아니다. 개체는 단지 성장하고, 번식하고, 죽을 뿐이다. 진화적인 변화는 상호 작용하는 생물 개체의 집단에서 일어나는 것으로, 진화가 일어나는 단위는 종이다. 즉 철학자 데이비드 리 헐(David Lee Hull, 1935~2010년)이 썼듯이, 유전자는 변화하고, 개체는 선택되고, 종이 진화하는 것이다. 이것이 정통 다윈주의의 관점이다.

개체를 선택의 단위라고 보는 것은 다윈 사상의 중심 주제이다. 다윈은 자연계의 정교한 균형에 "보다 높은 수준"의 원인이란 없다는 것을 강조했다. 또한 진화는 '생태계의 이익'이나 '종의 이익'조차도 인식하지 않는다. 조화나 안정성이란 무수한 개체들이 끊임없이 자신의 이익을 추구하는 과정에서 나타나는 간접적인 결과에 지나지 않는다. 현대 어법으로 말하자면, 자신의 이익을 추구하는 과정이란 좀 더 큰 번식상의 성공을 거두어서 더 많은 자신의 유전자를 미래 세대에게 전달하는 것이다. 개체가 선택의 단위이고, '생존을 위한 투쟁'은 개체 사이에서 벌어지는 것이다.

그러나 지난 15년 동안 개체에 초점을 맞추는 다윈의 관점에 대해 진화학자들 사이에서 도전이 제기되고 활발한 논쟁이 벌어졌다. 이러한 도전은 계층 체계의 위와 아래에서 모두 제기되었다. 위로부터는 15년 전에 스코틀랜드의 생물학자 베로 코프너 윈에드워즈(Vero Copner Wynne-Edwards, 1906~1997년)가 최소한 사회 행동의 진화에서는 개체가 아닌 집단이 선택의 단위라고 주장하여 정통파에 속하는 학자들에게 싸움을 걸었다. 밑으로부터는 최근에 영국의 생물학자 클린턴 리처드 도킨스(Clinton Richard Dawkins, 1941년~)가 유전자 자체가 선택의 단위이고, 개체는 단지 (유전자를 보관하는) 일시적인 "그릇"에 지나지 않는다는 주장을 전개해서 나를 격분시켰다.

윈에드워즈는 『사회 행동과 관련한 동물의 분산(*Animal Dispersion in Relation to Sorial Behavior*)』이라는 두꺼운 책에서 자신의 '집단 선택(group selection)' 주장을 변호했다. 그는 자신의 논의를 다음과 같은 한 가지 딜레마로부터 시작했다. 만약 개체가 오직 번식의 성공을 극대화하기 위해서만 투쟁하는 것이라면, 그토록 많은 종들이 활용 가능한 자원과 정확히 일치하는 일정 수준에서 개체수를 유지하는 것처럼 보이는 까닭은 무엇인가? 이 문제에 대해 전통 다윈주의는 먹이, 기후, 포식이라는 외압에서 설명을 구한다. 즉 일정한 수의 개체가 먹이를 얻으면 다른 개체들은 굶주리기(또는 얼어 죽고, 또는 먹히기) 때문에 개체수가 유지된다는 것이다. 반면 윈에드워즈는 동물들이 그 환경적 제약을 측정함으로써, 또한 그 제약에 부응해 스스로의 번식을 조절함으로써 자신들의 개체수를 조절한다고 주장했다. 그는 이 이론이 다윈이 주장한 '개체 선택'에 위배된다는 것을 솔직히 인정했다. 그의 이론은 다수의 개체가 그들의 집단 전체의 이익을 위해 스스로의 번식을 포기하거나 제약할 것을 요구하기 때문이다.

윈에드워즈는 대부분의 종이 다소 불연속적인 복수의 집단으로 분리된다고 가정했다. 일부 집단은 자신들의 번식을 조절하는 방법을 전혀 진화시키지 않는다. 이러한 집단에서는 개체 선택이 최고의 지배력을 가진다. 그 집단은 조건이 좋은 시기에는 개체수를 늘려서 번성하지만, 조건이 나쁜 시기에는 스스로를 조절할 수 없기 때문에 심각한 피해를 입거나 심지어는 멸종할 수도 있다. 또한 집단의 이익을 위해 다수의 개체가 자신들의 번식을 희생시키는 식의 조절 시스템을 발달시키는(만약 선택이 자신의 이익을 추구하는 개체에만 유리하다면 이런 시스템은 불가능하다.) 집단도 있다. 이러한 집단은 좋은 시기에도 나쁜 시기에도 생존할 수 있다. 따라서 이 주장에 따르면 진화는 집단 사이에 벌어지는 투쟁이지 개체 사이의 투쟁이 아니다. 그리고 집단이 각 개체의 이타적 행동을 통해 자신들의 개체수를 조절하면 그 집단은 살아남을 수 있다. 윈에드워즈는 이렇게 쓰고 있다. "사회 조직이 전진적 진화(progressive evolution, 생물이 내부나 외부의 '추동력'에 의해 비선형적 방식으로 진화하는 경향을 가진다는 가설 — 옮긴이)를 하는 능력, 스스로 하나의 실체로 완성되는 능력을 가진다고 가정할 필요가 있다."

그는 이러한 관점에서 대부분의 동물 행동을 재해석했다. 즉 환경은 번식을 위한 차표를 한정된 매수만 발행한다는 것이다. 따라서 동물들은 상습화된 경쟁이라는 정교한 시스템을 통해 차표를 얻기 위해 서로 경합한다. 육생종에게는 한 구획의 땅덩어리가 한 장의 차표인 셈이어서 동물들(대개 수컷)은 그 구획에 대해 단호한 태도를 취한다. 이 싸움에서 진 쪽은 솔직하게 패배를 인정하고, 전체의 이익을 위해 주변부의 은둔 생활로 물러선다. (물론 윈에드워즈는 승자나 패자 어느 쪽도 그러한 사실을 의식하고 있다고 생각하지는 않았다. 그는 패자가 깨끗이 자신의 패배를 인정하는 행동의 배후에는 어떤 의식되지 않는 호르몬 메커니즘이 있을 것으로 추정했다.)

지배의 계층 구조가 있는 종의 경우에 차표는 장소에 따라 적절한 수만큼만 할당되기 때문에, 동물들은 순위를 놓고 경쟁을 벌인다. 그 경쟁은 주로 위협이나 엄포의 형태로 이루어진다. 검투사처럼 목숨을 걸고 싸워 상대를 죽이는 일이 발생해서는 안 되기 때문이다. 결국 그들은 자신이 속한 집단을 이롭게 하기 위해 차표를 둘러싼 경쟁을 벌일 뿐이다. 이러한 경쟁은 누가 뛰어난 기술을 가지고 있는지 시험하는 것이라기보다는 제비뽑기와 비슷해서 적정한 매수의 차표를 나누는 일이 누가 이기는가보다 훨씬 중요하다. 윈에드워즈는 "경쟁의 관례화와 사회의 확립이란 실제로는 동일한 것이다."라고 단언했다.

그렇다면 과연 동물들은 어떻게 차표의 매수를 아는 것일까? 그들이 자신들의 개체수를 조사할 수 없는 이상, 그것을 알 수 없는 것은 분명하다. 윈에드워즈는 그의 가장 놀라운 가설에서, 동물들이 무리를 지어 이동하거나 함께 모여 지저귀는 등의 단체 행동이 개체수 조사를 위한 유효한 장치이며, 이 장치는 집단 선택을 통해 진화했다고 주장했다. 그는 "새의 지저귐, 여치와 귀뚜라미 그리고 개구리의 진동음, 물고기가 물속에서 내는 소리, 반딧불이의 명멸" 등도 그런 장치에 속한다고 말했다.

책이 출간된 후 약 10년 동안 다윈주의자들은 윈에드워즈를 맹렬히 공격했다. 그들은 두 가지 전술을 사용했다. 첫째, 그들은 윈에드워즈의 관찰 그 자체는 대부분 인정했지만, 그 관찰 사실들이 오히려 개체 선택의 실례라고 재해석했다. 예를 들어 그들은 누가 이기는가의 여부는 그야말로 지배의 계층 구조나 세력권(territoriality)에 따른 것이라고 주장했다. 만약 수컷과 암컷의 성비가 50 대 50이고 성공한 한 마리의 수컷이 여러 마리의 암컷을 독점하면, 일부 수컷은 후손을 번식시킬 수 없게 된다. 모든 개체는 조금이라도 많은 유전자를 후손에게 전한다는 다윈주의적 상(賞)을 받기 위해 경쟁을 벌인다. 이런 경우 진 쪽이 자신의 희생이 공통의 이익을 높인다는 사실에 만족해서 순순히 그곳을 떠나는 일은 결코 없다. 그들은 그저 패했을 따름이다. 운이 좋으면 다음에는 이길지도 모른다. 이러한 과정의 결과로 잘 조절된 개체군이 탄생할 수도 있지만, 그 메커니즘은 기본적으로 개체 사이의 투쟁인 것이다.

얼핏 보기에는 이타성처럼 보이지만, 실질적으로 윈에드워즈가 내놓은 실례들은 거의 모두 각 개체의 이기성에 대한 이야기로 바꿀 수 있는 것이다. 예를 들어 많은 새의 군집에서 자신들을 노리는 포식자를 발견한 최초의 개체가 경계음을 낸다. 집단 선택의 관점에 따르면, 경계음으로 무리는 위험을 피하지만 최초의 경계음을 낸 개체는 포식자의 주의를 자신에게 집중시킴으로써(집단의 이익을 위한 자기 파괴, 아니면 최소한 위험 감수를 통해) 무리의 동료들을 구하는 것이 된다. 진화라는 측면에서 이러한 이타적인 발성자를 가지는 집단은, 개개의 이타주의자에게는 큰 위험이 따를지 몰라도, 이기적인 조용한 집단보다 진화라는 관점에서 유리하다. 그런데 이 논쟁 과정에서 최초의 외침이 그 발성자 본인에게도 이익이 된다는 적어도 10여 가지의 다른 관점들이 제기되었다. 즉 최초의 외침이 무리의 움직임을 무작위적으로 만들어, 그 결과 포식자를 혼란에 빠트려 최초의 발성자를 포함해서 어떤 개체도 잡지 못하게 한다는 것이다. 또는 발성자는 안전한 곳으로 달아나고 싶을지도 모르지만 혼자 그런 행동을 취했다가는 대열을 이탈한 자신이 포식자의 표적이 되는 사태를 두려워한다는 것이다. 이러한 이유로 그 개체는 무리 전체가 자신과 함께 움직이도록 소리를 지른다는 것이다. 그는 최초의 발성자이기 때문에, 동료들에 비해 불리한 입장에 처할지도 모르지만(또는 제일 먼저 안전하게 도망칠 수 있기 때문에 오히려 유리할 수도 있다.), 소리를 지르지 않아서 포식자가 임의로 무리 중 한 개체(어쩌면 자신이 먹이가 될 수도 있다.)를 잡도록 무방비 상태로 방치하는 것보다는 나을 것이다.

집단 선택에 반대하는 두 번째 전술은 두드러진 이타적 행동을 살아남은 가까운 혈연과 친족을 통해 유전자를 전파하는 이기적인 장치로 재해석하는 것이다. (이른바 혈연 선택 이론이다.) 형제자매의 경우 평균적으로 유전자의 절반 정도를 공유한다. 만약 당신이 형제자매 세 명을 구하기 위해 죽는다면, 당신은 세 명의 형제자매의 번식을 통해 당신의 유전자를 150퍼센트 다음 세대에 전달하는 셈이다. 이 경우에도 당신은 자신의 육체적 존속을 유지하지는 못했지만 자신의 진화적인 이익을 위해 행동한 것이다. 혈연 선택은 다윈의 개체 선택의 한 형태인 것이다.

이러한 대안적 설명들은 집단 선택을 용인하지 않는다. 왜냐하면 그런 설명들이 개체 선택이라는 좀 더 전통적인 다윈주의 양식의 주장을 되풀이하는 데 지나지 않기 때문이다. 이 논쟁적인 사안은 아직 해결되지 않았지만, 합의(필경 잘못된)가 이루어지고 있는 것 같다. 오늘날 대부분의 진화학자들은 집단 선택이 특정한 구체적인 상황(멀리 분리되어 있고, 사회적인 응집성이 강하며, 서로 직접적인 경쟁을 벌이고 있는 많은 집단들로 이루어진 종)에서 일어날 수 있음을 인정한다. 그러나 그들은 분리된 집단이 혈연 집단(여기에서는 집단 내의 이타성에 대한 하나의 설명으로서 혈연 선택이 선호된다.)인 경우가 흔하며 혈연 선택이 선호되는 이유를 집단 내의 이타성으로 설명할 수 있기 때문에, 이러한 상황이 흔히 발생하지는 않는다고 생각한다.

그러나 개체 선택이 위로부터의 집단 선택과의 싸움에서 비교적 큰 상처를 입지 않은 바로 그때 다른 진화학자들은 아래로부터의 공격을 시작한다. 그들은 개체가 아니라 유전자가 선택의 단위라고 주장한다. 그들은 "닭이란 달걀이 또 다른 달걀을 만드는 하나의 방법에 불과하다."라는 새뮤얼 버틀러(Samuel Butler, 1835~1902년)의 유명한 아포리즘을 다시 들고 나오면서 자신들의 주장을 전개한다. 그들은 동물이란 DNA가 더 많은 DNA를 만드는 데에 사용하는 수단에 지나지 않는다고 주장한다. 리처드 도킨스는 그의 책 『이기적 유전자(*The Selfish Gene*)』에서 이 주장을 강력하게 제기했다. 그는 "몸이란 유전자가 유전자를 변화되지 않은 채 보존하기 위한 하나의 방법이다."라고 쓰고 있다.

도킨스의 입장에 따르면, 진화는 유전자들이 저마다 더 많은 자신의 복제를 획득하기 위해 벌이는 투쟁이다. 몸은 유전자가 잠시 모여 있는 장소에 불과하다. 육체는 일시적인 보관 그릇이며, 유전자가 조작하는 생존 기계(survival machines)에 지나지 않는다. 일단 유전자가 복제되어 다음 세대의 육체에 더 많은 복제를 전파하려는 탐욕스러운 갈망이 채워지면, 육신이라는 기계는 지질학적 파편 더미 위로 아무렇게나 던져진다.

> 우리는 생존 기계, 유전자라고 알려진 이기적인 분자들을 보전하도록 맹목적으로 프로그램된 로봇 전달자이다. ……
>
> 유전자들은 거대한 잡동사니 로봇들 안에 안전하게 거대한 군집을 이루며 존재한다. …… 그들은 당신 안에도 내 안에도 있다. 그들은 우리를, 우리의 몸과 마음을 만들었다. 그리고 그들을 보전하는 것이야말로, 우리의 궁극적인 존재 이유이다.

분명 도킨스는 개체를 선택의 단위로 생각하는 다윈주의의 개념을 버렸다. "나는 선택의 기본 단위, 즉 자기 이익의 기본 단위가 종도, 집단도, 엄밀히 이야기하자면 개체도 아니라고 주장할 작정이다. 선택의 기본 단위는 유전의 단위, 바로 유전자이다." 따라서 우리는 혈연 선택이나 겉보기 이타성에 관해서 이야기해서는 안 되는 셈이다. 신체는 적절한 단위가 아니다. 유전자는 어디에서든 자신의 복제를 볼 수 있도록 노력할 뿐이다. 유전자는 자신의 복제를 보존시키고 더 많은 복제를 만들기 위해 작용할 뿐이다. 유전자는 어떤 육체가 자신의 일시적인 집이 될지에는 별로 관심이 없다.

방금 언급한 도킨스의 여러 주장 중에서 가장 과격하고 많은 사람들에게 충격을 준 요소(의식적 행동을 유전자의 탓으로 돌리는 주장)에도 내가 전혀 당황하지 않았음을 밝히면서 비판을 시작하고자 한다. 도킨스는 여러분이나 나와 마찬가지로 유전자 자체가 계획을 하거나 구상을 가지고 있지는 않으며, 유전자가 의식적으로 스스로를 보존하는 행위자로서 행동하지 않는다는 사실을 충분히 인식하고 있다. 그는 나를 포함해서(물론 나의 희망사항이지만), 진화에 관한 대중 과학서를 집필하는 필자들이 누구나 사용하는 (분명 무분별하게) 은유적인 표현을 보통 경우보다 화려하게 그리고 일관되게 주장하는 것에 지나지 않는다. 그가 "유전자는 더 많은 자신의 복제를 만들려고 노력한다."라고 썼을 때, 실제로 그는 다음과 같은 이야기를 하고 있는 것이다. "선택은, 우연히 다음 세대에 더 많은 복제를 남기는 방식으로 변이를 일으킨 유전자에게 유리하게 작용한다." 후자는 길고 장황한 데 비해, 전자는 그 의미 자체는 부정확하지만 은유로서는 직접적이어서 사람들이 보다 쉽게 받아들일 수 있다.

그렇지만 나는 아래로부터의 도킨스의 공격에 한 가지 치명적인 결함이 있다고 생각한다. 그가 아무리 유전자에 큰 힘을 부여하고 싶어도, 유전자로서는 할 수 없는 일이 있다. 그것은 유전자가 자연 선택에 직접 노출될 수 없다는 것이다. 다시 말해 선택은 유전자를 직접 볼 수 없고 유전자들 중에서 어느 하나를 직접 고를 수 없다. 선택은 그 매개체로서 생물의 신체를 사용해야만 한다. 유전자는 세포에 숨겨진 DNA의 지극히 작은 조각이다. 반면 선택이 보는 것은 그것이 들어 있는 몸, 즉 생물의 개체이다. 선택이 어떤 개체를 선호하는 것은 그 개체가 더 강하거나, 좀 더 격리되어 있거나, 성적 성숙이 빠르거나, 싸움에서 더 사납거나, 다른 개체에 비해 더 아름답기 때문이다.

만약 자연 선택이 보다 강한 몸을 선호한다고 가정하고, 선택이 강함이라는 특성에 대해 유전자에 직접 작용한다면, 도킨스의 입장이 옳을 것이다. 또한 만약 신체가 그 유전자들의 명백한 지표라면, 서로 경쟁하는 DNA 조각들은 자신의 빛깔을 제각각 외부로 드러낼 것이고 선택은 그들에게 직접 작용할 것이다. 그러나 몸은 그런 것이 아니다.

당신의 왼쪽 무릎이나 당신의 손톱처럼 눈에 보이는 특정 형태에 '관여하는' 유전자는 존재하지 않는다. 우리를 비롯해서 모든 생물의 몸은 개별 유전자에 의해 구축되는 각각의 부분으로 분해될 수 없다. 수백에 이르는 많은 유전자들이 협동해서 신체의 거의 대부분을 구축하는 것이다. 그러한 유전자의 작용은 마치 만화경처럼 변화 무쌍한 일련의 환경적 영향을 받는다.(그런 환경에는 배아의 상태도 있고 출생 후의 것도 있으며, 내적인 것도 있고 외적인 것도 있다.) 몸의 각 부분은 유전자가 번역된 것이 아니며, 선택은 각 부분에 직접 작용하지도 않는다. 선택은 생명체를 그 전체로서 받아들이거나 거절한다. 그 이유는 복잡한 방식으로 상호 작용하는 여러 부분들이 전체적인 조합으로 그 생물에게 유리함을 주기 때문이다. 개별 유전자가 자신의 생존 경로를 계획한다는 식의 이미지는 우리가 일반적으로 이해하고 있는 발생 유전학과는 아무런 관계도 없다. 도킨스에게는 또 다른 은유가 필요할 것이다. 가령 다수의 유전자들이 총회를 열어 동맹을 결성하고 가능한 상황을 예측하는 조약에 가입하는 식의 상상이 그런 은유일 것이다. 그렇지만 그처럼 많은 유전자들을 하나로 융합시키고, 그것들을 환경이 매개하는 작용의 계층적인 연쇄에 결합했을 때, 그 결과를 우리는 '몸'이라고 부르는 것이다.

게다가 도킨스의 관점은 유전자가 몸에 영향을 미친다는 것을 전제로 삼고 있다. 어떤 생물의 성공에 차이를 가져오는 형태, 생리, 행동 등의 일부에 유전자가 변형되어 나타나지 않는 한 선택은 개별 유전자를 볼 수 없다. 따라서 도킨스의 관점을 따르려면 유전자와 몸 사이에 '1 대 1' 대응이 필요할 뿐만 아니라(이 점에 대해서는 앞에서 비판했다.) 1 대 1의 '적응적인' 대응까지 필요하게 된다. 그런데 역설적이게도 도킨스의 이론은 몸의 모든 부분이 제각기 자연 선택이라는 가혹한 시련을 통해 완성된다는 범선택론자(panselectionist)의 주장을 부정하는 진화학자가 점차 늘어나는 시기에 제기되었다. 대부분은 아니더라도, 많은 유전자가 여러 가지 변이로도 잘(또는 적어도 충분히) 작동한다. 그리고 선택은 그중에서 어느 것을 고르지 않는다. 만약 대부분의 유전자가 (선택이라는) 검사에 스스로를 드러낼 수 없다면, 그들은 선택의 대상이 되는 기본 단위가 될 수 없다.

결국 나는 도킨스의 이론이 주는 매력이 서구의 과학적 사고에 얽혀 있는 몇 가지 악습(우리가 원자론, 환원주의, 결정론 등으로 부르는 태도를 말한다. 이런 전문 용어를 사용하는 것을 용서하기 바란다.)에서 유래한 것이라고 생각한다. 그것은 전체란 모두 '기본' 단위로 분해시킬 때에만 이해할 수 있다는 식의 사고 방식, 미시적 단위가 가지는 고유한 성질이 거시적 결과의 거동(擧動)을 낳으며, 동시에 설명할 수 있다는 사고 방식, 그리고 모든 사건이나 사물은 명백하고 예측 가능하고 결정론적인 원인을 가진다는 사고 방식이다. 이러한 사고 방식은 몇 개의 작은 구성 요소로 이루어져 있고 과거 역사의 영향을 받지 않는 단순한 현상을 연구하는 데에는 유효했다. 지금 나는 가스 스토브의 손잡이를 돌리면 불이 붙을 것이라고 확신한다. (실제로 불이 붙는다.) 여러 가지 기체 법칙은 분자에서 시작해서 그것보다 큰 예측 가능한 부피에서도 마찬가지로 작용한다. 그러나 생물은 서로 합병한 유전자들 이상의 무엇이다. 생물은 역사라는 중대한 요소를 가지고 있고, 몸의 여러 부분은 복잡한 상호 작용을 한다. 생물의 몸은 협동하며 작용하고, 환경의 영향을 받으며, 선택에 노출되는 부분과 그렇지 않은 부분으로 번역된다. 물과 그것의 물리적, 화학적 성질을 결정하는 분자들이라는 비유는 몸과 유전자의 관계와는 빗댈 수도 없는 형편없는 것에 불과하다. 내가 나 자신의 운명에는 정통하지 못할 수 있지만, 최소한 전체성에 대한 나의 직관은 생물학적 진실을 반영하고 있을 것이다.

3부

인간의 진화

9장

미키 마우스에게 보내는 생물학적 경의

나이가 들면 정열이 차분함으로 바뀌고는 한다. 자일스 리턴 스트레이치(Giles Lytton Strachey, 1880~1932년)는 플로렌스 나이팅게일(Florence Nightingale, 1820~1910년)에 대한 신랄한 전기에서 그녀의 말년을 다음과 같이 기술하고 있다.

끈기 있게 기다리던 운명은 미스 나이팅게일에게 못된 장난질을 했다. 그녀가 긴 생애 동안 박애와 공공 정신으로 살아갈 수 있었던 것은 단지 그녀의 가혹한 삶 때문이었다. 그녀의 미덕은 바로 그 가혹함에 있었다. …… 그리고 이제 얄궂은 세월이 이 도도한 여인에게 벌을 내렸다. 그녀는 지금까지 살아온 것처럼 죽을 수 없게 되었다. 그녀에게서 가시를 빼 버린 것이다. 그녀는 부드러워져야만 했다. 이제 그녀는 온화함과 자기 만족으로 위축되지 않으면 안 되었다.

그러므로 나는 그 이름이 지극히 평범해진 한 동물이 젊은 시절에는 훨씬 더 사나웠을지도 모른다는 사실을 알게 되어도 그다지 놀라지 않는다. 어떤 사람들에게는 이런 대비가 모독으로 생각되어 경악스러울지도 모르지만 말이다. 미키 마우스는 1978년에 영예로운 만 50세를 맞이했다. 그것을 기념해서, 그가 처음 출연한 영화 「증기선 윌리(Steamboat Willie)」(1928년)가 미국 각지의 영화관에서 재상영되었다. 원래의 미키는 제멋대로였고 심지어는 조금 가학적인 경향도 있었다. 어느 장면에서 당시로서는 무척 자극적인 새로운 음향 효과를 이용해 미키와 미니는 배 위에서 다른 동물들을 때리고 쥐어짜고 비틀어 발랄한 '짚 속의 칠면조'의 합창을 연주한다. 그들은 집오리를 쥐어짜서 울음소리를 내게 하고, 염소의 꼬리를 빙빙 돌리고, 돼지의 젖꼭지를 꼬집고, 실로폰 대용으로 암소의 이빨을 마구 두드리고, 암소의 젖통으로 백파이프를 불어 댄다.

디즈니의 업적에 대해 삽화를 곁들인 반(半)공식적 역사서를 쓴 크리스토퍼 핀치(Christopher Finch, 1939년~)는 이렇게 해설한다. "1920년대 후반에 영화관에서 대성공을 거둔 미키 마우스는 오늘날 우리에게 익숙한 것처럼 절대 행실 좋은 주인공이 아니었다. 그는 좋게 이야기해도 개구쟁이였고, 심지어는 잔혹성까지 내비치고 있었다." 그러나 미키는 곧 자신의 행동을 바로잡았고, 모호한 채 결말이 나지 않은 미니와의 관계나 모티와 페르디의 지위 등을 관객의 가십이나 추측에 맡기게 되었다. 핀치는 이렇게 계속한다. "미키는 …… 거의 국민적 상징과 같은 지위를 확보했고 앞으로도 모든 시대에 걸쳐 상징이 될 수 있으리라고 기대된다. 가끔 그가 바른길을 벗어나기라도 하면, 미국의 도덕성을 자신들이 지키고 있다고 생각하는 시민이나 단체로부터 숱한 항의 편지가 즉각 스튜디오로 쏟아져 들어온다. …… 결국 미키에게는 착실한 시민의 역할을 하도록 끊임없이 압력이 가해지고 있는 것이다."

이처럼 미키의 성격이 부드러워짐에 따라서 그의 외모도 변했다. 디즈니의 팬들 중에는 시간의 흐름에 따른 미키의 변모를 알아차린 사람이 많다. 그러나 미키의 외면적 변화 이면에 그에 대응하는 주제(theme)가 있다는 사실을 알아차린 사람은 거의 없다(라고 나는 생각한다.). 사실 나는 디즈니의 만화가들도 자신들이 하고 있는 일을 분명하게 자각하지 못할 것이라고 확신한다. 이러한 변화는 불분명하게 조금씩 진행되었기 때문이다. 한마디로 말해 미키는 과거에 비해 부드럽고 비공격적인 성격으로 바뀌면서 외모도 차차 어린아이의 모습으로 변했다. (미키의 나이는 전혀 바뀌지 않았기 때문에(만화에 나오는 대개의 등장 인물들과 마찬가지로 미키도 시간이라는 참혹한 파괴의 손길로부터 아무런 영향도 받지 않았다.), 똑같은 나이에 나타나는 이러한 외모의 변모야말로 진정한 진화적 변형이다. 진화적 현상으로 점차 유아화(幼兒化)되는 것을 유형 성숙(幼形成熟, neoteny)이라고 한다. 이 문제에 대해서는 나중에 다시 설명하겠다.)

인간의 성장 과정에서 일어나는 이러한 특징적 형태 변화는 중요한 생물학적 문헌들에 영감을 주었다. 자궁에 있는 인간의 태아에서는 두부(頭部) 끝이 먼저 분화해 발끝보다 빨리 성장하기 때문에(생물학 용어로는 '전후 방향 경사(antero-posterior gradient)'라고 한다.), 갓 태어난 아기들은 상대적으로 큰 머리와 중간 크기의 몸통, 그리고 상대적으로 작은 팔다리를 가지게 된다. 이 경사는 성장 과정에서 다리와 발이 머리보다 더 빨리 커지면서 역전된다. 머리도 성장을 계속하지만, 몸의 다른 부분보다는 그 성장 속도가 느리기 때문에 머리의 상대적인 크기가 작아지는 것이다.

게다가 인간 성장의 전 과정을 통해 머리의 여러 부분에 일련의 변화가 확산된다. 뇌의 성장은 3세 이후 갑자기 느려진다. 유아의 구(球) 모양

50년 동안 미키 마우스가 진화해 온 과정(왼쪽에서 오른쪽으로). 미키의 행동이 시간의 흐름과 함께 양순해지면서 외모도 점차 어려졌다. 이러한 변화의 과정은 상대적으로 커진 머리 크기, 눈의 크기 증가, 머리뼈 확대의 세 단계로 특정지을 수 있다. 이것은 모두 유아의 특성이다. ⓒ Walt Disney Productions.

의 머리뼈는 갸름하고 눈썹의 위치가 낮은 성인의 용모로 변해 간다. 눈은 거의 성장하지 않기 때문에 상대적인 크기는 급속히 줄어든다. 그러나 턱은 차츰 커진다. 아이들은 성인보다 큰 머리와 눈, 작은 턱, 크게 돌출하고 부풀어 오른 머리뼈, 작고 땅딸막한 다리와 발을 가진다. 이런 이야기를 해서 안됐지만, 성인이 될수록 머리는 전체적으로 원숭이의 머리에 한층 더 가까워진다.

그러나 미키는 우리와 함께 살아온 지난 50년 동안 이 개체 발생의 경로를 역행해 왔다. 「증기선 윌리」에 나오는 초라한 생쥐와 같은 캐릭터가 마법의 나라의 귀엽고 악의 없는 주인공이 됨에 따라, 그의 용모는 조금씩 어리게 변했다. 1940년경이 되자 과거에는 돼지의 젖꼭지를 비틀어 대던 악동이 말을 듣지 않는다는 이유로 엉덩이를 세게 걷어차이는 (「판타지아」의 '마법사의 제자') 신세가 되었다. 1953년경 미키 최후의 만화에서 낚시를 간 미키는 물을 뿜어 대는 대합조개의 행패를 저지할 수조차

없게 되었다.

디즈니 만화가들은 자연계에서 일어날 수 있는 여러 가지 변화를 흉내 내 미키를 변형시켰다. 그들은 미키가 아이들처럼 짧고 땅딸막한 다리를 갖게 하기 위해 바지의 위치를 내려 그의 호리호리한 다리에 헐렁헐렁한 옷을 입혔다. (팔다리도 꽤 굵어졌고, 야무지지 못한 외모를 위해 관절이 필요했다.) 머리는 몸에 비해 상대적으로 커져 용모는 한층 더 유아와 흡사하게 되었다. 삐죽한 코의 길이는 변하지 않았지만, 조금 굵어졌기 때문에 돌출감이 완화된 느낌을 주었다. 또한 그의 눈은 두 단계를 거쳐 발달했다. 가장 중요한 첫 번째 단계는 선조형 미키에서 눈 전체가 검은 눈이었던 것이 후손형 미키에서는 검은 눈동자에 흰자위가 있는 눈으로 바뀌는, 불연속적이지만 현저한 진화적 변화이다. 두 번째는 그 후에 계속된 변화로 눈 자체가 조금씩 커진 것이다.

미키의 머리뼈가 점차 부풀어 오른 변화도 재미있는 경로를 따라 진행되었다. 그의 진화가 귀와 타원형의 코가 달려 있는 하나의 원으로 머리를 표현한다는 일종의 불문율에 제약을 받았기 때문이다. 그 원의 형태는 부풀어 오른 머리뼈를 직접 표현하는 식으로 바뀔 수는 없었다. 그 대신 양쪽 귀가 약간 뒤쪽으로 옮겨져 코와의 거리가 멀어지고, 경사진 이마 대신 둥근 이마를 갖게 되었다.

이러한 관찰에 정량화된 과학이라는 도장을 찍기 위해 나는 미키의 공인된 계통 발생 과정에서 나타난 세 단계의 외모를 내가 가지고 있는 가장 좋은 다이얼 캘리퍼스로 재 보았다. 즉 1930년대 초의 코가 가늘고 귀가 앞쪽으로 쏠려 있던 얼굴(제1단계), 훨씬 나중인 「미키의 잭과 콩나무」(1947년)에 나오는 얼굴(제2단계), 그리고 최근의 미키 마우스(제3단계)의 세 단계이다. 나는 미키에게서 조금씩 진전된 유아화를 나타내는 세 가지 징후를 측정해 보았다. 머리의 길이(코뿌리에서 뒤쪽의 귀의 정점까지)에 대한 눈의 크기(높이의 최댓값)의 백분율, 몸 길이에 대한 머리 길이의 백분율, 그리고 앞쪽에 있던 귀가 뒤편으로 이동하면서 늘어난 두개관(頭蓋冠, 머리뼈 윗부분 둥근 천정 모양의 부분)의 크기(즉 코뿌리에서 뒤쪽의 귀 끝까지의 거리에 대한 코뿌리에서 앞쪽 귀 끝까지의 거리의 백분율).

이 세 가지 백분율은 모두 착실히 증가했다. 눈의 크기는 머리 길이의 27퍼센트에서 42퍼센트까지, 머리 길이는 몸 길이의 42.7퍼센트에서 48.1퍼센트까지, 그리고 코에서 앞쪽 귀까지의 거리가 코에서 뒤쪽 귀까지 차지하는 비율은 71.7퍼센트에서 놀랍게도 95.6퍼센트로 껑충 뛰었다. 나는 비교를 위해서 미키의 젊은 '조카' 모티에 대해서도 같은 측정을 해 보았다. 미키는 머리 길이는 모티 정도로 작아지지 않았지만, 그밖의 다른 특성에서는 같은 계통의 유아 단계를 향해 진화한 것이 분명했다.

어쩌면 명색이 과학자라는 사회적 지위를 가진 사람이 생쥐를 상대로 도대체 무슨 짓을 하고 있느냐고 꾸짖는 독자가 있을지도 모르겠다.

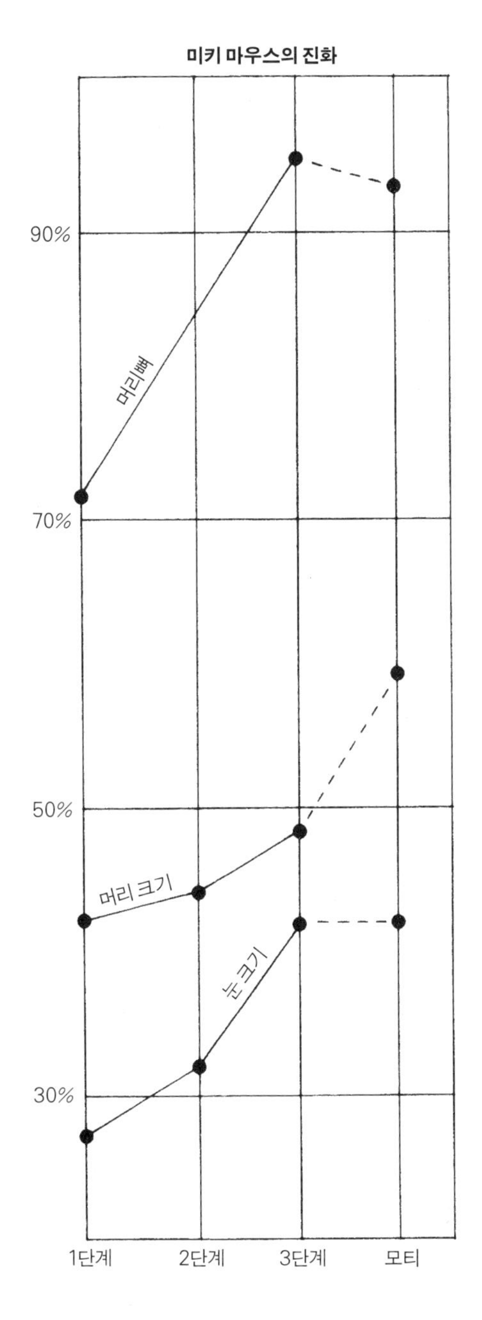

진화의 초기 단계에 미키는 훨씬 작은 머리와 머리뼈, 그리고 눈을 가지고 있었다. 그는 어린 조카 모티(점선으로 미키와 연결되어 있다.)의 특징에 가깝게 진화했다.

지금 하고 있는 이야기가 절반은 실없는 소리고, 절반은 재미 삼아 하는 것임은 물론이다. (나는 지금도 「시민 케인」보다는 「피노키오」를 더 좋아한다.) 그렇지만 나는 여기서 한 가지, 실제로는 두 가지의 진지한 문제를 제기하고 싶다. 우선 디즈니가 자신의 가장 유명한 캐릭터를 일정한 방향으로, 그토록 서서히 장기간에 걸쳐 변화시킨 이유가 무엇인가라는 문제를 제기하지 않을 수 없다. 국민적인 상징은 그렇게 변덕스럽게 바뀌는 것이 아니다. 시장 조사 담당자들(특히 인형 산업)은 어떤 용모가 귀엽고 친숙한 느낌으로 대중에게 호소력을 가지는지 알기 위해 상당한 시간을 할애하며 필사의 노력을 기울인다. 생물학자들 역시 넓은 범위에 걸친 다양한 동물들에 대해 비슷한 주제를 연구하면서 엄청난 시간을 보낸다.

콘라트 차하리아스 로렌츠(Konrad Zacharias Lorenz, 1903~1989년)는 그의 가장 유명한 논문에서, 사람의 경우 아기와 성인 사이에 나타나는 형태의 특징적 차이가 어떤 행동을 유발하는 중요한 계기가 된다고 주장했다. 그는 유아성을 나타내는 여러 특징들이 어른들에게 아기에 대한 애정과 양육에 대한 욕구를 불러일으키는 "선천적인 격발 메커니즘"의 방아쇠를 당긴다고 생각한다. 갓 태어난 모습의 동물을 보면 자신도 모르는 사이에 경계심을 풀고 따뜻하게 품어 주고 싶은 기분이 저절로 솟아나는 느낌을 누구나 한 번쯤 가져 봤을 것이다. 인간은 자신의 아기를 기르지 않으면 안 되기 때문에, 이 반응의 적응적 가치(adaptive value)는 거의 의심의 여지가 없다. 여기에 덧붙여 로렌츠는 자신이 생각한 유발원(releaser, 동물이 지닌 특성이 동종(同種)의 다른 개체의 특정 반응을 유발하는 요인 — 옮긴이)으로 디즈니가 미키에게 점진적으로 부여했던 유아에 가까운 여러 가지 특징을 그대로 열거한다. 즉 "상대적으로 큰 머리, 잘 발달한 두개골, 얼굴의 아래쪽에 위치하는 큰 눈, 부풀어 오른 양 볼, 짧고 땅딸막한 팔다리, 일관되게 신체의 모든 부분이 부드럽고 탄력이 있는 점, 그리고 서투른 동작." (유아적 특징에 대한 어른들의 애정 어린 반응이, 로렌츠가 주장하듯이 정말 우리의 선조인 영장류로부터 직접 전달받은 선천적인 것인지, 아니면 그러한 반응은 단지 아기에 대한 직접적인 경험으로부터 학습된 것이고, 그 후 학습된 특정한 신호에 애정의 끈을 결합시키는 진화적 경향이 이식된 것에 지나지 않은지를 둘러싼 논쟁의 여지가 많은 문제는 이 자리에서 다루지 않겠다. 내 주장은 어느 쪽이든 모두 성립한다. 왜냐하면 그 생물학적 기반의 프로그램이 직접 입력되었든, 또는 학습을 통해 그 신호와 결부시키는 능력 때문이든 나는 단지 유아적인 특징이 어른들에게 강한 애정을 유발시키는 경향이 있다는 사실을 이야기하려는 것이기 때문이다. 또한 나는 로렌츠의 논문의 주된 명제를 내 주장을 뒷받침하는 근거로 삼고 싶다. 인간은 소위 게슈탈트(gestalt), 즉 지각의 대상을 형성하는 통일적인 전체성에 대응하는 것이 아니라 유발원으로 작용하는 일련의 구체적인 특징들에 반응하는 것이라는 명제이다. 이 주장은 로렌츠에게는 매우 중요한 것이다. 왜냐하면 그는 인간과 다른 척추동물의 행동 양식이 동일하게 진화했음을 주장하고자 했기 때문이다. 실제로 예를 들어 여러 종류의 새의 경우 '게슈탈트'보다는 추상적인 특징에 반응하는 경향이 크다는 사실은 이미 널리 알려져 있다. 1950년에 발표된 로렌츠의 이 논문에는 「동물 및 인간 사회에서의 전체와 부분(Ganzheit und Teil in der tierischen und menschlichen Gemeinschaft)」이라는 제목이 붙어 있다. 디즈니가 미키의 외모를 조금씩 바꾼 사실은 이러한 맥락에서 이해될 수 있다. 그는 한 가지 경향을 순차적으로 발전시킴으로써 로렌츠가 이야기한 일차적 유발원을 작동시킨 것이다.)

로렌츠는 우리가 인간과 동일한 기준에서 다른 동물들을 판단하고 있다는 점을 지적한 다음, (진화의 맥락에서 볼 때, 그 판단은 전혀 부적절할지도 모르지만) 유아적 특징이 우리에게 가지는 힘과, 유아적 특징이 미치는 영향의 추상적 특성을 힘주어 강조하고 있다. 한마디로 말하면 우리는 자신의 아기를 키우기 위해 진화한 반응으로 인해 그런 감정에 사로잡히게 되고, 그 반응을 다른 동물이 가지는 동일한 일련의 특징에까지 이입시킨다는 것이다.

많은 동물들은 인간이 가지는 애정의 감응과는 아무런 관련도 없는 몇 가지 이유로, 사람의 아기에게는 있지만 성인들은 이미 잃어버린 몇 가지 특징들을 갖추고 있다. 특히 상대적으로 큰 눈, 뒤로 들어간 턱 둥글게 불거져 나온 이마 등이 그런 특징들이다. 어른들은 이런 동물에게 반해서 애완용으로 기르기도 하고, 야생에서도 발걸음을 멈추고 감복하고는 한다. 다른 한편, 우리는 그들보다 더 사이좋은 친구가 되거나 찬미의 대상이 될 수도 있는 동물들을 단지 눈이 작고, 코가 길다는 이유로 배척하기도 한다. 로렌츠는 인간의 아기와 흡사한 특징을 가지는 여러 동물들의 독일어 명칭이, 그들이 그러한 특징을 갖지 않는 가까운 친척 종들보다 큼에도 불구하고, '-헨(-chen)'이라는 접미사로 끝난다는 사실을 지적했다. (독일어에서 '-chen'으로 끝나는 말은 모두 '작다.'는 의미를 가진다. — 옮긴이) 예를 들어 'Rotkehlchen(유럽울새)', 'Eichhornchen(다람쥐)', 그리고 'Kaninchen(토끼)' 같은 식이다.

더욱이 로렌츠는 매우 흥미로운 한 절에서, 다른 동물이나 사람과 비슷한 특징을 가진 무생물에게까지 생물학적으로 부적절한 반응을 나타내는 능력에 대해서 자신의 논의를 확장하고 있다. "경이로운 어떤 대상들은 인간 특성의 '경험적 결부(experiential attachment)'에 의해서 놀랄 만큼 특수한 감동적 가치를 얻게 된다. …… 깍아지를 듯 솟아올라, 돌출한 절벽 면이나 폭풍우를 실은 먹구름은 꼿꼿이 서서 앞으로 몸을 조금 기울인 성인 남자의 모습과 같은 직접적인 과시 효과를 가지고 있다." 즉 이것은 위협을 뜻한다.

우리는 낙타를 보면 냉담하고 비우호적인 느낌을 받게 된다. 그것은 낙타가 그 자신은 전혀 의식하지 못한 채, 그리고 다른 여러 가지 이유로, 수많은 인류 문화에서 공통적으로 발견되는 '오만한 거절의 제스처'를 모사하기 때문이다. 이런 제스처를 할 때 사람들은 머리를 높이 들어

코의 위치를 눈보다 높게 한다. 그리고 눈을 반쯤 뜨고 코로 바람을 내뿜는다. 즉 영국의 전형적인 상류 계급들이나 그들의 잘 훈련된 하인들이 흔히 하는 "흥!"이다. 로렌츠의 다음과 같은 글은 상당한 설득력을 갖는다. "이 모든 것들은 경멸하는 상대가 발산하는 모든 감각적 양상에 대한 거절을 상징한다." 그러나 불쌍한 낙타는 입을 아래로 당겨 기다란 눈 위에 있는 코를 끌어내릴 수가 없다. 로렌츠가 상기시켜 주었듯이, 낙타가 당신의 손에서 먹이를 받아 먹을지, 아니면 침을 뱉으려 하는지를 알려면 양쪽 귀(얼굴의 다른 부분이 아니고)의 모습을 보면 된다.

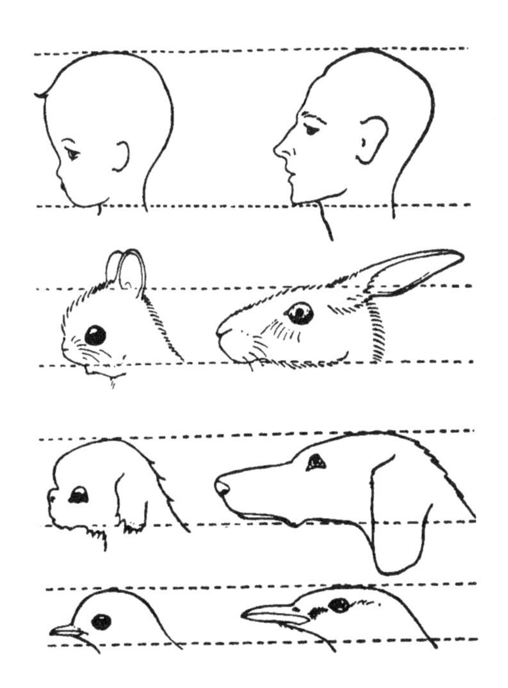

우리는 대개 눈이 크고, 머리뼈가 둥글게 솟아 있고, 턱이 뒤편으로 들어가서 유아적 특징을 갖는 동물들(왼쪽 그림)에 애정을 느낀다. 눈이 작고, 주둥이가 긴 동물들(오른쪽 그림)은 이러한 감정을 불러일으키지 않는다. 『동물 및 인간 행동에 대한 연구(*Studies in Animal and Human Behavior*)』 2권에서 인용.

찰스 다윈은 1872년에 출간된 『인간과 동물의 감정 표현』이라는 중요한 저서에서, 동물의 적응적 행동에서 공통적으로 나타나지만 인간에서는 상징으로 내면화된 여러 가지 몸짓의 진화적 기반을 밝혀내려고 했다. 그 결과 그는 형태뿐만 아니라 감정에도 진화적인 연속성이 있다고 주장했다. 인간은 격노할 때 윗입술을 들어 올려 지금은 사라져 버린 싸움용 송곳니를 드러내 보이려 한다. 인간이 나타내는 혐오의 제스처는 피할 수 없는 상황에 닥치면 구역질을 일으키는 고도로 적응적인 행동과 결부된 안면의 움직임인 것이다. 빅토리아 시대의 많은 동시대인에게는 무척 실망스러운 일이었지만 다윈은 이렇게 결론지었다. "사람에게서, 극도의 공포 때문에 머리털이 곤두서거나, 광포한 분노 때문에 이를 드러내는 등의 몇 가지 표정은, 인간이 과거에 그보다 훨씬 낮은 동물적 상태로 존재했다는 믿음이 없다면 이해하기 어려운 것이다."

어쨌든 인간의 유아기에서 볼 수 있는 추상적 특징들은 다른 동물에서 관찰될 때에도 우리에게 강한 감정적 반응을 일으킨다. 따라서 나는 스스로의 성장을 거슬러 올라가는 미키 마우스의 진화 경로는 디즈니나 그의 만화가들이 무의식적으로 이 생물학적 원리를 발견했음을 나타내는 것이라고 주장하고 싶다. 실제로 디즈니 만화에 등장하는 대부분의 주인공들의 감정 상태는 거의 동일한 특징들에 기초한다. 이런 정도로까지 이 마법의 왕국은 우리가 가진 생물학적 환상을 교묘히 이용하고 있다. 즉 인간의 추상에 대한 능력, 그리고 인간 자신의 성장 과정에서 신체의 형태가 바뀌는 것에 대한 우리의 적절한 반응을 부적절하게도 다른 동물들에게 전이시키려는 경향에 편승하고 있는 것이다.

도널드 덕도 세월이 흐르면서 차차 어린 용모를 갖게 된다. 그의 가늘고 길던 주둥이는 짧아지고 눈은 커졌다. 미키가 모티의 용모와 비슷해졌듯이 도널드는 조금씩 휴이, 루이, 그리고 듀이에 가까워졌다. 그러나 도널드는 예전 품행이 나쁘던 시절의 미키의 모습을 이어받아 튀어나온 주둥이와 경사진 이마를 가지고 있기 때문에 어느 정도 어른다운 특징을 갖고 있다.

미키 마우스의 악당이나 사기꾼은 모두 외견상 미키보다 어른스럽게 느껴진다. 그렇지만 실제 연령으로는 미키와 같은 나이인 경우가 많다. 예를 들어 1936년에 디즈니는 「미키 마우스의 라이벌(Mickey's Rival)」이라는 단편을 제작했다. 미키가 미니를 데리고 사이좋게 교외로 소풍을 가려고 하자, 노란색 스포츠카를 탄 멋쟁이 모티머가 그들을 방해한다. 악명 높은 모티머는 몸길이의 29퍼센트밖에 되지 않는 머리를 가지고 있다. 그에 비해 미키의 머리는 몸길이의 45퍼센트이다. 코의 길이는 미키는 얼굴 길이의 49퍼센트, 모티머는 얼굴 길이의 80퍼센트이다. (그럼에도 불구하고 언제나 그렇듯이 미니는 그 라이벌에게 마음이 끌리는데, 근처의 들판에서 달려

잔뜩 멋을 부린 악명 높은 모티머(미니의 환심을 사고 있다.)는 미키보다 훨씬 어른스러운 특징들을 가지고 있다. 그의 머리는 몸길이에 비해 훨씬 작고 코는 얼굴 길이의 80퍼센트나 된다. ⓒ Walt Disney Production.

온 친절한 숫소가 이 라이벌을 쫓아낸다.) 뽐내는 싸움 대장 페그레그 피트, 사랑스럽지만 단순한 얼뜨기 구피 같은 디즈니 만화에 나오는 다른 주인공들의 과장된 어른스러운 외모를 생각해 보라.

미키의 외모 편력과 관련된 두 번째 중요한 생물학적 주제가 있다. 나는 그가 영원한 젊음을 얻은 경로가 인간의 진화 역사를 요약적으로 반복한 것이라는 사실에 주목하고 싶다. 왜냐하면 인류는 유형 성숙의 동물이기 때문이다. 인류는 우리의 선조가 어린 시기에 가지고 있던 특징을 어른이 될 때까지 유지하면서 지금까지 진화했다. 「증기선 윌리」에 나오는 미키처럼 오스트랄로피테쿠스에 속하는 우리의 선조는 튀어나온 턱과 납작한 머리뼈를 가지고 있었다.

인간의 태아기의 머리뼈 형태는 침팬지의 태아기의 그것과 그다지 다르지 않다. 그리고 인간의 머리뼈는 성장 과정에서도 큰 변화를 보이지 않는 변형 과정을 거친다. 즉 출생 후에는 뇌가 몸의 다른 부분보다 훨씬 천천히 성장하기 때문에 머리뼈가 상대적으로 작아지고 위턱과 아래턱은 상대적으로 커진다. 그런데 침팬지는 어른 침팬지와 새끼 침팬지 사이에 형태상 큰 차이가 나며 성장 과정에서의 변화도 심하다. 그에 비해 인간은 그리 큰 차이가 나지 않는 성장 과정이 완만하게 진행되기 때문에 어른의 모습은 아기 때와 그리 다르지 않다. 그러므로 인간은 어른이 된 후에도 어린 시절의 특징을 크게 변화시키지 않고 유지하는 것이다. 분명 우리도 아기와 어른 사이에 분명한 차이가 나타날 정도로 변하지만, 그 차이는 침팬지나 다른 고등 영장류보다 훨씬 작다.

인간의 경우, 이처럼 특별히 느린 발육 속도가 유형 성숙을 촉발시켰다. 영장류는 포유류 중에서 일반적으로 발육이 느린 동물에 속한다. 그러나 인간은 다른 어떤 동물과 비교가 되지 않을 정도로 이 경향이 두드러진다. 인간은 아주 긴 임신 기간, 유별나게 긴 유년기, 그리고 포유류

과장된 어른의 특징을 가지는 디즈니 만화의 등장 인물 중에 악당만 있는 것은 아니다. 모티머와 마찬가지로 구피도 몸길이에 비해 작은 머리와 툭 튀어나온 코를 가지고 있다. ⓒ Walt Disney Production.

중에서 가장 긴 수명을 가지고 있다. 그리고 유아적인 특성이 오래 지속되는 형태상의 특징들이 우리에게 큰 도움이 되고 있다. 첫째, 우리의 뇌가 확장된 것은 최소한 부분적으로는 태아기의 급속한 성장 속도가 출생 후까지 어느 정도 지속된 결과이다. (모든 포유류의 뇌는 자궁에서 급성장하지만 출생 후에는 거의 성장하지 않는다. 그에 비해 인간은 태아기의 양상이 출생 후까지 계속된다.)

다른 한편으로 발육 시점의 변화 자체도 그에 뒤지지 않는 중요한 요소이다. 인간은 학습력이 뛰어난 동물이며, 유년기가 길어지면서 교육을 통한 문화의 전달이 가능하게 되었다. 거의 대부분의 동물들은 유년기에 유연성을 나타내며 놀이를 즐기는 특성이 있다. 그러나 차츰 성숙하면서 엄격하게 프로그래밍된 패턴을 따르게 된다. 로렌츠는 앞에서 언급한 논문에서 이렇게 쓰고 있다. "정상적인 인간의, 인간다운 특성에서 가장 중요한 역할을 하는 특징, 즉 발생 과정의 모든 단계에서 항상 나타나는 특징은 분명 우리에게 주어진 선물이다. 우리는 인류의 유형성숙이라는 본성에 빚지고 있다."

요약하자면 인간은 나이를 먹지만, 미키처럼 결코 어른이 되지 않는 셈이다. 미키, 앞으로 반세기 동안 네게 행운이 있기를. 너와 같이 언제까지나 젊음을 유지하고 싶지만, 그렇다 해도 너보다는 조금 더 슬기로워지고 싶다.

10장

필트다운을 다시 생각한다

오래된 수수께끼보다 더 흥미로운 일은 없을 것이다. 추리 소설 중에서 조세핀 테이(Josephine Tey, 1896~1952년)의 『시간의 딸(*The Daughter of Time*)』을 사상 최고의 탐정 소설로 꼽는 사람이 많은 까닭은 그 주인공이 현대의 그다지 대수롭지 않은 로저 애클로이드 같은 살인자가 아니라 리처드 3세였기 때문이었다. 케케묵은 이야기는 항상 뜨겁지만 정작 결말은 없는 논쟁을 불러일으키고는 했다. '칼잡이 잭(Jack the Ripper, 1888년에서 1989년까지 런던의 이스트 엔드 지역에서 많은 여성(주로 매춘부)을 죽인 범인이 스스로를 부른 이름. 범인이 잡히지 않았기 때문에 그 정체는 밝혀지지 않았다. — 옮긴이)'은 과연 누구였을까? 셰익스피어는 과연 셰익스피어였을까?

약 25년 전에 역사상의 모든 수수께끼 중에서도 1급에 속하는 사건이 내가 몸담고 있는 고생물학 분야에서 일어났다. 1953년 '필트다운인(Piltdown man)'이 지극히 불확실한 속임수에 의해 저질러진 분명한 사기극이었다는 사실이 폭로되었다. (영국 서식스 주 필트다운에서 발견되어 플라이스토세 최고(最古)의 인류로 생각되었으나 후일 조작된 가짜임이 밝혀졌다. — 옮긴이) 그 후 최근까지도 대중의 관심은 줄어들지 않았다. 티라노사우루스와 알로사우루스를 구분할 줄 모르는 사람들도 '필트다운인'을 날조한 사람이 누구인지에 대해서는 분명한 견해를 가지고 있다. 그러나 지금 이 자리에서는 단지 '누가 한 짓인가?'를 문제 삼기보다는 지적인 의미에서 더 흥미롭게 생각되는 문제를 논해 보고 싶다. 우선 첫째로, 처음에 모든 사람이 필트다운인을 용인한 까닭은 무엇인가 하는 점이다. 최근 떠들썩하게 보도된 뉴스 기사에서, 내가 보기에는 형편없이 빈약한 증거로 또 한 명의 저명한 용의자가 추가되었기 때문에, 나는 필트다운 사건에 관심을 갖게 되었다. 그리고 나는 젊은 시절에 추리 소설 애독자이기도 했기 때문에, 이 적절한 시기에 드디어 나의 편견을 발표하지 않을 수 없게 된 것이다.

1912년, 영국 서식스 주의 변호사이자 아마추어 고고학자였던 찰스 도슨(Charles Dawson, 1884~1969년)이 대영 박물관 자연학관의 지질학 부문 관리관이었던 아서 스미스 우드워드(Arthur Smith Woodward, 1864~1944년)에게 여러 개의 머리뼈 파편을 가지고 왔다. 도슨은 1908년 한 채석장에서 일하던 노무자들이 파편을 처음 발굴했다고 했다. 그 후 도슨은 준설한 흙을 쌓아 둔 흙더미를 뒤져서 몇 개의 파편을 더 찾아냈다. 마모가 심하고 짙은 색으로 찌든 그 뼛조각은 아주 먼 옛날의 사력층(砂礫層)에서 나온 것으로 생각되었다. 그것들은 그 후 시기에 매장된 인간들의 유골이 아니었다. 그런데 그 파편은 이상할 정도로 두꺼웠음에도 불구하고, 머리뼈 전체의 형태는 놀라울 정도로 현대적인 것처럼 보였다.

무척 신중했던 스미스 우드워드는 겉으로 흥분을 나타내지는 않았다. 스미스 우드워드는 도슨의 안내로 필트다운으로 가서, 그곳의 자갈 퇴적장에서 피에르 테야르 드 샤르댕과 함께 다른 증거를 찾았다. (그렇다. 믿어지지 않는 이야기이지만, 『인간 현상(*Le Phénomène Human*)』(1955년)이라는 저서에서 생물 진화와 자연, 그리고 신을 조화시키려는 시도로 존경받는 인물이 된 과학자이자 신학자인 바로 그 피에르 테야르 드 샤르댕이다. 그는 1908년에 프랑스에서 영국으로 건너와 필트다운에서 가까운 헤이스팅스의 예수회 신학교에서 연구하고 있었다. 1909년 5월 31일 그는 마침 한 채석장에서 도슨을 만났다. 이 노련한 변호사와 젊은 프랑스 인 예수회 신부는 곧 친한 친구이자 동학자, 그리고 공동 탐사자가 되었다.)

어느 날 함께 조사를 하던 도슨이 지금은 유명해진 문제의 아래턱뼈를 발견했다. 머리뼈 파편과 마찬가지로 이 아래턱뼈도 짙은 색을 띠고 있었지만, 그 형태는 머리뼈가 인간과 흡사한 것과 같은 정도로 유인원과 흡사해 보였다. 그런데 그 뼈에는 사람의 아래턱뼈에서는 흔하게 발견되지만 유인원에서는 나타나지 않는 마모되어 평평한 2개의 어금니가 붙어 있었다. 그러나 불행하게도 이 아래턱뼈는 머리뼈와의 관계를 밝혀 줄 만한 귀중한 두 부분이 부서져 있었다. 그것은 유인원과 인간 사이의 차이점을 나타내는 중요한 특징을 담고 있는 턱 부분, 그리고 두개골과 연결되는 관절 부위였다.

스미스 우드워드와 도슨은 1912년 12월 18일 머리뼈 파편, 아래턱뼈, 가공된 부싯돌, 뼈들과 함께 발견된 발굴물, 그리고 그 연대가 아주 오래전임을 보여 주는 많은 포유류 화석들로 중무장을 하고 런던 지질 학회를 찾아가 학자들을 깜짝 놀라게 했다. 그들에 대한 평가는 찬사와 비난이 뒤섞인 것이었지만, 대체로 반응은 호의적이었다. 속임수를 눈치 챈 사람은 아무도 없었지만, 사람의 머리뼈와 유인원과 비슷한 아래턱뼈가 결합되었다는 사실이 두 종류의 다른 동물의 뼈가 같은 채석장에

섞여 있었음을 보여 주는 것이라고 비판하는 사람들은 몇몇 있었다.

그 후 3년 동안 도슨과 스미스 우드워드는, 지금 돌이켜보면, 의심을 잠재우기에 더할 나위 없이 훌륭하게 짜여진 몇 가지 발견을 조우했다. 먼저 1913년, 테야르 신부는 매우 중요한 아래턱의 송곳니를 발견했다. 그것 역시 형태상으로는 유인원의 것과 흡사했지만, 인간의 이처럼 현저히 마모되어 있었다. 그 후 1915년에 도슨은 최초의 발견 장소에서 3킬로미터 떨어진 두 번째 발굴지에서, 두꺼운 인간의 머리뼈 파편 2개와 인간의 이처럼 마모된 유인원형의 이빨 1개로 이루어진 이전과 동일한 조합의 화석을 또 발견했다. 이 발견으로 그동안 도슨에게 비판적이었던 대부분의 사람들이 그의 지지자로 돌아섰다.

처음에는 비판자였지만 그 후 입장이 바뀐, 당시 미국의 저명한 고생물학자 헨리 페어필드 오즈번(Henry Fairfield Osborn, 1857~1935년)은 이렇게 썼다.

> 만약 선사 시대의 인간에 관한 문제를 관장하는 신의 섭리라는 것이 존재한다면, 이 경우가 분명 그 섭리가 드러난 것이다. 왜냐하면 도슨이 발견한 제2의 필트다운인의 3개의 파편은 원래의 유형과 비교함으로써 확증을 얻기 위해 선택했음직한 바로 그런 유골이었기 때문이다. …… 상응하는 첫 번째 필트다운인의 화석과 나란히 놓아 두면, 그것들은 정확히 일치한다. 조금의 차이도 없는 것이다.

그러나 오즈번은 알지 못했던 신의 섭리가 필트다운에서 인간의 형태로 나타났다.

그 후 30년 동안 필트다운인은 다소 미흡하지만 일단 용인되었고, 인류 선사에서 일정한 자리를 차지하게 되었다. 그 후 1949년에 케네스 페

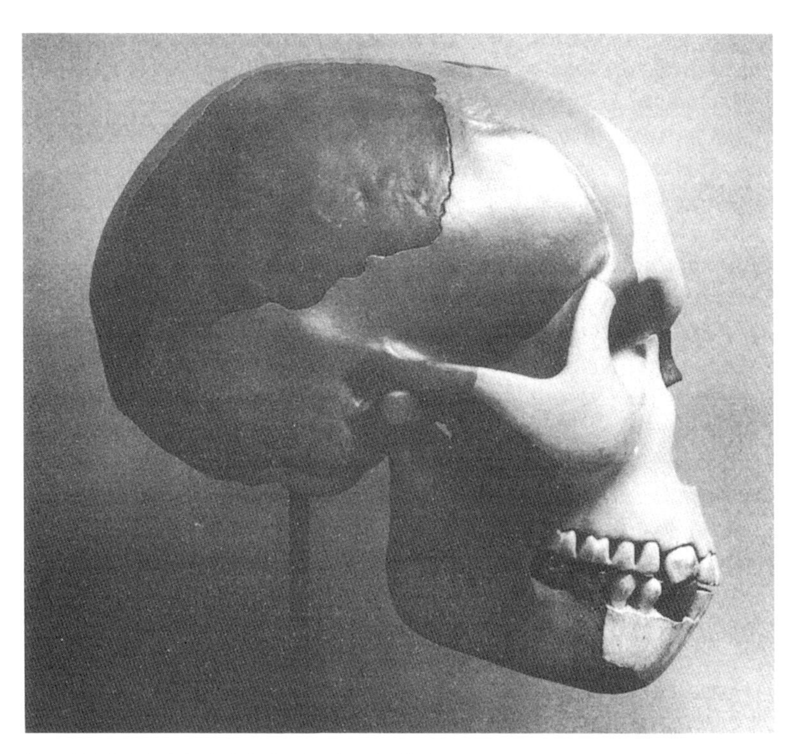

필트다운인의 머리뼈. 사진 제공: 미국 자연사 박물관.

이지 오클리(Kenneth Page Oakley, 1911~1981년)가 필트다운인의 유골에 불소 시험을 해 보았다. 뼈는 퇴적물에 묻혀 있던 시간과 주위 암석이나 토양의 불소 함유량과의 일정한 함수 관계에 따라 각각 다른 양의 불소를 흡수하는 성질이 있다. 시험 결과 필트다운인의 머리뼈와 아래턱뼈에는 모두 불소가 간신히 검출할 수 있는 정도의 양밖에 들어 있지 않았다. 따라서 그 유골들은 사력층 속에 오랫동안 묻혀 있었던 것이 아니었다. 그때까지도 오클리는 그것이 가짜라고는 의심하지 않았다. 그는 이 필트다운인의 유골이 비교적 현대에 가까운 시기에 오래된 사력층에 묻히게 되었을 것이라고 추정했다.

그런데 다시 몇 년 후 오클리는 조지프 시드니 와이너(Joseph Sidney

Weiner), 윌프리드 에드워드 르 그로스 클라크(Wilfrid Edward Le Gros Clark, 1895~1971년)와의 공동 연구 결과 '매장'이 20세기에 의도적인 속임수로 이루어졌다는 결론을 내렸다. 오클리는 문제의 머리뼈와 턱뼈가 인위적으로 착색되었고, 부싯돌과 그밖의 다른 뼈는 현대의 칼날을 이용해서 가공되었으며, 함께 발견된 포유류의 뼈는 진짜 화석이지만 다른 장소에서 가지고 온 것임을 발견했다. 게다가 이빨도 인간의 이와 비슷하게 만들기 위해 줄로 간 것이었다. 인간의 머리뼈에 유인원과 흡사한 아래턱뼈가 붙어 있는 이 오래된 이형(異形)을 만드는 데 쓰인 방법은 그야말로 최소한의 것이었다. 머리뼈는 현대인의 것이었고, 아래턱뼈는 오랑우탄의 것이었으니 말이다.

그렇다면 이런 종류의 발굴을 애타게 기다리느라 빤한 속임수를 간파할 수 없었던 학자들을 상대로 기이한 사기 행각을 벌인 사람은 도대체 누구였을까? 처음의 세 사람의 학자들 중에서 테야르는 나이가 너무 어리고 순진한 얼뜨기라는 이유로 제외되었다. 또한 스미스 우드워드는 필트다운인의 실재를 확인하는 데 반생을 바치면서 80세경부터는 눈까지 보이지 않게 되어, 은퇴 후 『최초의 영국인(*The Earliest Englishman*)』(1948년)이라는 쇼비니즘적인 제목의 최후의 저서를 구술을 통해 저술할 만큼 올곧은 사람이었다. 따라서 그를 의심하는 사람은 아무도 없었다. (내 생각에도 그 판단이 옳은 것 같다.)

따라서 의심은 도슨에게 집중되었다. 그가 그런 일을 저지른 동기를 납득할 수 있게 제시한 사람은 아무도 없지만, 그에게 그럴 기회가 있었던 것은 틀림없는 사실이다. 아마추어 학자였던 도슨은 지금까지 몇 차례에 걸쳐 중요한 발굴을 한 공적으로 상당한 명성을 얻었다. 그가 새로운 발굴에 지나치게 집착했고 맹신적이었으며, 다른 아마추어 학자들에게 얼마간 부도덕한 처신을 하기도 했지만, 그가 사기극에 직접 관계되었다는 직접적인 증거는 하나도 없다. 그럼에도 불구하고 조지프 시드니 와이너의 『필트다운의 위조(*The Pilfdown Forgery*)』(1955년)라는 책에 잘 요약되어 있듯이 정황 증거는 상당히 유력했다.

그러나 도슨을 지지하는 사람들은 그 발굴물이 고도로 교묘하게 위조되어 있었던 점을 들어 최소한 공모자로 더 직업적인 과학자가 연루되어 있었음이 분명하다고 주장한다. 지금까지 나는 이런 견해가 그처럼 서투른 위조를 좀 더 일찍 간파하지 못한 자신들의 면구스러움을 달래기 위해 연구자들이 펴는 억지 주장이라고 생각해 왔다. 분명 착색은 더없이 완벽한 수준으로 이루어져 있었다. 그러나 '도구'들은 형편없는 수준으로 깎여 있었고, 이빨의 마모도 조잡했다. 조작이 폭로된 후 과학자들이 다시 조사한 결과 이빨에 고의적으로 긁어 낸 자국이 있다는 사실이 금방 밝혀졌다. 르 글로 클라크는 이렇게 쓰고 있다. "인위적인 마모의 증거가 곧 눈에 띄었다. 실제로 그것이 조작되었다는 사실이 너무도 분명했기 때문에 충분히 의문이 제기될 수 있었으리라고 생각된다. 어떻게 좀 더 빨리 그 사실이 밝혀지지 않았는지가 의아할 정도이다." 날조자의 노련함은 어떤 부분을 빠뜨려야 할지를, 즉 턱과 턱관절을 없애야 한다는 것을 알고 있었다는 데에서 잘 드러났다.

1978년 11월 또 한 사람의 학자가 음모에 가담했을 가능성이 있다는 이유로 필트다운인이 다시 기사에 등장했다. 옥스퍼드 대학교의 지질학과 명예 교수를 지낸 J. A. 더글러스(J. A. Douglas)가 93세의 나이에 세상을 떠나기 직전에 자신의 전임자였던 윌리엄 존슨 솔라스(William Johnson Sollas, 1849~1936년)가 범인인 것 같다는 내용의 이야기를 테이프에 녹음해 놓았던 것이다. 자신의 주장을 뒷받침하는 근거로 더글러스는 세 가지 항목을 이야기하고 있다. 내가 보기에 그것들은 거의 증거로 채택할 만한 것이 못 되었다. 더글러스가 제시한 증거들은 이런 것들이다. ① 솔라스와 스미스 우드워드는 불구대천의 논적이다. (그래서 어쨌다는 것인가? 학계란 어느 곳이나 살무사들의 소굴과 같다. 그러나 논쟁과 교묘한 속임수는 차원을 달리하는 문제이다.) ② 1910년에 더글러스가 솔라스에게 마스토돈(코끼리와 흡사한 태고의 동물 — 옮긴이)의 뼈를 몇 개 건네준 적이 있는데, 이 뼈들이 바로 필트다운인의 동물 뼈의 일부로 사용되었을 것이다. (그러나 이러한 뼈나 이빨은 그다지 희귀한 것이 아니다.) ③ 솔라스는 과거에 중크롬산칼륨을 납품받은 적이 있었는데, 더글러스나 솔라스의 사진 기사는 왜 그런 화학 약품이 그에게 필요한지 알 수 없었다. 필트다운인의 뼈를 착색하는 데에는 중크롬산칼륨이 사용되었다. (그러나 이 화학 물질은 사진 기술에 꼭 필요한 것이다. 솔라스의 사진 기사가 혼동을 일으킨 것으로 생각되는 이 물질을 솔라스가 부정하게 사용했다는 유력한 증거로 간주할 수는 없다.) 요약하자면 솔라스를 범인으로 생각할 수 있는 증거가 매우 미흡하기 때문에, 나는 왜 영국과 미국의 유력한 학술잡지가 이러한 모호한 주장에 그처럼 많은 지면을 할애했는지 의아하다. 『태고의 사냥꾼들(*Ancient Hunters*)』(1911년)이라는 유명한 저서에서, 솔라스가 교묘한 빈정거림으로 느껴질 만큼 아첨하는 듯한 열렬한 어조로 필트다운인에 대한 스미스 우드워드의 견해를 지지했다는 역설만 없었어도, 나는 그를 범인 후보에서 완전히 제외했을 것이다.

내 관점에서는 오직 세 가지 가설만이 의미가 있다. 첫째, 도슨이 많은 사람들에게서 의심을 받고 있었고, 일부 아마추어 고고학자들로부터 미움을 받고 있었다는 점이다. (물론 다른 사람들로부터는 같은 정도로 존경받고 있었다.) 같은 나라 사람들 중에는 그를 사기꾼이라고 보는 사람도 적지 않았지만, 일부는 그가 전문가들 사이에서 인정받고 있다는 것을 심하게 질시했다. 아마도 그의 동료 중 누군가가 이 복잡하고 특이한 형태의 복수를 생각해 냈을 것이다. 두 번째 가설은 가장 가능성이 높다고 생각되는 것으로, 명성을 위한 것이었든 전문가들의 세계에서 주목받고 싶었기 때문이든 도슨이 단독으로 사기극을 벌였다는 것이다.

세 번째 가설은 앞의 두 가설보다 훨씬 흥미롭다. 그 가설에 따르면 필트다운인은 악의적인 위조가 아니라 어떤 개인이 저지른 도가 지나친 장난이었다는 것이다. 이 관점은 그를 잘 알고 있는 많은 뛰어난 척추동물 고생물학자들의 '지론'을 대변하는 것이다. 나는 여러 증거들을 면밀히 검토했고 그 증거들의 문제점을 밝혀내려고 애썼다. 그리고 마침내 나는 이 마지막 가설이 가장 유력한 관점은 아니더라도 일관되고 가장 설득력 있는 것임을 알았다. 지금 내가 있는 하버드 대학교의 박물관 관장을 역임한 미국 최고의 척추동물 고생물학자였던 앨프리드 셔우드 로머(Alfred Sherwood Romer, 1894~1973년)는 종종 자신이 품고 있는 의구심을 내게 털어놓았다. 그리고 루이스 시모어 배젓 리키(Louis Seymour Bazett Leakey, 1903~1972년)도 같은 생각이었다. 리키의 자서전에서는 익명의 '제2의 남자'라고만 나와 있지만, 그 내용을 읽어 보면 내부 사정을 잘 아는 사람들에게 특정 개인을 암시한다는 것을 알 수 있다.

사람이 나이를 먹어 다른 모습으로 바뀐 후에, 그의 젊은 시절 모습을 기억해 낸다는 것은 여간 어려운 일이 아니다. 노년의 피에르 테야르 드 샤르댕은 대중에게는 매우 근엄한 마치 신과 같은 존재였다. 그는 우리 시대의 걸출한 예언자로 넓은 층의 사람들로부터 대단한 칭송을 받았다. 그러나 그도 과거에는 장난을 좋아하는 학생이었다. 그는 이 이야기에 스미스 우드워드가 등장하기 3년 전부터 도슨을 알고 있었다. 그전에 그는 예수회에서 이집트로 파견되어 일을 했기 때문에, 필트다운에 '반입된' 동물 화석의 일부를 이루는 동물의 뼈(아마도 튀니지나 몰타 등지에서 출토된 것으로 생각된다.)를 손에 넣을 수 있었을지도 모른다. 나는 도슨과 테야르가 야외나 선술집 등의 장소에서 오랜 시간에 걸쳐 여러 가지 이유로 음모를 꾸몄을 가능성을 쉽게 상상할 수 있다. 도슨은 거들먹거리는 전문가들이 잘 속는다는 사실을 폭로하기 위해서, 그리고 테야르는 모국 프랑스가 인류학의 여왕이라고 불릴 만큼 풍부한 화석 인류를 가지고 있으며 그 사실을 무척 즐기고 있는 데 비해, 영국인들은 실제 인류 화석을 하나도 갖지 못하고 있다는 사실을 조롱하면서 다시 한번 영국인의 코를 납작하게 만들어 주기 위해서였을 수 있다. 필경 그들은 함께 작업했을 것이다. 그리고 영국 과학계의 유력한 권위자들이 그 정도로 필트다운인에게 희망을 쏟으리라고는 꿈에도 상상하지 못했을 것이다. 아마 그들은 처음에는 사실을 고백할 생각이었겠지만 실제로는 그렇게 할 수 없었을 것이다.

그 후 테야르는 영국을 떠나 제1차 세계 대전 중에 들것을 메는 위생병이 되었다. 내 생각에는 1915년에 제2의 필트다운 발견으로 음모를 완성한 사람은 도슨이었던 것 같다. 그러나 그 무렵에는 이미 장난으로 시작한 일이 걷잡을 수 없이 커져서 악몽이 되어 있었다. 도슨은 전혀 예기치 못하게 병에 걸려 이듬해인 1916년에 세상을 떠났다. 테야르는 전쟁이 끝날 때까지 영국으로 돌아올 수 없었다. 그때까지 영국의 인류학계와 고생물학계의 세 권위자인 아서 스미스 우드워드, 그래프턴 엘리엇 스미스(Grafton Eliot Smith, 1871~1937년), 그리고 아서 키스(Arthur Keith, 1866~1955년)는 필트다운인의 실재에 자신들의 모든 경력을 걸고 있었다. (이 세 학자들은 두 사람의 아서 경과 한 사람의 그래프턴 경으로 삶을 마쳤다. 이 영예는 주로 고인류 화석 분포도에 영국을 포함시킨 공적으로 주어진 것이었다.) 만약 테야르가 1918년에 그 사실을 고백했다면, 그의 전도 유망한 생애(그중에는 훗날 베이징 원인의 화석을 기록하는 중대한 역할도 포함되어 있다.)는 갑작스럽게 종말을 고했을 것이다. 따라서 테야르는 「시편」 기자의 가르침, 그리고 그것보다 훨씬 후에 필트다운에서 수킬로미터 떨어진 곳에 설립된 서식스 대학교의 표어("침묵을 지키라. 그리고 알라…….")를 죽을 때까지 따른 셈이다. 그것은 충분히 있을 수 있는 일이었다.

이러한 추측은 사람들에게 즐거움을 주고 끝없는 논쟁을 불러일으키지만, 다음과 같은 더 중요하고 흥미로운 질문을 제기한다. 애초에 사람들이 필트다운인을 믿은 이유는 도대체 무엇일까? 필트다운인은 처음부터 있을 수 없는 생물이었다. 그런데도 완전한 현대인의 머리뼈와 유인원과 흡사한 아래턱뼈를 가진 선조를 우리의 계통으로 용인한 이유는 무엇일까?

물론 필트다운인에 반대하는 사람이 없었던 것은 아니다. 일시적이나마 인정을 받은 필트다운인은 갈등 속에서 태어나, 그 후에도 숱한 논쟁을 겪으면서 성장했다. 많은 과학자들이 필트다운인은 우연히 같은 퇴적물에 섞이게 된 두 종의 동물의 혼성물이라고 생각했다. 예를 들어 1940년대 초에 당시 세계 최고의 해부학자였던 프란츠 바이덴라이히(Franz Weidenreich, 1873~1948년)는 이렇게 쓰고 있다. (지금 생각하면 그의 지적은 매우 정확한 것이었다.) "에오안트로푸스(*Eoanthropus*, 필트다운인을 나타내는 학명으로 '최초의 인간(dawn man)'이라는 의미이다.)는 화석 인류의 목록에서 말소되어야 한다. 이것은 현대인의 머리뼈와 오랑우탄의 아래턱뼈, 그리고 이빨의 파편을 인위적으로 결합시켜 놓은 것이다." 이러한 반대 의견에 아서 키스 경은 빈정거리면서 이렇게 응수했다. "이것은 기존의 관점에 맞지 않는 새로운 사실을 배제시키려는 의도이다. 과학자가 추구해야 하는 정상적인 방법은 사실을 배제시키는 것이 아니라 그 사실에 맞는 이론을 수립하는 것이다."

게다가 누군가가 이 문제를 계속 추적했다면, 그 조작극을 처음부터 간파할 수 있었을 만한 근거도 이미 출간되어 있었다. 치아 해부학자인 C. W. 라인(C. W. Lyne)은 테야르가 발견한 송곳니는 그 필트다운인이 죽기 직전에 돋아 나온 어린 치아였으며, 그 심한 마모의 정도가 치아의 연령과 심각한 모순을 드러내고 있음을 지적했다. 그밖에 먼 옛날에 필트다운인의 '도구'가 만들어졌다는 사실에 강한 의심을 품는 사람들도 있었다. 도슨의 동료들도 몇 명 포함되었던, 서식스 주의 아마추어 학자들의 모임에는 필트다운인이 가짜가 분명하다고 결론내린 사람들이 있었지만, 그들은 자신의 생각을 공표하지 않았다.

우리가 단지 가십거리를 들추는 즐거움에 탐닉하는 데 그치지 않고 필트다운인의 사례를 통해 과학 연구의 본질에 관해 무언가를 배우고 싶다면, 우리는 필트다운인이 그처럼 쉽게 받아들여진 역설을 풀어야 할 것이다. 나는 영국 최고의 고생물학자들이 한 사람도 남김없이 그 어색한 조작물을 그토록 쉽게 받아들인 데에는 최소한 네 가지 이유가 있다고 생각한다. 그것은 모두 과학적 실천과 관련된 통념적인 신화와 긴밀히 연결되어 있는 모순들이다. 즉 사실은 '견고하고' 모든 것에 선행하는 것이며, 또한 과학적 이해는 가장 작은 정보들까지도 끈기 있게 수집하고 철저하게 조사하는 과정을 통해 차츰 증가한다는 믿음이다. 그러나 실제로 이 조작극은 과학이란, 개인의 희망이나 문화적 편견, 영예를 얻으려는 욕구 등을 통해서도 추진될 수 있으며, 또한 실수나 잘못으로 인해 엉뚱한 경로를 거치는 과정에서 자연에 대한 한층 더 깊은 이해에 도달하기도 하는 인간 활동의 하나라는 사실을 우리에게 시사해 주었다.

첫 번째 이유는 **의심스러운 증거에 들씌어진 강한 희망**이다. 필트다운 사건이 일어나기 전에 영국의 고인류학자들은 오늘날 지구 밖 생명체를 찾는 연구자들과 마찬가지로 깊은 수렁에 빠져 있었다. 다시 말해 직접적인 증거라고는 하나도 없는 끝없는 추측의 악순환이 거듭되고 있었다. 인간의 가공이라고 하기에는 의심스러운 약간의 부싯돌 '문화'나, 먼 옛날의 사력층에서 발견되었지만 극히 최근에 매장되었을 것으로 보이는 몇 개의 뼛조각을 제외하고 영국인들은 과거의 선조에 대해 아는 것이 아무것도 없었다. 그에 비해 프랑스 인은 네안데르탈인, 크로마뇽인, 그리고 그들과 연관된 미술 작품과 도구 등으로 풍성한 축복을 누리고 있었다. 프랑스의 인류학자들은 이렇듯 비교조차 안 되는 풍부한 증거물로 영국인의 코를 납작하게 만들었고, 은근히 그 사실을 즐기고 있었다. 이런 형국을 역전시키는 데 필트다운인은 더할 나위 없이 중요한 증거물이었다. 필트다운인은 시기적으로 네안데르탈인보다 훨씬 오래된 것으로 생각되었다. 만약 필트타운인이, 눈썹이 돌출한 네안데르탈인이 출현하기 수십만 년 전에 이미 충분히 근대적인 머리뼈를 가지고 있었다면, 필트다운인이 우리 현생 인류의 직접적인 선조일 가능성이 높고 프랑스의 네안데르탈인은 그 곁가지가 되는 셈이었다. 스미스 우드워드는 이렇게 공언했다. "현생 인류는 필트다운의 머리뼈가 처음으로 그 증거를 제공한 원시적인 뿌리로부터 직접 발생했을 가능성이 있는 데 비해, 네안데르탈인은 초기 인류의 퇴화한 곁가지에 불과하다." 필트다운인의 해설자들은 종종 이러한 국제적인 심한 경쟁을 언급한 반면, 같은 정도로 중요한 다른 여러 요소에는 별반 주목하지 않았다.

두 번째 이유는 **문화적 편견 때문에 축소된 이형성**이다. 유인원의 아래턱뼈에 인간의 두개골이 합쳐진 조합이라면 오늘날에는 누구나 그 심한 부조리를 한 번 의심해 보았을 것이다. 그러나 1913년에는 그렇지 않았다. 그 무렵에는 상당수의 저명한 고생물학자들이 인류 진화에서 '뇌의 우선성(brain primacy)'을 중시하는 경향이 있었다. 이것은 대체로 문화적인 기원에서 비롯된 것이었다. 이 논변은 역사적 우선성에 중요성을 부여했던 당대의 잘못된 추정에 입각한 것이었다. 다시 말해 인간은 이성의 힘으로 세계를 지배하므로, 인류의 진화 과정에서 뇌가 신체의 다른 부분이 변형되기 전에 먼저 커졌으며, 그것이 다른 신체 변형을 일으킨 원인이 되었다는 생각이었다. 따라서 현생 인류와 비슷하게 커진 뇌와 원숭이와 흡사한 몸을 동시에 갖춘 선조의 화석이 발견될 수 있다고 굳게 믿었던 것이다. (그러나 얄궂게도 자연은 반대의 길을 택했다. 우리의 가장 오래된 선조로 알려진 오스트랄로피테쿠스는 완전히 직립했지만 뇌는 여전히 작았다.) 따라서 필트다운인은 학자들 사이에서 널리 예상되던 선조의 모습과 정확히 부합되는 것이었다. 그래프턴 엘리엇 스미스는 1924년에 다음과 같이 쓰고 있다.

필트다운인의 머리뼈가 그토록 비상한 관심을 끄는 이유는, 그것이 뇌가 인류의 진화를 선도했다는 관점을 실증하고 있기 때문이다. 인류가 정신 구조의 풍부화에 힘입어 원숭이 상태에서 출현했다는 것은 더할 나위 없이 분명한 진실이다. …… 턱뼈나 안면, 그리고 신체가 아직 인류의 유인원 선조의 조잡한 상태를 그대로 간직하고 있던 시대에, 뇌는 인간의 수준이라고 할 수 있는 상태에 도달했다. 다시 말해 최초의 인류는 …… 지나치게 큰 뇌를 가진 유인원에 불과했다. 필트다운의 머리뼈의 중요성은 그것이 이러한 추론에 실체적 확증을 준다는 점이다.

또한 필트다운인은 유럽의 백인들 사이에서 지극히 당연한 것으로 생각되던 인종과 연관된 몇 가지 관점을 뒷받침해 주었다. 필트다운의 사력층과 거의 같은 연대의 중국의 지층에서 베이징 원인이 발견되자, 1930년대부터 1940년대에 걸쳐 필트다운인을 근거로 해묵은 백인 우월주의를 지지하는 계통수가 문헌에 등장하기 시작했다. (필트다운인의 진실성을 가장 앞장서서 주장했던 스미스 우드워드, 키스 등의 학자들은 이러한 계통수를 결코 받아들이지 않았지만.) 베이징 원인(처음에는 시난트로푸스(*Sinanthropus*)라고 불렸지만, 지금은 호모 에렉투스(*Homo erectus*)로 인정되고 있다.)은 현대인의 3분의 2의 크기의 뇌를 가지고 있었으며 중국에서 살았는 데 비해, 필트다운인은 완전히 발달한 뇌를 가지고 영국에 살고 있었다. 만약 최초의 영국인인 필트다운인이 백인종의 선조이고 호모 에렉투스가 다른 피부색을 가진 인종의 선조라면, 백인은 다른 인종보다 훨씬 앞서 완전한 인류에 도달하는 문턱을 넘어선 셈이 된다. 이처럼 고양된 상태로 살아온 기간이 더 길기 때문에, 백인은 문명의 여러 가지 기술에서 필연적으로 앞설 수밖에 없다고 보았다.

세 번째 이유는 **사실을 기대에 짜맞춰 축소된 이형성**이다. 우리는 이제, 과거를 되돌아보면서, 필트다운인이 사람의 머리뼈와 유인원의 아래턱뼈를 가지고 있다는 사실을 알고 있다. 따라서 이것은 과학자들이 난처한 변칙 사례에 직면했을 때 어떻게 행동하는가를 검증할 수 있는 절호의 기회를 제공하는 사례이다. 그래프턴 엘리엇 스미스를 비롯한 그밖의 사람들은 인류가 진화적으로 뇌를 발전시키기 위해 유리한 출발을 했다고 주장하지만, 아래턱뼈가 변화하기 전에 뇌가 완전히 사람과 같은 형태로 발전했을 것이라는 완전한 독립성까지 생각한 사람은 아무도 없었다. 필트다운인은 사실이기에는 지나치게 훌륭했다.

바이덴라이히에게 보낸 키스의 조롱이 옳다면, 필트다운인을 지지하는 학자들은 인간의 머리뼈에 유인원의 아래턱뼈가 붙어 있는 해괴하기 짝이 없는 사실에 맞는 이론을 억지로 만들어 냈어야 한다. 그러나 실제로는 그 반대였다. 그들은 '사실'을 만들기 시작했다. 이것은 정보가 언제나 문화나 희망이나 기대라는 강력한 필터(filter)를 통과한 다음에야 사람들의 귀에 들어간다는 사실을 보여 주는 또 하나의 예증이다. 필트다운 유골에 대한 '순수'한 기술에 나타나는 불변의 주제로 우리는 그 두 개골이 매우 현대적이지만 분명히 원숭이와 같은 일련의 특징을 가지고 있다는 사실을 알고 있다. 실제로 스미스 우드워드는 처음에 뇌 용적을 약 1,070세제곱센티미터(현대인의 뇌 용적은 평균 1400~1500이다.)로 추정했으며, 그래프턴 엘리엇 스미스는 1913년의 최초의 논문에서 뇌의 생김새를 기술하면서, 현대인의 뇌에서 고등한 정신 능력이 나타내는 영역이 필트다운인의 뇌에서 확대되기 시작했다는 분명한 징후를 발견했다. 그는 이렇게 결론맺었다. "우리는 이것을 지금까지 기록된 사실들 중에서 가장 원시적이고 또한 가장 원숭이적인 사람의 뇌라고 간주하지 않을 수 없다. 더구나 이 뇌는 그 소유자가 동물계에서 어떠한 지위를 차지하는지를 분명히 말해 주는 아래턱뼈를 가진 같은 개체에 결합되어 있었을 것이라고 예상할 수 있다." 오클리의 폭로가 있기 1년 전, 아서 키스 경은 최후의 중요한 저작(Keith, 1948 참조)에서 이렇게 쓰고 있다. "그 이마는 오랑우탄의 그것과 닮았고, 안와상융기가 없었다. 모양으로 볼 때 이마뼈는 여러 측면에서 보르네오나 수마트라에 서식하는 오랑우탄의 이마뼈와 유사하다." 현생 호모 사피엔스도 안와상융기 또는 눈썹 부분의 돌출이 미약하다는 사실을 덧붙여 둔다.

다른 한편 아래턱뼈를 면밀히 조사한 결과, 유인원과 흡사한 턱뼈에서 현저히 인간적인 일련의 특징이 발견되었다. (이빨의 위조된 마모 이외에도) 키스 경은 그 이빨이 원숭이보다도 사람과 비슷한 모양으로 턱뼈에 부착되어 있다는 사실을 여러 차례 강조했다.

네 번째 이유는 **관행에 의해 방해받은 발견**이다. 그 무렵 대영 박물관은 사람들에게 수집물을 공개하거나 접근을 쉽게 허용하는 데 앞장서는 위치는 아니었다. 이것은 최근에야 나타난 반가운 경향으로, 주요 연구 박물관에서 완고한 태도를 (문자 그대로, 그리고 비유적으로도) 제거하는 데 선구적인 기여를 했다. 도서 관리라는 명목으로 이용자들이 책을 직접 보는 것을 막는 도서관 직원의 상투적인 모습처럼 필트다운인의 관리자들은 실제 유골에 접근하는 것을 엄격하게 제한했다. 외부 연구자가 그 뼈를 보는 것은 대개 허용되었지만, 만지는 것은 금지되었다. 오직 석고로 만든 모형만 접촉이 허용되었다. 그 모형은 비율이나 미세한 정확성에서 모든 사람들의 칭찬을 받았지만, 조작극의 전모를 밝히기 위해서는 실물에 대한 접근이 반드시 필요했다. 인공 착색이나 치아의 마모 정도 등은 석고 모형에서는 알아낼 수 없기 때문이다. 루이스 리키는 그의 자전에서 다음과 같이 쓰고 있다.

> 내가 1972년에 이 책을 쓰면서 필트다운인의 위조가 그렇게 오랫동안 발견되지 않은 이유가 무엇일까라고 자문했을 때, 스미스 우드워드의 후계자인 배서(Bather) 박사를 처음 만나러 간 1933년의 일이 떠올랐다. …… 나는 초기 인류에 관한 교과서 원고를 준비하고 있기 때문에, 필트다운의 화석을 자세히 조사해 보고 싶다고 그에게 이야기했다. 그래서 나는 지하실로 안내되어 그 표본을 볼 수 있었다. 그것들은 금고 속에서 꺼내져 테이블 위에 놓였다. 각각의 화석 옆에는 훌륭한 모형들이 한 줄로 늘어서 있었다. 그러나 실물을 만지는 것은 허용되지 않았다. 단지 그것들을 눈으로 보고, 모형이 정말 훌륭하다는 사실에 만족할 수밖에 없었다. 그런 다음 급작스레 실물은 다시 금고에 넣어졌다. 오전의 나머지 시간 동안 모형만이 조사를 위해 남겨졌다.
>
> 그곳을 찾은 외부 연구자들은 모두 이러한 조건으로만 필트다운 표본을 조사할 수 있었고, 상황이 바뀐 것은 내 친구인 케네스 오클리가 표본을 관리하면서부터라고 나는 생각한다. 오클리는 그 파편들을 마치 왕관에 박힌 보석처럼 소중하게 다룰 필요는 없으며 중요한 화석 정도로 취급하면 된다고 생각했다. 즉 관리는 조심스럽게 해야 하지만 거기에서 최대한의 과학적 증거를 얻을 수 있게 해야 한다는 것이었다.

헨리 페어필드 오즈번은 너그러운 인물로는 알려지지 않았지만 『인간, 파르나소스에 오르다(*Man Rises to Parnassus*)』(1927년)라는 인류 진보의 역사적 과정을 다룬 저작에서 스미스 우드워드에게 거의 아첨에 가까운 경의를 바치고 있다. 그는 1921년에 대영 박물관을 방문할 때까지도 회의적이었다. 그해 7월 24일 일요일 아침, "웨스트민스터 사원에서의 기억에 남을 남한 예배에 참석한 후" 오즈번은 "지금은 그 증거가 충분히 입증된 대영 제국의 '최초의 인간(Dawn Man)'의 유물 화석을 보기 위해 대영 박물관으로 향했다." (그는 최소한 뉴욕의 미국 자연사 박물관 관장이라는 자격으로 실물을 볼 수 있었다.) 거기에서 오즈번은 완전히 입장을 바꾸어 필트다운인의 유골을 "선사 시대 인류 연구에서 탁월한 중요성을 가지는 발견"이라고 선언했다. 그리고 그는 이렇게 덧붙였다. "우리는 자연계가 역설로 가득 차 있으며 우주의 질서는 인간의 질서와는 다르다는 사실을 끝없이 상기해야만 한다." 그렇지만 정작 오즈번은 두 가지 수준에서 인간의 질서밖에 보지 못했다. 즉 속임수에 불과한 코미디와 그것보다 더 파악하기 힘들지만 불가피하게 자연에 부과되는 이론이 그것이다. 어쨌든 나는 인간의 질서가 우리와 우주의 상호 관계를 가릴 수밖에 없다는 사실 때문에 비관하지는 않는다. 그 베일이 아무리 질긴 직물로 되어 있더라도 결국은 반투명이어서 내다볼 수 있기 때문이다.

후기

필트다운인 사건이 사람들에게 발휘하는 매력은 앞으로도 약해질 것 같지 않다. 이 글이 1979년 3월에 처음 발표된 후, 찬반 양론의 편지가 쏟아졌다. 물론 그 핵심 쟁점은 테야르에 관한 것이었다. 사실 나의 원래 의도는 도슨이 단독으로 이 일을 저질렀다는 관점이 사실에 가깝다고 간략하게 지적할 생각이었고, 테야르에 대한 이야기를 길게 늘어놓으며 잘난 척하려는 것이 아니었다. 도슨을 범인으로 보는 설명은 이미

와이너가 훌륭하게 제기했고, 나로서는 굳이 덧붙일 이야기도 없었다. 나는 지금도 와이너의 주장을 가장 설득력 있는 것으로 생각하고 있다. 그러나 또한 나는 유일한 합리적인 대안이 있다면(내 견해로는 제2의 필트다운 발굴 현장에서 도슨이 연루된 게 확실하다고 생각되기 때문에), 그것은 공동 모의일 것(즉 다른 한 사람이 도슨에게 협력했을 것)이라고 생각했다. 솔라스나 그래프턴 엘리엇 스미스 자신을 포함하는 다른 후보들에 대한 최근의 설명은 모두 터무니없거나 너무 엉뚱한 주장인 것 같다. 따라서 나는 처음부터 도슨과 함께 지낸 것이 확인된 한 사람의 학자에게 주의가 집중되지 않은 이유를 이해할 수 없다. 특히 척추동물 고생물학계에서 테야르의 뛰어난 몇몇 동료 학자들이 그가 연루되었을 가능성에 대한 자신들의 생각을 숨겼기(또는 공개적으로 이야기했어도 마치 암호처럼 애매하게 표현했기) 때문이다.

1979년 12월 3일, 프랜시스 애슐리 몽테뉴(Francis Ashley Montagu, 1905~1999년)가 내게 편지를 보내왔다. 그는 편지에서 오클리의 폭로가 있은 직후 자신이 그 소식을 테야르에게 전했는데, 테야르는 사건의 내막을 전혀 모르는 것처럼 보이더라고 내게 알려 주었다. "테야르에 대한 당신의 견해가 잘못이라고 저는 확신하고 있습니다. 저는 그에 대해 잘 압니다. 그 뉴스가 《뉴욕 타임스》에 보도된 다음날, 그 못된 속임수를 그에게 처음 알린 사람은 바로 저였습니다. 그의 반응이 가장이었다고는 전혀 생각되지 않습니다. 저는 조작극의 장본인이 도슨이라는 데 추호의 의심도 갖고 있지 않습니다." 나는 작년 9월 파리에서 피에르 폴 그라세(Pierre-Paul Grasse, 1895~1985년), 장 피베트(Jean Piveteau, 1899~1991년)를 비롯해 테야르의 동시대인이자 동료 학자였던 여러 사람들을 만나 이야기를 나누었다. 그들 모두 테야르가 공범자였다고 보는 관점을 터무니없는 것으로 생각하고 있었다. 더욱이 훗날 예수회의 프랑수아 루소(François Russo) 신부는 케네스 오클리가 조작극을 폭로한 후에 테야르가 오클리에게 쓴 편지의 사본을 내게 보내 주었다. 루소 신부는 그 편지 사본이 자기와 같은 수도회 신자에 대한 나의 의심을 완화시켜 주기를 바랐다. 그러나 거꾸로 나의 의심은 더 강해졌다. 그 편지에서 테야르는 치명적인 과실을 범하고 있었기 때문이다. 그래서 '탐정'이라는 새로운 일에 흥미를 느끼게 된 나는 영국으로 가서 1980년 4월 16일에 케네스 오클리를 방문했다. 그는 테야르가 자신에게 보낸 그밖의 편지들을 보여 주었고, 그밖의 의심스러운 점에 대해서도 나와 견해를 같이 했다. 이제 나는 필트다운의 음모에서 증거라는 저울이 테야르가 도슨의 공범자였다는 쪽으로 확실히 기울고 있다고 생각한다. 나는 그 전모를 머지않아《내추럴 히스토리》에 밝힐 작정이다. 그러나 이 자리에서는 테야르가 오클리에게 보낸 최초의 편지로부터 얻은 심증만을 언급하겠다.

테야르는 만족스러움을 나타내면서 편지를 시작했다. "필트다운 문제를 귀하가 해결하실 수 있었던 데에 마음으로부터 축하를 보냅니다. …… 감상적으로 이야기하자면, 그것은 저의 최초이자 가장 빛나는 고생물학상의 기억 가운데 하나를 손상시키는 것임에도 불구하고 귀하의 결론에는 전적으로 만족합니다." 그는 "심리학적 수수께끼", 즉 누가 그 일을 한 것인지에 대한 자신의 생각을 계속 써 내려갔다. 그 후보에서 스미스 우드워드를 제외한다는 점에서 그는 모든 사람의 생각과 일치했지만, 다른 한편 도슨에 관해서는 그의 성격이나 능력을 잘 알고 있었기 때문에 그를 연루시키는 데 반대했다. "그는 올곧고 정열적인 사람이었습니다. …… 게다가 아서 경에 대한 깊은 우정으로 볼 때, 그가 친구를 수년간 계획적으로 속였다고는 도저히 생각되지 않습니다. 우리가 현장에 있을 때, 저는 그의 거동에서 어떤 의심스러운 점도 발견하지 못했습니다." 테야르는 이 사건 전체가 우발적으로 어떤 아마추어 수집가가 유인원의 뼈를 인간의 머리뼈 파편이 포함되어 있는 자갈 더미에 버렸기 때문에 발생한 사건일지도 모른다는, 그 자신도 인정하듯이 그다지 진지하지 않은 이야기로 편지를 끝냈다. (그러나 테야르는 이러한 가설이 3킬로미터 떨어진 필트다운의 두 번째 발굴지에서 유인원과 인간이라는 같은 조합의 머리뼈가 발견되었다는 사실을 어떻게 설명할 수 있는지에 대해서는 아무런 언급도 하지 않았다.)

테야르의 실책은 필트다운의 두 번째 발견물에 관한 기술에 있다. 그는 다음과 같이 쓰고 있다. "도슨은 두 번째 발굴 지점 현장으로 저를 데리고 가서 벌판의 표면을 긁어서 모은 잡석과 자갈 더미에서 하나의 어금니와 몇 개의 작은 머리뼈를 발견했다고 제게 설명해 주었습니다. (원문대로)" 지금 우리는 도슨이 테야르를 두 번째 현장으로 데리고 간 것이 1913년이었다는 사실을 알고 있다. (와이너 책의 142쪽 참조) 또한 그는 1914년에 스미스 우드워드를 그곳으로 데리고 갔다. 그러나 두 차례의 방문에서 발견한 것은 아무것도 없었다. 1915년까지 두 번째 발굴지에서 화석은 하나도 발견되지 않았던 것이다. 그리고 마침내 1915년 1월 20일, 도슨은 스미스 우드워드에게 편지를 써서 머리뼈 파편을 2개 발견한 사실을 알렸다. 그리고 1915년 7월에 도슨은 어금니 하나를 발견한 낭보를 다시 써서 보냈다. (출판물에서 그렇게 쓰고 있다.) 스미스 우드워드는 도슨이 1915년에 이 표본들을 발굴했다고 추정하고 있다. (와이너의 책 144쪽 참조) 도슨은 1915년 말 중병을 얻어 이듬해 세상을 떠났다. 그 후 스미스 우드워드는 두 번째 발견물에 관해 그 이상 정확한 정보를 얻을 수 없게 되었다. 그런데 여기에 결정적인 대목이 있다. 앞에서 인용한 편지에서 테야르는 도슨이 두 번째 장소에서 발굴된 치아와 머리뼈 파편에 대해 자신에게 이야기했다고 분명히 쓰고 있는 것이다. 그러나 클로드 쿠에노(Claude Cuenot)가 쓴 테야르의 전기에는 테야르가 1914년 12월에 징병 소집을 받았고, 1915년 1월 22일에는 전선에 있었다고 되어 있다. (쿠에노의 책 22~23쪽 참조) 그런데 도슨이 그 어금니를 1915년 7월에야 최초로 '공식적으로' 발견한 것이라면, 또한 테야르가 '이 조작극에 관여하지 않았다면' 어떻게 그 발견 사실을 알고 있었을까? 나는 도슨이 1913년에 결백한 테야르에게는 그 화석을 보여 주었으면서, 스미스 우드워드에게는 그로부터 2년 동안 (특히 1914년에 있었던 이틀에 걸친 현지 조사 동안 두 번째 발견 장소에 스미스 우드워드를 데리고 간 후에도) 알리지 않았다는 것은 도저히 있을 수 없는 일이라고 생각한다. 테야르와 스미스 우드워드는 친구 사이였기 때문에, 서로의 노트를 비교하는 일은 언제든지 가능했을 것이다. 만약 도슨에게 이러한 모순이 있었다면, 그가 숨기고 있다는 사실은 완전히 드러났을 것이다.

두 번째로 테야르는 오클리에게 보낸 편지에서, 자신은 1911년에 처음 도슨을 만났다고 말하고 있다. "저는 도슨이라는 사람을 잘 알고 있었습니다. 필트다운에서 서너 번 정도 그와 아서 경과 함께 일을 한 적이 있기 때문입니다. (1911년에 헤이스팅스 근처의 채석장에서 우연히 만난 후로)" 그러나 테야르가 1909년 봄이나 여름에 처음으로 도슨을 만난 것은 확실하다. (와이너 책 90쪽 참조) 도슨은 테야르를 스미스 우드워드에게 소개했다. 테야르는 1909년 말에, 초기 포유류의 희귀한 이빨 1개를 포함해서 그가 지금까지 발견한 몇 개의 화석을 스미스 우드워드에게 맡겼다. 스미스 우드워드는 이 자료에 대해 1911년에 런던 지질 학회에서 강연을 한 적이 있었고, 강연 후 있었던 토론에서 도슨은 1909년 이래 테야르와 다른 한 사람의 목사로부터 받은 "인내심 강하고 숙련된 도움"에 대해 사의를 표시했다. 그러나 나는 이것이 결정적인 증거라고는 생각하지 않는다. 1911년에 처음 만났다 하더라도 공모를 하기에는 충분한 시간이 있었다. (도슨은 필트다운인 머리뼈의 최초의 조각을 1911년 가을에 '발견'했다. 그러나 그는 어떤 노무자가 '몇 년' 전에 그 파편을 자신에게 주었다고 말했다.) 그리고 나는 40년이 지나 그 사건을 기억해 내려고 애썼던 사람을 상대로 2년의 오차를 꼬투리잡을 생각은 없다. 그러나 설령 실수라 하더라도 뒤늦은(그리고 부정확한) 날짜가 하필 도슨의 발견 직후라는 사실은 확실히 의혹을 불러일으킨다.

범인이 누구인가라는 흥미로운 의문을 제쳐 두고, 이 에세이의 원래의 주제(맨 처음에 그 발견을 모두 받아들인 이유는 무엇인가?)에 관해 다시 이야기하자면, 나의 동료 학자 중 한 사람이 필트다운인이 발견되었다는 주장이 처음 제기되었을 무렵인 1913년 11월 13일자 《네이처》(영국에서 발행되는 유력 과학 잡지)에 실린 흥미로운 기사를 보내 주었다. 그 기사에서 런던 대학교 킹스 칼리지의 데이비드 워터슨(David Waterson)은 정확하게(또한 확실하게) 그 머리뼈는 인간의 것이고, 아래턱뼈는 유인원의 것이라고 말하고 있었다. 워터슨은 이렇게 결론짓고 있다. "이 아래턱뼈와 머리뼈를 동일 개체로 간주하는 것은 침팬지의 발을 사람의 다리나 넙적다리뼈에 이어 붙이는 것만큼이나 불합리하다고 생각한다." 처음부터 올바른 설명이 제기되었지만, 기대와 열망, 그리고 편견 때문에 받아들여지지 않았던 것이다.

11장

인류 진화의 가장 큰 한 걸음

얼마 전에 발간된 졸저 『다윈 이후』에 들어 있는 인류의 진화를 다룬 6장의 첫머리에서 나는 이렇게 썼다.

> 최근 들어 선행 인류의 새로운 중요한 화석이 끊임없이 발굴되고 있어, 모든 강의 노트가 비합리인 경제 분야에서 쓰는 '계획적 진부화'라는 용어가 적용될 운명을 맞이하게 된다. 매년 이 주제에 대한 강의를 할 때면, 나는 낡은 강의철을 열고 그 부분에 해당하는 내용을 들어내 가까운 쓰레기통에 던져 버린다. 그러면 이제 그 주제에 대해 다시 시작하기로 하자.

나는 내가 그런 글을 썼다는 점이 무척이나 기쁘다. 그 이유는 같은 책 같은 장의 뒷부분에서 폈던 주장을 철회하기 위해 이 구절을 다시 인용하고 싶기 때문이다.

그 글에서 나는 우리에게 가장 오래된 것으로 알려진 호미니드의 화석(375만~335만 년 전의 이빨과 턱뼈)을 메리 리키(Mary Leakey, 1913~1996년)가 탄자니아의 올두바이 계곡에서 남쪽으로 48킬로미터 떨어진 라에톨리(Laetoli)에서 발견했다는 이야기를 소개했다. 메리 리키는 그 유물들을 인간과 같은 호모(*Homo*) 속의 동물로 분류해야 한다고 주장했다. (내가 알기로 그녀는 지금도 그렇게 믿고 있다.) 메리 리키의 발견과 함께 나는 그 글에서 뇌는 작지만 완전한 직립 자세를 취하는 오스트랄로피테쿠스에서 그것보다 더 큰 뇌를 가진 호모 속에 이르는 일반적으로 인정되는 진화 경로를 재검토할 필요가 있으며, 또한 오스트랄로피테쿠스는 인류 진화의 계통수에서 하나의 곁가지에 불과할 수 있다는 주장 등을 제기했다.

그 후 1979년 초에 시대적으로는 사람과에 속하는 어떤 화석보다도 오래되었고 외견상으로는 훨씬 더 원시적인 새로운 종이 발견되었다는 소식이 떠들썩하게 보도되었다. (이 화석은 도널드 칼 조핸슨(Donald Carl Johanson, 1943년~)과 티모시 더글러스 화이트(Timothy Douglas White, 1950년~)에 의해서 '오스트랄로피테쿠스 아파렌시스(*Australopithecus afarensis*)'라고 명명되었다.) 가장 오래된 호미니드가 현생 인류와 같은 호모 속에 포함된다는 메리 리키의 주장과 호미니드 화석에는 없는 유인원과 흡사한 일련의 특징을 갖고 있다는 이유로 가장 오래된 호미니드를 새로운 종으로 명명하려는 조핸슨과 화이트의 결정, 이 두 가지 주장만큼 큰 차이를 가지는 것이 또 있을까? 조핸슨과 화이트는 무언가 새롭고 근본적으로 다른 뼈를 발견한 것이 틀림없다고 생각했을 것이다. 그런데 실상은 전혀 그렇지 않았다. 리키와 조핸슨, 그리고 화이트는 모두 동일한 화석을 놓고 다른 주장을 펴고 있었다. 우리는 새로운 발견에 대한 논쟁이 아니라 같은 표본의 해석을 둘러싼 논쟁을 지켜보고 있는 셈이다.

조핸슨은 1972년부터 1977년까지 에티오피아의 아파르 지역에서 조사를 계속했고, 그 결과 훌륭한 호미니드 화석을 여럿 발굴했다. 아파르 표본은 290만 년 전에서 330만 년 전의 것이었다. 그중에서도 가장 훌륭한 것은 '루시(Lucy)'라는 이름이 붙은 오스트랄로피테쿠스의 골격이다. 그녀의 골격은 40퍼센트 가깝게 발굴되었기 때문에, 초기 인류 개체로는 지금까지 알려진 어떤 표본보다도 훨씬 완전에 가까운 것이었다. (대부분의 호미니드 화석은 끝없는 추측과 정교한 가설을 낳는 기반이 되어 왔지만, 실은 턱뼈의 파편이나 머리뼈의 조각에 불과했다.)

조핸슨과 화이트는 아파르 표본과 메리 리키가 발견한 라에톨리의 화석이 형태가 동일하고 같은 종에 속한다고 주장한다. 또한 그들은 아파르와 라에톨리의 뼈와 이빨은 250만 년 이상 전의 호미니드에 대해 알려진 사실들을 모두 나타내고 있다는 점도 지적했다. (그밖의 아프리카의 표본들은 그 이후의 것이었다.) 게다가 그들은 이러한 태고의 이빨과 머리뼈의 파편은 그것보다 새로운 화석에서는 찾아볼 수 없는, 유인원을 연상시키는 몇 가지 특징을 공유하고 있다고 주장했다. 그런 이유를 근거로 그들은 라에톨리와 아파르의 유물을 함께 오스트랄로피테쿠스 아파렌시스라는 새로운 종으로 분류하려고 했던 것이다.

논쟁은 이제 막 뜨거워지기 시작했지만, 벌써 세 가지 의견이 제시되었다. 즉 일부 인류학자들은 다른 특징을 지적하면서 아파르와 라에톨리의 표본이 우리와 같은 호모 속의 구성원이라고 간주했다. 한편 다른 사람들은 이 오래된 화석이 호모 속보다는 남아프리카나 동아프리카의 후기 오스트랄로피테쿠스에 가깝다는 조핸슨과 화이트의 결론을 받아들였다. 그러나 그들은 새로운 종임을 증명하는 차이점을 인정하지 않고, 아파르와 라에톨리 화석을 1920년대에 남아프리카의 표본을 명명

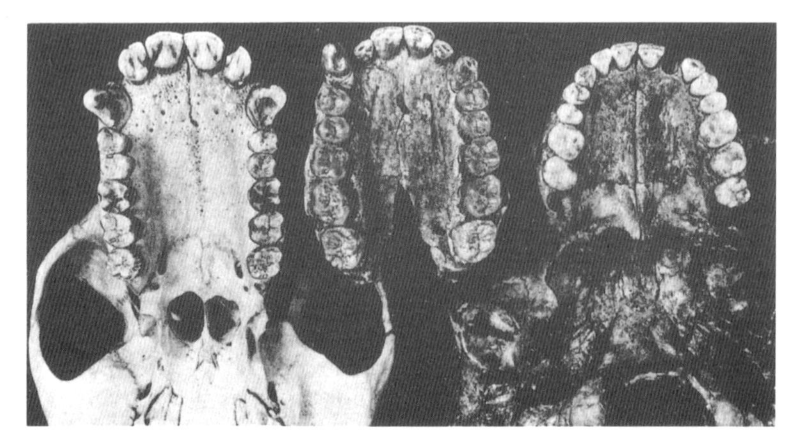

오스트랄로피테쿠스 아파렌시스의 이빨. 가운데가 오스트랄로피테쿠스 아파렌시스의 것이고, 왼쪽이 현생 침팬지의 이빨, 오른쪽이 현대인의 것이다. 사진 제공: 티모시 화이트와 클리블랜드 자연사 박물관.

하는 '오스트랄로피테쿠스 아프리카누스(*Australopithecus africanus*)'라는 종에 넣는 쪽을 더 선호했다. 그리고 또 다른 사람들은 아파르와 라에톨리의 화석에 새로운 학명을 붙일 만한 충분한 이유가 있다는 조핸슨과 화이트의 주장을 지지했다.

여기서 해부학에 관해서는 아마추어에 불과한 나의 견해는 그다지 중요하지 않을 것이다. 그러나 하나의 그림을 제시하는 편이 이 글의 모든 단어들보다 더 의미가 있다면(한 번 보는 편이 천 마디 말보다 낫다는 전통적인 등식을 따른다면 그 절반 정도의 의미에 해당한다 할 수 있을 것이다. (이 글은 2,000단어가 넘는다. — 옮긴이)), 아파르 호미니드의 입천장 화석은 내게는 분명 '유인원'으로 보인다고 말하지 않을 수 없다. (또한 나는 오스트랄로피테쿠스 아파렌시스라는 호칭이 내가 좋아하는 몇 가지 편견을 뒷받침한다는 것을 고백하지 않을 수 없다. 조핸슨과 화이트는 아파르의 화석과 라에톨리의 화석이 시간적으로 100만 년이라는 거리가 있음에도 불구하고 실질적으로 거의 동일한 것임을 강조한다. 나는 대부분의 동물종이 각각의 계통을 유지하는 장구한 기간 동안 그다지 변화하지 않으며, 거의 모든 진화적 변화는 새로운 계통이 선조 계통으로부터 급속히 분열하는 동안 누적된다고 믿는다. 이 부분에 대해서는 17장과 18장을 참조하라. 게다가 나는 인류의 진화 과정이 사다리와 같은 것이 아니고 살아 있는 관목처럼 여러 갈래로 뻗어 나온 것이라고 생각하기 때문에, 종이란 많으면 많을수록 좋다고 생각한다. 그러나 조핸슨과 화이트는 그 후에 이루어진 인류 진화에 대해 내가 했던 주장보다 훨씬 더 점진론적 주장을 받아들이고 있다.)

머리뼈, 치아, 그리고 분류상의 위치 등을 둘러싸고 이처럼 여러 가지 주장이 제기되었지만, 아파르의 화석에는 아직까지 논쟁이 일어나지 않은 더 흥미로운 특징이 있다. 루시의 골반과 다리뼈는 오스트랄로피테쿠스 아파렌시스가 인간처럼 직립 자세로 걸었다는 것을 말해 주고 있다. 이 사실은 언론에도 크게 보도되었지만, 그 내용은 무척 잘못된 것이었다. 모든 신문들이 과거의 정통적인 주장, 즉 보다 큰 뇌와 직립 자세는 뇌가 이끄는 협력 관계를 유지하면서 점진적으로 발달해 왔다는, 즉 콩만 한 크기의 뇌를 가진 네발 짐승에서 상체를 구부정하게 구부린 반쪽짜리 뇌를 가진 동물로, 그리고 마침내 완전히 직립한 큰 뇌를 갖춘 호모 속으로 진화해 왔다는 거의 동일한 내용의 기사를 실었다. 예를 들어 《뉴욕 타임스》(1979년 1월)는 이렇게 쓰고 있었다. "두발 보행의 진화는 앞으로 상체를 구부리고 다리를 끄는 것처럼 걷는 '원인(猿人)', 즉 지능이 유인원보다는 높지만 현생 인류 정도는 아닌 우리의 중간 선조를 포함하는 점진적인 과정으로 생각되어 왔다." 적어도 과거 50년간의 우리의 지식에 비추어 보면 이것은 완전히 잘못된 이야기이다.

1920년대에 오스트랄로피테쿠스가 발견된 이후, 이 호미니드는 비교적 작은 뇌와 완전한 직립 자세를 갖췄다는 사실이 알려졌다. (오스트랄로피테쿠스 아프리카누스는 뇌의 용적이 현대인의 3분의 1이고 완전한 직립 보행 자세로 걸었다. 몸의 크기가 작았다는 사실로 현대인의 뇌 크기의 큰 격차가 보정되지 않았다.) 문헌을 조사해 보면 이러한 작은 뇌와 직립 자세를 갖춘 '예외(anomaly)'는 오랫동안 중요한 문제가 되어 왔고 중요한 문헌들은 예외 없이 이 주제를 각별히 다루어 왔음을 알 수 있다.

따라서 오스트랄로피테쿠스 아파렌시스라는 명명 그 자체로 큰 뇌보다 직립 자세가 역사적으로 선행한다는 사실을 확증하는 것은 아니다. 오히려 그것은, 다른 두 가지 사고 방식과 관련하여 대단히 참신하고 사람을 흥분시키는 무언가를, 그리고 기묘하게도 신문 기사에는 빠져 있고, 잘못된 보도 속에 묻혀 버린 무언가를 암시하고 있다. 오스트랄로피테쿠스 아파렌시스가 중요한 이유는, 완전한 직립 보행이 약 400만 년 이전에 벌써 확립되었음을 그것이 가르쳐 주기 때문이다. 루시의 골반 구조로 아파르 화석이 두발 직립 자세를 취했다는 사실이 알려졌지만, 라에톨리에서 제때 발견된 주목할 만한 발자국은 더 직접적인 증거를 제공한다. 그 이후의 남아프리카와 동아프리카의 오스트랄로피테쿠스는 250만 년 전 이상으로까지는 거슬러 올라가지 않는다. 그러므로 우리는 오스트랄로피테쿠스 아파렌시스 덕분에 완전 직립 보행의 역사를 약 150만 년이나 거슬러 올라가게 된 셈이다.

직립 보행의 역사가 더 과거로 거슬러 올라간 것이 왜 중요한지 설명하기 위해 우리의 논의를 잠깐 중단하고 생물학의 반대쪽 끝, 즉 동물 전체의 화석에서 분자 수준으로 시선을 돌려야 할 것 같다. 과거 약 15년 동안, 분자 진화의 연구자들은 다종다양한 생물이 가지는 비슷한 효소와 단백질의 아미노산 배열에 관해 엄청난 데이터를 축적해 왔다. 그리고 이러한 정보를 기초로 놀라운 결과를 얻었다. 예를 들어 화석 기록에서 공통의 선조로부터 분리된 연대를 확실히 판정할 수 있는 한 쌍의 종을 선택하면, 두 종 사이의 아미노산 차이가 두 종이 갈라진 이후의 시간과 놀랄 만큼 밀접한 관계를 가진다는 사실이 밝혀졌다. 두 계통의 격리 기간이 길면 길수록 다른 분자의 숫자가 많아진다. 이러한 규칙을 통해 특정 선조로부터 나온 것임을 알려 주는 명확한 화석 증거가 없는 두 종이 갈라진 시기를 예측하는 분자 시계가 고안되었다. 확실히 이 시계는 고급 시계처럼 정확하게 작동하는 것은 아니지만(어떤 저명한 지지자는 그것을 '형편없는 시계'라고 부르기도 한다.) 완전히 틀리는 경우는 좀처럼 없다.

다윈주의자들은 대체로 그 시계의 규칙성에 무척 놀랐다. 왜냐하면 자연 선택은 서로 다른 계통에 대해 서로 다른 시기에 여러 가지 속도로 작용해야 하기 때문이다. 왜냐하면 빠르게 변화하는 환경에 적응해야 하는 복잡한 생물에게는 무척 빠르게 작용하고, 환경에 잘 적응한 안정된 개체군에게는 아주 느리게 작용할 것이기 때문이다. 자연 선택이 개체군 진화의 일차적 원인이라면, 선택의 속도가 웬만큼 일정하지 않는 한(앞에서 설명한 것과 같은 사고 방식에 따르면 선택 속도는 일정하지 않다.) 유전적 변화와 시간과의 높은 상관 관계를 기대할 수 없을 것이다. 따라서 다윈주의자들은 장구한 시간 척도에서 보면 선택 속도의 불규칙성은 대체로 평준화된다고 주장함으로써 이러한 변칙적인 예외에서 도망치려고 했다. 선택은 몇 세대 동안만 격렬하게 진행되고 그 후의 특정 시기에는 사실상 나타나지 않을 수도 있지만, 장기간에 걸친 평균적인 알짜 변화는 여전히 규칙적일 수 있다는 것이다. 그런데 다윈주의자들은 분자 시계의 규칙성이 자연 선택이 중개하지 않는 진화 과정, 즉 중립적인 돌연변이의 임의적인 고정 가능성이라는 문제에도 직면하게 되었다. (이러한 여러 가지 '뜨거운' 주제들은 더 많은 시간과 지면이 허락되는 다른 기회에 다루기로 하겠다.)

어쨌든 인간과 현생 아프리카 유인원(고릴라와 침팬지) 사이의 아미노산 차이에 대한 조사는 대단히 놀라운 결과를 내놓았다. 형태적으로는 뚜렷한 차이가 있지만, 지금까지 조사된 유전자는 사람과 유인원이 거의 동일하다. 인간과 아프리카 유인원의 아미노산 배열의 차이는 1퍼센트 이하(정확하게 이야기하자면 0.8퍼센트)이다. 이것이 분자 시계상의 공통의 선조로부터 갈라져 나온 이후의 500만 년의 기간에 상응하는 것이다. 이 사실을 발견한 버클리 대학교의 생물학자 앨런 찰스 윌슨(Allan Charles Wilson, 1934~1991년)과 빈센트 사리히(Vincent Sarich, 1934~2012년)는 조사 과정의 오차를 고려해 600만 년까지는 받아들이지만 그 이상은 인정하지 않았다. 결국 만약 이 시계가 옳다면 오스트랄로피테쿠스 아파렌시스는 호미니드 선조의 이론상의 한계에 간신히 포함되는 셈이다.

최근까지 인류학자들은 호미니드가 널리 인정된 일반 규칙에 대한 진짜 예외라고 우기면서, 이 시계를 받아들이려 하지 않았다. 그들이 분자 시계에 회의적인 것은 1400만 년보다 오래된 턱뼈 파편으로 알려진 라마피테쿠스(*Ramapithecus*)라는 아프리카와 아시아에서 발견된 화석 동물 때문이다. 많은 인류학자들은 라마피테쿠스가 유인원과 인간의 경계에서 인간에 가까운 쪽에 위치한다고 주장했다. 이것은 유인원과 호미니드의 분기가 1400만 년 전에 일어났다는 말이다. 그러나 이빨과 그 비율에 관한 전문적인 주장에 근거한 이 견해는 최근 들어 설득력이 약해지고 있다. 이전에는 라마피테쿠스를 호미니드라고 주장했던 가장 강력한 지지자들 중 일부는 이제 그것을 유인원으로, 또는 유인원과 인간의 공통 선조에 가깝지만 실질적인 분기가 일어나기 전 단계로 재평가하려는 움직임을 보이고 있다. 분자 시계는 정확한 경우가 너무 많아서 턱뼈의 파편에 관련한 가설적인 주장을 펴는 정도로는 간단히 제거할 수 없다. (지금 나는 몇 년 전에 앨런 윌슨과 했던 10달러 내기에 질 위기에 처해 있다. 그는 너그럽게도 유인원과 인간의 가장 오래된 공통 선조의 연대로 최대한 700만 년까지 인정해 주었지만, 나는 그 이상을 주장했었다. 아직까지는 10달러를 주지 않았지만, 내가 이길 가능성은 거의 없는 것 같다.*)

---

* 결국 나는 1980년 1월 그에게 10달러를 지불했다. 홀가분한 마음으로 새로운 10년을 맞는

이제 우리는 인류의 진화에 관한 견해를 바로잡기 위해 세 가지 점을 정리할 수 있을 것이다. 그것은 오스트랄로피테쿠스 아파렌시스의 연대와 직립 자세의 문제, 분자 시계로 측정한 유인원과 인간의 분리 문제, 라마피테쿠스를 호미니드에서 몰아내는 문제, 이 세 가지이다.

자연에 뒤집어 씌운 문화적 편견보다 큰 것은 아니지만, 우리는 지금까지 뇌를 중심에 놓고 인간의 진화를 바라보는 관점에서 한 번도 벗어나지 못했다. 초기 진화학자들은 뇌의 확대가 인간 골격의 현저한 변화보다 먼저 일어난 것이 틀림없다고 주장했다. (10장의 그래프턴 엘리엇 스미스의 견해를 참조하라. 스미스가 필트다운인이 실재한다고 확신한 것은 뇌의 선행성을 신봉하는, 거의 열광적인 신념에 뿌리를 두고 있다.) 그러나 에른스트 하인리히 필리프 아우구스트 헤켈(Ernst Heinrich Philipp August Haeckel, 1834~1919년)에서 프리드리히 엥겔스에 이르는 많은 뛰어난 진화론자와 철학자의 예언대로, 1920년대에 이르자 작은 뇌를 가진 직립 자세의 오스트랄로피테쿠스 아프리카누스가 그러한 독단론을 종식시켰다. 그럼에도 불구하고 '뇌의 선행성'(나는 이렇게 부르기를 좋아한다.)은 지금도 겉모습만 바꾼 채 계속 주장되고 있다. 진화학자들은 역사적으로 직립 자세가 먼저 나타났다는 것을 인정했지만, 그들은 그 과정이 매우 느린 속도로 일어났으며 진정한 불연속(우리를 완전히 인간답게 만든 도약)은 훨씬 후에, 즉 인류의 뇌가 일찍이 유례를 찾아볼 수 없는 빠른 진화 속도로 약 100만 년 동안 무려 3배가량의 크기에 도달했을 때, 일어났을 것으로 추정했다.

한 유명한 전문가가 약 10년 전에 썼던 다음과 같은 글을 살펴보자. "호모 속의 세팔리제이션(cepahalization, 두화(頭化)라고도 하며 진화 과정에서 신경 감각 기관이 전두에 집중하는 현상 — 옮긴이)에서의 큰 비약은, 두발 보행이나

것도 나쁘지는 않을 테니까.

확대 과정이 아니라, 두발로 걷게 되었다는 이 특성이 인류의 진화 과정에서 가장 큰 단속(斷續, punctuation)인 것이다.

물론 두발 보행이 쉽게 달성된 것은 아니다. 그것은 우리 몸의 해부학적 구조, 그중에서도 특히 발과 골반 구조의 근본적인 변화를 필요로 한다. 게다가 두발 보행은 인류 진화의 전체적 패턴과는 달리, 해부학적인 재구성을 상징하고 있다. 9장에서 미키 마우스에 대해 이야기한 것처럼 인간은 '유형 성숙'적인 동물이다. 즉 우리는 선조의 유년기의 특징을 어른이 될 때까지 계속 유지하는 방향으로 진화해 왔다. 인간의 큰 뇌, 작은 턱뼈, 몸에 난 털의 분포, 질구(膣口)가 배 쪽을 향하고 있는 점 등의 수많은 특징은 유년기의 특징이 영구화한 결과가 분명하다. 그러나 직립 자세는 그와 다른 문제이다. 직립 자세는 유년기에 나타나는 어떤 특징이 그대로 유지되는 식의 '용이한' 경로를 통해 완성될 수 없다. 아기의 다리는 상대적으로 작고 연약한 데 비해, 두발 자세는 강하고 긴 다리를 필요로 하기 때문이다.

인류가 오스트랄로피테쿠스 아파렌시스에 이르러 직립하게 되었을 때 게임은 이미 끝난 셈이다. 다시 말해 이 단계에서 몸 구조의 주요한 개조는 이미 완료되었고, 후속된 변화를 일으키기 위한 방아쇠는 이미 당겨졌던 것이다. 이후 인류의 뇌가 커진 과정은 해부학적으로는 그리 어렵지 않았다. 우리는 태아기의 급속한 성장 속도를 이후까지 연장시킴으로써, 그리고 성인이 되어도 어린 시절 영장류 머리뼈의 특징적인 비율을 그대로 유지함으로써, 우리의 더 커진 뇌를 우리 자신의 성장 프로그램에서 제외시킨다. 우리의 뇌는 전체 패턴의 모든 부분들과 그밖의 유형 성숙적 특징들이 조화를 이루면서 진화한 것이다.

그러나 나는 한 걸음 물러서서 추론의 오류, 결과적으로 나타난 크기와 원인의 세기 사이의 관계를 잘못 나타낸 방정식을 피하면서 이 장을 끝내야 할 것 같다. 순수하게 몸의 구조가 개조되는 문제인 직립 자세는 광대한 범위에 영향을 주는 기본적인 문제이고, 뇌가 커진 것은 표면적이고 이차적인 문제이다. 그러나 뇌가 커짐으로써 나타난 결과는 그 형성 과정의 상대적인 용이함을 훨씬 넘어서고 있다. 무엇보다도 경이적인 것은 복잡계(그중에서도 인간의 뇌는 가장 두드러진 경우이다.)가 가지는 전체적 성질, 즉 단지 양적인 것에 불과한 구조적 변화를 놀랄 만큼 다양한 특성을 가지는 기능으로 번역할 수 있는 뛰어난 능력이다.

지금은 새벽 2시이다. 마침내 나는 이 장을 마치게 되었다. 냉장고에서 맥주를 꺼내 한 잔 해야겠다. 그리고 잠을 자러 갈 것이다. 나는 문화에 속박된 동물이기 때문에, 자리에 누워 한 시간 남짓 꾸게 될 꿈은 지금부터 내가 바닥에 수직 자세로 어슬렁거리며 거니는 것보다 훨씬 경이로운 경험을 줄 것이다.

12장

생명계의 한가운데

뛰어난 작가들은 자신의 작품에서 긴박한 드라마의 전개를 부드럽게 완화시키기 위해 종종 약간의 유머를 넣는다. 예를 들어 「햄릿」에 나오는 무덤 파는 인부라든가, 푸치니의 「투란도트(Turandot)」에 등장하는 세 사람의 조신(朝臣) 핑, 퐁, 팡 등은 독자들이나 관객들이 이후 등장 인물들이 겪게 될 괴로움이나 죽음 등에 마음의 준비를 하게 해 준다. 그렇지만 현재의 독자에게 웃음을 유발하는 에피소드가 원래는 그처럼 의도된 것이 아닌 경우도 가끔은 있다. 시대의 변천이 처음 맥락을 흔적도 없이 지워 버리고 변모한 오늘날의 세계에서 처음에는 의도하지 않았던 말 그 자체가 유머를 가지게 되는 식이다. 그런 문장이 지질학의 역사에서 가장 유명하고 본격적인 저서인 찰스 라이엘의 『지질학 원리(*Principles of Geology)*』(1830년부터 1833년까지 3권으로 출판되었다.)에도 나온다. 이 책에서 라이엘은 먼 옛날에 살던 거대한 동물이 다시 나타나 지구를 아름답게 장식할 것이라고 주장한다.

> 그날이 오면, 오늘날 여러 대륙의 태고의 암석에 그 기억이 보존되어 있는 여러 속의 동물들이 되돌아올 것이다. 거대한 이구아노돈이 삼림에, 어룡이 바다에 나타나는 한편, 익룡은 그늘진 양치류 삼림에서 다시 날게 될지도 모른다.

라이엘이 우리에게 제시하는 이러한 이미지는 상당히 충격적이지만, 그의 주장은 이 위대한 저서의 주된 주제이다. 라이엘은 균일성(uniformity)이라는 자신의 독자적인 개념, 즉 지구가 처음 생성될 때의 충격에서 '안정된' 이후부터 지금까지 쭉 거의 똑같은 상태, 즉 전 지구적인 격변도 없고, 보다 훨씬 높은 상태를 향한 착실한 전진도 없는 상태를 유지해 왔다는 주장을 펴기 위해서 『지질학 원리』를 쓴 것이다. 공룡의 멸종은 라이엘의 균일설에 대한 도전으로 받아들여졌다. 그렇다면 결국 공룡이 보다 고등한 포유류에 의해 대체된 것이 아니란 말인가? 그리고 이것은 생명의 역사가 단일한 방향을 가지고 있음을 말해 주는 것이 아닐까? 이런 의문에 라이엘은 공룡이 포유류에 의해 대체된 것은 '그레이트 이어(great year, 천문학에서는 '플라톤 년'이라고도 부르며 약 2만 5800년을 주기로 한다. — 옮긴이)', 즉 장구한 회귀성 주기의 일부에 지나지 않으며, 완성을 향해 사다리의 한 계단을 오르는 것이 아니라고 응수했다. 기후는 순환하며, 생명계 역시 기후의 순환을 따라 변화한다. 그러므로 '그레이트 이어'의 여름이 돌아오면 냉혈(冷血)의 파충류가 다시 나타나 지구를 지배하게 되리라는 것이다.

라이엘의 동료 한 명이 어룡과 익룡이 되돌아올 것이라고 한 라이엘의 구절을 풍자적으로 그린 삽화. 그림에서 미래의 교수인 어룡은 학생들에게 최근에 멸종한 이상한 생물, 즉 인간의 두개골에 대해 강의하고 있다.

그런데 라이엘은 균일설에 대한 자신의 열정적인 신념에도 불구하고, 지구가 언제나 같은 상태로 발전한다는 자신의 생각에서 중요한 한 가지 예외를 두고 있다. 즉 지질학적 시간의 최후 순간에 호모 사피엔스가 등장했다는 사실을 인정한 것이다. 라이엘은 인류의 출현이라는 사건은 지구의 역사에서 하나의 불연속으로 간주해야 한다고 주장한다. "이 한 걸음, 또는 비약이 동물계의 규칙적인 변화의 일부인양 가장하는 것은 납득할 수 있는 비유를 넘어서는 것이다." 라이엘은 이 말을 통해 자신의 체계에 가해지는 타격을 완화시키려고 했음이 분명하다. 그는 이러한 불연속이 도덕적 영역에서 일어나는 사건에만 국한된다고 주장했다. 즉 순수한 물질 세계의 지속적인 정상 상태(正常狀態, steady-state)가 붕괴하는 것이 아니라, 또 다른 영역이 부가되는 것이다. 결국 인간의 몸은 포유류의 롤스로이스와 같은 것으로 간주될 수 없다는 뜻이다.

지구상에 존재했던 다른 어느 동물들보다 인류가 비할 데 없이 존엄한 존재라고 말할 때 염두에 두어야 할 것은 인간만이 가지고 있을 뿐 동물에게는 없는 지적, 도덕적 특성이다. 만약 인간이 추론 능력을 갖지 않고 하등 동물이 가진 본능만을 가지고 있다면, 인간의 구조가 인간에게 확고한 우월성을 준다고 명확하게 이야기할 수 없을 것이다.

그럼에도 불구하고 라이엘의 주장은 당시 자연학자들이 극히 일반적으로 가지고 있던 경향, 즉 자신의 종 주위에 말뚝 울타리를 둘러친 좋은 예이다. 그 울타리에는 "여기까지는 접근 가능, 여기서부터는 접근 불가"라고 쓴 팻말이 걸려 있다. 우리는 몇 번이나 반복해서 아득한 태고의 성간 먼지에서 침팬지에 이르는 모든 것을 남김없이 설명하는 구상과 맞닥뜨린다. 그러고는 이 포괄적인 체계의 문턱에서, 인습적인 자부심과 편견이 끼어들어 특이한 영장류의 한 종에 예외적인 지위를 주었다. 나는 4장에서 또 하나의 똑같은 실패 사례에 대해 설명했다. 인간 지성의 특수한 창조 과정, 즉 전적으로 자연 선택에 의해 쌓아 올려진 생물계에서 유일하게 신의 힘이 작용한 결과로 인간의 지성이 탄생하게 되었음을 인정한 앨프리드 러셀 월리스의 주장이 바로 그것이다. 각각의 주장은 그 구체적인 양상에서 제각기 다르지만, 그 주장들이 의도하는 것은 항상 동일하다. 즉 그 의도는 인간을 자연으로부터 분리시키는 것이다. 라이엘이 둘러친 울타리의 팻말은 이렇게 소리 높여 외치고 있다. "정신적 질서, 여기에서부터 시작되다." 그리고 월리스의 울타리에는 "여기서부터 자연 선택은 작용하지 않는다."라고 씌어 있다.

반면 다윈은 그의 사상 혁명을 동물계 전체에 걸쳐 일관되게 적용했다. 그리고 그는 그 혁명을 인간 삶의 가장 미묘한 영역에까지 확장시켰다. 인간 신체의 진화론은 그야말로 사람들을 곤혹스럽게 만들었다. 그러나 최소한 인간의 마음만큼은 손상되지 않은 상태로 남아 있었다. 다윈은 자신의 연구를 계속 진척시켰다. 그는 인간 감정의 가장 세련된 표현의 기원이 동물에게 있다는 주장을 펴는 데 전체 내용을 할애한 저서를 발간했다. 그는 그 책에서 이렇게 묻는다. 감정이 진화했다면 사고가 훨씬 뒤처질 수 있었겠는가?

호모 사피엔스 주위에 둘러쳐진 울타리는 여러 개의 기둥으로 지탱되고 있다. 그중에서 가장 중요한 2개의 기둥은 예비와 초월(preparation and transcendance)이라는 주장이다. 인간은 자연의 가장 보편적인 힘들을 초월하고 있을 뿐만 아니라, 인간의 탄생 이전에 이미 존재하던 모든 것은 몇 가지 중요한 의미에서 인간의 궁극적인 등장을 미리 예비한 것이라는 주장이다. 나는 이 두 가지 주장 중에서 예비론이 우리가 그 허구성을 폭로하기 위해 노력해야 할 훨씬 더 의심스럽고 의미심장한 편견이라고 생각한다.

현대적인 겉모습을 갖춘 초월론은 일찍이 지구상에 한 번도 일어난 적이 없는 여러 가지 과정이 인류라는 특이한 종의 역사를 인도해 왔다고 단언하고 있다. 7장에서 이야기했듯이 문화적 진화는 인류가 이룬 여러 혁신 중에서도 가장 중요한 것이다. 그것은 학습을 통한 기술과 지식, 그리고 행동의 전달(문화적인 획득 형질의 유전)을 통해 진행된다. 이러한 비생물학적인 과정은 신속한 '라마르크적' 양식에 따라 진행되는 데 비해, 생물학적 변화는 그에 비하면 빙하의 작용처럼 완만한 다윈적인 단계를 밟아 느리게 진행된다. 나는 이러한 라마르크적 과정의 전개가, 다른 것을 능가한다는 통상적인 의미에서의 초월이라고는 생각하지 않는다. 생물학적 진화는 멈추지도 않고, 그 무엇에 의해 패퇴되지도 않는다. 그것은 먼 옛날과 마찬가지로 지금도 지속되고 있으며, 여러 문화의 유형을 제약한다. 그러나 그 과정이 너무도 완만하기 때문에 현대 문명의 엄청난 변화 속도에 큰 영향을 미치지 않을 뿐이다.

그것에 비해 예비론은 더 깊은 인간의 오만을 드러낸다. 최소한 초월론은 40억 년에 걸친 인류 탄생 이전의 역사를 인류의 특별한 재능의 징조로 여기라고 강요하지는 않는다. 인류는 예측 불가능한 행운 덕분에 지금 여기에 존재하고 지금도 무언가 새롭고 강한 것을 구현하고 있을 수 있다. 그런데 예비론은 인류의 뒤늦은 출현의 전조를 그 전까지의 장구하고 복잡한 역사의 모든 시대를 거슬러 올라가 추적하라고 우리를 이끈다. 고작 지구 역사의 약 10만분의 1에 해당하는 기간(약 50억 년 중에서 5만 년) 동안 지구상에 생존한 하나의 종이 이런 생각을 한다는 것은 너무나 터무니없는 자만과 과장인 셈이다.

라이엘과 월리스 모두 일종의 예비론을 설교했다. 사실상 울타리를 치는 데 동조한 모든 사람들이 거의 똑같은 주장을 펼쳤다. 라이엘은 정상 상태로 기다리는 지구, 다시 말해 자신의 숭고하고 균일한 설계를 이해하고 제대로 평가할 수 있는 지각(知覺)을 가진 생물의 출현을 열망하는 지구의 모습을 묘사했다. 또한 만년에 심령학으로 방향을 바꾼 월리스는, 궁극적으로 인체의 진화란 그 이전에 이미 존재하던(pre-existing) 마음과 그것을 사용할 능력을 가진 신체를 하나로 결합시키기 위해서 일어난다는 훨씬 더 비속한 주장을 전개했다. 그는 이렇게 쓰고 있다.

> 영적 세계의 존재를 인정하는 우리는, 이 우주를 무한한 생명과 완전성의 능력을 갖춘 정신적 존재의 발전에 모든 부분에서 적응한, 일관되고 장대한 전체로 간주할 수 있다. 우리에게 세계(물리 구조가 매우 복잡하며 장대한 지질학적 전개 과정을 겪었고, 식물계와 동물계가 완만한 진화를 이루었으며, 그리고 종국에는 인

류의 출현을 본 세계)의 총체적이고 유일한 존재 이유는 인간의 신체와 결합된 인간 정신의 발생임이 분명하다.

나는 현대의 진화론자들이 모두 월리스가 주장한 예비론(문자 그대로 인간의 예정(foreordination))이라는 관점을 부정한다고 생각한다. 그러나 오늘날에도 이런 주장의 그럴싸한 변형판이 있지 않을까? 나는 그런 주장이 나올 수도 있다고 생각한다. 그러나 나는 그것은 생명의 역사에 대한 잘못된 관점이라고 확신한다.

현대판 예비론은 예측 가능성을 인정하는 예정된 운명론과 선을 긋는다. 다시 말해 이 논변은 원시 세균에 호모 사피엔스의 싹이 숨어 있다든지, 어떠한 영적인 힘이 마음을 받아들일 자격을 갖춘 최초의 몸에 그 마음을 불어넣을 수 있기를 갈망하면서 생물 진화를 지도해 왔다는 식의 사고 방식을 받아들이지 않는다. 대신 현대판 예비론은, 그 일차적인 동인(動因)인 자연 선택이 앞선 모형들과 경쟁해서 이길 수 있는 더 우수한 설계를 끊임없이 만들어 내기 때문에 생물 진화의 완전히 자연적인 과정이 특정 경로를 따른다는 견해를 취한다. 향상이 일어나는 경로들은 구성 재료의 성질과 지구의 환경에 의해 엄격히 제약된다. 비행이나 수영, 그리고 주행 능력을 가진 뛰어난 동물을 만들어 낼 수 있는 경로는 극히 소수에 불과하다. 아니 어쩌면 단 하나일지도 모른다. 만약 우리가 원시 세균의 시대로 거슬러 올라가 이 과정을 다시 한번 시작할 수 있다면, 진화는 다시 거의 같은 경로를 거치게 될 것이다. 진화는 폭넓고 평탄한 경사면에 물을 흘려내리는 것보다 래칫(ratchet, 한쪽 방향으로만 회전하고 반대 반향으로는 회전하지 못하는 톱니바퀴)을 하나씩 돌리는 것에 더 흡사하다. 그것은 밀집한 행진처럼 진행하는 것으로, 각 단계가 그 과정을 한 단계 높이고 각 단계가 다음 단계에 없어서는 안 될 준비 단계가 된다는 것이다.

생명은 현미경적인 화학 현상에서 시작해 이제는 의식의 존재에까지 이르렀기 때문에, 그 래칫에는 일련의 단계들이 포함된다. 이러한 각 단계들은 분명 예정이라는 말이 가지는 오래된 의미에서의 '예비'는 아니지만, 그리 놀랍지 않은 순서로 이어지는 예측 가능하고 필연적인 단계들인 것이다. 중요한 의미에서 이러한 단계들은 인류가 진화해 온 길을 예비하는 것이다. 결국 우리는 어떤 이유로, 설령 그 이유가 신의 의지에 있는 것이 아니라 공학적인 메커니즘에 있는 것이라 하더라도, 지금 여기에 존재하는 것이다.

그러나 만약 진화가 밀집 행진처럼 한 걸음 한 걸음 진행한 것이라면, 화석 기록은 연속되고 완만한 조직의 발전 패턴을 보여 줄 것이다. 그런데 실제로는 그런 패턴이 나타나지 않는다. 나는 이것이 진화적인 래칫의 상정을 어렵게 만드는 가장 치명적인 요소라고 생각한다. 21장에서 다루겠지만, 생명은 지구 자체가 형성된 직후에 태어났고, 그런 다음 30억 년(지구 역사 전체의 약 6분의 5에 해당하는 기간)에 걸쳐 거의 동일한 상태로 지속되었다. 이 장구한 기간 동안 생명은 원핵생물의 수준(유성 생식이나 복잡한 신진 대사가 가능한 내부 구조(핵, 미토콘드리아 등)를 갖지 않은 세균과 남조류 세포의 상태)에 머물러 있었다. 약 30억 년 동안 생명의 최고 형태는 조류 매트(algal mat, 침전물을 고정시키는 원핵생물인 조류가 만든 얇은 층)였다. 그 후, 그러니까 지금으로부터 약 6억 년 전에 실질적으로 거의 모든 동물의 주요한 설계가 수백만 년에 걸쳐 나타났다. 우리는 '캄브리아기 폭발(Cambrian explosion)'이 왜 그 무렵에 일어났는지 그 이유를 알지 못한다. 그러나 그 사건이 그때 일어나야 했다거나, 또는 어떤 식으로든 일어나야 했다는 식으로 생각해야 할 어떤 이유도 없다.

과학자들 중에는 산소의 양이 적어서 복잡한 동물이 좀 더 일찍 진화하지 못했다고 주장하는 사람들도 있다. 만약 그런 주장이 사실이라면, 래칫은 여전히 작동하고 있는 셈이다. 무대는 모든 준비를 마친 채 무려 30억 년 동안이나 그대로 유지되고 있었던 것이다. 나사는 특정 방향으로 돌아가야 했지만, 그러기 위해서는 산소가 필요했다. 따라서 원핵생물인 광합성 생물이 지구의 원시 대기에는 없었던 이 귀중한 기체를 조금씩 공급하기 시작할 때까지 기다려야 했다. 실제로 지구의 원시 대기에는 산소는 매우 희박했거나 전혀 없었을 것이다. 그러나 오늘날 학자들은 캄브리아기의 폭발이 일어나기 10억 년 이상 전에 광합성에 의해 다량의 산소가 발생했으리라고 생각하고 있다.

따라서 우리가 캄브리아기 폭발을 애당초 일어날 필요가 전혀 없었거나, 또는 그런 식으로 일어날 필요가 없는 우연한 사건 이상의 것으로 생각할 이유는 어디에도 없는 것이다. 그것은 하나의 막(세포막)에 들어 있던 원핵생물의 공생 집단이 진핵(eukaryotic, 핵을 가진) 세포로 진화한 결과였는지도 모른다. 또한 그것은 진핵 세포가 효율적인 유성 생식을 진화시킬 수 있었기 때문에, 그리고 성(性)이 다원적인 과정에 필요한 유전적 변이성(variability)을 유포하고 재배열했기 때문에 일어난 것인지도 모른다. 그러나 가장 결정적인 핵심은 다음과 같다. 즉 만약 캄브리아기 폭발이 실제 사건보다 10억 년가량 더 먼저 일어났다면, 즉 캄브리아기 폭발 이후에 생명이 진화하는 데 걸린 시간이 실제보다 약 두 배가 되었다면 래칫 가설은 생명의 역사를 빗대어 표현하는 상징으로는 적절하지 못하게 된다.

굳이 은유를 사용해야 한다면, 나는 폭이 넓고 완만하고 균질한 경사면을 상상하고 싶다. 그 정상 근처에 물방울이 무작위로 떨어진다. 대개의 물방울은 흘러내리는 도중 말라 버린다. 그러나 이따금 그 물은 밑까지 흘러내려, 미래에 강이 될 계곡을 형성하게 된다. 이 경사면에는 이러한 계곡이 여기저기에 무수히 형성될 수 있을 것이다. 그 계곡들의 현재 위치는 지극히 우연한 것이다. 이런 실험을 여러 차례 반복한다면, 경우에 따라서는 계곡이 하나도 생기지 않을 수 있고, 때로는 전혀 다른 계곡 체계가 생길 수도 있음을 알게 된다. 지금 우리는 무수한 계곡들이 일정한 간격을 두고 펼쳐진 모습이나, 그 계곡들이 바다에 이어진 모습을 바라보면서 해안선 위에 서 있는 것이다. 이것을 올바로 이해하지 못하고 그 이외의 다른 계곡의 모습은 생길 수 없다고 생각하기란 얼마나 쉬운 일인가.

나는 이러한 경사면의 비유에 그 경쟁 상대인 래칫 비유에서 서투르게 빌려온 요소가 하나 있음을 인정하지 않을 수 없다. 최초의 경사면은 정상에 떨어지는 물방울에 일정한 방향을 부여한다. 대부분의 물방울들이 흐르기 전에 말라 버리고, 흘러내리는 경우에도 무수한 경로를 따라 흐를 수 있다. 그렇다면 최초의 경사면은 비록 약하지만 어떤 예측 가능성을 내포하는 것이 아닐까? 필경 이 비유를 좇는 의식의 영역은 이처럼 긴 해안선을 포괄할 것이기 때문에, 무수한 계곡들 중에서 어느 하나는 결국 해안선에 도달할 것이다.

그러나 여기에서 우리는 또 하나의 압박, 내가 이 글을 쓰게 만든 압박(솔직히 고백하자면 내가 여기까지 도달하기에는 오랜 시간이 걸렸지만)과 맞닥뜨리게 된다. 거의 모든 물방울은 말라 버릴 것이다. 지금 존재하는 어떤 계곡이 지구 표면 최초의 경사면에 형성되기 위해서는 30억 년을 필요로 했다. 그리고 우리가 알고 있는 모든 계곡이 형성되기까지는 60억 년, 120억 년, 또는 200억 년이 걸릴지도 모른다. 만약 지구의 역사가 영원하다면 우리는 필연성에 대해 이야기할 수 있을 것이다. 그러나 지구는 영원하지 않다.

천체 물리학자 윌리엄 앨프리드 파울러(William Alfred Fowler, 1911~1995년)

는 태양이 100억~120억 년 동안 존속한 다음 중심에 있는 수소 연료를 모두 소진할 것이라고 한다. 그 후 태양은 폭발하여 적색 거성으로 변하게 된다. 그렇게 되면 태양은 목성이 공전하는 궤도 이상으로 팽창하여 지구를 삼켜 버릴 것이다. 지구가 태어나서 소멸하기까지의 전 기간의 중간 정도의 시점에서 인류가 출현했다는 자각은 우리의 생각을 사로잡는다. 그것은 우리가 하던 일을 멈추고 곰곰이 생각에 잠기거나 등줄기에 전율을 느끼게 하는 그런 종류의 충격적인 자각이다. 앞에서 들었던 경사면의 비유가 그 임의성과 예측 불가능성에도 불구하고 유효하다면, 나는 지구가 그토록 복잡한 생명계를 진화시킬 필요가 조금도 없었다고 결론내리지 않을 수 없다고 생각한다. 생명계가 조류 매트 이상으로 발전하기까지 30억 년이 걸렸다. 지구가 계속 존속한다면, 그 다섯 배의 시간이 걸려도 무방할 것이다. 다시 말해 만약 우리가 다시 한번 그 과정을 실험해 볼 수 있다면, 조류 매트가 우리 태양계에서 역사상 가장 엄청난 사건, 즉 태양계의 어머니인 태양이 연료를 소진해서 폭발하는 사건을 지켜볼 수 있는 최고의 말 없는 증인이 될 수도 있는 것이다.

앨프리드 러셀 월리스도 지구상의 생명계가 맞는 종국적인 파멸에 대해 고찰했다. (당시 물리학자들은 태양이 연료를 다 태우면 지구는 얼어붙을 것이라고 생각했다.) 그러나 그는 그 사실을 시인할 수 없었다. 그는 "좀 더 높은 삶을 위해 싸우고 있는 인류의 완만한 진보, 순교자들의 번민, 희생자들의 신음, 모든 시대에 만연한 악과 비참하고 부당한 괴로움, 자유를 위한 싸움, 정의를 목표로 쏟아붓는 노력, 덕에 대한 열망, 그리고 인류의 복지 등 모든 것이 완전히 사라진다는 것을 상상할 수밖에 없는 …… 사람들에게 지워진 엄청난 정신적 짐"에 대해 썼다. 결국 월리스는 이 문제에 대한 답으로 영적 생명의 영원성이라는 진부한 기독교적인 해결책을 선택했다. "이러한 고귀한 발전을 할 수 있는 잠재적 능력이 있는 존재는

…… 더 고등하고 영원한 존재로 미리 운명지어진 것이 확실하다."

여기에서 나는 감히 다른 주장을 제기하고 싶다. 화석 기록에 따르면, 평균적인 무척추동물 종은 500만 년에서 1000만 년가량 존속했다. (그 확실성에 대해서는 의심의 여지가 있지만, 가장 오랫동안 존속한 종은 2억 년 이상 계속되었다고 한다.) 척추동물 종들의 수명은 더 짧은 것이 보통이다. 만약 인류가 지금부터 약 50억 년 후까지도 살아남아서 지구의 파멸을 목격한다면, 일찍이 생명계 역사상 한번도 없었던 일을 달성하게 될 것이다. 그렇게 된다면 인류는 기쁨에 들떠 기꺼이 "이 세상의 영화는 이렇게 사라진다네."라고 '백조의 노래(*carmen cygni*, 고대 그리스에서 백조는 죽을 때 가장 아름다운 노래를 부른다 여겼다. 예술가의 유작 또는 최후의 작품을 뜻한다. — 옮긴이)'를 불러야 할 것이다. 물론 인류는 우주선 군단을 편성해 우주로 날아올라, 다음 번 대폭발까지 조금 더 시간을 연장할 수 있을지도 모른다. 그러나 나는 지금까지 한번도 과학 소설의 열렬한 팬인 적이 없다.

4부

과학을 정치적으로 해석한다

13장

넓은 모자와 좁은 마음

1861년 2월부터 6월까지 조르주 퀴비에 남작의 망령이 파리 인류학회에 출몰했다. 프랑스 생물학계의 아리스토텔레스라고까지 불렸던(대단히 건방진 호칭이었지만 그는 그 호칭을 굳이 사양하려고 들지 않았다.) 위대한 퀴비에는 1832년에 세상을 떠났다. 그러나 그의 머리뼈는 폴 브로카(Paul Broca, 1824~1880년)와 루이 피에르 그라티올레(Louis Pierre Gratiolet, 1815~1865년)가 뇌의 크기와 지능의 관계를 둘러싸고 논쟁을 벌일 무렵까지도 존속했다.

논쟁의 첫 라운드에서 그라티올레는 최고의 지성을 가진 가장 탁월한 인물은 큰 머리로 식별할 수 있는 것은 아니라고 과감히 주장했다. (그렇지만 오해하지 마라. 그라티올레는 군주주의의 화신과 같은 인물로 결코 평등주의자가 아니었다. 그는 유럽 백인 남성의 우월성을 뒷받침하기 위한 다른 근거를 찾고 있던 것뿐이었다.) 다른 한편 인류학회의 창설자이자 당시 세계 최고의 머리뼈 계측학자, 즉 머리 크기를 재는 학자였던 브로카는 만약 크기의 차이가 중요한 의미를 갖지 않는다면 "각 인종의 뇌 연구는 흥미와 유용성을 모두 잃게 될 것이다."라고 반박했다. 브로카는 이런 질문을 던졌다. 자신이 가장 중요한 문제라고 생각하고 있는 것, 즉 여러 인종의 상대적 가치와 두개골에 대한 계측 결과가 무관하다면 도대체 무슨 이유로 인류학자들은 지금까지 머리의 크기를 재는 데 그처럼 많은 시간을 할애한 것일까.

> 인류학회에서 지금까지 토론한 여러 문제들 중에서 지금 우리의 눈앞에 놓인 문제만큼 흥미롭고 중요한 문제는 없었다. …… 우리 중 많은 사람이 인류학의 다른 여러 영역을 포기하면서 거의 오로지 머리뼈 연구에 헌신했을 정도로 두개골학은 인류학자들에게 특별히 중요한 것이었다. …… 우리는 모두 이러한 자료에서 여러 인종의 지적 가치와 관계된 어떤 정보를 찾아낼 수 있으리라고 기대하고 있는 것이다.

브로카와 그라티올레는 5개월에 걸쳐 격렬한 논쟁을 벌였고, 훗날 그들 사이의 논쟁을 출간한 보고서는 약 200쪽에 달했다. 논쟁은 때로는 격렬한 감정적 싸움으로 치닫기도 했다. 논쟁이 한창 진행될 무렵 브로카의 상관 중 한 사람이 중요한 일격을 가했다. "뇌의 부피가 지능에서 중요한 의미를 가진다는 것을 부정하는 사람들은 대개 작은 머리를 가지고 있음을 나는 이전부터 알고 있었다." 이렇게 해서 결국 브로카 측이 압승을 거두었다. 이 논쟁이 계속되는 동안 조르주 퀴비에의 뇌만큼 브로카에게 중요한 정보를 제공하는 원천은 없었고, 또한 퀴비에의 뇌만큼 빈번한 논쟁의 주제이자 폭넓은 토론 대상이 된 것도 없었다.

당대 최고의 해부학자였고, 동물을 하등한 것에서 고등한 것까지 '인류 중심주의적(anthropocentric)' 척도로 분류하는 것이 아니라, 어떻게 작동하는가의 기능에 따라 분류하는 방법으로 동물계에 대한 이해를 바로잡아 준 사람, 퀴비에. 고생물학의 창시자이자 멸종이라는 사실을 처음 밝혔으며, 지구와 생물계의 역사를 함께 이해하는 데 격변(catastrophes)의 중요성을 강조한 사람, 퀴뷔에. 샤를 모리스 드 탈레랑(Charles Maurice de Talleyrand, 1754~1838년, 프랑스 정치가로 외상을 지냄. — 옮긴이)과 마찬가지로 대혁명에서 군주제에 이르는 모든 프랑스 정부에 수미일관하게 봉사하여 천수를 누리고 자신의 침상 위에서 세상을 떠난 정치가, 퀴비에. (편지에서 자신이 혁명에 공감하는 것처럼 꾸며댔지만, 실제로 퀴비에는 대혁명의 가장 떠들썩하던 시기를 노르망디 지방에서 가정 교사를 하며 지냈다. 퀴비에는 1795년에야 파리로 나왔고 그 후 단 한 번도 파리를 떠나지 않았다.) 최근에 그의 전기를 쓴 프랑크 부르디에(Franck Bourdier, 1910~1985년)는 퀴비에의 신체 변화 과정에 대해 말하고 있지만, 그의 문장은 퀴비에의 힘과 영향력에 대한 훌륭한 은유를 제공하고 있다. "퀴비에는 몸집이 작았고 대혁명 무렵에는 특히 더 여위어 있었다. 그런데 제정 시대에 들어서면서 그는 살이 찌기 시작했다. 그리고 왕정 복고가 되자 대단히 비만해졌다."

퀴비에의 동시대인들은 그의 '큰 머리'에 경탄했다. 한 숭배자는 큰 머리가 "그의 풍모 전체에 더할 나위 없는 위엄을 주고, 그의 얼굴은 깊은 명상에 잠긴 듯한 인상을 준다."라고 단언할 정도였다. 그런 이유로 퀴비에가 세상을 떠났을 때, 동료 학자들은 학문적인 관심과 호기심으로 그 거대한 머리뼈를 절개해 보기로 했다. 1832년 5월 15일 화요일 오전 7시, 당시 프랑스 최고의 의사들과 생물학자들이 조르주 퀴비에의 시신을 해부하기 위해 모였다. 그들은 먼저 내장에 "특별히 주목할 것이 없다."라는 사실을 확인한 후, 머리뼈에 관심을 집중했다. "따라서 이제 우리는 이 강력한 지능을 발휘하는 기계를 조사하려 한다."라고 당시 담당 의사는 썼다. 그리고 그들의 기대는 충분한 보상을 얻었다. 조르주 퀴비에의 뇌의 무게는 약 1,830그램으로 평균보다 400그램, 당시까지 측정된 최대의 정상 뇌보다도 200그램이나 더 무거웠다. 확인되지 않은 보고나 정확하지 않은 추정에 따르면, 올리버 크롬웰(Oliver Cromwell, 1599~1658년), 조너선 스위프트(Jonathan Swift, 1667~1745년), 그리고 조지 고든 바이런(George Gordon Byron, 1788~1824년) 경 등의 뇌가 퀴비에와 거의 비슷한 크기였던 것으로 생각되지만, 퀴비에는 그 뛰어난 지적 능력과 뇌의 크기가 상응한다는 최초의 직접적인 증거를 제공한 셈이 된다.

브로카는 논쟁에서 우위에 서기 위해 자기 주장의 상당 부분을 퀴비에의 뇌에 기반했다. 그런데 그라티올레는 브로카의 주장을 자세히 조사하는 과정에서 한 가지 약점을 찾아냈다. 퀴비에의 의사들은 지나친 경외심과 열광 때문에, 그의 뇌와 머리뼈 어느 하나도 보존하는 것을 잊고 말았다. 게다가 그들은 머리뼈에 관한 측정 결과를 기록하지도 않았다. 따라서 그의 뇌의 무게가 1,830그램이라는 수치는 검증이 불가능했다. 따라서 그 수치가 단순한 실수인지도 모르는 일이었다. 그라티올레는 뇌를 대신할 수 있는 대용품을 찾으려고 애썼다. 그때 한 가지 영감이 떠올랐다. "의사들이 항상 사람의 뇌의 무게를 측정하지는 않지만, 모자 만드는 사람은 반드시 고객의 머리 크기를 잰다. 나는 이 새로운 정보원을 통해 당신이 흥미를 가질 만한(아니 내가 그렇게 바라는) 정보를 얻을 수 있었다." 한마디로 그라티올레는 그 위대한 인물의 뇌에 비하면 지극히 신빙성 없는 물건을 증거로 제시한 것이다. 그는 퀴비에의 모자를 찾아냈다! 이렇게 하여 두 차례에 걸친 논쟁으로 프랑스 최고의 지식인들은 낡아빠진 중절모가 갖는 의미를 심사숙고하게 되었다.

그라티올레는 퀴비에의 모자의 길이가 21.8센티미터, 폭이 18.0센티미터라고 보고했다. 그런 다음 그라티올레는 "파리에서 가장 교양 있고 유명한 모자상 중 하나"인 M. 퓨리오(M. Puriau)라는 인물에게 자문을 구했다. 퓨리오는 모자의 최대 표준 크기는 21.5센티미터, 폭 18.5센티미터였다고 그에게 말해 주었다. 이 정도로 큰 모자를 쓰는 사람은 좀처럼 없지만 퀴비에가 유일한 인물은 아니었던 셈이다. 게다가 그라티올레는 그 모자가 "아주 오랫동안 써서 늘어났다."라는 사실을 자못 유쾌하다는 듯이 보고했다. 퀴비에가 그 모자를 처음 샀을 때에는 아마 그 정도로 크지 않았을 것이다. 게다가 퀴비에는 예외적일 만큼 머리숱이 많아서 항상 더부룩한 모습이었다. 그라티올레는 이렇게 단언했다. "이것은 설령 퀴비에의 머리가 대단히 컸다고 하더라도 그 크기가 예외적이거나 진기할 정도는 아니었음을 명백히 입증하는 것이라고 생각된다."

그러나 그라티올레의 논적(論敵)들은 의사들의 기록을 믿는 쪽을 선택했고, 모직물로 된 모자에 지나친 의미를 부여하기를 거부했다. 그 후 20여 년의 기간이 지난 1883년, G. 에르베(G. Herve)라는 사람이 다시 퀴비에의 뇌 문제를 들춰냈고, 그동안 주목받지 못했던 한 가지 사실을 부각시켰다. 즉 퀴비에의 머리가 분명히 실측되었으며 단지 그 수치가 해부 기록에서 생략되었다는 것이다. 실제로 퀴비에의 머리뼈는 매우 컸다. 해부를 위해 그 유명한 두발은 깎여 있었다. 그에게 필적하는 최대 머리 둘레 치수를 가지는 사람은 "학자들과 문학자들" 중에서 겨우 6퍼센트에 불과했고(그것도 두발을 포함해서 잰 치수), 하인 중에는 전무했다. 또한 에르베는 문제의 모직 모자에 대해서는 모른다고 주장하면서도 다음과 같은 일화를 소개했다. "퀴비에는 그의 손님 대기실 테이블 위에 자신의 모자를 놔두는 버릇이 있었다. 그를 방문한 다른 교수들이나 정치가들이 가끔 그 모자를 써 보고는 했는데, 모자는 그들의 눈 밑까지 내려왔다."

그러나 '큰 것이 좋은 것(more-is-better)'이라는 원칙이 승리를 거두려는 찰나에, 에르베는 브로카가 다잡은 승리에서 문제의 소지를 찾아냈다. 지나치면 부족한 것만 못하다는 말처럼, 에르베는 의문을 품기 시작했다. 퀴비에의 뇌가 다른 '천재'들의 뇌를 훨씬 상회할 만큼 큰 이유는 도대체 무엇일까? 그는 퀴비에의 해부 기록과 무척 허약했던 젊은 시절의 건강 기록을 샅샅이 조사해, 퀴비에가 '일과성 청년성 뇌수종(transient juvenile hydrocephaly)'이라는 긴 명칭의 질병을 앓았다는 정황 증거를 찾았다. 뇌수종이란 말 그대로 뇌에 물이 고이는 병이다. 만약 퀴비에의 머리뼈가 성장 초기에 액체의 압력으로 인해 후천적으로 확장된 것이라면, 정상 크기의 뇌가 커진 것이 아니라 밀도가 떨어지면서 이용할 수 있는 공간으로 부풀어 오른 것이 된다. 아니면 확대된 공간이 뇌가 이상 크기로까지 성장하도록 허용한 것일까? 퀴비에의 뇌는 측정 후에 처분되었기 때문에, 에르베는 이 근본 문제를 해결할 수 없었다. 남아 있는 것은 1,830그램이라는 고압적인 숫자뿐이었다. "퀴비에의 뇌가 손실되어 과학은 지금까지 얻은 가장 귀중한 자료 중 하나를 잃었다."라고 에르베는 쓰고 있다.

겉으로 보면 이 이야기는 한바탕 웃어넘길 해프닝처럼 들린다. 프랑스 최고의 인류학자들이 세상을 떠난 동료 학자의 모자가 가지는 의미를 둘러싸고 격론을 벌였다는 사실은 역사에 대해 가장 범하기 쉬운 위험한 추론, 즉 과거를 소박한 얼간이들의 영역으로 보고, 역사의 길을 진보로 보고, 그리고 현재를 세련되고 개화된 세계로 보는 관점과 직결되지 않을 수 없는 것이다.

그러나 만약 이런 이야기를 그저 비웃어 넘겨 버리면 우리는 결코 사태를 올바로 이해할 수 없다. 지금 단계에서 우리가 이야기할 수 있는 것은 인간의 지적 능력은 지난 수천 년 동안 변하지 않았다는 것이다. 만약 옛날의 지적인 사람들이 현재의 우리에게는 어리석어 보이는 문제에 엄청난 정력을 기울였다면, 잘못된 것은 그들의 세계에 대한 우리의 이해이지 그들의 왜곡된 인식 자체가 아니다. 과거에 벌어진 어처구니없는 사태로 자주 인용되는 사례가 하나 있는데, 핀의 머리에 천사가 몇 명 올라갈 수 있는가를 둘러싼 논쟁이 바로 그것이다. 이 사례에서도 실제로는 신학자들이 5명인가 18명인가 하는 사람의 수를 놓고 싸운 것이 아니라, 하나의 핀이 유한의 수를 수용할 수 있는지 아니면 무한의 수를 수용할 수 있는지를 놓고 논쟁을 벌인 것이라는 사실을 깨달으면 그 의미를 올바로 이해할 수 있다. 한 신학 체계에서는 천사의 실체 여부가 매우 중요한 문제였기 때문이다.

이 경우 19세기 인류학에서 퀴비에의 뇌가 결정적으로 중요했다는 사실을 올바로 이해하는 단서는 앞에서 인용했던 브로카의 말 마지막 줄에 있다. "우리는 모두 이러한 자료에서 여러 인종의 지적 가치와 관계된 어떤 정보를 찾아낼 수 있으리라고 기대하고 있는 것이다." 브로카와 그의 학파는 그들이 생각한 '인간 과학(science of man)'의 기본 문제, 즉 어느 개인이나 집단이 다른 개인이나 집단보다 우수한 이유를 설명하는 문제를 뇌의 크기와 지능의 상관 관계를 통해 해결할 수 있음을 입증하고 싶었던 것이다. 그를 위해, 그들은 사람의 가치에 대한 선험적인 확신(남성 대 여성, 백인 대 흑인, '천재' 대 '범인(凡人)' 등)에 따라 사람들을 나누고 뇌의 크기가 각각 다르다는 사실을 입증하려고 했다. 걸출한 사람(실은 남성)의 뇌는 그들의 주장을 뒷받침해 주는 증거 자료가 된다. 그리고 퀴비에는 그중에서도 '꽃 중의 꽃'이었다. 브로카는 다음과 같이 결론을 맺었다.

> 일반적으로 여성보다 남성, 평범한 재능을 가진 사람들보다 비범한 사람들, 열등한 인종보다는 우월한 인종의 뇌가 더 크다. 다른 조건이 같을 때 지능의 발달과 뇌의 용적 사이에는 주목할 만한 관계가 있다.

브로카는 1880년에 죽었지만, 그의 제자들은 뛰어난 뇌의 목록 작성 작업을 계속해 나갔다. (실제로 그들은 브로카의 뇌를 그 목록에 추가했다. 브로카의 뇌는 1,484그램이라는 평범한 무게였지만 말이다.) 고명한 동료 학자들을 해부하는 것은 해부학자들이나 인류학자들 사이에서 누구나 쉽게 할 수 있는 일로 치부되었다. 미국의 가장 유명한 의사였던 에드워드 앤서니 스피츠카(Edward Anthony Spitzka, 1876~1922년)는 이런 말로 자신의 뛰어난 친구들을 끌어들였다. "시체가 무덤 속에서 썩어 가는 것을 상상하기보다 시체 해부를 생각하는 쪽이 덜 끔찍하다." 미국 민족학계의 일인자였던 존 웨슬리 파웰(John Wesley Powell, 1834~1902년)과 윌리엄 존 맥기(William John McGee, 1853~1912년)는 누가 더 큰 뇌를 가지고 있는지 내기를 걸었고, 스피츠카가 그들의 사후에 판정해 주겠다는 계약을 맺기까지 했다. (그 결과는 막상막하였다. 파웰과 맥기의 뇌의 크기는 거의 같았고, 그 차이는 몸의 크기 차이에 따른 정도에 불과했다.)

스피츠카는 1907년까지 115명에 이르는 뛰어난 남성의 뇌에 대한 자료를 수집한 목록을 작성할 수 있었다. 그러나 목록이 길어짐에 따라 그 결과의 모호성은 급속하게 커졌다. 목록의 가장 위쪽에는 1883년에 이반 세르게예비치 투르게네프(Ivan Sergeevich Turgenev, 1818~1883년)가 드디어 2,000그램이라는 장벽을 돌파해서 퀴비에를 제쳤다. 그런데 표의 마지막 부분에 이르면 당황과 굴욕감이 만연해진다. 월트 휘트먼(Walt Whitman, 1819~1892년)은 1,282그램밖에 되지 않는 뇌로도 미국의 위대한 시인이라는 온갖 찬사를 받았다. 또한 골상학(뇌의 국부적 영역의 크기로 정신적 특징을 판정하는 독창적 '과학')의 창시자 프란츠 요제프 갈(Franz Joseph Gall, 1758~1828년)의 뇌는 겨우 1,198그램밖에 되지 않았다. 그 후 1924년에 아나톨 프랑스(Anatole France, 1844~1924년)의 뇌가 투르게네프의 2,012그램의 절반인 1,017그램에 불과하다는 사실이 밝혀졌다.

그렇지만 스피츠카는 결코 자신의 뜻을 굽히지 않았다. 그는 선험적인 선입견에 맞도록 자료를 세심히 선별해 한 사람의 뛰어난 백인 남성의 큰 뇌, 아프리카 부시먼 여성의 뇌, 그리고 한 마리의 고릴라의 뇌를 순서대로 늘어세웠다. (그는 흑인의 큰 뇌와 백인의 작은 뇌를 골라 간단히 순서를 뒤바꿀 수도 있었다.) 이번에도 스피츠카는 조르주 퀴비에의 망령을 다시 불러냈다. 스피츠카는 이렇게 결론지었다. "퀴비에나 윌리엄 메이크피스 새커리(William Makepeace Thackeray, 1811~1863년, 영국의 소설가 — 옮긴이)와 줄루족(남아메리카 공화국의 종족 — 옮긴이)이나 부시먼의 차이는 사람과 고릴라나 오랑우탄의 차이만큼 컸다."

이 정도로 극명한 인종 차별은 오늘날의 과학자들 사이에서는 찾아볼 수 없다. 또한 인종이나 남녀 등의 서열을 뇌의 평균 크기로 결정하려는 사람도 없을 것이다. 그럼에도 불구하고 지능의 물질적 기반에 대한 열광은 (마치 그것이 당연하기라도 한 듯) 오늘날까지도 그대로 남아 있어서, 크기나 다른 어떤 명백한 외면적 특징이 내면의 미묘한 특성을 반영할지도 모른다는 소박한 기대가 지금껏 유지되고 있다. 실제로 '큰 것이 좋은 것'이라는 조잡한 원칙, 다시 말해 미묘하고 파악하기 힘든 질적인 것을 평가하기 위해 쉽게 측정할 수 있는 양적인 기준을 사용하는 경향은 여전히 존재한다. 그리고 일부 사람들은 자동차의 가치를 결정하는 데 사용하는 방법을 지금도 여전히 뇌에까지 적용하기도 한다. 이 글은 아인슈타인의 뇌의 행방을 다룬 최근 기사에서 영감을 얻었다. 그렇다. 조사를 위해 적출된 아인슈타인의 뇌는 사후 25년이 지나서까지도 아직 그 결과가 공표되지 않았다. 남아 있는 일부는(다른 부분은 여러 명의 전문가들에게 맡겨졌다.) 캔자스 주 위치토에 있는 한 사무소에 '코스타 사이다(Costa Cider)'라는 상표가 붙은 종이 상자로 포장된 유리병에 보관되어 있다. 지금까지 아무런 내용도 공표되지 않은 까닭은 특이한 사실이 아무것도 발견되지 않았기 때문이다. "그의 뇌는 그가 살았던 시대의 남성으로서 지극히 평범한 범주에 속합니다."라고 그 유리병의 주인은 이야기한다.

방금 나는 퀴비에나 아나톨 프랑스가 저 세상에서 합창을 하듯 박장대소하는 소리를 들은 것도 같다. 그들 두 사람은 고국의 속담 "Plus ca change, plus c'est la même chose." 다시 말해 "세상은 변할수록 더 비슷해진다."를 몇 번이나 중얼대고 있지 않을까? 뇌의 물리 구조가 어떠한 식으로든 지능을 나타낸다는 것은 분명하다. 그러나 뇌 전체의 크기나 외형은 뇌 자체의 가치에 관해 어떤 이야기도 해 주지 않는다. 똑같은 재능을 가진 사람들이 목화 밭이나 환경이 열악한 공장에서 죽어 간 것을 알고 있기 때문에 나는 아인슈타인의 뇌의 무게나 대뇌 표면의 주름에 흥미를 갖지 않는다.

14장

여성의 뇌

조지 엘리엇(George Eliot, 1819~1880년)은 그녀의 작품 『미들 마치(*Middle March*)』 서문에서 재능 있는 여성들이 자신의 능력을 발휘하지 못하고 생애를 보내는 것을 한탄하며 이렇게 쓰고 있다.

그녀들이 어정거리며 기회를 놓치는 것은 절대자가 여자의 본성을 만들 때 취한 부적절한 모호함 때문이라고 생각하는 사람들도 있다. 여자의 무능함이 숫자를 3까지밖에 셀 수 없는 정도로 명백하지 않는 한, 여성이 차지하는 사회적 몫을 과학적인 확실성으로 논의해서는 안 될 것이다.

엘리엇은 여성의 능력에 선천적으로 한계가 있다는 사고 방식을 시종일관 공격했다. 그러나 1872년에 그녀가 이 글을 썼을 무렵, 유럽의 인체 측정학(anthropometry)의 지도적 인물들은 여성의 열등성을 '과학적으로 확실하게' 측정하기 위해 활발한 시도를 벌이고 있었다. 사람의 몸의 크기를 재는 인체 측정학은 오늘날에는 과학의 최첨단을 달리는 인기 분야가 아니지만, 19세기에는 오랫동안 인문학을 지배했고, 지능 검사가 인종, 계급, 남녀 등을 부당하게 비교하기 위한 중요한 수단으로 널리 행해지고 있었다. 머리뼈 측정, 즉 머리뼈의 여러 부분의 크기를 재는 학문은 가장 큰 주목과 경외를 받고 있었다. 이 영역에서 의문의 여지가 없는 일인자였던 폴 브로카는 파리 대학교 의학부의 외과학 교수로, 그의 주위에는 문하생과 아류들의 일파가 모여들었다. 너무도 정밀하고 누가 보더라도 논박의 여지가 없을 정도였던 그들의 연구는 큰 영향력을 행사했고 19세기 과학의 가장 소중한 보배로 높이 평가받았다.

브로카의 연구는 어떤 반론도 허용하지 않는 것처럼 보였다. 그가 용의주도하고 면밀한 주의력과 정밀성을 발휘해 측정을 계속했기 때문일까? (실제로 그는 그러했다. 브로카가 수립한 정밀하기 그지없는 처리 절차에는 나도 탄복하지 않을 수 없었다. 그가 제시한 숫자는 실로 확실한 것이다. 그러나 과학은 추론을 통한 실천이지 무수한 사실들로 이루어진 목록이 아니다. 따라서 숫자 그 자체는 전혀 중요하지 않으며, 여러분이 그 숫자를 이용해 무엇을 할 것인가가 더 중요하다.) 브로카는 자신을 객관성의 사도로, 즉 사실 앞에서는 머리를 굽히고 모든 미신이나 감상은 철저히 물리치는 사람으로 묘사했다. 그는 이렇게 단언했다. "인간 지식의 진보에 도움이 되지 않거나 진리 앞에 굴복하지 않는다면, 아무리 존경스러워도 신앙이 아니며 아무리 정당해도 관심사가 아니다." 브로카는 좋든 싫든 여자는 남자보다 작은 뇌를 갖고 있으며 따라서 지능에서 남자에게 비할 수 없다고 말했다. 또한 브로카는 그러한 사실이 남성 사회에서 일반적인 편견을 강화시킬 수도 있지만, 그 자체가 과학적 진리라고 주장한다. 브로카 문하생 중에서 가장 말썽꾼이었던 레옹스 피에르 마누브리에(Leonce Pierre Manouvrier, 1850~1927년)는 여성의 열등성을 받아들이지 않았다. 그는 브로카가 제시한 숫자들이 여성들에게 무거운 짐을 지웠다고 다음과 같이 열의 있게 쓰고 있다.

> 오늘날에 이르기까지 여성들은 각자의 재능과 면허장을 여실히 증명해 왔다. 그런데 그런 여성들의 재능이 콩도르세나 존 스튜어트 밀 등은 알지도 못했던 '숫자'들에 의해 거부되었다. 이러한 숫자들은 마치 커다란 망치처럼 불쌍한 여성들의 머리 위에 떨어져 내렸다. 그리고 그 숫자에는, 교회의 신부들이 여성을 멸시하며 보내는 최악의 저주보다 더 흉악스러운 논평이나 빈정거림이 뒤따랐다. 과거 신학자들은 여성에게 영혼이 있는지의 여부를 문제 삼았다. 그로부터 수세기가 지나자 여성의 인간적인 지능을 인정하지 않는 과학자들이 나타났다.

브로카는 두 가지 자료를 바탕으로 자신의 주장을 전개했다. 하나는 근대 사회에서 남자의 뇌가 여자보다 크다는 사실을 보여 주는 데이터이고, 다른 하나는 시대의 변천 과정에서 남자의 우월성이 높아졌다고 추정되는 자료이다. 그의 가장 광범위한 자료는 파리에 있는 네 군데의 병원에서 자신이 직접 수행한 시체 해부를 통해 얻은 것이었다. 그는 292명의 남자의 뇌를 측정한 결과 1,325그램이라는 평균 중량을 산출했고, 140명의 여자의 뇌에 대해서는 평균 1,144그램을 얻었다. 그러니까 181그램의 차이, 즉 남자의 뇌의 무게의 14퍼센트의 차이가 있었다. 물론 브로카는 이 차이가 부분적으로 남자의 신체가 여자보다 크다는 사실에서 연유한다는 것을 잘 알고 있었다. 그러나 그는 몸의 크기가 미치는 영향을 측정하기는커녕, 오히려 여자가 남자만큼 지적이지 않다는 것(사실 이것은 그 데이터가 검증한다고 추정되는 전제일 뿐, 근거로 삼을 수 있는 전제가 아니다.)은 선험적으로 알고 있는 사항이기 때문에 몸의 크기만으로 뇌의 무게 차이를 모두 설명할 수는 없다고 주장했다.

우리는 여성의 뇌가 작은 것이 전적으로 여성의 신체가 작기 때문인가 하는 물음을 제기할 수 있을 것이다. 프리드리히 티데만(Friedrich Tiedemann, 1781~1861년)은 이런 식의 설명을 제시했다. 그러나 우리는 여성이 평균적으로 남성보다 덜 지적이라는 사실을 잊어서는 안 되며, 이 차이는 과장되어서는 안 되지만 진실임에는 틀림없다. 따라서 우리는 여성의 뇌가 상대적으로 작다는 사실이 부분적으로는 체격의 열등함 때문이며, 부분적으로는 여성이 지적으로 열등하기 때문이라고 추정해도 좋을 것이다.

엘리엇이 『미들 마치』를 발간한 이듬해인 1873년, 브로카는 롬모르 동굴에서 발견된 선사 시대인의 머리뼈 용량을 측정했다. 그 결과 그는 현대인의 집단에서는 남녀 차이가 129.5~220.7세제곱센티미터인 데 비해 선사 시대인의 남성과 여성의 뇌 사이에는 99.5세제곱센티미터의 차이밖에 나지 않는다는 사실을 발견했다. 브로카의 수제자였던 폴 토피나르(Paul Topinard, 1830~1911년)는 시대가 흐르면서 남녀의 뇌 용량에 차이가 커진 것은 우월한 남성과 열등한 여성에게 각기 다른 진화적 압력이 가해진 결과라고 설명했다.

생존을 위해 두 사람 또는 그 이상의 사람들을 위해 목숨 걸고 싸우는 남자, 내일에 대한 모든 우려와 책임을 짊어지는 남자, 환경이나 다른 사람들과의 경쟁에서 항상 능동적인 남자는, 그가 보호하고 부양하는 여자, 정신적 부담 없이 아이들을 키우고 남성과 섹스를 하는 등의 수동적인 역할을 주된 임무로 삼으며 늘 앉아서 일하는 데 익숙해진 여자보다 더 큰 뇌를 필요로 한다.

1879년에 브로카 진영에서 여성 차별주의자의 기수였던 구스타브 르 봉(Gustave Le Bon, 1841~1931년)은 이러한 자료를 이용해 근대 과학 문헌 중에서 여성에 대해 가장 악질적인 공격이라고 일컬을 만한 내용의 글을 발표했다. (아리스토텔레스만큼 지독하지는 않다.) 나는 그의 관점이 브로카 일파를 대표하는 것이라고는 생각하지 않지만, 그 의견은 프랑스에서 가장 권위 있는 인류학 잡지에 실렸다. 르 봉은 이렇게 결론지었다.

파리 사람들처럼 가장 지적인 인종에서도 뇌의 크기가 가장 잘 발달한 남성의 뇌보다는 고릴라에 더 가까운 여성들이 많다. 이러한 열등성은 그 누구도 이의를 제기할 수 없을 정도로 명백하다. 따라서 우리가 논의할 수 있는 것은 열등성의 정도이지 열등하냐 아니냐의 문제가 아니다. 오늘날 시인들이나 작가들뿐만 아니라 여성의 지능을 연구하는 심리학자들까지도 모두 여성이 인류 진화의 가장 열등한 형태이며, 또한 그녀들이 (남성) 성인이나 (남성) 교양인보다는 아이들이나 야만인에 가깝다는 사실을 인정한다. 여자들은 변덕스러움, 일관성 부족, 사고와 논리의 결여, 추론 능력의 부재 등에서만 남성을 능가한다. 보통의 남성보다 훨씬 뛰어난 여성이 일부 존재한다는 것은 의심할 여지가 없는 사실이다. 그러나 그런 여성들은 아주 드물게 머리가 둘 달린 고릴라와 같은 괴물이 태어나는 것과 마찬가지로 지극히 예외적인 현상이다. 따라서 이러한 여성들을 완전히 무시하더라도 별반 지장이 없을 것이다.

나아가 르 봉은 자신의 견해가 가지는 사회적인 함의를 전혀 피하려고 하지 않았다. 그는 당시 미국의 진보 개혁자들이 여자에게도 남자와 똑같은 기준으로 고등 교육을 시켜야 한다고 주장하는 것에 노골적으로 불쾌감을 드러냈다.

> 여성에게 동등한 교육을 베풀어 그 결과로 여성들이 남성들과 같은 목표를 추구하도록 한다는 욕구는 위험하기 짝이 없는 망상이다. …… 여성들이 자연으로부터 받은 열등한 역할을 이해하지 못하고 가정을 떠나 남성들이 벌이고 있는 싸움에 가세하는 날, 그날이야말로 사회 혁명이 시작되는 날일 것이다. 그리고 가족이라는 신성한 연대를 유지하던 모든 것은 전부 사라져 버릴 것이다.

어디서 많이 듣던 말이 아닌가?*

나는 이러한 견해의 기반이 된 브로카의 자료를 조사해 보았고, 그 결과 그가 제시한 숫자는 정확하지만 그 해석에는 정당한 근거가 빠져 있음을 발견했다. 시대가 흐르면서 그 차이가 커진다는 주장을 뒷받침하는 자료들은 간단히 기각할 수 있다. 브로카의 주장은 롬모르 동굴에서 출토된 고작 7개의 남자 머리뼈와 6개의 여자 머리뼈를 기반으로 한 것이었다. 이렇듯 빈약한 자료를 기초로 그만큼 광범위한 결론을 도출한 경우는 다시 찾아보기 힘들 것이다.

1888년에 토피나르는 브로카가 파리 시내의 몇 군데 병원에서 수집한 보다 광범위한 자료를 공표했다. 브로카는 뇌의 크기와 함께 키와

---

* 내가 이 에세이를 쓸 무렵까지만 해도 나는 르 봉이라는 사람이 화려한 언변의 소유자이기는 하지만 학계에서는 주변부에 머문 인물일 것이라고 생각했다. 그러나 그 후 나는 그가 저명한 과학자로 사회 심리학의 시조 가운데 한 사람이며, 오늘날에도 자주 인용되는 군집 행동에 관한 획기적인 저작인 『군중 심리(*La Psychologie des Foules*)』(1895년)를 썼고, 무의식의 동기에 관한 연구로 유명한 학자라는 사실을 알았다.

연령을 기록해 놓았기 때문에, 우리는 현대의 통계학을 이용해 그것들(키와 연령)이 미치는 영향을 통제할 수 있다. 뇌의 무게는 노령화됨에 따라 감소한다. 그런데 브로카가 조사한 여성들은 평균적으로 남성들보다 훨씬 나이가 많았다. 또한 뇌의 무게는 키와 함께 증가한다. 그가 조사한 남성의 평균 신장은 여성의 그것보다 15센티미터 정도 컸다. 나는 뇌의 크기에 미치는 키와 연령의 영향을 동시에 평가하는 다중 회귀법(multiple regression)이라는 통계 기법을 이용했다. 이 기법으로 여성에 대한 데이터를 분석한 결과, 남성의 평균 신장과 평균 연령에 상응하는 여성의 뇌는 1,212그램이라는 사실이 밝혀졌다. 키와 연령에 대한 보정을 통해 브로카가 산출한 181그램이라는 차이가 113그램으로 3분의 1 이상 감소했다.

뇌의 크기에 상당한 영향을 미친다고 알려진 다른 요인들을 평가할 수 없었기 때문에, 나머지 차이가 어떻게 나온 것인지는 알지 못한다. 여기에는 사인(死因)도 큰 영향을 미친다. 흔히 퇴행성 질병은 뇌의 크기를 상당히 축소시킨다. (그 영향은 연령에 따른 감소와는 다른 것이다.) 역시 브로카의 자료를 연구했던 유진 슈라이더(Eugene Schreider)는 사고로 죽은 사람의 뇌는 전염병으로 죽은 사람의 뇌보다 평균 60그램가량 무겁다는 사실을 발견했다. 내가 미국의 병원에서 얻은 최신 자료에는 퇴행성 동맥경화증으로 인한 사망과 상해 또는 사고로 인한 사망 사이에 100그램에 달하는 차이가 기록되어 있다. 따라서 브로카가 해부한 시체들은 대부분 고령의 여자였으므로 남성들에 비해 만성 퇴행성 질환이 더 흔하게 일어났다고 추정할 수 있다.

그러나 그보다 더 중요한 것은, 뇌의 크기를 조사하는 오늘날의 연구자들이 몸의 크기가 미치는 강력한 영향을 없앨 만한 적절한 척도에 관해 아직까지 결론을 내리지 못하고 있다는 사실이다. 부분적으로는 키가 타당한 척도가 될 수 있지만, 같은 키의 남자와 여자라도 체격까지 같지는 않다. 몸무게는 키보다 더 적절하지 못하다. 몸무게 변이의 대부분은 선천적인 것이라기보다는 후천적인 영양 섭취의 정도를 반영하는 것으로, 살이 쪘느냐 여위었느냐 여부는 뇌의 크기에 거의 영향을 미치지 않기 때문이다. 1880년대에 이 주제를 연구하기 시작한 레옹스 피에르 마누브리에는 근육의 양과 세기가 그 척도로 사용되어야 한다고 주장했다. 그는 여러 방법을 동원해 이 파악하기 힘든 특성을 측정했다. 그 결과 같은 키의 남자와 여자 사이에서도 남자의 뇌가 더 큰 쪽으로 현저한 차이가 나타났지만, 그가 '성에 따른 크기(sexual mass)'라고 부른 값으로 보정한 결과 실제로는 여자 쪽이 뇌의 크기에서 약간 앞선다는 사실을 발견했다.

따라서 키와 연령을 고려해 산출한 113그램이라는 차이는 지나치게 큰 것이었다. 아마 실제 차이는 0에 가까울지도 모르며, 이것은 남자뿐만 아니라 여자에게도 유리할지 모른다. 그런데 113그램이라는 차이는 브로카의 자료에 나오는 키 160센티미터 남자의 뇌와 키 190센티미터 남자의 뇌 차이의 평균값이기도 하다. 우리는(특히 나처럼 키가 작은 사람들은) 높은 지능이 키가 큰 사람들의 전유물이라고 생각하고 싶지 않다. 어쨌든 브로카의 자료를 어떻게 처리해야 할지 누가 알겠는가? 그러나 그의 자료가 남자가 여자보다 큰 뇌를 가지고 있다는 단호한 주장을 허용하지 않는 것만은 확실하다.

브로카와 그의 학파가 사회에 미친 영향을 올바로 평가하기 위해서는, 여성의 뇌에 관한 그의 일련의 발언이 사회적으로 불리한 처지에 놓인 하나의 집단에 대한 단발적인 편견에서 나온 것이 아님에 주목해야 한다. 브로카의 발언은 실제로는 특정 시대의 사회적 차별에 불과한 것을 생물학적으로 이미 결정되어진 것인양 호도하는 보편론이라는 전체

맥락에서 판단할 필요가 있다. 여성, 흑인, 빈민 등의 여러 집단들이 똑같은 멸시를 받아 왔으며, 여성이 브로카의 당치 않은 주장의 희생물이 된 것은 당시 그가 여성의 뇌에 대한 데이터를 비교적 쉽게 얻을 수 있었기 때문이었을 뿐이다. 여성은 부당하게 모욕을 받아 왔지만, 여성 이외에 부당하게 권리를 빼앗겨 온 다른 집단들의 대변인 역할을 해 오기도 했다. 브로카의 제자 가운데 한 사람은 1881년에 이렇게 쓰고 있다. "흑인 남자는 백인 여자의 뇌보다 그리 무겁지 않은 뇌를 가지고 있다." 이러한 병치는 다른 많은 분야에 걸친 인류학상의 논의로 확장되었고, 특히 해부학적으로도 정서적으로도 여성과 흑인은 백인 아이들과 흡사하다는 여러 주장으로 이어졌다. 발생 반복설(recapitulation)에 따르면 백인 아이들은 인류 진화상에서 선조들의 (원시적인) 성인 단계를 나타낸다고 한다. 그런 의미에서 나는 여성들의 투쟁이 모두를 위한 것이라는 주장이 결코 공허한 수사(修辭)가 아니라고 생각한다.

마리아 몬테소리(Maria Montessori, 1870~1952년)는 자신의 활동을 아동의 교육에 국한시키지 않았다. 그녀는 로마 대학교에서 수년에 걸쳐 인류학 강의를 계속했고 『교육 인류학(*Antropologia Pedagogica*)』(1910년, 영어판은 1913년에 발간되었다.)이라는 중요한 저서를 집필하기도 했다. 몬테소리는 평등주의자는 아니었다. 그녀는 브로카의 연구를 거의 모두 지지했고, 같은 나라 사람인 체사레 롬브로소(Cesare Lombroso, 1835~1909년)가 제창한 선천적 범죄성(innate criminality) 학설에도 찬성했다. 그녀는 자신의 학교에서 아동의 머리 둘레를 측정해 가장 유망한 아이는 큰 뇌를 가지고 있다는 결론에 도달했다. 그러나 그녀는 여성에 관한 브로카의 여러 가지 결론을 받아들이지 않았다. 그녀는 마누브리에의 연구를 자세히 검토했고, 그것을 통해 자료를 적절히 보정하면 여자가 남자보다 조금 큰 뇌를 가진 셈이 된다는 그의 시험적인 주장을 중시했다. 그녀는 지능 면에서는 여성이 앞서고, 체력 면에서는 남자가 앞서 왔다고 결론지었다. 또한 과학 기술이 권력의 수단으로서의 육체적 힘을 무가치한 것으로 만들었기 때문에, 곧 여자의 시대가 도래하리라고 말했다. "이러한 시대에는 진정으로 뛰어난 인간이 존재할 것이다. 윤리적, 정서적으로 강력한 사람들이 실제로 나타날 것이다. 아마도 이런 과정에서 여성의 인류학적 우월성에 관한 수수께끼가 풀릴 것이며, 따라서 여성 지배의 시대가 곧 다가올 것이다. 역사상 여성은 항상 인간의 정서와 도덕과 명예의 관리자 역할을 해 왔다."

이것은 인간의 특정 집단들의 열등성을 논하는 '과학적' 주장에 대한 해독제가 될 수도 있을 것이다. 어떤 사람은 한편으로는 생물학적 구별의 정당성을 인정하면서도, 다른 한편으로는 그 자료는 남자들의 이해 관계에 따라 곡해된 것이고 실제로는 불리한 입장에 있는 집단이 훨씬 더 우월하다고 주장하기도 할 것이다. 최근에 일레인 모건(Elaine Morgan, 1920~2013년)은 『여성의 유래(*Descent of Woman*)』라는 저서에서 이러한 전략을 따르고 있다. 이 책은 여성의 입장에서 인간의 선사 시대를 사변적으로 재구성한, 그리고 남자가 남자를 위해 쓴 더 유명한 이야기들만큼이나 형편없는 것이다.

그러나 나는 다른 전략을 더 선호한다. 몬테소리나 모건은 브로카의 신조에 동조해 그것보다 더 강한 결론에 도달했다. 그것에 비해 나는 인간의 특정 집단을 생물학적으로 평가하려는 모든 시도에 '터무니없는 중상 모략'이라는 이름표를 달아 주고 싶다. 조지 엘리엇은 불리한 처지에 놓인 여러 집단의 구성원들에게 생물학적 딱지 붙이기가 가지는 특수한 비극이 무엇인지 잘 알고 있었다. 그녀는 자신과 같은 사람들, 즉 비범한 재능을 가진 여성들을 위해 자신의 생각을 말로 표현한 것이다. 나는 자신들의 꿈이 세상에서 조롱당하는 사람들뿐만 아니라, 자신이 꿈꿀 수 있다는 사실조차 깨닫지 못하는 수많은 사람들을 위해 그녀의 주장을 더 널리 알리고자 한다. 그러나 내 글재주로는 아무리 노력해도 그녀의 뛰어난 산문시를 따라갈 수 없어, 『미들 마치』의 엘리엇의 서문을 옮겨 놓는 것으로 결론을 대신하고자 한다.

사람들의 다양성의 범위는 부인들의 머리 모양이나, 산문이나 운문으로 쓴 사랑 이야기에서 상상할 수 있는 것보다 훨씬 폭넓다. 갈색 연못 여기저기에서 백조 새끼들이 집오리 새끼들에 섞여 불안스럽게 자라고 있다. 백조 새끼들을 노 모양의 발을 가진 자신의 동족들과 교제하느라 활기 찬 강물 찾기를 포기하고 고여 썩어 가는 연못에 안주하고 만다. 여기저기에서 무(無)로부터 출발한 여성 창시자 성(聖) 테레사가 태어난다. 그녀의 사랑의 심장 고동과 성취되지 않은 미덕을 구하는 흐느낌이 울려 퍼지지만, 그 울려 퍼짐은 인내심 깊게 식별할 수 있는 업적을 찾으려는 집중 대신 장애물들에 막혀 흩어지고 만다.

15장

다운 증후군

생명체에서 생식 세포가 만들어질 때, 쌍을 이룬 염색체가 분열되는 현상을 '감수 분열'이라고 부른다. 이것은 생명계에서 일어나는 가장 훌륭한 공학 중에서도 가장 위대한 성공작이라고 말할 수 있다. 유성 생식은 난자와 정자가 각각 보통의 체세포가 가지는 유전 정보의 정확히 절반을 가지고 있을 때에만 성립한다. 수정으로 2쌍의 절반의 염색체가 합쳐져서 전체 유전 정보가 복구되고, 두 개체의 부모로부터 온 유전자가 자식에게서 혼합되는 현상 그 자체가 다윈적 과정의 필수 조건인 변이성의 기초를 이룬다. 이처럼 염색체 수가 절반이 되는 것은, 모든 염색체가 쌍을 이루어 각 쌍의 한쪽이 양측으로 끌려가서 양쪽의 생식 세포로 이동하는 감수 분열이 일어날 때 발생한다. 어떤 양치류 식물의 체세포는 600쌍 이상의 염색체를 가지고 있는데, 감수 분열을 통해 600쌍이 거의 오류 없이 확실히 이분된다는 사실을 알면 감수 분열의 정확성에 감탄할 수밖에 없다.

그러나 생물 기계에 전혀 오류가 없는 것은 아니다. 종종 분열의 오류가 발생한다. 드물게는 이러한 오류가 생물을 새로운 진화 방향으로 이끄는 전조가 되기도 한다. 그러나 대부분 이러한 오류는 결함을 가진 정자나 난자로부터 생긴 개체에 불행을 가져온다. 감수 분열의 잘못으로 가장 흔히 나타나는 문제점은 상동 염색체가 분리되는 기회를 놓치는 경우로 흔히 불분리(non-disjunction)라고 불린다. 불분리가 일어나면 한 쌍이 모두 어느 한쪽 생식 세포 속으로 들어가고 따라서 다른 쪽은 염색체가 1개 모자라게 된다. 불분리로 인해 하나의 과잉 염색체를 가지는 생식 세포와 정상 생식 세포가 결합해서 태어나는 아이는 모든 체세포에 염색체를 정상으로 2개씩 가지는 것이 아니라 같은 염색체를 3개씩 가지게 된다. 이러한 이상을 트리소미(trisomy, 3염색체성, 2배체의 체세포의 염색체수가 $2n+1$이 되는 현상 — 옮긴이)라고 한다.

인간의 경우에는 21번 염색체가 가장 높은 빈도로 불분리를 일으키는데, 그것으로 인한 영향은 비극에 가까울 만큼 비참하다. 신생아 600명 중 1명, 또는 1,000명 중 1명꼴로 여분의 21번 염색체를 가지며, 이 상태는 전문 용어로 '트리소미 21'이라고 한다. 이 불운한 아이들은 경증 또는 중증의 정신 지체를 겪고 단명으로 삶을 마감하는 경우가 많다. 또한 그 아이들은 폭이 넓고 길이가 짧은 손, 높고 좁은 입천장, 둥근 안면과 넓은 이마, 작고 콧부리가 평평한 코, 두껍고 도랑이 진 혀와 같은 뚜렷한 특징을 가지고 있다. 트리소미 21은 그 출산이 초산이었던 모친의 연령이 높을수록 자주 나타난다. 트리소미 21이 일어나는 원인이 무엇인지는 거의 알려지지 않았다. 사실 그 이상이 염색체에 기인한다는 사실도 1959년에야 겨우 발견되었을 정도이다. 이 질병이 왜 그토록 빈번하게 일어나는지, 다른 염색체들이 비슷한 빈도로 불분리를 일으키지 않는 까닭은 무엇인지는 아직 아무도 모른다. 또한 여분의 21번째 염색체가 트리소미 21과 관련된, 매우 특수한 일련의 형태적 이상을 일으키는 이유에 대해서도 단 하나의 단서도 찾아내지 못한 형편이다. 그러나 최소한 태아 세포의 염색체 수를 세는 방법으로 '태내에 있는 동안' 이상 여부를 알 수 있기 때문에 이른 시기에 태아를 중절할지의 여부를 부모가 선택할 수 있다.

어쩌면 여러분은 지금까지 여러 차례 이런 이야기를 들은 적이 있을 것이다. 그리고 무언가 한 가지 빠진 이야기가 있다는 생각을 하고 있을지도 모른다. 실제로 나는 한 가지 이야기를 빠뜨렸다. 트리소미 21은 대개 몽고 백치, 몽고증, 다운 증후군 등의 이름으로 불려 왔다. 다운 증후군을 가진 아이들을 본 사람들은 많으며, 그 상태가 왜 몽고증이라고 불리는지 이상하게 생각하는 사람이 나뿐만은 아닐 것이다. 다운 증후군을 앓는 아이들은 어렵지 않게 식별할 수 있다. 그러나 (앞에서 열거했던) 그들의 외모의 특징이 아시아 인 특유의 것이라는 생각을 불러일으키지는 않는다. 물론 일부는 작기는 하지만 분명히 식별할 수 있는 동양인의 눈의 특징인 몽고 주름(epicanthic fold, 눈꼬리와 눈구석에서 윗눈꺼풀이 아랫 눈꺼풀과 겹쳐진 부분 — 옮긴이)을 가지고 있으며, 피부가 약간 노란색을 띠는 경우도 있다. 1866년 존 랭던 헤이든 다운(John Langdon Haydon Down, 1828~1896년) 박사가 이 증후군을 처음 기술할 때, 이처럼 분명하지 않고 일정하게 나타나지 않는 특성들 때문에 그 환자들을 아시아 인과 비교한 것이다. 그러나 다운이 이러한 이름을 붙이게 된 배경에는 예외적이고 오도되고 표면적인 몇 가지 유사점보다 더 많은 내용이 숨어 있다. 여기에는 과학적인 인종 차별의 역사에 얽힌 흥미로운 이야기들이 담겨 있다.

다운 박사에게 몽고증이나 백치 같은 말은, 전문적인 의미로, 단선적 사다리 위에 여러 인간 유형을 등급 매기는 당시 만연했던 문화적 편견에 그 뿌리를 두고 있다. 그러나 이 용어를 사용하는 사람들 중에서 그런 사실을 아는 사람은 거의 없다. 또한 그 용어에는 사다리 위에 사람들을 등급 매기는 집단이 항상 자신이 속한 집단을 사다리의 정상에 놓으려는 편견이 배어 있다. 그리고 이런 편견은 아직까지도 사라지지 않고 있다. 과거에 백치라는 말은 3단계로 이루어진 정신적 결함의 분류 체계 중에서 가장 낮은 등급을 가리키는 것이었다. 백치는 말을 배울 수 없는 정도이고, 그것보다 한 단계 위인 치우(痴愚)는 말은 할 수 있지만 글은 쓰지 못한다. 세 번째 수준은 가벼운 '정신 박약'인데, 이 단계에 대해서는 용어상 상당한 논쟁이 있었다. 미국에서 대부분의 임상의들은 바보를 의미하는 그리스 어에서 따온 '노둔자(魯鈍者, moron)'라는, 헨리 허버트 고다드(Henry Herbert Goddard, 1866~1957년)의 용어를 사용했다. 그런데 노둔자라는 말은 은유적인 측면에서 우둔한 사람을 놀리던 옛날의 지독한 농담과 매우 비슷한 의미의 단어였지만, 옛날부터 사용된 통칭이 아니라 금세기에 들어서 생겨난 전문 용어였다. 지능 검사로 경직된 유전학적 해석을 처음 시도했던 세 사람 가운데 한 명이었던 고다드는 정신적 가치에 대한 자신의 단선적인 분류가 노둔자를 분류하는 수준을 넘어 종족이나 국적에 대한 천성적인 등급까지 매길 수 있다고 믿었다. 즉 남부나 동부 유럽에서 온 이민자를 최하위에 놓고(평균적으로 노둔자의 수준으로 분류된다.), 유서 깊은 미국의 백인 신교도(WASP)를 최상위에 놓는 식이었다. (고다드는 뉴욕 항의 엘리스 섬(뉴욕 만에 있는 작은 섬으로 당시 이민 검역소가 있었다. — 옮긴이)에 도착한 이민자들에게 지능 검사를 실시했다. 그 결과 그는 이민자의 80퍼센트 이상을 정신 박약으로 판정했고, 그들을 유럽으로 돌려 보내야 한다고 주장했다.)

1866년에 다운 박사가 「백치들의 민족적 분류에 관한 고찰(Observations

on an ethnic classification of idiots)」이라는 논문을 《런던 호스피털 리포트(*London Hospital Reports*)》에 발표했을 당시 그는 엘즈우드 정신 박약아 보호원의 의료 책임자를 맡고 있었다. 겨우 3쪽에 불과한 그 논문에서 다운은 백인종의 '백치'를 기술했는데, 이것은 그에게 아프리카 인, 말레이 인, 아메리카 원주민 그리고 그밖의 동양 민족들을 연상하게 했다. 이 공상적인 비교 중에서, "몽고인 유형 주위에 위치하는 백치들"만이 전문 호칭으로 문헌에 남아 있는 것이다.

예비 지식을 갖지 않은 채 다운의 논문을 읽으면, 그 속에 깊이 뿌리 내리고 있는 중대한 목적성을 제대로 파악하지 못할 수 있다. 내가 보기에 그것은 편견을 가진 한 남자가 제시하는 단편적이고 지극히 표면적이며 거의 변덕스럽다고까지 할 수 있는 비유임에 분명하다. 그의 시대에 그것은 당시 최고의 생물학적 이론(그리고 뿌리 깊은 인종 차별)에 기반해서 정신 결함에 대한 보편적, 인과론적인 분류 방식을 수립하려는 하나의 열성적인 시도에 불과하다. 다운 박사는 인과 관계가 없는 기묘한 몇 가지 유사점을 식별하는 것 이상으로 큰 모험을 한 셈이다. 정신 결함을 분류하기 위한 당시까지의 시도에 대해 다운은 이렇게 불만을 토로하고 있다.

> 선천적인 정신 장애에 조금이라도 관심을 가진 사람이라면 아마도 관찰의 대상이 된 여러 결함을 어떻게 배열할 것인가 하는 문제를 두고 자주 혼란에 빠질 것이다. 그 환자에 대한 기록에 의존한다고 해서 어려움이 줄어들지는 않을 것이다. 분류 체계는 거의 대부분 애매하고 인위적이기 때문에, 여러 현상을 관념적으로 구별하는 데 거의 도움이 되지 않을 뿐만 아니라, 개개의 환자에 대해 실제적인 영향을 행사하는 데에도 완전히 실패하고 있다.

다운이 살던 시대에는 발생 반복설이 생물계를 고등한 형태에서 하등한 형태에 이르기까지 순서지우는 최고의 지침서 역할을 했다. (오늘날 이 반복설과 그것이 조장한 분류의 '사다리식 접근 방식'은 모두 소멸했다. 물론 그것들은 당연히 사라져야 할 이론들이었다. 여기에 대해서는 졸저 『개체 발생과 계통 발생(*Ontogeny and Phylogeny*)』(1977년)을 참조하라.) 발생 반복설은 한마디로 '개체 발생은 계통 발생을 반복한다.'라고 요약할 수 있으며, 고등 동물은 배아의 발생 과정에서 그보다 하등한 선조 동물의 성체의 형태를 암시하는 일련의 발육 단계를 순서대로 거친다는 관점이다. 예를 들어 인간의 배아에는 맨 처음에는 물고기처럼 아가미틈(gil slit)이 나타나고, 그 후 파충류처럼 3개의 심실로 분리된 심장이 발생하며, 그런 다음에는 포유류의 꼬리가 나타난다. 이 반복설은 백인 과학자들의 뿌리 깊은 인종 차별주의 때문에 빈번히 관심의 대상이 되었다. '하등한' 인종의 성인의 정상 행동과 비교하기 위해서, 자신의 아이들(백인 아이들)의 행동에 주목한 사람도 있었다.

반복설 지지자들은 장 루이 로돌프 아가시(Jean Louis Rodolphe Agassiz, 1807~1873년)가 고생물학, 비교 해부학, 그리고 발생학의 '3중 병행(threefold parallelism)'이라고 부른 것을 확인하려고 했다. 이때 3중 병행이란 화석 기록으로 나타나는 실제 선조, 그 원시적인 형태를 대표하는 현존 동물, 그리고 고등 동물의 성장 과정에서 배아와 초기의 여러 단계를 말한다. 인간을 연구하는 사람들의 인종 차별적인 전통 속에서 3중 병행이란, (아직 발견되지 않은) 화석 형태의 선조, '야만인' 또는 하등한 인종의 성인, 그리고 백인의 아이들을 의미했다.

그러나 상당수의 발생 반복설 지지자들은 거기에 네 번째 병행 요소(우월한 인종에서 나타나는 특정 종류의 비정상적인 성인)를 추가할 것을 주장했다. 그들은 형태와 행동의 여러 이상이 '격세 유전(throwback)' 또는 '발생 억제(arrests of development)' 때문이라고 생각했다. 격세 유전은 진화가 진전된 어떤 계통에서 과거에 사라졌던 선조의 특징이 자연 발생적으로 다시 나타나 성인이 된 후에도 계속 유지되는 것이다. 예를 들어 '범죄 인류학(criminal anthropology)'의 창시자인 체사레 롬브로소는, 범죄자의 상당수는 야수적인 과거가 되살아나 생물학적 충동에 이끌려 행동하는 것이라고 생각했다. 나아가 그는 뒤로 들어간 이마, 앞으로 돌출한 턱, 긴 팔 등의 원숭이적 형태의 '징후'로 '선천성 범죄자'를 식별하려고 시도하기도 했다.

다른 한편 발생 억제는 태아기에는 정상 특성으로 나타나지만, 발육과 함께 변형되거나 더 진전되거나 복잡화되어야 할 신체의 여러 특성이 성체의 특성으로 변칙적으로 나타나는 것을 가리킨다. 반복설에서는 이러한 태생기의 정상 특성이 그것보다 원시적인 동물의 성숙기 상태로 간주된다. 예를 들어 백인종의 태아에게 발생 억제가 일어나면, 그 사람은 인간 생명의 보다 낮은 단계로 태어나는 것이며, 보다 하등한 인종의 특징적인 형태로 되돌아간다는 것이다. 이제 우리는 화석 인류, 하등한 인종의 정상 성인, 백인의 아이들, 그리고 격세 유전 또는 발생 억제를 일으킨 불운한 백인 성인이라는 4중 병행을 갖게 되었다. 다운 박사의 머릿속에 잘못된 통찰의 섬광이 일어난 것은 바로 이러한 맥락에서였다. 즉 백인종의 일부 백치에서 나타나는 정신 결함은 하등 인종의 성인에서는 정상으로 간주되는 특성이나 능력에 해당한다는 것이다.

따라서 약 20년 후에 롬브로소가 범죄자들에게서 원숭이적 형태의 특징을 찾기 위해서 그들의 몸을 측정한 것과 마찬가지로, 다운 박사도 하등 인종의 여러 특징을 자세히 조사했다. 찾으라, 충분한 선입견과 확신만 있다면 그리 어렵지 않게 발견할 수 있을 것이다! 다운은 완연히 흥분한 어조로 자신의 연구 성과를 이렇게 기술하고 있다. 그는 정신적 결함의 자연적, 인과론적 분류 방법을 확립한 것이다. (아니 적어도 그렇게 생각했다.) 그는 이렇게 쓰고 있다. "나는 얼마 동안 정신 박약자를 여러 인종적인 표준에 따라 배열하는 방법으로 분류해서 자연적이고 인과적 체계를 수립할 수 있다는 데에 주목했다." 결함이 심하면 심할수록 발생 억제는 심각하고, 또한 그에 대응하는 인종의 등급도 낮다.

그는 "몇 가지 확실한 에티오피아 변종의 사례"를 발견했고, 그들의 "돌출한 눈" "두꺼운 입술" 그리고 "반드시 검은색은 아니지만 …… 양털처럼 말린 머리카락" 등의 특성을 기술했다. 그리고 그들은 "유럽인의 후손이기는 하지만, 흰 흑인의 표본"이라고 쓰고 있다. 그런 다음 "말레이시아 인 변종 부근에 배열되는" 그밖의 백치들을 기술하고, "짧은 이마, 돌출한 볼, 움푹 팬 눈, 그리고 다소 원숭이와 비슷한 코를 가진" 그밖의 백치들은 "원래 아메리캉 대륙에 거주했던" 종족을 나타내는 것이라고 말한다.

결국 그는 여러 인종의 사다리를 밟고 올라 마침내 백인종의 바로 아래 계단, 즉 "위대한 몽고족"에까지 도달했다. 그리고 그는 이렇게 계속한다. "엄청난 수의 선천적 백치가 전형적인 몽고인이다. 이것은 너무도 명백한 사실이어서, 그 표본을 모두 비교해 보면 각각 다른 부모의 아이들이라고 믿기 어려울 정도이다." 그 후 다운은 오늘날 트리소미 21, 또는 다운 증후군이라고 불리는 질병에 걸린 한 소년에 대해 기술하고 있다. 그 기술 자체는 매우 정확한 것이었지만, 아시아 인의 특징("약간 칙칙한 노란색"을 띤 피부 이외에)은 거의 지적하지 않았다.

다운의 기술은 아시아의 여러 민족과 '몽고 백치'의 외견상 유사점을 가정하는 데 그치지 않았다. 그밖에 그는 이 증상을 나타내는 아이들의 행동에도 관심을 가졌다. "그들은 익살꾼 연기자라고 불러도 좋을 만큼 뛰어난 모방력을 가지고 있다." 이러한 문장에 숨겨진 의미를 파악하기 위해서는 19세기의 인종 차별에 관한 문헌에 어느 정도 익숙해질 필요가 있다. 아시아 문화의 심오한 깊이나 정교함은 백인 인종 차별주의자에게는 몹시 곤혹스러운 것이었음이 명백하다. 특히 중국 사회는 유럽 문화가 아직 미개한 상태에 머물러 있을 무렵에 이미 고도로 세련된 상태에 도달해 있었기 때문이다. (벤저민 디즈레일리(Benjamin Disraeli, 1804~1881년, 영국 수상을 지낸 유대계 영국인 — 옮긴이)가 반유대적인 조롱에 응수했다. "그렇소. 저는 유대계입니다. 그리고 매우 훌륭한 신사인 여러분의 선조가 잔인한 야만인이었을 무렵 …… 저의 선조는 솔로몬의 성전에서 시중들던 승려였습니다.") 백인종은 이 풀기 힘든 딜레마를 해결하기 위해 아시아 인의 지적인 힘은 인정하지만 그 능력은 혁신적인 천재의 능력이라기보다는 남의 것을 잘 흉내 내는 능력에 불과하다는 식의 설명을 붙인 것이다.

다운은 발생 억제(그는 그 원인이 부모가 결핵에 걸렸기 때문이라고 생각했다.)가 트리소미 21의 원인이라는 말로 이 장애를 일으킨 아이들에 대한 기술을 끝맺었다. "그 소년의 용모는 유럽 인의 아이라고는 생각되지 않을 정도였다. 그러나 이러한 여러 가지 특징은 너무도 빈번하게 나타나서, 이러한 인종적 특색이 퇴화의 결과라는 데에는 의심의 여지가 없어 보인다."

당시 기준으로 다운의 입장은 인종론 중에서 '자유주의자'에 해당하는 것이었다. 그는 세계의 모든 인종이 같은 선조에서 나왔으며, 각각의 지위에 따른 등급을 매겨 단일한 가계로 통합시킬 수 있다고 주장했다. 그는 하등 인종이 전혀 다른 창조의 결과이기 때문에 백인으로 '진보'하는 일은 도저히 불가능하다는 다른 학자들의 주장과 맞서 싸우기 위해서 자신의 인종적 백치 분류법을 사용한 것이다. 그는 이렇게 쓰고 있다.

> 이러한 인종의 구획이 명확하고 고정된 것이라면, 질병이 그 벽을 허물고 다른 구획에 속하는 성원의 특징을 비슷하게 흉내 낼 수 있는 까닭은 무엇인

가? 지금까지 내가 기록한 관찰은 인종 사이의 차이는 고유한 것이 아니라 가변적임을 말해 준다고 생각하지 않을 수 없다. 인류에게 일어난 퇴화 현상을 나타내는 이러한 실례는, 인간이라는 종의 일체성을 뒷받침하는 몇 가지 논거를 제공해 주는 것으로 보인다.

정신적 결함에 관한 다운의 주장은 어느 정도 학자들의 주목을 끌었지만 이 분야를 지배하지는 못했다. 그러나 몽고 백치(때로는 몽고증이라는 좀 더 부드러운 표현으로 불리기도 한다.)라는 명칭은 의사들이 다운이 그 말을 만든 이유가 거의 잊혀진 뒤까지 오랫동안 남았다. 다운의 친아들은 아시아 인의 지위가 낮다는 것을 인정하고 정신적 결함을 진화적인 격세 유전과 결부시키는 일반론을 지지했지만, 부친이 아시아 인과 트리소미 21을 일으킨 아이들을 비교한 것은 받아들이지 않았다.

얼핏 보기에 몽고 인종의 특징과 체형을 연상시키는 여러 가지 특성은 실제로는 이 인종이 가지고 있지 않은 그밖의 여러 가지 특징과 언제나 결부되어 있다. 따라서 그러한 사실은 지극히 우연적이고 외면적인 것으로 생각된다. 만약 이것이 격세 유전의 일례라면, 그것은 일부 민족학자들이 그밖의 모든 인종의 기원이라고 생각하는 몽고 인종의 계통보다 훨씬 이전의 선조로 되돌아가는 격세 유전이 되어야 할 것이다.

의학자들이 트리소미 21을 아시아 인뿐만 아니라 다운의 분류에 따라 아시아 인보다 하등한 인종에서까지 찾아내려고 애쓰고 있을 때, 다운의 트리소미 21에 대한 이론은 다운의 그다지 효력 없는 인종 차별 체계에서조차 기반을 잃었다. (어느 의사는 "몽고 인종의 몽고증 환자"라고 표현했지만, 이러한 어색한 변명은 거의 지지를 얻지 못했다.) 이 증상이 좀 더 고등한 인종의 정상 상태를 나타내는 것이라면, 이것은 퇴화로 인해서 일어난 것일 리가 없기 때문이다. 오늘날 우리는 인간의 21번째 염색체에 상응한다고 생각되는 여분의 염색체를 가지는 침팬지에서도 그와 유사한 특징이 나타난다는 사실을 알고 있다.

다운의 이론이 틀렸음이 입증되었다면, 그가 사용했던 명칭은 어떻게 되는 것일까? 수년 전에 피터 메더워 경과 아시아 과학자 팀이 '몽고 백치'와 '몽고증'이라는 명칭 대신 '다운 증후군(Down's syndrome)'이라는 표현을 사용하도록 영국의 몇몇 출판사를 설득한 적이 있었다. 미국에서도 이런 움직임이 있었던 것 같지만 아직도 몽고증이라는 말이 일반적으로 사용되고 있다. 다운 증후군이라는 표현을 사용하자는 움직임에 반대하는 사람들 중에는, 명칭을 바꾸려는 노력은 자신이 속하지 않은 영역에 사회적인 이해 관계를 끌어들여 지금까지 널리 사용되어 온 용어 체계를 혼란시키는 경박한 자유주의자의 잘못된 시도에 지나지 않는다고 투덜거리는 사람들도 있을 것이다. 실제로 나도 이미 확정된 용어가 변덕스럽게 바뀌는 것은 좋지 않다고 생각한다. 나는 바흐의 「마태 수난곡(St. Matthew Passion)」을 합창할 때마다 극도의 불쾌감을 느낀다. 그리고 격노한 유대인 군중의 한 사람으로서 몇 세기에 걸쳐 반유대주의를 '공식적으로' 정당화한 다음과 같은 구절을 큰 소리로 외친다. "Sein Blut komme uber uns und unsre Kinder(그의 피는 우리와 우리의 후손에까지 흘러내리는도다.)." 그러나 이 일절에서 언급되는 그가 어느 다른 문맥에서 말한 것처럼 나는 바흐의 원문을 '일점 일획'도 바꿀 생각이 없다.

그러나 과학상의 명칭은 불후의 문학 작품과는 다르다. '몽고 백치'는 단지 중상모략에 그치지 않는다. 그것은 모든 면에서 잘못된 명칭이다. 더 이상 우리는 정신적 결함을 단선적인 순서로 분류하지 않는다. 다운 증후군을 가지는 아이들은 아시아 인과 별로 닮지 않았다. 그리고 가장 중요한 것은 그 명칭이 인종적인 격세 유전이 정신적 결함의 원인이라는 이미 잘못된 것으로 판명된 다운의 이론의 맥락 속에서만 의미가 있다는 사실이다. 그 선량한 의사에게 경의를 표해야 한다면, 트리소미 21을 '다운 증후군'이라고 불러 그의 이름을 기리기로 하자.

16장

빅토리아 시대의 숨은 결함

빅토리아 시대 사람들은 장황하기는 하지만 상당히 장대한 소설들을 남겼다. 동시에 지루하고 부정확한 묘사로 타의 추종을 불허하는 하나의 문학 장르를 만들어, 얼핏 보기에는 자발적으로 받아들인 것처럼 보이지만, 세상을 속여넘기는 데 성공했다. 걸출한 인물들의 '생애와 서간집'이라고 불리는 장르가 바로 그것이다. 보통 여러 권으로 이루어진 이 문학 작품들은 대개 슬픔에 젖은 미망인이나 효성이 지극한 아들딸이 쓴 소박하고 객관적 기술인양 치장하는 장황한 찬사로 시작되고, 마치 고인이 남긴 말이나 업적을 그대로 기록한 것처럼 가장한다. 이런 저작을 액면 그대로 받아들인다면, 우리는 걸출한 빅토리아 시대 사람들이 실제로 자신들이 받아들인 도덕적 가치관에 따라 살았다고 믿게 될 것이다. 그것은 리턴 스트레이치(Lytton Strachey, 1880~1932년)의 『빅토리아 시대의 뛰어난 사람들(*Eminent Victonans*)』이 이미 50년 이상 전에 묻어 버린 꿈 같은 주제를 다시 끄집어 내 믿어야 하는 것과 마찬가지이다.

유명한 보스턴 시민이었고 래드클리프 대학의 창설자이자 초대 학장을 지냈으며 미국 제일의 자연학자였던 이의 헌신적인 아내였던 엘리자벳 캐리 아가시(Elizabeth Cary Agassiz, 1822~1907년)는 이러한 책의 저자에게 요구되는 자격을 (남편이 먼저 세상을 떠났다는 사실을 포함해서) 빠짐없이 갖추고 있었다. 그녀의 작품 『루이 아가시의 생애와 서간(*Life and Correspondence of Louis Agassiz*)』은 매력적이었고 논쟁을 좋아했지만 결코 성실했다고는 말할 수 없는 한 남자를, 정치적 수완과 식견을 고루 갖춘 자제심 강하고 청렴결백한 모범적 인간으로 만들었다.

나는 지금 루이 아가시가 1859년에 세운 하버드 대학교 비교 동물학 박물관의 본동(本棟)에서 이 에세이를 쓰고 있다. 위대한 퀴비에의 수제자로 화석 어류의 세계적 연구자였던 아가시는 미국에서 지내기 위해 1840년대 말에 자신이 태어난 스위스를 떠났다. 그는 유명한 유럽 인이자 매력 있는 인품의 소유자였기 때문에 보스턴에서 찰스턴에 이르는 사교계와 지식인 사회에서 대단한 환영을 받았다. 그리고 1873년에 죽을 때까지 계속 미국 자연학 연구의 선두에 서 있었다.

나는 루이의 공식 발언이 언제나 예의바름의 본보기였고, 그의 사적인 편지는 그 열광적인 인품에 어울렸으리라고 기대했다. 그러나 표면적으로는 루이의 편지를 충실히 공개한 것처럼 보이는 엘리자벳의 책은, 끊임없는 에너지의 원천이며 항상 논쟁의 초점이 되어 온 이 인물을 신중하고 고상한 신사로 감쪽같이 바꿔 버리고 말았다.

최근 루이 아가시의 인종관을 조사하던 중에 나는 에드워드 루리(Edward Lurie, 1927~2008년)의 전기(『루이 아가시, 과학자의 생애(*Louis Agassiz : A Life in*

Science)』라는 책)에 나와 있는 이야기에서 몇 가지 착상을 얻어 엘리자벳이 정리했다는 편지와 루이가 쓴 원래 편지 사이에 재미있는 불일치가 나타난다는 사실을 발견했다. 이어 나는 엘리자벳이 원문을 부분적으로 삭제했으며, 자신이 내용을 삭제했음을 밝히는 생략 부호(이를테면 점으로 된 말줄임표)도 표기하지 않았다는 사실을 발견했다. 그런데 다행스럽게도 하버드 대학교에는 원본 편지가 보존되어 있었다. 따라서 약간의 수고를 들여 직접 탐색한 결과 흥미로운 자료를 직접 볼 수 있었다.

남북 전쟁이 일어나기 전까지 약 10년 동안 아가시는 흑인과 아메리카 원주민의 지위에 관해 강경한 입장을 표명했다. 북군 쪽으로 귀화했기에 그는 노예 제도를 용납하지 않았다. 그러나 다른 한편 상류 사회를 구성하던 백인종의 일원이기도 했던 그는 노예제에 대한 부정과 인종 평등 개념을 한데 결부시키는 것을 단호하게 거부했다.

아가시는 만물의 근본 원리에 따라 냉정한 추론을 거친 후에 불가피한 귀결로 인종 문제에 관한 자신의 태도를 표명했다. 그는 종은 정적(靜的)이며 창조된 실체라는 입장을 고수했다. (1873년 세상을 떠날 무렵 그는 다원주의의 거센 물결에 저항하는 완강한 입장을 고수해서 사실상 생물학자들 사이에서 고립되었다.) 생물 종은 지구상의 단일한 지역에서만 생겨난 것이 아니라 전 지역에 걸쳐 동시에 창조되었다. 유연 관계가 가까운 종들은 지리적으로 서로 분리된 지역에 발생해서 각기 해당 지역의 우세 환경(prevailing environments)에 적응하는 경우도 흔히 있다. 여러 인종은 교류나 이주 등을 통해 서로 뒤섞이기 전까지 이러한 기준을 만족시키기 때문에, 각각의 인종은 생물학적으로 별개의 종이라는 것이다.

그러한 이유로 미국의 이 저명한 생물학자는 미국에 오기 1년 전부터 이 나라에 불어 닥치고 있던 논쟁에서 단호하게 후자의 입장을 지지했다. 아담은 전체 인류의 선조였는가, 아니면 오로지 백인만의 선조였는가, 흑인이나 아메리카 원주민은 백인의 형제인가, 아니면 단순히 백인의 유사물에 지나지 않는 것일까 같은 논쟁에서 단호하게 후자의 입장을 취한 것이다. 아가시가 속해 있던 다원 발생론자(polygenist, 생물종이나 품종이 둘 이상의 원종으로부터 발생했다고 주장하는 사람들 — 옮긴이)들은 주요 인종들은 각기 별개의 종으로 창조되었다고 주장했다. 그에 비해 일원 파생론자(monogenist)들은 단일 기원설을 주장했고, 에덴 동산에서 시작하여 불평등한 퇴화를 거친 결과 각 인종이 각기 다른 지위를 가진다고 보았다. 이 논쟁에 평등주의자는 가담하지 않았다. 이론상으로는 1896년에 플레시 대 퍼거슨 사건(남북 전쟁 이후 북군이 철수하자 남부의 여러 주들이 인종 차별적인 법률을 통과시킨 사건. 1896년 미국 연방 대법원은 인종 분리 정책에 대해 "분리하되 평등하다."라고 판결했다. — 옮긴이)의 승자가 말했듯이 별개의 계통이 반드시 불평등을 의미하지는 않는다. 그러나 1954년에 브라운 대 토페카 교육 위원회 사건(1951년 피부색 차이로 1.5킬로미터이나 떨어진 흑인 학교에 가야했던 초등학교 3학년 흑인 여학생의 아버지가 제기한 소송으로, 공립 학교의 인종 차별은 위헌이라는 결정이 내려졌다. — 옮긴이)의 승리자들이 지적했듯이 힘을 쥔 집단은 항상 자신들과 다른 계통의 분리에 우월성이라는 개념을 결부시키게 마련이다. 내가 알고 있는 미국의 모든 다원 발생론자들은 백인이 다른 인종과 다르며 우월하다고 생각한다.

아가시는 자신이 다원 발생설을 지지하는 것은 정치 신조나 사회적 편견과는 아무런 관계도 없다고 강변했다. 그는 자신이 자연학 연구에서 등장하는 흥미로운 여러 사실들을 확실히 수립하려고 시도하는 겸손하고 공평무사한 학자일 뿐이라고 주장했다.

> 그런 이론들이 노예 제도를 지탱하는 데 도움이 된다는 주장에 대해서는 다음과 같은 여러 가지 반론이 제기되어 왔다. …… 과연 그런 비판이 철

학 연구에 대한 공정한 반론이라고 할 수 있는가? 여기서 우리는 오로지 인류 기원에 관한 문제만 다루어야 한다. 그 결과로 무엇을 할 수 있을지는 정치가들, 즉 자신이 인간 사회를 규율하도록 요청받았다고 생각하는 사람들에게 맡겨두자. …… 우리는 정치 사건을 포함한 그 어떤 문제와도 일체 연관성을 갖지 않는다. …… 자연학자들은 인간의 물질적인 여러 관계에서 발생하는 문제를 순수한 학문상의 문제로 생각하고, 그것들을 정치나 종교와 관계없이 연구할 권리를 가지고 있다.

이런 용감한 말들에도 불구하고 아가시는 인종 문제에 관한 이 중요한 언명을 몇 가지 명백한 사회적 권고로 끝맺고 있다. (《크리스천 이그재미너(*Christian Examiner*)》(1850년)에 발표되었다.) 그는 우선 분리와 불평등의 원칙에 대해 확인하면서 이야기를 시작하고 있다. "지구상에는 여러 인종이 있다. …… 따라서 우리에게는 이러한 종족들에게 상대적인 등급을 매길 의무가 있다." 그 결과 어떤 계층 구조가 탄생할지는 자명하다. "굴복하지 않고 용맹무쌍하고 자긍심이 강한 인디언, 그들은 유순하고 비굴하고 모방하기 좋아하는 니그로에 비해, 또는 교활하고 잔꾀에 능하고 겁쟁이인 몽골 인종과 얼마나 다른가! 이러한 여러 가지 사실이 여러 인종이 자연계에서 동일한 수준에 위치하지 않는다는 것을 웅변으로 말해주지 않는가?" 자신의 정치적 메시지를 분명하게 밝히지는 않았지만, 아가시는 구체적인 사회 정책을 제안하며 자신의 글을 끝맺는다. 따라서 이것은 순수한 지적 연구를 위해 정치를 버릴 것을 선언한 앞의 발언과 명백히 모순된다. 그는 타고난 능력에 맞게 교육을 베풀어야 한다고 주장했다. 흑인은 육체 노동에 맞게, 백인은 정신 노동에 맞게 훈련되어야 한다는 것이다.

> 각 인종에 근원적으로 차이가 있다면, 그들에게 제공해야 할 최선의 교육이란 과연 어떠한 것인가? …… 만약 우리가 유색 인종과 관계를 맺어야 할 때, 평등이라는 관점에서 그들을 대하지 않고, 우리와 그들 사이에 존재하는 진정한 의미에서의 차이를 충분히 의식하는 방법으로, 또한 각각의 인종에서 매우 두드러지게 나타나는 기질을 키우려는 열망에 따라 행동한다면, 유색 인종에 관한 인간사의 많은 문제들을 이전보다 훨씬 현명하게 처리할 수 있으리라는 데에는 추호의 의심의 여지가 없다.

여기서 말하는 "매우 두드러진" 기질이란 온순함, 비굴함, 흉내 내기 좋아함 등의 성향이기 때문에, 우리는 아가시가 마음속에 어떤 생각을 품고 있었는지 충분히 가늠할 수 있다.

아가시가 정치적 영향력을 가졌던 주된 이유는 아마도 그가 주로 자신의 신변에 일어난 여러 가지 사실들, 그리고 그 사실들이 체화된 추상적 이론에서만 동기를 얻었다고 생각되는 과학자로서 발언했기 때문일 것이다. 이런 맥락에서 인종에 관한 그의 생각이 어디서 근원하는가는 매우 중요한 문제가 된다. 정말 그는 자연학에 대한 사랑 이외에는 다른 속셈이나 성향, 그리고 동기 등을 전혀 가지지 않았을까? 『루이 아가시의 생애와 서한』에서 삭제된 많은 문장이 이 의구심을 해소할 단서를 제공한다. 그 삭제된 구절들을 읽으면 성 문제에 대한 거의 본능적인 반응과 깊은 두려움에 뿌리 내린 강한 편견을 가진 한 남자의 모습이 떠오른다.

130년이 지난 후에도 그 강렬함이 거의 충격에 가까운 첫 구절은 아가시가 흑인과 처음 만났을 때의 경험을 묘사하고 있다. (그는 유럽에 있는 동안 흑인을 한 번도 본 적이 없었다.) 1846년에 처음 미국에 도착한 아가시는 자신의 경험을 상세하게 적은 긴 편지를 어머니에게 보냈다. 엘리자벳 아가시는 필라델피아에서의 생활을 다룬 부분에서 루이가 박물관과 과학자들의 자택을 방문한 이야기만 기록하고 있다. 그녀는 흑인(주로 호텔 식당의 웨이터들)에 대해 루이가 받은 첫 인상을 생략 부호도 없이 삭제했다. 1846년에 그는 여전히 인류의 일체성을 믿고 있었다. 그러나 아가시가 쓴 편지의 구절은 그가 다원 발생설로 전향하게 된 동기가 어이없을 만큼 비과학적인 기반에 기초한 것임을 분명히 드러내고 있다. 그러면 최초로 무삭제 원본을 소개하겠다.

제가 흑인과 처음으로 긴 시간 접촉했던 것은 필라델피아에서였습니다. 제가 묵던 호텔의 하인들은 모두 흑인들이었습니다. 당시 제가 받았던 인상을 글로 표현하기란 매우 힘듭니다. 특히 그들로 인해 일어난 감정이 같은 인간에 대한 동포감이나, 인류가 단일한 조상에서 유래했다는 우리 모두가 가지고 있던 관념에 반(反)하기 때문에 더욱 그렇습니다. 그렇지만 진리는 그 모든 것에 우선합니다. 그럼에도 불구하고 저는 이 퇴보하고 퇴화한 인종을 보면서 연민의 느낌을 받았고, 그들도 실제로 사람이라는 것을 떠올리고 그 운명에 동정심을 느꼈습니다. 그래도 저는 그들이 우리와 같은 혈통이 아니라는 느낌을 떨칠 수 없습니다. 두꺼운 입술과 이를 드러낸 검은 얼굴, 고수머리, 굽은 무릎, 긴 손, 크고 휘어진 손톱, 그리고 특히 납빛을 띤 손바닥 등을 보면서, 저는 그들에게 이야기를 할 때마다 그들의 얼굴을 똑바로 바라보지 못하고 멀리 떨어진 풍경에 눈길을 주어야 했습니다. 그리고 그들이 제게 음식을 가져다주기 위해 제 접시 쪽으로 소름끼치는 손을 뻗을 때면, 저는 이런 하인들의 서비스를 받으며 식사를 하느니 차라리 다른 곳으로 자리를 옮겨 빵 한 조각을 먹는 편이 낫겠다고 생각했을 정도입니다. 여러 나라에서 백인의 생활과 흑인의 생활을 이렇듯 밀접하게 결부시킨 것은, 백인의 입장에서 그 얼마나 불행한 일인지요! 신이시여, 이러한 접촉으로부터 저희를 지켜 주소서!

두 번째 문서는 남북 전쟁 중에 쓴 것이었다. 「조국 찬가(The Battle Hymn of the Republic)」의 작사자인 줄리아 워드 하우(Julia Ward Howe, 1819~1910년)의 남편이었던 새뮤얼 그리들리 하우(Samuel Gridley Howe, 1801~1876년)와 링컨 대통령의 조사 위원회 중 한 사람이, 다시 하나로 통일된 조국에서 흑인의 역할에 관한 의견을 듣기 위해 아가시에게 편지를 보낸 적이 있었다. 1863년 8월, 아가시는 4통의 길고 열렬한 회답을 보냈다. 엘리자벳 아가시는 이러한 편지 내용 일부를 멋대로 삭제해서, 루이 아가시의 주장을 (그 유별난 내용에도 불구하고) 만물의 근본 원리에 근거하고 진리에 대한 사랑만을 동기로 하는 진솔한 견해로 바꿔 버렸다.

한마디로 요약해서 루이 아가시는 백인의 우월성이 희석되지 않도록 모든 인종을 따로 격리해야 한다고 주장한 것이다. 약한 계통인 백인 혼혈아는 점차 소멸할 것이기 때문에 이러한 격리는 자연스럽게 일어나게 되리라는 것이다. 그리고 흑인들은 그들에게 적합하지 않은 북방 기후를 떠나게 될 것이다. (그들은 아프리카에서 별개의 종으로 창조되었으니까.) 그들은 무리를 지어 남쪽으로 이동해서 결국 저지(低地)에 위치한 몇 개 주에 정착하게 될 것이다. 한편 백인들은 해안 지방과 고지(高地)에서 지배권을 유지하게 될 것이다. 우리는 우려스러운 상황에 대한 최선의 해결책으로 이들 여러 주를 승인할 필요가 있으며, 심지어는 연방에 포함시키지 않을 수 없을 것이다. 결국 우리는 "아이티 공화국과 라이베리아 공화국(둘 다 주민의 대부분이 흑인인 공화국이다. — 옮긴이)"을 승인하게 될 것이다.

엘리자벳 아가시가 대폭 삭제한 부분은 루이 아가시의 동기가 전혀 다른 것임을 여실히 폭로한다. 그 문장들에는 생생한 두려움과 맹목적인 편견이 얼룩져 있었다. 그녀는 계획적으로 세 종류의 기술(記述)을 삭제했다. 우선 그녀는 흑인을 심하게 모욕하는 부분을 삭제했다. 아가시는 이렇게 쓰고 있다. "다른 인종들과는 달리 모든 점에서 그들은 오로지 아이들과 비교하는 것만 허락됩니다. 몸은 어른의 키로 성장하지만 마음은 여전히 아이들의 그것을 유지하고 있기 때문입니다." 둘째, 그녀는 각 인종 내에서의 지혜와 부유함, 그리고 사회적 지위 사이의 상관 관계에 관한 엘리트주의적인 주장을 모두 삭제했다. 이 구절에서 우리는 흑인과 백인의 결혼에 대해 루이 아가시가 품고 있던 진정한 두려움을 알아차릴 수 있다.

> 저는 그 결과에 몸서리가 쳐질 정도입니다. 우리는 상류 사회에서 자라는 문화와 세련됨이라는 자산, 그리고 개인의 탁월함으로 인한 성취를 지키기 어려워졌기 때문에 만인의 평등을 주장하는 세력에 맞서 우리의 발전을 위해 싸워야 합니다. 이러한 어려움에 더해 육체적 무능함이라는 훨씬 더 끈질긴 영향이 가해진다면, 우리는 과연 어떤 상태에 처하게 되겠습니까. 교육 제도의 개선이 …… 교양 없는 사람들의 냉담함이나 하층 계급의 조잡함이 주는 영향을 상쇄시켜 그들을 지금보다 높은 수준까지 끌어올릴 수는 있을 것입니다. 그러나 하등한 인종의 피가 우리 후손의 피로 계속 흘러 들어오는 사태가 허용된다면 그들의 오염을 어떻게 뿌리 뽑을 수 있겠습니까?

세 번째 그리고 가장 중요한 부분으로, 엘리자벳은 교잡(交雜)에 관한 긴 문장을 몇 군데 삭제했다. 그 문장들을 읽어 보면 모든 편지가 그녀가 조작하려던 것과는 전혀 다른 배경을 가지고 있음을 알 수 있다. 그 속에서 우리는 다른 인종 사이의 성적 접촉이라는 개념에 대한 루이 아가시의 강렬한 본능적 반감을 읽을 수 있다. 이 비이성적인 깊은 공포는 인종이 각기 개별적으로 창조된 것이라는 추상적 관념만큼이나 강력한 원동력이 되고 있다. 아가시는 이렇게 쓰고 있다. "혼혈아를 만들어 내는 것은 문명 사회에서 근친 상간이 인격의 순결에 대한 범죄인 것과 마찬가지로 자연에 대한 범죄입니다. …… 저는 그것이 모든 자연스러운 정서에 완전히 위배된다고 생각하고 있습니다."

이 천성적인 혐오감은 너무도 강한 것이어서 노예제 폐지론을 주장했던 아가시의 감정이 마음에서 우러난 흑인에 대한 동정을 반영했을 가능성은 거의 없다. 오히려 많은 '흑인'들에게 백인의 피가 충분히 섞여 있음을 백인들이 본능적으로 알기 때문임이 틀림없다. 다음과 같은 이야기를 들어보자. "남북 전쟁을 통해 절정에 달하고 있는 노예 제도에 대한 혐오감은 남부 신사들의 후손이, 아직은 아니더라도 이윽고 니그로로(원문 그대로) 우리 가운데로 들어오면서 우리 자신의 부류로 인정되면서, 무의식적으로 조장되어 왔다는 데에는 의심의 여지가 없습니다."

그러나 만약 여러 인종이 천성적으로 서로를 배척한다면, 어떻게 "남부의 신사들"은 자신들의 소유물이 된 여자들을 빈번히 유혹할 수 있었을까? 아가시는 그 책임을 가정 노예로 부리던 물라토(mulatto, 흑인과 백인 사이에 태어난 1대 혼혈아 ― 옮긴이)에게 돌리고 그들을 맹렬히 비난했다. 그녀들의 흰색은 남자들을 유혹하고, 검은색은 도발한다는 것이다. 불쌍한 순진한 젊은 남자(백인)들이 그 여자들에게 유혹되어 덫에 빠졌다는 것이다.

> 남부의 젊은 남자들은 성적 충동을 느끼면 언제나 혼혈(물라토) 가정 노예를 상대로 간단히 욕망을 충족시킬 수 있습니다. (이러한 접촉이) 그의 본능을 둔감하게 만들어 점점 더 음란하고 자극적인 상대를 찾게 만듭니다. 저는 방탕한 젊은이들이 완전한 흑인을 요구한다는 이야기를 들은 적이 있습니다. 서로 다른 인종의 개인들 사이의 결합은 가능하겠지만, 거기에 인격을 향상시키는 요소는 전혀 없다는 사실은 확실합니다. 그 관계에는 애정도 없고, 진보나 향상에 대한 그 어떤 희망도 없습니다. 그것은 오로지 육체적인

교접일 뿐입니다.

그러나 그 전 세대의 신사들이 맨 처음 물라토를 낳게 되었을 때, 자신의 혐오감을 어떻게 극복했는지에 대해서는 아무런 언급도 없다.

엘리자벳이 특정 구절을 삭제한 이유를 자세히 알 수는 없다. 그러나 루이의 동기가 편견이 아니라 논리적인 함축에서 비롯된 것으로 바꾸고 싶었던 의식적인 열망이 그녀의 행위를 촉발시켰다고는 생각되지 않는다. 그보다는 아마도 빅토리아 시대의 고상한 척하는 풍습이 성에 관한 구체적인 언급을 대중 앞에 공공연히 내놓기 꺼리게 만들었을 것이다. 어쨌든 그녀의 삭제가 루이 아가시의 사상을 왜곡하고, 그의 의도를 과학자들의 마음에 드는 허구적인 모형으로 조작한 것이다. 즉 이러한 견해들이 가공되지 않은 정보에 대한 공평무사한 조사에서 나온 결과라는 생각이 그것이다.

이렇듯 삭제된 부분을 복원함으로써, 우리는 루이 아가시가 흑인과 처음 조우했을 때 받았던 끔찍한 경험을 통해 인종이 서로 다른 종에 속한다는 다원 발생론을 고려하게 되었음을 알 수 있다. 또한 인종의 혼합에 대한 그의 극단적인 관점은 추상적인 잡종 형성의 이론보다 강렬한 성적 혐오에 의해서 한층 더 강해졌음도 확인할 수 있다.

인종 차별은 종종 자신을 이끌어 온 편견을 은폐시키기 위해 객관성이라는 외피로 그것을 치장하는 과학자들로부터 지지를 받아 왔다. 루이 아가시의 사례는 너무 먼 옛날의 일처럼 생각될지도 모르지만, 그 메시지는 오늘날에도 변함없이 중요한 의미를 가진다.

5부

변화의 속도

17장

진화적 변화의 단속적 본질

찰스 다윈의 혁명적인 저서가 서점의 진열대에 오르기 하루 전날인 1859년 11월 23일, 다윈은 친구인 토머스 헨리 헉슬리(Thomas Henry Huxley, 1825~1895년)로부터 평상시와는 사뭇 다른 내용의 편지를 한 통 받았다. 그것은 머지않아 논쟁이 일어났을 때에도 변치 않고 다윈을 지지하겠다는 것, 그리고 그로 인해 어떤 희생도 기꺼이 치르겠다는 따뜻한 격려의 내용이었다. "불가피한 경우에는 화형에 처해질 각오도 하고 있습니다. …… 저는 언제라도 쓸 수 있도록 손톱과 부리를 갈고 있습니다." 동시에 헉슬리는 이런 경고도 잊지 않았다. "당신은 *Natura non facit saltum*라는 말을 너무도 철저하게 받아들여서, 그로 인해 불필요한 어려움을 당해 왔습니다."

흔히 칼 폰 린네(Carl von Linné, 1707~1778년)가 한 말이라고 알려져 있는 이 라틴 어 구절은 "자연은 비약하지 않는다."라는 의미이다. 다윈은 이 오래된 표어의 충실한 신봉자였다. 지질학에서 점진론의 사도인 찰스 라이엘의 영향을 받은 다윈은, 진화를 그 누구도 살아서 목격할 수 없을 정도로 느린 속도로 진행되는 장중하고도 정연한 과정이라고 생각했다. 다윈은 선조와 그 후손들이 "가장 미세한 단계들"을 형성하는 "무한히 많은 이행의 고리"를 통해 이어진다고 생각했다. 따라서 이러한 완만한 과정을 거쳐 많은 것이 이루어지려면 엄청난 시간이 필요한 것이다.

헉슬리는 다윈이 끝까지 투쟁을 벌일 요량으로 자신의 이론 주위에 배수진을 치고 있다는 것을 알아차렸다. 자연 선택은 속도에 관한 한 어떤 가정도 필요로 하지 않는다. 진화가 빠른 속도로 진행되는 경우에도 자연 선택은 마찬가지로 작용할 것이다. 그의 이론 앞에 놓인 길은 험난하기 짝이 없는 것이었다. 그렇다면 자연 선택설에 이렇듯 불필요하고 잘못일 수 있는 추정의 무거운 굴레를 씌운 이유는 무엇일까? 화석 기록은 점진적 변화라는 관점을 지지하지 않는다. 명백히 짧은 기간 동안 통째로 사라져 버린 동물상은 얼마든지 있다. 새로운 종은 거의 언제나 같은 지역에서 발견된 더 오래된 암석에 들어 있는 선조 형태와 아무런 중간 고리 없이 갑작스럽게 화석 기록 속에 나타난다. 헉슬리는 진화가 완만하고 산발적으로 이루어지는 퇴적 작용의 현장에서 덜미를 잡히는 일이 좀처럼 없을 정도로 빠르게 진행된다고 믿었다.

다윈이 과학을 막 수련하던 시절, 급격한 변화와 점진적 변화라는 두 가지 관점을 지지하던 사람들 사이의 대립은 지질학과 연관된 학문 분야에서 특히 심했다. 다윈이 왜 라이엘을 비롯한 점진론자들의 입장을 따르기로 했는지 그 이유는 분명하지 않지만, 적어도 한 가지만은 확실하게 이야기할 수 있다. 어느 한 견해를 선호하는 것은 경험적인 정보의 우월한 인식과는 아무런 관련도 없다. 이 문제에 대해서 자연은 여러 가지 잡다하고 불명료한 목소리를 냈다. (그리고 지금도 계속 같은 목소리를 내고 있다.) 모든 결정에서 문화적, 방법론적 선호는 데이터가 가지는 강제력과 같은 정도의 영향력을 가진다.

변화에 대한 보편 철학과 같은 가장 기본적인 문제에 관한 한, 과학과 사회는 대개 긴밀한 협력 관계를 유지하는 경우가 많다. 일찍이 유럽 군주제의 정적(靜的)인 체제는 수많은 학자들에 의해 자연 법칙의 구현으로서 정당화되었다. 영국 시인 알렉산더 포프(Alexander Pope, 1688~1744년)는 이렇게 읊었다.

> 질서는 하늘의 기본 원칙이다. 또한 하늘은 어떤 사람이 다른 사람들보다 뛰어나고 또한 반드시 그러해야 함을 인정하고 있느니.

군주제가 타도되고 18세기가 온통 혁명의 소용돌이에 휩쓸려 들어갈 무렵, 과학자들은 비로소 변화를 정도(正道)에서 벗어난 예외적인 것이 아니라 보편적인 우주 질서의 정상적인 일부로 받아들이기 시작했다. 그러자 학자들은 인간 사회의 사회적 변혁을 위해 자신들이 주장했던 완만하고 질서 있는 변화라는 자유주의적 관점을 자연계로 전이시켰다. 많은 과학자들에게 자연의 격변은 그들의 위대한 동료였던 앙투안 로랑 라부아지에(Antoine Laurent Lavoisier, 1743~1794년)를 앗아 간 프랑스의 공포 정치 시대(reign of terror, 라부아지에는 1793년 9월 5일부터 1794년 7월 27일까지 이어진 프랑스 혁명의 공포 정치 시대에 세금 징수원이었던 전력 때문에 단두대에서 처형되었다. — 옮긴이)처럼 위협적인 것으로 비쳐졌다.

그러나 지질학적 기록은 점진적 변화와 격변적인 변화 모두에 똑같은 증거를 제공하는 것처럼 보였다. 따라서 진화의 속도가 거의 일정 불변하다는 점진론을 옹호하는 과정에서 다윈은 라이엘의 매우 독특한 논법을 사용하지 않을 수 없었다. 다시 말해 그는 그 밑에 내재하는 '실재(reality)'를 위해서 상식, 그리고 있는 그대로의 현상을 배격하지 않을 수 없었다. (흔히 알려져 있는 신화와는 달리 다윈과 라이엘은 퀴비에나 윌리엄 버클랜드(William Buckland, 1784~1856년) 같은 격변론자들의 신학적 환상에 대항해서 객관성을 옹호한 진정한 과학의 영웅은 아니었다. 격변론자들도 점진론자와 똑같은 정도로 과학에 깊이 전념한 학자들이었다. 실제로 그들은 눈에 보이는 것을 믿어야 하며, 점진적인 기록에 빠져 있는 것으로 생각되는 여러 부분들을 격변적 변화라는 엄연한 이야기에 끼워 넣어서는 안 된다는 훨씬 더 '객관적'인 견해를 받아들였던 것이다.) 간단히 말하자면, 다윈은 지질학적 기록은 극도로 불완전한 것이라고 쓰고 있다. 다 찢어지고 몇 장밖에 남지 않았고, 그나마 남아 있는 페이지도 두세 줄밖에 읽을 수 없고, 각각의 행에도 한두 개 단어밖에 남지 않은 것처럼 말이다. 우리가 화석 기록에서 완만한 진화적 변화를 실제로 볼 수 없는 까닭은 우리가 무수한 발걸음 중에서 고작 한 걸음만을 연구하고 있기 때문이다. 변화가 갑작스럽게 일어나는 것처럼 보이는 것은 그 중간 단계가 사라져 버렸기 때문이라는 것이다.

화석 기록에서 과도기적 형태들이 극히 드물게 발견된다는 사실은 지금도 여전히 고생물학이 해결해야 할 주요 과제이다. 교과서를 장식하고 있는 계통수는 그 작은 가지의 선이나 가지의 갈림길 부근에서나 실제 자료를 가지고 있을 뿐이다. 다른 부분은 매우 합리적으로 보이더라도 실제로는 추측에 불과하고 화석 증거도 없다. 그럼에도 불구하고 다윈은 이처럼 '있는 그대로의 기록'을 부정하는 데 자신의 전 학설을 걸 만큼 점진론에 강하게 집착했다.

지질학적 기록은 극도로 불완전하다. 그리고 이 사실이 이미 멸종하거나 현존하는 모든 생물계를 미세한 등급으로 구분된 단계로 한데 묶어 줄 무한 한 변이를 찾아낼 수 없는 이유를 대체로 설명해 줄 것이다. 지질학적 기록의 본질을 이런 관점에서 보려 들지 않는 사람이라면 당연히 나의 이론을 전면적으로 거부할 것이다.

다윈의 이 주장은 오늘날까지도 많은 고생물학자들이 곤란한 처지에서 벗어날 수 있는 훌륭한 도피처 구실을 해 주고 있다. 즉 직접적인 형태의 진화의 흔적이 조금밖에 없는 화석을 손에 넣고 그것을 어떻게 설명해야 할지 당혹스러워하는 고생물학자들은 종종 이런 핑계를 대고 도망치려고 한다. 그렇지만 나는 그 문화적 방법론의 뿌리를 밝히는 과정에서 점진론이 가지고 있을지도 모르는 유효성을 비난할 생각은 전혀 없다. (일반적 견해라는 것들은 모두 같은 기반을 갖기 때문이다.) 나는 단지 진화의 흔적이 암석에서 '발견된' 적이 결코 없음을 지적하고 싶을 뿐이다.

지금까지 고생물학자들은 다윈의 점진론적 주장 때문에 실로 엄청난 대가를 치러 왔다. 우리 고생물학자들은 자신이 생명 역사에 대한 유일한 참된 연구자라고 자부한다. 그러나 고생물학자들은, 자연 선택으로 진화를 설명하는, 좋아하는 방법을 지키기에는 스스로가 가진 자료가 변변치 못하다는 사실도 알고 있다. 자료의 부족은 너무도 심각해서 고생물학자들이 연구하고 있다고 공언하는 과정 자체를 결코 볼 수 없을 정도이다.

수년 전부터 나는 미국 자연사 박물관의 닐스 엘드리지(Niles Eldredge, 1943년~)와 함께 이 거북한 모순을 해결할 방법을 찾아 왔다. 나와 엘드리지는 헉슬리의 경고가 옳았다고 생각한다. 현대의 진화 이론은 점진적 변화라는 관점을 요구하지 않는다. 사실 우리가 화석 기록에서 보는 것은 바로 다윈적 과정의 작동으로 만들어지는 것이다. 우리가 배격해야 할 것은 점진론이지 다윈주의 그 자체가 아니다.

대부분의 화석 생물의 역사는 점진론으로는 도저히 설명할 수 없는 다음의 두 가지 특성을 가진다.

1. **정지**(stasis). 대부분의 생물 종은 지구상에서 생존하는 기간 동안 특정한 방향성을 띤 변화를 나타내지 않는다. 그들은 화석 기록에 나타날 때나 사라질 때나 똑같은 모습으로 보인다. 대개 형태상의 변화는 제한되고, 더구나 방향성도 없다.

2. **갑작스러운 출현**(sudden appearance). 어느 지역에서 특정 생물 종들은 그 선조가 조금씩 변형(transformation)되는 과정을 통해 서서히 등장하는 것이 아니라 한꺼번에 '완전히 완성된(fully formed)' 상태로 출현한다.

진화는 두 가지 주요한 양식으로 전개된다. 첫째, 계통의 변형으로, 어떤 개체군 전체가 한 상태에서 다른 상태로 변화한다. 그러나 모든 진화적 변화가 이런 양식으로 일어난다면, 생명계는 오랫동안 유지될 수 없을 것이다. 계통 발생에 의한 진화는 다양성을 증가시키는 것이 아니라, 하나의 종에서 다른 종으로의 변형을 낳을 뿐이기 때문이다. 멸종(다른 종으로 진화하지 않고 사멸하여 사라져 버리는 것)이 너무나 흔히 일어나서 다양성을 증대시키는 메커니즘을 가지지 않은 생물상은 이윽고 전멸할 것이다. 두 번째 양식은 종 분화로, 이 과정이 지구에 새로 생물을 보급한다. 종 분화란 살아남은 부모의 계통에서 새로운 종이 가지를 쳐 나오는 것을 말한다.

다윈이 종 분화 과정을 인식하고 있었으며, 그 문제를 논한 것은 확실하다. 그러나 그는 진화적 변화에 관한 대부분의 논의를 계통에 의한 변형이라는 틀에 쏟아 부었다. 이런 맥락에서 정지와 갑작스러운 출현이라는 현상의 원인은 기록의 불완전으로 돌릴 수밖에 없다. 왜냐하면 가령 선조 개체군 전체의 변형에 의해 새로운 종이 생긴다면, 더구나 그 변형 과정을 우리가 실제로 절대 관찰할 수 없다면(종들은 그 분포 지역 전체에 걸쳐 본질적으로 정적이기 때문에), 우리가 가진 화석 기록은 도저히 어찌할 수 없을 정도로 불완전하기 때문이다.

엘드리지와 나는 종 분화 자체가 거의 모든 진화적 변화의 원인이라고 생각한다. 게다가 종 분화가 일어나는 방식 자체가 화석 기록에 갑작스러운 출현과 정지가 지배적인 이유라고 본다.

종 분화에 대한 주요 이론들은 한결같이 아주 작은 개체군에서 급속한 분열이 일어난다고 주장한다. 이른바 이소적(異所的, allopatric, 이소적이란 '다른 장소에서'라는 의미이다.), 또는 지리적 종 분화 이론은 거의 모든 경우에 진화학자들로부터 선호되고 있다.* 새로운 종은 선조 개체군의 소수가 선조 종의 분포 지역 주변부에 격리될 때 발생할 수 있다. 안정된 중심부의 다수의 개체군은 균질화(homogenizing)라는 강력한 영향력을 행사한다. 따라서 개체에 유리한 새로운 돌연변이가 일어나더라도, 그것이 확산되기에는 개체군이 너무 커서 그 영향이 희석되고 만다. 그런 돌연변이는 자주 일어나서 서서히 자리를 잡을 수도 있다. 그러나 끊임없이 변화하는 환경 때문에 그러한 돌연변이는 개체군에 정착하기 전에 그 선

---

* 나는 이 에세이를 1977년에 썼다. 그 후 진화 생물학 분야의 주요 관점에 변화가 일어났다. 이소적 진화를 주창하는 정설이 후퇴하고, 동소적(sympatric) 종 분화를 설명하는 몇 가지 메커니즘이 그 실례와 타당성 면에서 모두 득세하고 있다. (동소적 종 분화론에서는 새로운 종이 그 선조 종이 분포한 지역에서 형성된다고 설명한다.) 이러한 동소적 종 분화의 몇 가지 메커니즘은 화석 기록을 설명하는 모형을 구축하기 위해 엘드리지와 내게 필요한 두 가지 조건('작은' 개체군 속에서의 '빠른' 기원)을 강조하면서 하나로 결합되었다. 실제로 동소적 메커니즘들은 종래의 이소적 종 분화론이 상정하는 것보다 더 작은 집단과 더 급속한 변화를 주장하고 있다. (그 주된 이유는 선조 종과 접촉할 가능성이 있는 집단들은 더 많은 개체수의 선조 종과 교잡함으로써 유리한 변이가 희석되지 않도록 하기 위해 생식 격리를 신속히 추진해야 하기 때문이다.) 이러한 동소적 종 분화 모형에 대해 자세히 알고 싶은 사람들은 화이트의 글을 참조하라. (White, 1978 참조)

택가(選擇價, selective value, 자연 선택에 유리하게 작용하는 생존에 유리한 특성 — 옮긴이)를 잃게 된다. 따라서 화석 기록에서 나타나는 것처럼 규모가 큰 개체군에서 일어나는 계통 변형은 극히 드물 수밖에 없다.

그러나 주변부에 산재하는 작은 집단들은 그 모(母)계통으로부터 분리되는 경우가 많다. 이들은 선조들의 분포 지역의 지리적 귀퉁이에서 작은 개체군으로 살아간다. 이러한 주변부는 선조 종 집단의 생태적 내성의 한계에 해당하는 장소이기 때문에 일반적으로 선택압이 높다. 그리고 생존에 유리한 변이는 빠른 속도로 확산된다. 결국 주변부의 규모가 작은 격리 집단은 진화적 변화의 실험실인 셈이다.

진화가 주로 주변부의 격리 집단에서 발생하는 종 분화라는 형태로 일어난다면, 화석 기록에 포함되는 것은 어떠한 것일까? 학자들이 발견하는 화석은 보통 규모가 큰 중심부 개체군의 유물이기 때문에, 종은 거의 분포 지역 전체에 걸쳐 정적인 상태에 있을 것이다. 선조 종이 살고 있는 모든 지역에서, 후손 종은 그들이 진화했던 주변 지역에서 이동한 결과로 갑작스럽게 나타날 것이다. 주변 지역에서 종 분화의 직접적인 증거를 찾아낼 수 있을지도 모르지만, 이런 행운을 얻기란 그야말로 하늘의 별따기이다. 이러한 사건이 이처럼 작은 개체군에서 급속히 진행되기 때문이다. 이러한 이유로 화석 기록은 진화 이론이 예언한 것을 충실히 나타내는 것이지, 과거에는 풍부했던 이야기가 형편없이 삭제된 초라한 잔재로 남은 것이 아니다.

엘드리지와 나는 이러한 체계를 '단속 평형(斷續平衡, punctuated equilibria)'이라고 부르고 있다. 생물 계통은 각각의 역사의 대부분의 기간 동안 거의 변화하지 않지만, 이따금 급격하게 일어나는 종 분화라는 사건으로 그 평온함이 단속, 즉 깨지는 것이다. 그리고 진화는 이러한 단속의 배치와 차등적 생존이다. (주변부 격리 집단의 종 분화가 급격히 일어난다고 말할 때, 나는 지질학자로서 이야기하는 것이다. 그 과정에는 수백 년에서 수천 년이라는 긴 기간이 걸리기 때문에 여러분이 한 그루의 나무에 달라붙어 종 분화를 하고 있는 꿀벌을 평생 동안 계속 관찰해도 아무것도 발견하지 못할 것이다. 그러나 1,000년이라는 세월은 대부분의 화석 무척추동물 종의 평균 존속 기간인 500만~1000만 년이라는 척도에서 보면 극히 짧은 기간에 지나지 않는다. 지질학자들이 이렇게 짧은 시간 동안 벌어지는 사건을 설명할 수 있는 경우란 좀처럼 없다. 따라서 우리는 그런 시간을 그저 순간이라고 간주하는 것이 보통이다.)

만약 점진론이 자연계의 사실이라기보다는 서양 사고 방식의 산물이라면, 편견을 억누르는 영역을 확대하기 위해 변화를 설명하는 다른 원리를 생각할 필요가 있다. 예를 들어 소련에서 과학자들은 변화에 관한 다른 철학 원리(헤겔 철학을 엥겔스가 재정식화한 이른바 변증법의 여러 법칙들)를 훈련받는다. 변증법의 여러 법칙들은 분명 '단속'적이다. 예를 들어 그들은 '양에서 질로의 전환'이라는 개념을 이야기한다. 우리에게는 이 말이 알아들을 수 없는 주문처럼 들릴지 모르지만, 실제로 그 말은 어떤 계에 느린 속도로 스트레스가 계속 축적되면 일정한 한계점에 도달해 갑작스러운 비약을 통해 변화가 나타난다는 것을 의미한다. 물을 가열하면 결국 끓게 된다. 노동자를 계속 착취하면 이윽고 혁명이 일어난다. 엘드리지와 나는 많은 소련의 고생물학자들이 우리의 '단속 평형설'과 흡사한 체계를 지지한다는 사실을 알고 매료되었다.

그러나 나는 이 단속적 변화라는 철학이 보편적 '진리'라고 단호하게 역설할 생각은 없다. 이러한 웅대한 개념만이 타당하다는 식의 배타적인 주장을 펴는 것은 무의미하기 짝이 없는 일일 것이다. 때로는 점진론이 특정한 사실을 훌륭하게 설명하는 경우도 있다. (나는 애팔래치아 산맥 상공을 비행할 때면 언제나 주위의 상대적으로 부드러운 암석이 서서히 침식된 결과로 평행하게 형성된 경이적인 산등성이들에 경외심을 금치 못한다.) 나는 단지 우리를 이끄는 철학이 하나가 아니라 여럿이라는 복수성, 그리고 이러한 철학이 필연적으로 우리의 모든 사고를 구속하게 된다는 인식을 강조하고 싶을 뿐이다. 그것이 아무리 꽉꽉 숨겨져 있고, 표면적으로는 불명료하게 보인다 하더라도 말이다. 변증법의 여러 법칙은 특정 이데올로기를 숨김없이 솔직하게 표현하고 있지만, 점진론에 대한 우리 서양인들의 선호는 똑같은 이데올로기임에도 불구하고 훨씬 은밀하게 나타난다.

그럼에도 불구하고 솔직하게 이야기하자면, 나는 단속적인 관점이 생물학적 또는 지질학적 변화의 속도를 다른 어떤 방법보다도 정확하게 그리고 높은 빈도로 잘 설명하리라는 신념을 가지고 있다. 그런데 정작 그 이유는 특별한 것이 아니라 정상 상태에 있는 복잡계들이 변화에 공통적이고 강한 저항성을 가진다는 단순한 이유 때문이다. 영국의 동료 지질학자 데릭 빅터 에이저(Derek Victor Ager, 1923~1993년)는 지질학적 변화에 관한 단속적인 관점을 지지하며 이렇게 쓰고 있다. "지구상의 모든 지역의 역사는, 마치 병영에서 생활하는 한 병사와 마찬가지로 길고도 지루한 기다림의 시기와 짧은 공포의 시기로 이루어진다."

18장

돌아온 '유망한 괴물'

조지 오웰(George Orwell, 1903~1950년)의 『1984년』에 등장하는 압제자 빅브라더는 '인민의 적'인 매뉴얼 골드슈타인에게 매일 2분간 증오를 보낸다. 1960년대 중엽 내가 대학원에서 진화 생물학을 배우던 시절, 잘못된 길로 빠져들었다는 이야기가 나돌던 유명한 유전학자 리하르트 베네딕트 골드슈미트(Richard Benedict Goldschmidt, 1878~1958년)에게 공공연한 비난과 조소가 쏟아졌다. 어느새 문제의 1984년이 되었지만, 나는 이 세계가 빅브라더의 지배 아래에 놓이는 일은 절대 없으리라고 굳게 믿고 있다. 그러나 나는 앞으로 10년 이내에 골드슈미트가 진화 생물학계에서 자신의 지위를 되찾으리라고 생각한다.

독일의 유대계 과학자에 대한 히틀러의 박해를 피해 미국으로 망명한 골드슈미트는 나머지 생애를 버클리에서 보내다가 1958년에 그곳에서 세상을 떠났다. 진화에 관한 그의 견해는 1930년대부터 1940년대에 걸쳐 완성되었는데, 그것은 오늘날에도 지배적인 정설로 받아들여지고 있는 저 위대한 신다윈주의 종합설(neo-Darwinian synthesis)과 충돌하는 것이었다. 그 무렵 신다윈주의는 흔히 진화론의 '현대의 종합설'이라고 불렸는데, 그 이유는 신다윈주의 이론이 집단 유전학 이론, 고전 형태학, 계통 분류학, 발생학, 생물 지리학, 그리고 고생물학의 고전적 연구 등을 하나로 종합했기 때문이었다.

이 종합설의 핵심은 다윈 자신이 주장했던 가장 특징적인 두 가지 요소를 바꿔 말한 것이다. 첫째, 진화란 2단계(원재료인 임의적 변이와 방향을 지시하는 힘으로서의 자연 선택)로 이루어지는 과정이며, 둘째, 진화적 변화는 일반적으로 완만하고 착실하고 점진적이고 연속적이라는 것이다.

유전학자들은 실험실에서 병 속의 초파리 개체군을 통해 생존에 유리한 유전자가 서서히 증가하는 모습을 연구할 수 있다. 또한 자연학자들은 영국의 공업 지대에서 발생하는 매연이 수목을 검게 만드는 과정에서 점진적으로 색깔이 밝은 나방이 어두운 빛깔의 나방으로 교체되는 상태를 기록할 수 있다. 그리고 정통 신다윈주의의 신봉자들은 이렇듯 완만하고 연속적인 변화를 기반으로 생명의 역사에서 진행되는 가장 깊은 구조적 변화도 본질적으로 같을 것이라고 추정한다. 예를 들어 조류는 감지하기 힘든 미세한 차이밖에 없는 여러 중간 단계를 거쳐 파충류와 연결되고, 마찬가지 과정을 통해 턱을 가지는 어류는 턱이 없는 원시 어류에 연결된다는 것이다. 따라서 대진화(macroevolution, 몸의 구조에서 나타나는 큰 변화)는 소진화(microevolution, 병 속의 초파리에서 일어나는 유형의 변화)의 연장(延長)에 불과하다는 것이다. 약 100년 동안에 흰 나방이 검은 나방으로 변한다면, 파충류는 무수히 많은 변화를 매끄럽게 그리고 순차적으로 거쳐 200만~300만 년 만에 조류가 될 수 있을 것이다. 극지 개체군에 자주 일어나는 유전자 변화는 모든 진화 과정을 설명할 수 있는 충분한 모형이 된다. 현대의 정통설은 그렇게 말하고 있다.

오늘날 미국의 생물학 개론 교과서 중 가장 심한 종류는 정통적 견해에 대한 충성을 다음과 같이 표현한다.

> 규모가 큰 진화적 변화, 즉 대진화를 이러한 소진화적 변화의 결과라고 설명할 수 있을까? 조류는 정말로 초파리의 딸기색 눈색깔 유전자로 예증되는 종류의 유전자 교환이 거듭되어 파충류에서 파생된 것일까?
>
> 이런 물음에 대한 답은 충분히 그럴 수 있다는 것이다. 그보다 더 훌륭한 설명을 제안한 사람은 아무도 없다. …… 화석 기록을 보면 대진화가 실제로 점진적으로 진행되었음을 알 수 있다. 즉 우리의 개별 사례의 역사와 조금도 다르지 않은 수백, 수천의 유전자 교환이 누적된 결과라고 생각하지 않을 수 없을 정도로 완만한 속도로 진행되었다는 것을 말해 주는 것이다.

많은 진화학자들이 소진화와 대진화의 완벽한 연결이 다윈주의를 구성하는 본질적 요소의 하나이며, 자연 선택의 필연적인 결과라고 생각한다. 그렇지만 17장에서 설명했듯이, 토머스 헨리 헉슬리는 자연 선택과 점진론이라는 두 가지 주제를 분리해서 생각했고, 다윈에게 점진론에 지나치게 그리고 부당하게 집착하면 자신의 체계 전체를 스스로 무너뜨리는 결과를 초래할 것이라고 경고했다. 갑작스러운 이행을 보여 주는 화석 기록은 점진적인 변화를 뒷받침하지 않으며, 자연 선택의 원리도 그것을 필요로 하지 않는다. 선택은 빠른 속도로도 작동할 수 있기 때문이다. 그럼에도 불구하고 다윈이 억지로 만들어 낸 불필요한 연결이 종합설의 중심 교의의 하나로 굳어져 버렸다.

골드슈미트가 소진화에 관한 표준적인 설명에 반대한 것은 아니다. 그는 자신의 주저인 『진화의 물질적 기초(*The Material Basis of Evolution*)』(1940년)의 전반부를 종의 점진적, 연속적인 변화를 논하는 데 할애하고 있다. 그러나 그는 새로운 종이 불연속적 변이, 즉 대돌연변이(macromutation, 구조 유전자의 발현에 변화를 일으켜 유기체에 심대한 영향을 미치는 큰 돌연변이 — 옮긴이)를 통해 갑작스럽게 나타난다는 주장을 제기하면서 종합설과 확실한 결별을 선언했다. 그는 대부분의 대돌연변이는 비참한 재앙으로 볼 수밖에 없다는 사실을 인정했고, 따라서 그것들을 "괴물(monster)"이라고 불렀다. 그러나 골드슈미트는 아주 드물게, 순전히 행운에 의해 어떤 대돌연변이가 특정 생물을 새로운 생활 양식에 적응시키는 일이 발생한다는 이론을 함께 제기했다. 그는 그런 운 좋은 돌연변이가 발생한 생물을 "유망한 괴물(hopeful monsters)"이라고 불렀다. 대진화는 이러한 유망한 괴물들이 드물게 성공함으로써 일어나는 것이지 특정 개체군 속에서 작은 변화가 누적되어 일어나지 않는다는 것이다.

나는 종합설을 옹호하는 학자들이 자신들 대신 매를 맞을 희생양을 만들기 위해 골드슈미트의 사상을 엉뚱하게 희화화했다고 주장하고 싶다. 그렇지만 내가 골드슈미트의 모든 주장에 동의하는 것은 아니다. 실제로 대진화가 갑작스럽게 일어나기 때문에 다윈주의를 신뢰할 수 없다는 그의 주장에는 결코 찬성할 수 없다. 골드슈미트 역시 다윈주의의 본질(자연 선택이 진화를 좌우한다는 것)이 성립하기 위해서는 굳이 점진적 변화를 가정할 필요가 없다고 한 헉슬리의 경고를 받아들이지 않았기 때문이다.

다윈주의자로서 나는 대진화가 단지 소진화의 연장이 아니며, 주요한 구조 변화는 일련의 연속적인 중간 단계를 무수히 거치면서 일어나는 것이 아니라 급격히 발생한다는 골드슈미트의 가정을 지지하고 싶다.

나는 지금부터 세 가지 의문을 중심으로 이 논의를 전개하려 한다. ① 모든 대진화적인 사건에 대해서 연속적 변화를 입증하는 설득력 있는 설명을 할 수 있는가? (나의 답은 "아니다."이다.) ② 돌발적 변화를 주장하는 이론은 본질적으로 반(反)다윈적인가? (나는 그럴 수도 있고, 그렇지 않을 수도 있다고 주장할 것이다.) ③ 골드슈미트가 이야기하는 유망한 괴물들은, 그에 대한 비판자들이 이전부터 주장했듯이 반드시 다윈주의를 배교(背敎)한 전형이라고 할 수 있는가? (여기에 대한 대답 역시 "아니다."이다.)

화석 기록에 중간 단계를 보여 주는 중요한 자료가 거의 없다는 사실은 고생물학자라면 누구나 알고 있다. 주요 그룹이 다른 그룹으로 이행하는 경우는 모두 갑작스럽게 이행한다는 특색을 가지고 있다. 대개 점진론자들은 화석 기록이 지극히 불완전하다는 이유를 들어 이 딜레마에서 벗어나려고 한다. 즉 무수히 작은 단계들 중에서 오직 한 단계만이 화석으로 남는 데 성공했다면 지질학이 연속적인 변화를 기록할 가능성은 없다는 것이다. 나는 이 주장에 반대하지만(그 이유에 대해서는 17장에서 설명했다.), 이런 식의 전형적인 발뺌을 너그러이 허용하고 다른 각도에서 문제를 제기하고자 한다. 완만하고 연속적인 이행을 보여 주는 직접적인 증거가 없다 하더라도, 구조의 이행 과정에서 선조와 후손을 연결시켜 주는 일련의 합당한 매개 형태를, 다시 말해 실제로 기능할 수 있고 생존 가능한 생물들을 상정할 수 있는가? 생존에 유리한 구조들이 아직 완전히 발전하지 않은 초기 상태에 그것은 과연 어떤 용도가 있을까? 예를 들어 절반만 생긴 턱이나 반쪽짜리 날개가 무슨 도움이 되겠는가? '전적응(前適應, preadaptation, 어떤 형질이 미래의 환경 변화에 적응할 수 있는 계통 변화를 미리 나타내는 것 — 옮긴이)'이라는 개념에 따르면 초기 상태에 다른 기능을 수행했다는 주장이 허용되기 때문에, 우리는 이러한 의문에 지극히 상투적인 답을 할 수 있다. 예를 들어 절반만 발생한 턱뼈는 아가미를 지지하는 골격의 하나로 기능했을 것이고, 절반만 발생한 새의 날개는 먹이를 붙잡거나 체온을 조절하는 데 도움이 되었을 것이다. 나는 '전적응'이 매우 중요한 개념이라고 생각한다. 그러나 그럴듯하다고 해서 반드시 진실이라고 장담할 수는 없다. 어떤 경우에는 전적응이 점진론을 변호할 수 있을지 모르지만, 과연 그 개념을 이용해 거의 또는 모든 경우에 연속성을 설명하는 이론을 만들어 낼 수 있을까? 이런 생각이 나의 상상력 부족을 반영하는 것인지도 모르지만, 이 물음에 대한 나의 답은 분명 "아니다."이다. 그러면 내 입장을 변호하기 위해 최근 화제가 된 불연속적 변화의 두 가지 예를 소개하겠다.

일찍이 도도(dodo)의 서식지로 알려진 외딴 섬 모리셔스에 서식하는 보아과(비단뱀과 보아구렁이를 포함한다.)에 속하는 두 속의 보아뱀은 다른 육생 척추동물에서는 결코 나타나지 않는 특징을 공유하고 있다. 위턱에 있는 위턱뼈가 움직일 수 있는 관절로 이어진 앞부분과 뒷부분으로 나뉘어져 있는 것이다. 1970년에 내 친구 토머스 헨리 프라제타(Thomas Henry Frazzetta, 1934~2015년)가 「유망한 괴물로부터 볼리에리아 아과(亞科)의 뱀으로(From hopeful monsters to bolyerine snakes)」라는 논문을 썼다. 그는 상상할 수 있는 모든 전적응의 가능성을 검토한 끝에, 그 가능성들을 배제하고 불연속적 이행이라는 관점을 받아들이지 않을 수 없었다. 1개였던 위턱뼈가 어떤 과정을 거쳐 둘로 분리된 것일까?

설치류 중에는 먹이를 저장하는 볼주머니(cheek pouch)를 가진 종류가 많다. 볼주머니는 인두(입천장과 코안(비강)이 합쳐졌다가 다시 후두와 식도로 나뉘는 부분 — 옮긴이)에 연결되고 이후 좀 더 많은 먹이를 저장하는 쪽으로 작용한 선택압으로 점차 진화했을 것이다. 그러나 두더쥐붙이쥣과(Geomyidae, 흙을 파는 땅다람쥐가 여기에 속한다.)와 주머니생쥣과(Heteromyidae, 캥거루쥐와 주머니쥐가 여기에 속한다.)의 동물들은 볼의 바깥쪽 표면이 깊어진 결과, 볼주머니가 입천장이나 코안으로 이어지지 않고 안쪽이 모피로 이루어진 주머니가 얼굴 양쪽에 달리게 되었다. 얼굴 바깥쪽에 움푹 들어간 홈이나 구멍이 처음 생겼을 때, 그 불완전한 구멍은 그 생물에게 어떤 이로움을 주었을까? 이 가상의 선조 동물은 약간의 먹이를 불완전한 구멍 속에 넣고 그것을 한쪽 앞발로 누르면서 (떨어지지 않게 하려고) 세발로 달려갔을까? 찰스 롱(Charles A. Long)은 최근 몇 가지 전적응의 가능성(예를 들어 굴 파는 동물들의 얼굴 양쪽에 흙을 나르는 데 쓰는 구멍이 있었을 수 있다는 식의 가능성)을 두고 고심한 끝에, 그러한 가능성들을 일축하고 불연속적 이행이라는 입장을 받아들였다. 진화적 자연학이 들려주는 '그럴듯한 이야기'의 전통에 속하는 이러한 사례들은 그 무엇도 입증하지 못한다. 그러나 이러한 사례들, 그리고 그밖의 몇 가지 유사한 사례들의 무게 때문에 점진론에 대한 내 믿음은 이미 오래전에 사라졌다. 이보다 훨씬 더 창의력이 뛰어난 학자라면 점진론을 구해 낼 수 있을지도 모르지만, 오로지 이런 식의 판에 박힌 억측으로 구해진 개념은 내게 아무런 설득력도 가지지 못한다.

만일 우리가 대진화에서의 불연속적 이행에 대한 많은 사례를 인정해야 한다면, 다윈주의는 붕괴하고 종 안에서의 작은 적응적 변화를 설명하는 이론으로 축소되지 않을까? 다윈주의의 진수(眞髓)는 자연 선택이 진화적 변화의 주된 창조력이라는 한마디에 들어 있다. 자연 선택이 부적자(不適者)를 제거하는 소극적 역할을 한다는 사실을 부정하는 사람은 아무도 없다. 그러나 다윈 이론은 자연 선택이 적자(適者)를 만들 것을 요구하기도 한다. 생명체는 선택을 통해 유전적 변이성의 임의적인 스펙트럼 속에서 매 단계마다 생존에 유리한 부분을 보존한다. 그리고 자연 선택은 일련의 단계를 밟아 나가는 동안 여러 가지 적응 구조를 구축하면서 적자를 만들어 내야 한다. 선택은 어떤 다른 힘이 새로운 종을 갑작스럽게 만들어 낸 후에 부적자를 내팽개치는 것이 아니라, 창조의 과정 그 자체를 지배하는 것이 틀림없다.

우리는 불연속적 변화를 주장하는 비다윈적 이론, 즉 (가끔씩) 새로운 종을 운 좋게 만들어 내는 식의 심원하고 갑작스러운 유전적 변화를 중시하는 이론을 마음속에 상상할 수 있을 것이다. 네덜란드의 유명한 식물학자 휘고 드 브리스(Hugo de Vries, 1848~1935년)는 20세기 초에 이러한 학설을 주창했다. 그러나 이러한 관점에는 해결하기 힘든 어려움이 있다. 제우스의 머리에서 태어난 아테네는 도대체 누구와 짝을 지어야 할까? 그녀의 친척은 모두 다른 종의 구성원이다. 그렇다면 맨 처음에 기형적 괴물이 아니라 아름다운 아테나가 태어날 수 있는 확률은 어느 정도일까? 전 유전 체계가 거의 다 붕괴하고 나서 생존에 유리한 생물이(아니, 간신히 생존할 수 있는 생물조차도) 탄생할 가능성은 거의 없다.

그러나 약 120년 전에 헉슬리가 지적했듯이, 불연속적 변화를 설명하는 모든 이론이 반드시 반다윈적인 것은 아니다. 이를테면 성체의 형태에서 나타나는 불연속적 변화가 작은 유전적 변화를 통해 발생한다고 가정하자. 이 경우에 같은 종의 다른 구성원과의 부조화라는 문제는 생기지 않는다. 또한 생존에 유리한 큰 변이는 다윈적인 방식에 따라 한 개체군 속에서 확산될 수 있다. 이 큰 불연속적 변화가 갑작스러운 완성된 형태를 만드는 것이 아니고 그 변화를 일으킨 개체를 새로운 생활 양식으로 이행시키는 '핵심' 적응으로 작용한다고 가정해 보자. 그 경우 그 생물이 새로운 양식으로 번성하기 위해서는, 형태와 행동에 걸친 광범위한 부차적 변화가 필요할 것이다. 그리고 이러한 핵심 적응이 선택압을 크게 바꾸면 다른 부차적 변화들은 보다 일반적이고 점진적인 경로를 따라 발생할 가능성이 있다.

현대의 종합설 신봉자들은 '유망한 괴물'이라는 골드슈미트의 캐치

프레이즈를 심원한 유전적 변화로 큰 변화가 일어난다는 비다윈적 관점과 결부시킴으로써, 골드슈미트를 골드슈타인으로 만들어 버렸다. 그러나 이것은 골드슈미트의 주장과는 전혀 다르다. 실제로 성체 형태의 불연속성을 설명하는 골드슈미트의 메커니즘 가운데 하나는 내재하는 작은 유전 변화라는 개념에 바탕을 두고 있다. 그는 원래 배아 발생을 연구한 학자였고, 초기의 연구 경력을 매미나방(*Lymantria dispar*)의 지리적 변이를 연구하는 데 거의 다 할애했다. 그는 연구를 통해 매미나방 유충의 색채 패턴에서 나타나는 큰 차이가 발생 시기의 작은 변화로 인해 일어난다는 사실을 발견했다. 즉 성장 과정 초기에 색소 형성이 약간 지연되거나 너무 빨리 일어나면 그 영향이 개체 발생의 진행 과정에서 증폭되어 다 자란 뒤에 큰 차이를 일으킨다는 것이다.

골드슈미트는 이러한 타이밍의 작은 변화의 원인 유전자를 규명하고, 최종적으로 나타나는 큰 차이가 성장 초기에 작동하는 하나 또는 소수의 '속도 유전자(rate gene)'의 작용을 반영한다는 사실을 증명했다. 그는 1918년에 속도 유전자라는 개념을 정리하고 20년 후 다음과 같이 쓰고 있다.

> 돌연변이 유전자는 발생을 구성하는 여러 과정의 속도를 변화시킴으로써 …… 그 효과를 일으킨다. 그 속도란 성장이나 분화 속도, 분화에 필요한 재료를 생산하는 속도, 일정한 발생 시기에 일정한 물리적 또는 화학적 상태를 이끌어 내는 반응 속도, 특정 시기마다 배아가 가지는 발생 능력에 차이를 가져오는 여러 과정의 속도 등이다.

골드슈미트는 1940년에 발간한 그리 알려지지 않은 저서에서, 속도 유전자를 '유망한 괴물'의 잠재적 제조자로서 각별히 내세웠다. "이 토대는 요구되는 형태로 괴물성을 만들어 내는 돌연변이체의 존재, 그리고 배아 상태의 결정에 관한 지식에 의해 주어진다. 그것은 발생 초기의 한 시기에 일어난 작은 변화가 그 생명체의 상당 부분을 구체화시킬 정도로 큰 영향을 미칠 수 있다."

심하게 편향된 내 개인적 견해에 따르면, 대진화에서 나타나는 분명한 불연속성과 다윈주의를 조화시킨다는 문제는 발생 초기에 일어난 작은 변화가 성장 과정에서 축적되어 성체에 큰 차이를 가져온다는 관찰로 대략 해결된다. 예를 들어 영장류의 뇌는 태어나기 전에 급속히 성장한다. 만약 이런 원숭이 뇌의 성장 속도가 새끼 시절까지 계속된다면, 원숭이의 뇌 크기는 인간의 뇌에 가까워진다. 멕시코의 호치밀코 호수에 있는 양서류인 액솔로틀(axolotl, 멕시코에 서식하는 도롱뇽의 유생)은 변태의 시작이 늦으면 아가미를 가진 올챙이 형태로 번식하여, 절대 도롱뇽으로 바뀌지 않는다. (이러한 사례들의 개요는 졸저 『개체 발생과 계통 발생』(1977년)을 참조하라. 이런 뻔뻔스러운 주석으로 대충 넘어가는 것을 용서하기 바란다.) 앞에서 언급한 롱은 들쥐의 바깥 볼주머니에 대해서 이렇게 주장한다. "유전적으로 제어된 볼주머니의 발생 역전이 일부 개체군에서 일어나고, 여러 차례 반복되다가 지속되었을지도 모른다. 이러한 형태상의 변화는 주머니를 '거꾸로 뒤집을(즉 모피가 안쪽으로 들어오게 할)' 정도로 효과가 강력한 것처럼 보이지만, 그럼에도 불구하고 이것은 비교적 단순한 발생학적 변화라고 할 수 있을 것이다."

실제로 나는 불연속적 이행이 발생 속도의 약간의 변화에 기인한 것이라고 생각하지 않는다면, 가장 중요한 진화적 변화들이 어떻게 일어날 수 있었는지 절대 설명할 수 없다고 생각한다. 확고하게 분화되고, 고도로 특화된 '고등' 동물 그룹의 복잡한 성체만큼 저항성이 강한 계를 찾기는 매우 힘들다. 어떻게 다 자란 코뿔소나 모기가 근본적으로 다른 생물로 바뀔 수 있단 말인가? 그럼에도 불구하고 주요 군(양서류, 파충류, 포유류 등)이 다른 군으로 이행하는 사례는 생명 역사에서 여러 차례 일어났다.

고전학자이며 빅토리아 시대의 산문가이자 20세기 생물학의 입장에서 보면 영광스러운 시대 착오자였던 다시 웬트워스 톰프슨은 「성장과 형태에 관하여」라는 고전적인 논문에서 이러한 괴로움을 다음과 같이 토로한다.

> 하나의 기하학적 곡선은, 그것이 속하는 과(科)를 규정하는 기본 공식을 가지고 있다. …… 우리는 나선체를 타원체로, 또는 원을 빈도 곡선으로 '변형'시키는 따위의 일은 절대 생각하지 않는다. 그것은 동물의 형태에 관해서도 마찬가지이다. 우리는 어떤 단순하고 적절한 왜곡을 통해 무척추동물을 척추동물로 변형시키는 일을 절대 할 수 없고, 강장동물을 환형동물로 바꿀 수 없다. …… 자연은 하나의 유형에서 다른 유형으로 나아간다. …… 양자 사이의 간격을 메우는 징검다리를 찾으려는 노력은 영원히 그리고 헛되게 계속된다.

톰프슨의 해결 방법은 골드슈미트와 같았다. 다시 말해 이행은 이미 고도로 분화된 성체에서 일어나는 것이 아니라 훨씬 단순하고 유사한 배아들 사이에서 일어난다는 것이다. 불가사리를 생쥐로 변형시킬 수 있다고 생각하는 사람은 아무도 없을 것이다. 그러나 일부 극피동물과 원시 척추동물(protovertebrate)의 배아는 거의 흡사하다.

1984년은 다윈의 『종의 기원』이 발간된 지 125주년이 되는 해여서 1959년의 100주년 이래 처음으로 축하를 할 수 있는 구실이 생겼다. 이후 수년 사이에 우리의 '새로운 주장'이 독단이나 터무니없는 주장이 되지 않기를 바란다. 견고히 수호되어 온 점진론에 대한 선험적 선호가 사라지기 시작할 때에야 비로소 우리는 자연의 복잡성이 제공하는 여러 가지 결과의 다원성을 받아들일 수 있게 될 것이다.

19장

대용암 지대 논쟁

대개 일반인들을 위한 여행 안내서의 첫 문장은 사람들 사이에 널리 받아들여지는 정설(定說)을 가장 순수한 형태로 갖다 쓰는 것으로, 구미를 돋운다. ('그러나'로 시작되는 전문적인 서술이 섞이지 않은 그야말로 순수한 독단론이다.) 이를테면 미국 국립 공원국이 작성한 '치즈' 국립 공원 자동차 여행 안내서에 실린 다음과 같은 글을 읽어 보자.

이 세계와 그 속에 포함된 삼라만상은 여러 가지 변화가 이어지는 연속적인 과정에 놓여 있습니다. 우리가 살고 있는 세계에서 일어나는 대부분의 변화는 극히 미세한 것이어서 사람들의 주목을 끌지 못한 채 끊임없이 지나가고는 합니다. 그러나 그것들은 실제로 존재하는 것이며, 장구한 시간에 걸쳐 그 영향들이 누적되어 큰 변화를 일으킵니다. 만약 당신이 어느 협곡의 절벽 밑에 서서 사암 표면을 손으로 문질렀다고 가정해 보십시오. 그러면 수백 개나 되는 모래알이 떨어져 나옵니다. 그것은 하찮은 변화처럼 보이지만, 바로 그런 과정이 쌓여서 그 협곡이 형성된 것입니다. 여러 가지 힘이 모래알을 떼 내고 운반했기 때문입니다. 때로는 그 과정이 '대단히 빠르게' 진행되지만(당신이 사암을 문지른 때처럼), 보통은 그보다 훨씬 느린 속도로 진행됩니다. 충분히 긴 시간이 주어지기만 하면, 모래알을 한 번에 몇 개씩 문질러 떨어뜨리는 동작을 되풀이해서 산 하나를 무너뜨리거나 협곡을 만들 수도 있습니다.

지질학 초급 교과서를 읽는 듯한 느낌을 주는 이 소책자는 미세한 변화가 축적되어 큰 변화가 일어났다고 주장하고 있다. 협곡의 바위벽을 문지르는 내 손은 협곡 자체가 깎이는 속도를 보여 주는 적절한(아니 어쩌면 지나치게 효과가 큰) 예증인 셈이다. 지질학 현상의 무진장한 원천인 시간이 모든 기적을 일으키는 원동력이라는 것이다.

그러나 이 소책자의 세부 내용으로 눈을 돌리면, 우리는 아치들의 침식이 이루어진 전혀 다른 시나리오를 접하게 된다. 우리는 암반 위에 균형을 잡고 있던 '칩 오프 더 올드 블록(Chip Off the Old Block)'이라는 이름의 커다란 바위가 1975년과 1976년 사이의 겨울에 마침내 아래로 굴러 떨어졌다는 이야기를 잘 알고 있다. ('칩 오프 더 올드 블록'은 미국 아치스 국립 공원에 있는 유명한 쌍둥이 바위로, 한쪽이 침식되어 1975~1976년 겨울에 떨어졌다. — 옮긴이) 또한 장대한 스카이라인 아치(Skyline Arch)의 옛날과 현재의 모습을 보여 주는 사진에는 다음과 같은 설명이 붙어 있다. "지금까지 알려진 바로는 이 아치는 계속 그 상태를 유지하고 있었다. 그런데 1940년 말에 커다란 돌덩어리가 무너져 떨어지면서 스카이라인은 갑자기 그 이전 크기의 두 배가 되었다." 이 아치는 모래알들이 알아차릴 수 없을 만큼 미세하게 떨어져 나가는 과정을 통해서가 아니라, 이따금 일어난 돌연한 와해나 붕괴 등으로 형성된 것이다. 그런데 이 소책자를 작성한 필자들은 점진론적인 정설에 너무나 충실했던 나머지 서문에 소개한 이론과 자신이 설명하는 구체적 사실 사이에 모순이 있음을 알아차리지 못하고 있다. 3부에서 나는 점진론이 자연의 사실이 아니라 문화적으로 조건지워진 편견일 뿐이라고 주장했고, 속도 개념 역시 하나가 아니라 여럿임을 이야기했다. 단속적 변화는 적어도 감지할 수 없을 정도로 미세하게 이루어지는 축적만큼 중요하다. 이 장에서는 한 지방에 대한 지질학적 이야기를 하려고 한다. 그러나 그 주된 내용은 같은 메시지를 전달하고 있다. 즉 독단론의 가장 큰 폐해가 과학자들이 자연계에서 검증할 수 있는 반론을 미리 거부하게 만든다는 사실을 이야기하려는 것이다.

워싱턴 주 동부에는 광대한 지역에 걸쳐 화산성 현무암이 퍼져 있다. 이 현무암 지대에는 빙하기에 바람에 날려 온 입자가 가늘고 느슨하게 쌓여 형성된 두꺼운 황토 퇴적층으로 덮인 곳이 많다. 스포케인 시와 남쪽의 스네이크 강, 그리고 서쪽의 컬럼비아 강으로 둘러싸인 이 지역에는 장대하고 긴 수많은 수로들이 뻗어 있어 황토와 그 밑의 딱딱한 현무암을 깎아 내고 있다. 이 지방에서 '쿨리(Coulee)'라고 불리는 이 수로들은 빙하가 녹은 물이 흘렀던 통로였던 것 같다. 쿨리들은 최후까지 남아 있던 빙하의 남단 부근 지역에서 워싱턴 주 동부에 있는 2개의 큰 강으로 흘러들고 있기 때문이다. 이 '수로가 있는 화산 용암 지대(The Chanmeled Scablands)'(지질학자들은 이 지방 전체를 이렇게 부르고 있다.)는 다음과 같은 몇 가지 이유로 한편으로는 경외스럽고 다른 한편으로는 신비한 곳으로 알려져 있다.

1. 이 수로들은 일찍이 그것들을 분리시켰던 높은 분수령을 가로질러

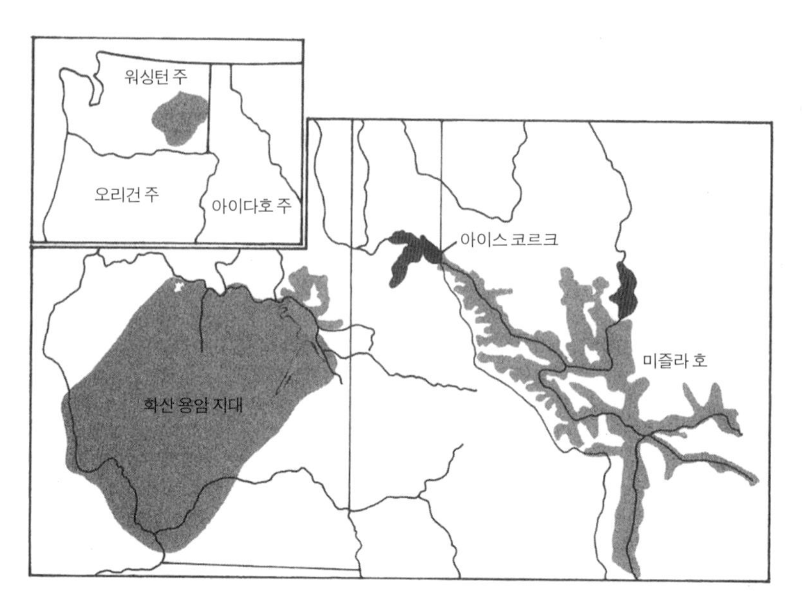

워싱턴 주 동부의 수로가 있는 화산 용암 지대.

연결되어 있다. 수로의 깊이는 수백 미터에 달하기 때문에, 이 정도 규모로 수로가 서로 합쳐진다는 것은 막대한 양의 물이 분수령을 넘어 흘렀음을 암시한다.

2. 과거에 이 수로에 물이 가득 차 있었음을 암시하는 또 다른 현상은 여러 지류들이 본류로 흘러 들어가는 쿨리 양편 지점에 다수의 현곡이 형성되어 있다는 점이다. (현곡(懸谷, hanging valley)은 오늘날의 본류 강바닥보다 높은 곳에서 본류에 합쳐지는 지류 수로이다.)

3. 쿨리를 형성하는 단단한 현무암은 깊게 패고 표면이 갈라져 있다. 이러한 형태의 침식은 흐름이 완만한 하천으로 인한 점진적 침식이라고 보기 힘들다.

4. 쿨리 가까운 곳에는 씻겨 내려가지 않은 황토로 이루어진 여러 개의 언덕이 솟아 있다. 그것들은 그물코 모양으로 교차하는 거대한 물결

속에 솟아 있던 섬들과 흡사하게 배열되어 있다.

5. 쿨리에는 하천성 현무암 자갈로 이루어진 불연속적인 퇴적물이 있는데, 이것은 그 지방의 것이 아닌 암석으로 이루어진 경우가 종종 있다.

제1차 세계 대전 직후, 시카고의 지질학자 J 할렌 브레츠가 이 이상한 지형을 설명하기 위해, 당시로서는 이단적이었던 가설을 주창했다. (여기서 조심해야 할 것은 J 다음에 마침표를 찍어서는 안 된다는 점이다. 자칫 실수라도 했다가는 그가 불처럼 화를 낼지도 모른다.) 브레츠는 수로가 있는 이 용암 지대가 빙하가 녹은 물로 일어난 단 한 차례의 거대한 홍수 때문에 단번에 형성되었다고 주장한 것이다. 이 국지적인 격변이 쿨리를 가득 채워 수백 미터 두께에 이르는 황토와 현무암을 깎아 낸 후 불과 며칠 후에 빠져나갔다는 것이다. 그는 1923년에 발간한 책을 다음과 같이 끝맺고 있다.

> 빙하의 해빙수는 콜롬비아 고원의 4800제곱킬로미터 이상의 면적에 걸쳐 범람해, 황토와 침니(沈泥)의 피복을 벗겨 냈다. 이 지역 중 3200제곱킬로미터 이상의 면적이 노출되었고, 침식된 암반 위로 새겨지듯이 수로가 형성되어 오늘날의 대용암 지대가 형성되었다. 또한 거의 1600제곱킬로미터에 걸쳐, 침식된 현무암에서 나온 사력층 퇴적물이 남아 있다. 그것은 컬럼비아 고원을 휩쓸고 지나간 **대홍수였다.**

브레츠의 가설은 지질학계에 큰 소동까지는 아니지만 한 차례 파문을 일으켰다. 브레츠가 학계로부터 고립되면서까지 자신의 격변 가설을 강하게 주장한 것을 마지못해 칭찬하는 사람도 있었지만, 처음에는 거의 아무런 지지도 받지 못했다. 미국 지질 탐사국(United States Geological Survey)으로 대표되는 '공식 기관'들은 그의 입장을 받아들이지 않았다. 그렇다고 그들이 더 나은 제안을 한 것은 아니었다. 그들도 이 용암 지대

지형이 가지는 특이한 성격을 인정했다. 그렇지만 그들은 점진론으로 설명할 수 있는 한 격변적인 원인에 호소해서는 안 된다는 도그마를 고수했다. 브레츠 홍수설의 나름대로의 장점을 찾으려는 노력은 하지 않고, 일반론에 비추어 그의 이론을 일축한 것이다.

1927년 1월 12일에 브레츠는 용감하게 호랑이 굴로 뛰어들었다. 워싱턴의 코스모스 클럽(Cosmos Club, 지질학자이자 군인이었던 존 웨슬리 파월(John Wesley Powell, 1834~1902년)이 만든 사교 모임. 유수의 정치가, 과학자, 지식인, 언론인 들이 회원이다. — 옮긴이)에서 열린 학술 회의에서 자신의 견해를 과감하게 피력했던 것이다. 그 회의에는 지질 탐사국 사람들도 다수 참가하고 있었다. 그 후 발간된 논평을 살펴보면, 이미 평자들의 마음속에 자리했던 점진론이 브레츠가 받은 냉담한 반응의 주된 원인임을 분명히 알 수 있다. 많은 반대자들의 논평 중에서 전형적인 몇 가지를 살펴보자.

W. C. 올던(W. C. Alden)은 이렇게 인정했다. "저처럼 이 고원을 실제로 조사해 본 경험이 없는 사람들에게는 그 현상에 대해 즉각 다른 설명을 제시하는 것이 쉬운 일은 아닙니다." 그럼에도 불구하고 그는 용감하게도 이렇게 계속했다. "두 가지 큰 난점이 있습니다. 첫째는 모든 수로가 단시간에 동시에 형성되었다고 보는 견해이고, 둘째는 엄청난 양의 물이 흘렀다는 것을 가정해야 한다는 견해입니다. …… 그러나 만약 이 지형이 형성되는 데 그것보다 적은 양의 물로도 충분하고, 더 긴 시간과 여러 차례의 홍수가 반복되었다고 가정한다면 문제는 훨씬 간단해질 것입니다."

20세기 들어 지질학계에서 점진론의 기수로 꼽히는 제임스 길룰리(James Gilluly, 1896~1980년)는 다음과 같은 말로 자신의 긴 논평을 끝맺고 있다. "특정 시점에 실제로 일어난 홍수가 현재 컬럼비아 고원에서 일어나는 정도, 또는 고작 두세 배 정도의 규모였다는 것은 지금까지 얻은 증거로 볼 때 부정할 수 없는 사실이라 생각됩니다."

E. T. 맥나이트(E. T. McKnight)는 사력층에 대해 또 다른 점진적인 대안을 제기했다. "저는 그 사력층이 컬럼비아 강이 전빙기, 빙하기, 후빙기에 걸쳐 이 지역 동쪽으로부터 이동하면서 생성된 지극히 일반적인 하상(河床) 퇴적물이라고 생각합니다."

G. R. 맨스필드(G. R. Mansfield)는 "그렇게 짧은 시간 동안 그 정도로 엄청난 과정이 현무암에 일어날 수 있었다."라는 사실에 의문을 나타냈다. 그 역시 좀 더 부드럽고 완만한 설명을 제기했다. "그 용암 지대는 빙하가 녹은 물이 상당히 장기간에 걸쳐, 때로는 그 위치와 유출 장소를 바꿔 가면서 흐름과 고임의 과정을 계속 반복한 결과로 형성되었다는 설명이 설득력이 높은 것 같습니다."

마지막으로 O. E. 마인저(O. E. Meinzer)는 "이 지역의 침식 상태는 서술이 불가능할 정도로 규모가 크고 기괴하다."라는 사실을 인정했다. 그러나 그렇다고 해서 점진론적 설명을 허용할 수 없는 정도는 아니었다. "현재 이 지역의 지형적 특성은 태고의 컬럼비아 강의 정상적인 흐름의 작용을 가정해도 충분히 설명할 수 있다고 생각합니다." 게다가 그는 대부분의 동료들보다 훨씬 대담하게 자신의 신념을 공언했다. "불가능하다고 생각될 정도로 많은 물을 필요로 하는 이론을 받아들이기 전에, 그 정도로 극단적인 가정을 끌어들이지 않고도 현재의 특성을 설명하기 위해 모든 노력을 기울여야 할 것입니다."

적어도 내 입장에서 보면 이 이야기는 해피엔딩으로 끝난다. 훗날 브레츠는 나중에 얻은 증거로 호랑이 굴에서 구출되었기 때문이다. 그 후 브레츠의 가설은 널리 알려져서 오늘날에는 거의 모든 지질학자들이 격변적인 홍수가 '수로가 있는 용암 지대'를 깎아 냈다고 믿는다. 그렇지만 브레츠 자신이 이러한 대홍수를 증명할 충분한 증거를 찾아낸 것은 아니었다. 그는 빙하가 스포케인까지 나아갔다는 사실은 알고 있었지만, 그를 포함해서 어느 누구도 그 엄청난 양의 물이 어떻게 그처럼 빠른 속도로 녹을 수 있었는지 상상할 수 없었다. 실제로 이러한 돌발적인 해빙이 일어난 메커니즘은 오늘날까지도 밝혀지지 않고 있다.

그 수수께끼의 해답은 다른 방향에서 나왔다. 지질학자들이 몬태나 주 서부에 얼음 댐으로 막혀 있는 엄청난 크기의 빙하호가 있었다는 증거를 발견한 것이다. 이 호수는 빙하가 후퇴하면서 댐이 파괴되는 과정에서 갑작스레 물을 방출했다. 그 물의 방수로는 수로가 있는 용암 지대로 바로 연결된다.

브레츠는 갑자기 몰려든 엄청난 양의 물의 근원에 대해 직접적인 증거를 제시하지는 않았다. 어쩌면 수로가 새겨지는 과정이 단번에 이루어진 것이 아니라 순차적으로 진행된 것인지도 모른다. 또 우리가 발견할 수 있는 수로의 망상(網狀) 합류점이나 현곡은 모든 것을 휩쓸어 버린 강한 흐름의 물이 아니라 완만하게 흐르는 물이 쿨리를 가득 채우고 있었음을 반영하는지도 모른다. 그런데 처음으로 이 용암 지대를 촬영한 뛰어난 항공 사진에서 지질학자들은 쿨리의 하상의 여러 영역이 최대 높이 7미터, 길이 130미터에 달하는 거대한 하상 연흔(河床漣痕, stream bed ripples, 파도와 수류의 작용으로 얕은 물의 바닥에 생긴 물결 모양의 무늬 — 옮긴이)으로 뒤덮여 있다는 사실을 알았다. 브레츠는 예일 대학교의 블래더볼(bladderball, 예일 대학교에서 거행되는 전통 경기에 사용되는 거대한 고무 풍선 — 옮긴이)에 올라탄 한 마리의 개미처럼 잘못된 척도로 생각하고 있었던 것이다. 그는 수십 년 동안 그 연흔 위를 걸어 다녔음에도 불구하고 너무 가까워서 그 전체 모습을 보지 못한 것이다. 그는 매우 정확하게 이렇게 쓰고 있다. "(그 연흔은) 무성한 산쑥으로 덮여 있는 지상에서는 식별하기 어려운 것이었다." 관찰이란 적절한 척도에서만 가능하다.

수력 공학자들은 특정 하상에 존재하는 연흔의 크기와 형태를 통해 그곳에 흘렀던 물의 특징을 추정할 수 있다. V. R. 베이커(V. R. Baker)는 그 용암 지대의 수로에 매초 최대 2만 2560세제곱미터의 물이 지나갔을 것으로 추측했다. 이 정도의 홍수라면 지름 10미터의 바위도 떠내려갈 정도라고 한다.

이 대목에서 나는 내 취향대로 이 이야기를 삼류 소설처럼 끝맺을 수도 있을 것이다. 즉 눈먼 교조주의자들로부터 억압받던 명민한 주인공이 당시 널리 받아들여진 견해에 굴하지 않고 초지일관 지조를 지켜 인내심 강한 설득과 압도적인 입증을 통해 드디어 승리를 거둔다. 이런 식의 이야기는 분명 타당하다. 즉 점진론에 대한 선입견이 브레츠의 격변설을 처음부터 배격했지만 결국은 (얼핏 생각하기에는) 브레츠가 옳았다. 그러나 그가 쓴 논문의 원본을 읽은 후, 나는 이 착한 사람 대 나쁜 사람의 줄거리는 더 복잡한 상황에 자리를 내주어야 함을 깨달았다. 브레츠의 논적들은 무지한 교조주의자가 아니었다. 그들은 분명 점진론에 대해 선험적인 선호를 가지고 있었다. 그러나 브레츠가 처음에 주장했던 격변적인 홍수 이론에 의문을 제기할 만한 충분한 이유를 가지고 있었다. 게다가 브레츠의 과학 연구 스타일이 그의 최초의 데이터로는 그가 적을 이길 수 없었음을 나타내고 있었다.

브레츠는 엄밀한 경험주의라는 고전적 전통에 따라 연구를 수행했다. 그리고 모험적인 가설이란 야외에서 오랫동안 끈질기게 정보를 수집함으로써만 세울 수 있다고 생각했다. 또한 그는 이론적인 논쟁을 피했고, 반대자들이 제기했던 타당한 개념상의 의문, 즉 그 정도로 많은 물이 어디에서 갑자기 흘러 나왔는가 하는 문제는 전혀 염두에 두지 않았다.

브레츠는 야외에서 얻은 침식의 증거를 끈기 있게 하나씩 하나씩 종합하는 방법으로 자신의 가설을 수립하려고 했다. 그러나 이상하게도 그는 자신의 이론에 일관성을 주는 데에 결핍된 한 가지 사안, 즉 홍수의 수원을 찾는 문제에는 전혀 관심을 기울이지 않았다. 물의 원천을 찾으려는 시도에는 직접적인 증거가 없는 추측이 개입되어야 했는데, 그것은 오로지 사실에만 의존하려고 한 브레츠의 연구 스타일에 위배되는 것이었다. 길룰리가 그에게 홍수의 수원이 빠졌다고 지적했을 때 브레츠는 단지 이렇게 대답했다. "수로가 있는 용암 지대에 대한 제 해석은 용암 지대의 여러 현상 자체에만 달려 있을 뿐이라고 생각하고 있습니다."

그렇다면 이렇듯 불완전한 학설이 반대자들을 설득시킬 수 있었던 이유는 무엇이었을까? 브레츠는 빙하의 남단이 갑자기 녹았다고 생각했지만, 그 정도로 급격한 해빙이 일어날 수 있다고 상상한 학자는 한 사람도 없었다. (브레츠는 가설적으로 얼음 밑에서 화산 활동이 있었음을 암시하기도 했지만, 길룰리의 반론에 부딪치자 곧바로 자신의 주장을 철회했다.) 브레츠가 고집스럽게 용암 지대에 머물고 있을 때 엉뚱하게도 몬태나 주 서부에서 해답이 나왔다. 1880년대 이후에 나온 문헌에 미즐라 빙하호에 대한 언급이 들어 있었다. 그러나 브레츠는 이 호수를 자신의 연구와 연관시키려 하지 않고 다른 방향에서 연구를 진행하고 있었다. 그의 논적들이 옳았다. 지금도 그 정도로 많은 양의 얼음이 어떻게 그처럼 빨리 녹을 수 있었는지는 아무도 모른다. 그러나 논쟁에 참여한 모든 참가자들이 공유한 이 전제는 틀린 것이었다. 물의 원천은 빙하가 아니라 물이었다.

상식적으로 생각할 때 '일어날 수 없는' 사건은 그것이 일어났다는 증거를 아무리 많이 축적하더라도 정당하게 평가되지 않는 경우가 많다. 어떻게 그런 현상이 일어날 수 있는지 설명 가능한 메커니즘이 필요하다. 대륙 이동설의 초기 지지자들도 브레츠가 경험한 것과 똑같은 어려움을 겪었다. 멀리 떨어져 있는 몇 개 대륙에서 발견되는 동물상과 암석이 나타내는 증거는 오늘날 우리에게 압도적인 것으로 생각되지만, 대륙 이동설이 제기된 초기에는 대륙을 움직이는 힘을 합리적으로 설명할 수 있는 이론이 없었기 때문에 큰 지지를 얻지 못했다. 대륙 이동이라는 개념이 수립된 것은 판 구조론이 이동의 메커니즘을 제공한 이후의 일이었다.

게다가 브레츠의 반대자들은 그의 가설의 이단적 성격만을 문제 삼은 것은 아니었다. 그들도 나름대로 몇 가지 구체적인 사실을 정리하고 있었고, 부분적으로는 그들이 옳았다. 처음에 브레츠가 홍수가 단 한 차례만 일어났다고 주장한 데 비해, 비판자들은 그 용암 지대가 단번에 형성된 것이 아님을 보여 주는 여러 가지 증거를 제시했다. 오늘날 우리는 미즐라 호가 빙하의 경계가 변동함에 따라 여러 차례 그 형태를 바꾸었다는 사실을 알고 있다. 브레츠 자신도 마지막 논문에서는 격변적인 홍수가 모두 여덟 차례 단속적으로 일어났다고 주장했다. 그의 논적들은 일시적인 확산을 보여 주는 증거에서 점진적인 변화를 추론했다는 점에서 잘못을 저지르고 있었다. 격변적인 사건들 사이에는 긴 휴지기가 있었는지도 모른다. 그러나 브레츠도 용암 지대의 형성 원인을 단 한 차례의 대홍수로 돌렸다는 점에서 오류를 범했다.

나는 겉만 번드르르하고 내용은 없는 권위자보다는 잘못을 저지르더라도 피와 살을 가진 인간적인 영웅을 더 좋아하다. 브레츠가 내 글에 불려온 것은 그가 실질적으로 아무런 의미도 없이 경직되고 구속적인 독단론에 맞서 싸웠기 때문이다. 그때까지 무려 1세기 동안 임금님은 벌거벗고 있었던 셈이다. 지질학에서 점진론의 대부격인 찰스 라이엘은 변화는 눈에 보이지 않을 정도로 느린 속도로 일어난다는 교의를 수립해서 많은 사람들을 감쪽같이 속여 왔다. 과거를 과학적으로 연구하기 위해서 지질학자들은 시대를 넘어선 자연 법칙의 불변성(균일성)을 중히 여겨야 한다는 그의 주장은 지극히 타당한 것이었다. 그런 다음 그는 여러 가지 과정의 속도에 관한 경험적인 주장을 펼칠 때에도 균일성을 적용해, 변화는 반드시 완만하고 착실하고 점진적으로 일어나며 큰 결과는 작은 변화의 축적을 통해서만 일어날 수 있다고 주장했다.

그러나 법칙의 균일성이, 특히 국지적인 규모로, 자연스럽게 일어나는 격변을 배제하는 것은 아니다. 이따금 돌발적이고 근원적인 일회성 변화가 에피소드처럼 일어나는 데에도 어떤 불변의 법칙들이 작용하고 있을 것이다. 어쩌면 브레츠는 이런 철학적인 모호함에는 전혀 관심을 기울이지 않았을지도 모른다. 아마도 그는 그런 생각을 도회지의 책상물림들이 늘어놓는 얼빠진 이야기 정도로 일축했을 것이다. 그렇지만 브레츠는 로마의 시인 호라티우스(Horatius, 기원전 65~8년)의 "*Nullius addictus jurare in verba magistri*(나는 어떤 대가의 말에도 충성을 맹세하지 않는다.)."라는 오래된 말을 모토로 삼아 살아갈 정도의 독립심과 진취성을 가진 인물이었다. 그 모토는 자주 과학의 지지를 받지만 실행되는 일은 좀처럼 없다.

이 이야기는 두 가지 즐거운 후일담을 남기고 끝나게 된다. 첫째, 수로가 있는 용암 지대가 격변적인 홍수의 작용을 나타낸다는 브레츠의 가설은 그가 연구한 국지적 지역의 한계를 훨씬 넘어서 풍부한 결실을 가져왔다. 서부 지방에서 다른 호수와 연결된 몇몇 용암 지대가 발견된 것이다. 그중에서도 특히 보네빌 호(Lake Bonneville)가 중요하다. 보네빌 호는 유타 주의 현재의 그레이트 솔트 호(Great Salt Lake)가 작은 웅덩이처럼 보일 정도로 거대했던 그 선조뻘 호수이다. 그밖에 여러 곳에서 적용 사례가 발견되었다. 또한 브레츠는 화성 표면에서 관찰되는 '수로'의 특징을 브레츠식의 격변적인 홍수를 상상하면 훌륭하게 설명할 수 있다고 생각하는 행성 지질학자들 사이에서 굉장한 인기를 얻었다.

두 번째로, 브레츠는 대륙 이동설이 망각 속에 묻혀 있는 동안, 그린란드의 빙원에서 행방불명된 알프레트 로타르 베게너(Alfred Lothar Wegener, 1880~1930년)와 같은 운명을 겪지 않았다. J 할렌 브레츠는 지금부터 60년 전에 독자적인 가설을 주창했지만, 살아 있는 동안 자신의 주장이 옳았음이 입증되는 기쁨을 누렸다. 이제 90세에 접어든 그는 아직도 건재하며(브레츠는 1981년에 세상을 떠났다. — 옮긴이), 그 어느 때보다도 자긍심과 자기 만족에 차 있다. 1969년에 그는 워싱턴 주 동부의 수로가 있는 용암 지대에 관한 반세기에 걸친 논쟁을 정리한 40쪽 분량의 논문을 발표했다. 그는 그 글을 이런 이야기로 끝맺고 있다.

> 국제 제4기 학회(International Association for Quaternary Research, 제4기는 신생대의 마지막 기로 홍적세와 충적세를 포함하는 250만 년 전에서 현재까지를 말한다. — 옮긴이)의 1965년 대회는 미국에서 개최되었다. 당시 예정된 여러 차례의 야외 여행 중 하나로 워싱턴 주의 북부 로키 산맥과 컬럼비아 고원을 방문하는 프로그램이 있었다. …… 그 여행은 …… 그랜드 쿨리(Grand Coulee)를 처음부터 끝까지, 퀸시 분지의 일부와 팰루즈 스네이크 용암 지대 분수령 대부분의 지역, 그리고 스네이크 협곡의 거대한 홍수 퇴적물을 횡단하는 것이었다. 필자는 참가할 수 없었지만, 다음날 '인사' 전보를 받았다. 그 전문은 "지금은 우리 모두가 격변론자입니다."라는 구절로 끝났다.

후기

이 기사가 《내추럴 히스토리》에 실린 후, 나는 그 사본을 브레츠에게 보냈다. 그는 1978년 10월 14일에 답장을 주었다.

> 친애하는 굴드 씨에게
>
> 최근 제게 보내 주신 편지는 대단히 기쁘게 받아 보았습니다. 제게 베풀

어 주신 이해에 심심한 감사의 뜻을 전합니다.

저는 제 선구적인 대용암 지대 연구가 많은 사람들에게 받아들여지고, 나아가 한층 더 발전했다는 사실에 무척 놀랐습니다. 저는 시종 제 자신이 옳다는 것을 알고 있었습니다만, 수십 년에 걸쳐 의심이나 반론을 받았기 때문에 감각적인 무기력이 생겼던 것 같습니다. 그러나 그 후 6월에 있었던 빅토르 베이커의 현장 여행이 제게 준 또 한 차례의 놀라움으로 저는 다시 깨어나게 되었습니다. 이럴 수가! 제가 어느새 지구 밖에서 일어나는 여러 가지 과정이나 사건에 관해 준권위자가 되어 있었던 겁니까?

이제 저는 더 이상 어찌할 수 없을 정도로 신체가 무기력해져서(저는 96세입니다.), 과거에 자신이 개척한 분야에서 다른 사람들이 열심히 연구에 매진하고 있다는 사실에 박수를 보낼 뿐입니다.

거듭 감사의 말씀을 전하고 싶습니다.

J 할렌 브레츠

1979년 11월에 열린 미국 지질 학회 연례 회의에서 이 분야 최고의 상인 펜로즈 메달(Penrose Medal)이 J 할렌 브레츠에게 수여되었다.

20장

쿼호그는 쿼호그

일찍이 토머스 헨리 헉슬리는 과학을 "상식(common sense)을 체계화시킨 것"이라고 정의했다. 그러나 당시 대지질학자 찰스 라이엘을 비롯해서 그와 반대되는 생각을 주장한 사람들이 있었다. 그들에 따르면 과학은 어떤 현상에 대한 '자명한(obvious)' 해석과 싸워야 하는 경우가 종종 있으며, 따라서 겉모습 뒤편에 숨어 있는 것을 파헤쳐야 한다는 것이다.

상식과 유망한 이론이 주는 압박 사이의 갈등을 해결하는 일반 법칙을 제시하는 것은 내 능력 밖의 일이다. 각 진영은 싸움에 승리하기도 하고 패배의 쓴맛을 보기도 했다. 그러나 여기서는 상식이 승리를 거둔 이야기를 해 보고 싶다. 이 이야기가 흥미로운 까닭은 일반적인 관점과 반대되는 것처럼 보이는 이론도 옳을 수 있기 때문이다. 그리고 그 이론이란 바로 진화론이다. 진화론과 상식이 갈등을 빚게 된 원인은 진화론 자체가 아니라, 흔히 범해지듯이 진화론에 대한 잘못된 해석에서 비롯한 것이다.

상식적인 견해에서 보면, 우리에게 친숙한 거시적 생물들의 세계가 우리가 종이라고 부르는 '꾸러미(package)'로 나타난다는 사실은 매우 당연하다. 새 관찰가들이나 나비 수집가들은 특정 지역의 표본이 비전문가들은 알아볼 수 없는 라틴 어 학명이 붙은 불연속적 단위들로 모두 분리된다는 사실을 알고 있다. 때로는 이 꾸러미에 이름표가 붙지 않은 경우도 있고, 다른 꾸러미와 병합된 것처럼 보이는 경우도 있다. 이런 사례는 매우 드물기 때문에 주목을 받고는 한다. 매사추세츠의 조류나 우리 집 뒷마당에 있는 투구벌레들은 숙달된 관찰자라면 누구나 동일한 방식으로 구분할 수 있는 각각의 종의 구성원인 것이다.

이러한 '자연적 종류(natural kinds)'를 의미하는 종의 관념은, 창조설에 근거하는 다윈 이전 시대의 교의에 훌륭하게 부합한다. 예를 들어 루이 아가시는 종을, 신의 존엄성과 신의 메시지가 우리가 감지할 수 있도록 구현된 신의 개별 의지라고까지 주장했다. 아가시는 이렇게 쓰고 있다. "(종이란) 신의 사고 방식을 나타내는 여러 범주들로서 신의 지혜에 의해 나뉜 것이다."

그러나 생물계를 불연속적인 여러 단위로 나누는 것이, 끊임없는 변화가 자연계의 가장 기본 사실이라고 공언하는 진화론에 의해 어떻게 정당화될 수 있을까? 다윈과 라마르크는 모두 이 문제와 씨름을 벌였지만 만족스러운 해답을 얻지 못했다. 두 사람은 모두 종에 '자연적 종류'라는 지위를 부여하기를 거부했다.

다윈은 이렇게 한탄했다. "우리는 앞으로 종이라는 것을 …… 단지 편의상 인위적으로 만들어진 조합으로 …… 다룰 수밖에 없을 것이다.

이것은 그다지 바람직한 전망은 아닐지 모르지만, 적어도 지금까지 알아내지 못했고 앞으로도 찾아낼 수 없는 종이라는 말의 본질에 대한 무익한 탐구로부터 해방될 수는 있을 것이다." 라마르크 역시 불평을 늘어놓았다. "자연학자들은 지금까지 기재된 엄청난 양의 종 일람표에도 성이 차지 않아서 이 목록을 한층 더 늘리기 위해 미묘한 차이나 사소한 특성 등을 잡아내 그 목록에 새로운 종을 기록하는 데 시간을 낭비하고 있다."

그런데 공교롭게도 다윈과 라마르크 두 사람은 모두 수백에 달하는 종을 명명한 뛰어난 분류학자이기도 했다. 다윈은 따개비에 관한 4권으로 이루어진 분류 전문서를 썼고, 라마르크는 화석 무척추동물에 관해서 그 세 배에 달하는 책을 발간했다. 두 사람 모두 이론적으로는 종의 실재성을 부정하면서도, 일상적인 연구에서는 종의 실체를 인정하고 있는 것이다.

이 딜레마에서 벗어날 수 있는 전통적인 방법이 한 가지 있다. 즉 끊임없이 변화하는 이 세계는 특정 순간의 형체만을 보면 정지한 것처럼 보일 만큼 느린 속도로 변화한다고 생각할 수 있는 것이다. 오늘날 우리가 발견할 수 있는 생물 종의 일관성은 시간의 흐름과 함께 그 생물들이 자손으로 바뀌면서 서서히 사라진다. 우리는 단지 "여인에게서 태어난 사람"에 관한 욥의 비탄을 떠올릴 따름이다. "피었다가 곧 시드는 꽃과 같이, 그림자같이, 사라져서 멈추어 서지를 못합니다." (「욥기」 14장 2절) 그러나 라마르크와 다윈은 이 해결책에도 만족할 수 없었다. 그들은 모두 광범위한 화석을 연구했고, 현재 세계를 분석하는 데 성공한 것처럼 진화하는 연속물을 서로 다른 많은 종으로 나누는 데에도 성공했기 때문이다.

한편 이 전통적인 도피처로 피신하는 것을 단호히 거부하고 모든 의미에서 종의 실재성을 부정한 생물학자들도 있었다. 분명 20세기의 가장 뛰어난 진화학자 중 한 사람이었을 존 버던 샌더슨 홀데인(John Burdon Sanderson Haldane, 1892~1964년)은 이렇게 쓰고 있다. "종의 개념은 우리의 언어학적 습관과 신경학적 메커니즘에 대한 양보이다." 한 동료 고생물학자는 1949년에 "종이란 …… 허구이고, 객관적 실재성을 갖지 않는 정신적 구축물에 불과하다."라고 단정했다.

그럼에도 불구하고 극소수의 예외를 제외하면 오늘날 전 세계에서 종이 분명히 식별 가능하다는 의견이 상식적으로 받아들여지고 있다. 대다수 생물학자들은 지질학적 시간에 걸친 종의 실재성은 부정하더라도 현시점에서의 지위는 인정하고 있다. 종과 종 분화에 관한 연구의 제일인자인 에른스트 마이어는 "종은 진화의 산물이지 사람의 머릿속에서 나온 것이 아니다."라고 말하고 있다. 마이어는 종이란 그 역사와 각 구성원 사이에서 흔하게 일어나는 상호 작용의 결과로 빚어지는 자연계에 '실재'하는 단위들이라고 주장한다.

종은 일정한 지리적 영역에 사는, 일반적으로 작고 따로 떨어져 있는 개체군으로 이루어진 선조 계통에서 가지쳐 나온다. 종은 그 구성원끼리는 서로 교배하지만 다른 종의 구성원과는 교배할 수 없을 정도로 서로 다른 유전 프로그램을 진화시켜 각기 나름의 독자성을 가진다. 동일 종의 구성원들은 공통의 생태적 지위(ecological niche)를 가지며 교배를 통한 상호 작용을 계속한다.

린네 식의 계층 구조에서 상위를 차지하는 단위들은 객관적으로 정의될 수 없다. 그것들은 다수 종의 집합이고 자연계에서 독자적인 실재성을 갖지 않기 때문이다. (그들은 서로 교배하지 않고 반드시 상호 작용할 필요도 없다.) 그렇지만 상위를 차지하는 이러한 여러 단위(속, 과, 목, 또는 그 이상의 단위)들이 임의적인 것은 아니다. 그것들은 진화적 계통학과 모순되어서는 안 된다. (즉 인간과 돌고래를 같은 목에 넣고, 침팬지를 다른 목에 넣는 식은 용납되지 않는다.) 그러나 이런 식의 서열 매기기는 어디에도 '정답'이 없는 관행상의 문제이기도 하다. 계통학에 따르면 침팬지는 인간과 가장 가까운 친척이다. 그러나 이들을 우리와 같은 속에 포함시킬 것인가, 아니면 같은 과의 다른 속에 넣을 것인가? 결국 종만이 자연계에서 유일한 객관적인 분류상의 단위인 것이다.

그러면 우리는 마이어를 따라야 하는가, 아니면 홀데인을 따라야 하는가? 나는 마이어의 견해를 지지한다. 물론 개인적인 견해이기는 하지만, 나는 설득력 있는 몇 가지 사실을 근거로 마이어의 견해를 강력하게 옹호하고 싶다. 반복 실험은 과학적 방법의 기초이다. 그럼에도 불구하고 자연계에서 단 한 번밖에 일어나지 않는 사실을 다루는 진화학자들은 반복 실험을 실천할 기회를 좀처럼 잡기 어렵다. 그러나 이 경우 종이 고유한 문화적 행위에 담겨 있는 정신적, 추상적 관념인지, 아니면 자연계의 '꾸러미'인지에 대해 유용한 정보를 얻을 수 있는 방법이 한 가지 있다. 완전히 독립적으로 살고 있는 여러 민족이 자신들의 지역에 살고 있는 생물을 어떻게 여러 단위로 나누는지를 조사하는 방법이 그것이다. 그리고 린네 식의 종으로 나누는 서양 분류법과 비서양 지역의 여러 민족들이 가진 '민속 분류법(folk taxonomies)'을 비교해 볼 수 있다.

비서양 지역에서의 분류법에 관한 문헌은 그리 많지 않지만 그것들은 상당한 설득력을 가지고 있다. 우리는 린네의 종과 비서양 지역의 동식물 이름이 놀랄 정도로 잘 대응한다는 사실을 종종 발견하게 된다. 다시 말해 각기 다른 문화들이 같은 꾸러미를 인식하는 것이다. 그렇다고 민속 분류법이 항상 린네의 종 목록 전체를 망라한다는 주장을 펼 생각은 없다. 어느 민족이든 대개 중요하거나 눈에 띄는 두드러진 생물이 아니면 빠짐없이 분류하지 않는 것이 보통이다. 예를 들어 뉴기니의 포레

(Fore) 족은 모든 나비를 하나의 이름으로 부른다. 그곳의 나비들은 그들이 린네의 종만큼이나 상세히 분류하고 있는 조류처럼 분명히 식별할 수 있음에도 불구하고 말이다. 마찬가지로 우리 집 뒷마당에 있는 투구벌레들은 대부분 미국인의 민속 분류법에서는 각각의 명칭이 없는 반면에, 매사추세츠 주의 새는 전부 고유한 이름을 가지고 있다. 민속 분류법이 남김없이 상세한 분류를 시도한 경우에만 린네의 분류 체계와 상응한다.

지금까지 여러 생물학자들은 현장 연구를 통해 이러한 현저한 대응성을 발견했다. 에른스트 마이어도 뉴기니에서의 경험을 이렇게 쓰고 있다. "40년 전에 나는 뉴기니의 산 속에서 파푸아 부족와 함께 생활한 적이 있었다. 이 훌륭한 숲 거주자들은 내가 식별한 137종의 새 중에서 136종에 대해 고유한 명칭을 가지고 있었다. (식별하기 어려운 두 종의 명금류만 혼동했다.) …… 석기 시대 생활을 하고 있는 사람들과 구미의 대학에서 훈련을 받은 생물학자가 자연계의 실체를 같은 것으로 인식하고 있다는 사실은 종이 인간의 상상력에서 온 것이라는 주장을 단호하게 반박한다." 1966년, 재레드 메이슨 다이아몬드(Jared Mason Diamond, 1937년~)는 뉴기니의 포레 족에 관한 훨씬 더 광범위한 연구를 발표했다. 포레 족은 그 지방에 서식하는 새의 모든 린네 종에 대응하는 나름의 명칭을 가지고 있었다. 게다가 다이아몬드가 7명의 포레 족 남자를 그들이 결코 본 적이 없는 새가 서식하는 다른 지방으로 데리고 가서 신기한 각각의 새와 가장 가까운 포레 명칭이 무엇인지 물었을 때, 그들은 130종 중 91종에 대해 서양의 린네 식 분류상 새로운 종에 가장 가까운 포레 명칭을 대었다. 다이아몬드는 다음과 같은 재미있는 이야기를 쓰고 있다.

포레 족의 조수 중 한 사람이 몸집이 크고 검고 날개가 짧은 지상성 새를 붙잡았는데, 그 새는 나는 물론이고 그도 지금까지 본 적이 없는 종류였다. 내가 그 새의 유연 관계를 알지 못해 궁금해하자 그 남자는 단번에 그 새가 '페테오베이에'라고 단언했다. 이것은 포레 족 뜰의 나무 위에서 자주 볼 수 있는, 몸집이 작고 갈색을 띤 아름다운 뻐꾸기의 이름이다. 결국 이 신기한 새가 멘벡스 쿠컬(Menbek's coucal, 쿠컬은 두견샛과에 속하는 새의 총칭이다. — 옮긴이)이라 불리는 종류임을 알았다. 이것은 뻐꾸깃과의 먼 친척뻘로 체형과 발의 특징, 그리고 부리의 형태에서만 차이가 났다.

생물학자들이 실시한 이 비공식 연구는 최근 뛰어난 자연학자이기도 한 인류학자들이 출간한 두 편의 상세한 논문에 의해 뒷받침되었다. 뉴기니에 살고 있는 칼람(Kalam) 족의 척추동물 분류에 관한 랠프 벌머(Ralph Bulmer, 1928~1988년)의 연구와, 멕시코의 치아파스 고원의 첼탈(Tzeltal) 족의 식물 분류에 관한 오버턴 브렌트 벌린(Overton Brent Berlin, 1936년~)의 연구(식물학자인 데니스 브리드러브(Dennis E. Breedlove, 1939년~), 피터 해밀턴 레이븐(Peter Hamilton Raven, 1936년~)과의 공저)가 그것이다. (나는 이 자리를 빌려 벌머의 연구를 내게 소개해 주고, 오랫동안 이러한 경향의 여러 주장을 제기해 준 에른스트 마이어에게 깊은 감사를 드린다.)

예를 들어 칼람 족은 여러 종류의 개구리를 식용으로 이용하는데, 그들이 사용하는 개구리의 명칭은 거의 대부분 린네 종과 1 대 1로 대응한다. 간혹 같은 이름을 여러 린네 종에 사용하는 경우도 있지만, 그럴 때에도 그 차이는 분명히 인식하고 있었다. 우리에게 정보를 제공하는 칼람 족 사람은 '구늠(gunm)'이라는 이름으로 불리는 두 가지 다른 종을 그 겉모습과 서식지로 쉽게(각각에 대한 표준 명칭은 없지만) 식별할 수 있었다. 때로는 칼람 족이 우리보다 뛰어난 경우도 있었다. 그들은 '힐라 베키(*Hyla becki*)'라는 서양 학명으로 잘못 불리던 청개구리속 개구리 두 종을

'카소지(kasoj)'와 '위트(wyt)'로 제대로 식별했다.

최근 벌머는 칼람 족인 이안 사엠 마즈네프(Ian Saem Majnep, 1948년~)와 협력해서 『우리 칼람 나라의 새들(*Birds of My Kalam Country*)』(1977년)이라는 주목할 만한 책을 발간했다. 그 책에 따르면 사엠이 정리한 명칭의 70퍼센트 이상이 서양 종과 1 대 1로 대응한다. 그밖의 경우에 그 칼람 족 주민은 2개 또는 그 이상의 린네 종을 동일한 칼람 종으로 묶으면서도 서양식 구별을 인정했고, 서양에서 한 종으로 다루는 것을 별개로 구별하면서도 그것의 일체성을 파악하고 있었다. (예를 들어 극락조의 특정 종은 수컷만이 훌륭한 날개를 가지고 있기 때문에, 그는 암수에 별개의 이름을 붙였다.) 사엠은 단 하나의 경우에만 린네 식 명명법과 일치하지 않는 방법을 사용했다. 그는 서로 다른 종의 극락조 황갈색 암컷에 같은 이름을 붙인 반면, 같은 종의 화려한 수컷에 서로 다른 이름을 붙였다. 이렇게 벌머는 포유류, 조류, 파충류, 개구리류, 그리고 어류 등에 걸친 174종의 척추동물의 목록 가운데 겨우 4개(2퍼센트)만 일치하지 않는다는 사실을 밝혀냈다.

한편 벌린, 브리드러브, 그리고 레이븐 세 사람은 1966년에 최초의 연구 성과를 발표해 민속 명칭과 린네 종이 일반적으로 1 대 1로 대응한다는 다이아몬드의 주장에 이의를 제기했다. 우선 그들은 첼탈 어의 식물명 중에서 고작 34퍼센트만이 린네 종과 대응한다는 사실을 내세웠으며, '잘못된 분류(misclassification)'로 간주된 엄청난 차이는 각 문화권의 고유한 명칭 사용과 관행을 잘 보여 준다고 주장했다. 그러나 몇 년 후 그들은 한 편의 매우 솔직한 논문에서 이전에 자신들이 했던 주장을 번복하고, 민속 명칭과 린네의 학명이 밀접하게 대응한다는 사실을 인정했다. 그들은 연구 초기에 계층 질서를 가지는 첼탈의 체계를 충분히 이해하지 못했고, 민속적인 기본 분류군을 체계화하는 과정에서 몇 가지 계층에 속하는 명칭들을 혼동했다. 게다가 벌린은 문화적 상대주의

(cultural relativism)를 옹호하는 일반적인 인류학적 선입견 때문에 잘못된 결론에 도달했음을 스스로 인정했다. 여기에 벌린이 자신의 입장을 바꾸겠다고 선언한 글을 직접 인용하겠다. 그것은 그의 잘못을 다그치기 위해서가 아니라 과학자들이 좀처럼 실행하려 들지 않는 행동을 찬미하기 위해서이다. (성실한 과학자라면 누구나 근본적인 쟁점에 관해서 생각을 바꾼 경험이 한 번쯤은 있을 텐데도 말이다.)

> 실제로 존재하는 생물들에 대한 사람들의 여러 분류 방법을 완전히 상대적인 것으로 보는 전통적 편견에 사로잡힌 많은 인류학자들은 대개 이런 종류의 발견을 받아들이기를 아주 꺼린다. …… 내 동료와 나는 과거에 쓴 논문에서 '상대주의'적인 관점에서 주장을 편 적이 있었다. 그 글을 발표한 후, 많은 데이터를 조사할 기회가 생겼기 때문에 지금 그런 상대주의적 입장은 진지하게 재검토되어야 한다고 생각한다. 오늘날 민속 분류법으로 인정되는 기본 분류 단위가 과학적으로 알려진 종과 긴밀히 대응한다는 사실을 알려주는 증거가 늘어나고 있다.

그 후 벌린, 브리드러브, 레이븐 세 사람은 『첼탈 족의 식물 분류 원리(*Principles of Tzeltal Plant Classification*)』(1971년)라는 제목으로 첼탈 족의 분류법을 자세히 논한 책을 발간했다. 그들이 펴낸 완벽한 목록에는 471개의 첼탈 명칭이 수록되어 있다. 그중에서 61퍼센트에 해당하는 281개의 명칭이 린네의 학명과 1 대 1로 대응한다. 17개를 제외한 나머지 명칭은 모두 저자들이 이야기하는 '불완전 분화(underdifferentiated)'된 명칭이다. 다시 말해 이 첼탈 명칭들은 복수의 린네 종을 지칭하고 있다는 뜻이다. 그러나 이 용어들의 3분의 2 이상이 기본 분류군 내에서 다시 세분하기 위한 보조 명명 시스템(subsidiary system of naming)을 사용하고 있고, 이 보조 명칭들은 모두 린네 종에 대응한다. 3.6퍼센트에 해당하는 17개의 명칭만이 린네 종의 일부를 가리키는 데 사용되어 '과분화(overdifferentiated)'를 나타낸다. 7개의 린네 종이 각기 2개의 첼탈 이름을 가지며, 1개의 종은 3개의 첼탈 명칭을 가지고 있다. 흔히 호리병박(bottle gourd)이라 불리는 '라게나리아 시케라나(*Lagenaria sicerana*)'가 그것이다. 첼탈 족은 호리병박을 실제 유용성을 기준으로 구별하고 있다. 하나의 이름은 토르티야(멕시코의 빵케이크의 일종. 옥수수 가루 반죽을 둥글고 얇게 펴서 철판이나 냄비에 굽는다. — 옮긴이) 용기로 사용되는 크고 둥근 열매를 가리키며, 또 하나의 이름은 액체를 붓는 데 쓰기 좋은 목이 긴 조롱박을 가리키고 세 번째 이름은 특별한 용도가 없는 작은 타원형 열매를 가리킨다.

또한 마찬가지로 흥미로운 두 번째 일반성이 이 민속적 분류법에 대한 연구에서 출현한다. 생물학자들은 오직 종만이 자연계의 참된 단위이고, 분류학상 종보다 더 높은 단계에 있는 명칭은 종을 어떻게 정리할지에 대한 인간의 결정을 말해 준다고 주장한다. (물론 이러한 분류는 진화적인 계통론과 일치해야 한다.) 그러므로 우리는 여러 종들의 그룹에 적용되는 명칭에 대해서 린네 식 학명과의 1 대 1 대응을 기대해서는 안 되며 지역적인 사용법이나 각각의 문화에 뿌리를 내린 다양한 체계를 기대해야 하는 것이다. 이러한 다양성은 민속적 분류법에 대한 연구에서 이루어진 발견과 일치한다. 여러 종으로 이루어진 그룹에는 몇 가지 진화 계통에 따라 따로따로 얻은 기본 형태가 포함되는 경우가 자주 있다. 예를 들어 첼탈 족은 수목, 덩굴식물, 화본과(禾本科)에 속하는 풀, 그리고 잎이 넓은 초본 식물과 대략적으로 일치하는 몇 가지 종으로 이루어진 그룹을 가리키는 포괄적 의미의 호칭을 4개 가지고 있다. 이 명칭들은 그들이 식별하는 식물 종류의 약 75퍼센트에 적용된다. 한편 옥수수, 대나무, 용설란 등 그밖의 식물들은 그 그룹에 '끼지' 못했다.

몇 가지 종을 묶어서 그룹으로 분류하다 보면 문화가 가지는 미묘하면서도 포괄적인 특성이 잘 반영되는 경우가 종종 있다. 예를 들어 뉴기니의 칼람 족은 파충류 이외의 네발을 가진 척추동물을 세 가지 부류로 나눈다. 즉 쥐류는 '코퍄크(kopyak)', 진화적으로 이질적이고 비교적 몸집이 크고 수렵의 대상이 되는 포유류(대개 유대류와 설치류가 여기에 속한다.)는 '큼(kmn)', 그보다 더 이질적인 개구리류와 소형 설치류를 '아스(as)'로 분류한다. (벌머가 몇 번이나 물어보아도 칼람 족은 '아스' 안에 개구리류와 설치류의 아(亞)구분은 없다고 말했다. 그러나 그들은 '아스'에 속하는 것들 가운데 몸집이 작고 털투성이인 동물이 '큼'에 속하는 설치류와 형태상 서로 유사하다는 점은 인정했다. 그러나 별로 중요하게 여기지 않았는지 이것을 크게 문제 삼지 않았다. 또한 그들은 어떤 종류의 '큼'은 주머니(pouch)를 갖지만 다른 '큼'은 갖지 않는다는 사실도 알고 있었다.) 이러한 분류법은 칼람 족 문화의 기본 성격을 반영하고 있다. '코퍄크'는 배설물이나 인가 근처의 쓰레기 등 불결한 것과 연관된다고 생각하여 식용으로는 전혀 이용하지 않는다. '아스'는 주로 여자와 아이들이 채집한다. 대부분의 남자는 그것을 먹고 몇몇은 채집하기도 하지만, 통과 의례를 거치는 소년들과 주술을 하는 성인 남자들은 '아스'에 속하는 동물을 먹지 못하도록 금지된다. '큼'은 주로 남자들이 사냥한다.

마찬가지로 새와 박쥐는 모두 '야크트(yakt)'라 불리며, 단 한 가지 몸집이 크고 날지 못하는 화식조만이 예외로 '코브티(kobty)'라고 불린다. 칼람 족은 '코브티'에게도 새의 특징을 인정하고 있으니 이렇게 구별한 데에는 겉모습만이 아닌 더 깊고 복잡한 이유가 있다. 벌머의 주장에 따르면, 화식조는 삼림에서 최상급에 속하는 사냥감이며, 칼람 족은 타로토란(taro, 토란의 원종 — 옮긴이)과 돼지로 대표되는 농경 생활과 판다누스 열매와 화식조로 대표되는 숲 속 생활 사이에서 정교한 문화적 대조를 유지하고 있다고 한다. 또한 화식조는 신화에서 인간의 형제로 간주된다.

우리는 자신들의 민속적 분류법에서 통용되는 유사한 관습을 계속 유지하고 있다. 식용 연체동물은 '조개'이지만, 린네 식의 종은 모두 공통의 이름을 가지고 있다. 내가 뉴잉글랜드의 바닷가에서 비공식적인 학술 용어인 '클램(clam, 대합조개)'이라는 말을 모든 쌍각류 연체동물에 사용했을 때, 그 고장의 어부(그에게 '클램'은 오직 우럭(*Mya arenaria*, 껍데기가 얇은 달걀형의 식용 패류 — 옮긴이)만을 지칭하는 말이었다.)로부터 "쿼호그(quahog, 대합의 일종 — 옮긴이)는 쿼호그, 클램은 클램, 가리비는 가리비!"라고 힐난받았던 일을 나는 지금도 생생하게 기억하고 있다.

민속 분류법이 제시하는 이러한 증거는 오늘날 상당한 설득력을 갖는다. 생물을 린네 식의 종으로 분류하려는 경향이 우리 모두에게 고정 배선되어 있는 신경학적 정형을 반영하는 것이 아닌 한(이런 주장은 흥미롭기는 하지만 상당히 의심스럽다.), 생물계는 어떤 근본적인 의미에서 진화로 인해 탄생한 합당한 별개의 묶음으로 나뉜다. (물론 나는 어떻게든 사물을 분류하려는 인간 성향이 우선 우리의 뇌와 그 뇌가 선조로부터 이어받은 능력, 그리고 복잡성에 질서가 부여되고 의미를 갖게 되는 일정한 방법 등과 어떤 관계를 가지고 있다는 사실을 부정할 생각은 없다. 나는 단지 생물을 린네 종으로 분류하는 일정한 절차가 자연 자체에서 기인하는 것이 아니라 단지 우리의 마음에서 기인하는 것은 아닌지 의문을 제기할 뿐이다.)

그렇다 하더라도 별개의 문화에서 똑같이 인식되는 린네 종은 그 순간의 일시적인 구성물, 즉 끊임없이 유동하며 진화 계통상 거칠 수밖에 없는 작은 간이역에 지나지 않는 것일까? 나는 17장과 18장에서 진화란 일반적인 생각과는 달리 이런 식으로 진행되지 않으며, 종이란 특정 시점에서 구별할 수 있을 정도로 시대에 걸친 '실재성'을 가진다고 주장했다. 화석 무척추동물의 종들은 평균적으로 500만 년 내지 1000만 년가량 존속한다. (육생 척추동물 종의 생존 기간은 평균적으로 이것보다 짧다.) 이 기간 동안 그들은 근본적인 면에서 거의 변하지 않는다. 그리고 처음 나타날 때와 마찬가지로 후손 없이 멸종해 간다.

일반적으로 새로운 종은 선조 종의 개체군 전체가 천천히 점진적으로 변형되어 탄생하는 것이 아니라, 오랫동안 변하지 않은 선조의 줄기에서 갑자기 작은 가지가 분리되는 식으로 나타난다. 이러한 종 분화의 빈도와 속도에 대한 서로 다른 견해는 최근 들어 가장 뜨거운 진화론 논쟁 중 하나이며, 대다수 동료 학자들은 대부분의 종이 분열을 통해 탄생하기 위해서는 수백 년에서 수천 년이 걸린다고 생각하고 있는 것 같다. 이 기간은 우리의 일상 생활과 비교해 볼 때는 무척 길게 여겨질지 모르지만, 지질학적 관점에서 보면 두꺼운 지층에 걸쳐 연속적으로 나타나는 것이 아니라 한 장의 얇은 층 속에 화석 기록으로 나타날 뿐이다. 그 정도의 기간이라면 지질학적 척도에서는 일순간과 같다고 할 수 있다. 만약 어떤 종들이 수백 년 내지 수천 년에 걸쳐 나타나서 그 후 수백만 년 동안 거의 변화하지 않고 존속한다면, 그 종이 출현하는 데 걸린 시간은 그 종의 존속 기간 전체의 1퍼센트에도 미치지 않는 극히 짧은 시간에 불과하다. 그러므로 이러한 종은 시간의 흐름 속에서 볼 때에도 불연속인 실체로 간주되어도 좋을 것이다. 보다 높은 수준에서의 진화는 기본적으로는 이러한 종 수준에서의 여러 가지 차등적인 번영에 대한 이야기이지 각 계통의 느린 변형의 이야기가 아니다.

두말할 필요도 없이 지질학적인 일순간에 하나의 종과 우연히 마주치는 일이 있다 해도 우리는 그 종을 식별할 수 없을 것이다. 그러나 어떤 종이 이런 상태에서 발견될 가능성은 극히 드물다. 종은 처음 생성될 때에는 대단히 짧은 기간을 거치고 불명료한 상태에 있지만 일단 완전한 형성이 이루어진 다음에는 매우 안정적인 실체가 된다. (반면 소멸할 때에는 그렇게 불명료하지 않다. 그 이유는 거의 모든 종이 다른 종으로 변화하지 않고 깨끗이 사라지기 때문이다.) 과거에 영국의 정치가 에드먼드 버크(Edmund Burke,

1729~1797년)가 다른 맥락에서 이런 이야기를 한 적이 있다. "낮과 밤의 경계에 명확한 선을 그을 수 있는 사람은 아무도 없지만, 빛과 어둠은 누구나 쉽게 구별할 수 있다."

진화론은 유기체의 변화에 대한 이론이다. 그러나 많은 사람들이 생각하듯이 끊임없는 유동이 피할 수 없는 자연계의 상태이거나, 생명체의 구조는 한순간의 일시적인 구현에 지나지 않는다는 식의 이론은 옳지 않다. 변화는 완만하고 일정한 속도로 연속적으로 이루어지기보다는 하나의 안정된 상태에서 다음의 안정된 상태로 빠르게 이행하는 경우가 많다. 우리는 조직화되고 적절히 구별된 세계에 살고 있다. 종은 자연의 형태학의 한 단위인 것이다.

6부

최초의 생물

21장

첫 출발

"티티푸의 그 무엇보다 존귀한 귀족"이라는 직함을 가진 푸바(POOH-BAH)는 자신의 가문에 "상상할 수 없을 정도로 높은" 자부심을 가지고 있었다. 그는 뇌물을 쓰면 좋겠지만 비용이 무척 많이 들 것임을 암시하면서 난키푸(Nanki-Poo)에게 이렇게 말했다. "우리 선조가 원형질 속의 근원적인 원자 구체에까지 거슬러 올라갈 수 있다는 것만 말씀드리면 이해하실 수 있을 겁니다." (아서 세이모어 설리번(Arthur Seymour Sullivan, 1842~1900년)의 오페라 「미카도, 또는 티티푸 마을(The Mikado, or Town of Titipu)」에 나오는 대사. 배경은 일본이고, 음유 시인 난키푸가 결혼을 하기 위해 이 마을에 와서 겪는 이야기를 그렸다. — 옮긴이)

인간의 자존심이 이 정도로 깊은 뿌리를 가졌다면, 1977년 말은 인간의 자부심이 매우 풍부한 결실을 맺은 시기였다. 1977년 11월 초 남아프리카에서 원핵생물의 화석이 발견되었다는 소식이 전해짐으로써 생명의 역사는 34억 년 전까지 거슬러 올라갔다. (세균과 남조류를 포함하는 원핵생물은 모네라계(Monera)라는 분류군을 구성한다. 이 생물들의 세포에는 세포 기관, 즉 핵과 미토콘드리아가 모두 없기 때문에 지구상의 생물들 중에서 가장 단순한 형태로 간주된다.) 2주일 후에 일리노이 대학교의 한 연구팀은 이른바 '메탄 생성 세균(methane-producing bacteria)'은 다른 모네라류와 유연 관계가 없으며, 하나의 독자적인 '계(界, kingdom, 분류의 최상 단계로 일반적으로 식물계, 동물계, 곰팡이계, 원생생물계, 원핵생물계의 다섯 가지로 구분된다. — 옮긴이)'를 형성한다는 이론을 발표했다.

이를테면 진짜 모네라가 34억 년 전에 생존했다면, 모네라와 새롭게 '메타노겐(methanogen)'이라고 명명된 이 미생물의 공통 선조가 존재했던 연대는 이들보다 훨씬 더 앞선 것으로 추정된다. 지구에서 가장 오래된 암석으로 보이는 그린란드 서부 '이수아 표성암(Isua Supracrustal)'이 38억 년 전의 것이니 지구 표면에 생명체가 살 수 있는 환경이 조성되고 나서 생명 자체가 등장하기까지 걸린 시간은 극히 짧았을 것으로 추측된다. 생명은 있을 법하지 않은 일을 확실한 것으로 전환시키는 데에, 즉 구성 요소가 단순했던 지구의 초기 대기에서 가장 정교한 메커니즘을 한걸음씩 착실히 구축해 나가는 데 엄청난 시간을 필요로 하는 복잡한 사건이 아니다. 오히려 생명은 매우 복잡한 것이지만, 아마도 발생이 가능해지자마자 급속하게 나타났을 것이다. 아마도 생명은 석영이나 장석의 출현이 불가피했던 것과 마찬가지로 필연적인 결과로 나타났을 것이다. (지구의 나이는 약 45억 년이지만, 생성된 후 용융과 반용융의 상태를 거치다가 아마도 그린란드 서부의 연속 지층이 퇴적하기 조금 전에야 비로소 단단한 지각을 갖게 되었을 것으로 보인다.) 이러한 이야기가 《뉴욕 타임스》의 1면을 장식했고, '퇴역 군인의 날

(11월 11일)'을 위한 사설을 쓰게 만들었다는 사실은 놀랄 일이 아니다.

20년 전, 나는 대학 진학을 준비하기 위해 콜로라도 대학교에서 여름을 지낸 적이 있었다. 여름에도 꼭대기가 눈으로 덮인 산봉우리와 '속보로 걷도록' 재촉했다가 나귀의 화를 돋군 일 등 여러 가지 재미있는 추억이 있었지만, 그중에서도 가장 즐거웠던 일은 조지 월드(George Wald, 1906~1997년)의 "생명의 기원"이라는 제목의 강의였다. 그는 사람들에게 전염될 정도로 강력한 매력과 열정을 발산하면서, 1950년대에 발전해 최근까지 정설로 군림해 온 생명계의 전체상을 조망해 주었다.

월드의 관점에서 보면 생명의 자연 발생적인 기원은 지구의 대기와 지각, 그리고 태양계에서 지구가 차지하는 위치와 크기에서 비롯된 불가피한 결과였다. 그럼에도 불구하고 월드는 생명이 상상할 수 없을 정도로 복잡하기 때문에 단순한 화학 물질에서 생명이 발생할 때까지는 틀림없이 장구한 시간이 걸렸을 것이라고 주장했다. 즉 그 후에 벌어진 DNA 분자에서 고등한 딱정벌레(아니면 생명의 사다리에서 어떤 위치의 생물을 입맛대로 골라도 무방하다.)에 이르는 진화 역사 전체보다 더 긴 시간이 필요했다는 것이다. 그렇게 발전하기 위해서는 수천에 달하는 단계를 거쳐야 하며, 모든 단계는 그 이전의 단계를 필요로 하며 결코 그 자체로는 이루어질 수 없었다. 장구한 시간만이 그 결과를 보증할 수 있을 뿐이었다. 시간만이 있을 법하지 않은 일을 피할 수 없는 일로 바꾸기 때문이다. 내게 100만 년이라는 시간이 허용된다면, 동전을 100번 던져 100번 모두 앞이 나오는 경우가 적어도 한 번 이상은 있을 것이다. 월드는 1954년에 이렇게 썼다. "실로 시간은 음모의 주역이다. 우리가 다루어야 할 시간은 20억 년이라는 거대한 규모의 것이다. …… 그 정도의 시간이 주어진다면, '불가능한' 것이 가능해지고 가능한 것은 사실상 거의 확실한 무엇이 된다. 기다리기만 하면 된다. 시간 자체가 기적을 일으키니까."

이러한 정통적 관점은 고생물학에서 얻은 직접적 데이터로 검증할 필요도 없이 그대로 굳어졌다. 6억 년 전 캄브리아기 '대폭발' 이전 시대의 화석이 크게 부족하다는 사실은 내 전문 분야에서는 어쩔 수 없는 장벽이기 때문이다. 실제로 선캄브리아기의 생명계를 이야기해 주는 최초의 명백한 증거는 월드가 생명의 기원에 관한 이론을 세운 바로 그해에 발견되었다. 하버드 대학교의 고생물학자 엘소 버그혼(Elso Barghoorn, 1915~1984년)과 위스콘신 대학교의 지질학자 스탠리 앨런 타일러(Stanley Allen Tyler, 1906~1963년)는 슈피리어 호 북안의 약 20억 년 전 암석인 건플린트 층(Gunflint Formation)의 규산질 퇴적암에서 일련의 원핵생물 화석을 발견했다고 보고했다. 그러나 건플린트 층과 지구의 기원 사이에는 아직도 25억 년이라는 간격이 가로놓여 있었고, 25억 년의 기간은 조지 월드가 주장하는 완만하고 착실한 구축이 이루어지기에 충분한 시간이었다.

그러나 생명의 기원에 관한 우리의 지식은 계속 고대로 거슬러 올라간다. 스트로마톨라이트(stromatolite, 녹조류의 활동으로 생긴 박편 모양의 석회암 — 옮긴이)라 불리는 적층(積層) 구조를 나타내는 탄산염 퇴적물이 남로디지아의 26억 년 전과 28억 년 전 사이의 블라와요 통(統, Bulawayan Series, 통은 계의 하위 단위로, 지질 시대의 세(世, epoch)에 해당하는 지층을 가리킨다. — 옮긴이)에서 발견되었는데, 그 적층 구조는 퇴적물을 붙잡아서 고정시키는 오늘날의 남조류 매트에서 볼 수 있는 패턴과 똑같다. 버그혼과 타일러가 건플린트 화석을 발견하자 선캄브리아기 화석에 대한 믿음에 덧씌워졌던 이단이라는 의구심이 사라졌다. 그 후 스트로마톨라이트가 생물의 기원이라는 견해는 널리 받아들여졌다. 그 후 10년이 지난 1967년, 버그혼과 제임스 윌리엄 스코프(James William Schopf, 1941년~)는 남아프리카의 피그 트리 통(Fig Tree Series)에서 '남조상(藍藻狀)'과 '세균상(細菌狀)'

생물의 화석을 발견했다고 보고했다. 이로써 생명계는 지구의 역사 대부분의 기간을 통해 서서히 형성되었다는 정통적인 사고 방식이 무너지기 시작했다. 1967년 당시에 알려진 연대에 따르면, 피그 트리 통의 암석은 31억 년 이상 전의 것이라고 생각되었기 때문이다. 스코프와 버그혼은 공식적인 라틴 어 학명을 붙여 자신들의 발견물에 위엄을 부여하려고 했지만, 그 발견물 자체가 가지는 특성(남조상과 세균상이라는 특징)은 그들이 가지고 있던 의구심을 잘 드러내고 있었다. 실제로 훗날 스코프는 증거라는 저울이 이 구조물이 생물적 성격을 가지고 있다는 견해를 지지하지 않는 쪽으로 기울었다고 결론지었다.

따라서 34억 년 전에 이미 생명이 존재했다는 최근의 뉴스는 전혀 새로운 발견이 아니다. 그것은 피그 트리 통에서 나타난 생명계의 상태에 관한 10년에 걸친 논쟁이 도달한 하나의 정점에 지나지 않는다. 앤드루 허버트 놀(Andrew Herbert Knoll, 1951년~)과 버그혼이 얻은 최신의 증거도 피그 트리 통의 규산질 퇴적암에서 나온 것이다. 그러나 현재 그 증거는 결정적인 것에 가깝다. 게다가 최근 확인된 연대는 이 지층이 지금까지의 것보다 더 오래된 34억 년 전의 것임을 가리키고 있다. 실제로 피그 트리 통의 규산질 퇴적암은 태고의 생명체가 발견되기 알맞은 가장 오래된 암석인지도 모른다. 그것보다 오래된 그린란드의 암석은 열과 높은 압력으로 지나치게 변성되어 생물의 화석을 보존하기 힘들다. 놀은 내게 아직 조사되지 않은 로디지아의 규산질 퇴적암 중에는 36억 년 전의 것도 있을지 모른다고 이야기해 주었다. 그러나 진정으로 열성적인 과학자라면 자신들의 난해한 관심사가 다른 사람들의 공감을 불러일으키고 어느 정도 탄탄한 지지를 얻을 때까지 정치적인 선언을 보류해야 할 것이다. 또한 나는 생명체의 증거를 가지고 있을 것으로 생각되는 가장 오래된 암석에서 그런 증거가 발견되었다는 사실은, 생명이 도저히 있을 법하지 않은 완만하고 점진적인 방식으로 발전했다는 사고 방식을 버리게 만든다고 생각한다. 분명 생명은 지구가 생명체를 부양할 수 있을 정도로 냉각되자마자 갑자기 발생했을 것이다.

피그 트리 통에서 발견된 새로운 화석은 그 이전에 발견된 화석보다 훨씬 설득력이 있다. "더 새로운 연대의 암석에서 발견되었다면, (그것들은) 아무런 주저 없이 해조류의 미화석(microfossil)이라고 불렀을 것이다." 라고 놀과 버그혼은 말했다. 이러한 해석은 다음과 같은 다섯 가지 논거를 바탕으로 한다.

1. 이 새로운 구조물은 현재의 원핵생물의 크기 범위 안에 있다. 버그혼과 스코프가 기술한 그 이전의 구조물은 매우 컸다. 훗날 스코프는 그것이 생물일 가능성을 스스로 부인했다. 지나치게 큰 것이 그 이유였다. 평균 2.5마이크로미터(1마이크로미터는 100만분의 1미터)의 지름을 가지는 새로운 화석의 평균 부피는 오늘날 무생물로 간주되는 그 이전 구조물의 약 0.2퍼센트에 불과하다.

2. 현존하는 원핵생물의 개체군은 크기에서 특징적인 빈도 분포를 나타낸다. 그 분포도는 전형적인 종 모양 곡선을 이루는데, 평균 지름이 최빈값을 이루고 그보다 크거나 작은 지름은 차차 그 수가 작아진다. 따라서 원핵생물의 개체군은 특징적인 평균 크기(앞에서 이야기한 가장 높은 지점)를 가질 뿐만 아니라 이 평균값을 중심으로 특징적인 변이 패턴을 나타낸다. 새롭게 발견된 미화석은 제한 범위 내에서(1~4마이크로미터까지) 훌륭한 종 모양 분포를 보인다. 그것에 비해 이전에 발견된 보다 큰 구조물은 훨씬 폭넓은 변이를 나타내며 강한 평균값도 없다.

3. 새롭게 발견된 구조물은 건플린트와 선캄브리아기 후기의 원핵생물과 놀랄 만큼 흡사해서 "어떤 것은 가늘고 길며, 어떤 것은 납작하고 주름이 져 있거나 접혀 있는 등 다양한 모습을 띠고" 있다. 이러한 겉모

습은 현존하는 원핵생물이 죽은 후에 보여 주는 변화의 특징에 해당한다. 앞서 발견된 더 큰 구조물은 슬프게도 구형이었다. 구는 표면적을 최소로 만드는 가장 표준적 형태이기 때문에, 여러 가지 무생물적 과정에서도 쉽게 관찰될 수 있다. 이를테면 물방울을 보라.

4. 이 네 번째 증거가 가장 설득력이 크다. 새로 발견된 미화석의 4분의 1 정도는 지금까지 여러 세포 분열 단계에서 발견되어 왔다는 것이다. 세포 분열이 한창 진행 중인 현장에서(*in flagrante delico*) 발견된 비율이 너무 높다고 생각하는 사람이 있다면, 나는 원핵생물이 약 20분마다 분열하며 그 과정을 완료하는 데 수분이 걸린다는 점을 말해 주고 싶다. 따라서 하나의 세포가 2개의 딸 세포를 만들기 시작하는 데 그 생애의 4분의 1을 사용한다고 생각해도 좋을 것이다.

5. 형태에 근거한 지금까지의 네 가지 논거만으로도 내게는 충분히 설득력이 있어 보이지만, 놀과 버그혼은 그밖에 몇 가지 생화학적 근거를 덧붙였다. 단일 원소의 원자는 다른 무게를 가진 여러 가지 다른 형태를 띠는 경우가 종종 있다. 동위 원소라 불리는 이러한 이형들은 같은 수의 양성자를 갖지만 중성자의 수는 서로 다르다. 동위 원소 중에는 방사능을 띠거나 다른 원소로 자연 발생적으로 붕괴하는 것도 있으며, 긴 지질 시대를 통해 변화하지 않고 존속할 정도로 안정성이 뛰어난 것도 있다. 탄소에는 중요한 두 종류의 안정된 동위 원소가 있다. 양성자와 중성자를 각각 6개씩 가지는 C^{12}와 6개의 양성자와 7개의 중성자를 가지는 C^{13}이 그것이다. 생물이 광합성으로 탄소를 고정할 때에는 가벼운 동위 원소 C^{12}가 선택적으로 사용된다. 따라서 광합성으로 고정되는 탄소의 C^{12}/C^{13}의 비율은, 예를 들어 다이아몬드 같은 무기 탄소에서의 그것보다 크다. 더구나 이 두 가지 동위 원소는 모두 안정적이기 때문에 그 비율은 시간이 흘러도 변하지 않을 것이다. 피그 트리 통에서 발견된 탄

소의 C^{12}/C^{13}의 비율은 무기적인 기원으로 보기에는 지나치게 크고, 광합성을 통해 고정되는 탄소의 범위 내에 있다. 그렇다고 이 사실 자체가 피그 트리 통에 생명체가 있음을 확증하는 증거는 아니다. 가벼운 탄소는 다른 방법으로도 선택적으로 고정될 수 있기 때문이다. 그러나 생화학적으로 얻어지는 이 추가적인 근거가 크기와 분포, 그리고 세포 분열 등의 증거와 결합해서 설득력 있는 이야기를 구성하는 것이다.

34억 년 전에 원핵생물이 충분히 확립되었다면, 생명의 기원을 찾기 위해서 우리는 얼마나 더 과거로 시간을 거슬러 올라가야 하는 것일까? 이미 앞에서도 지적했듯이 지구상에서는 이것보다 더 오래된 적당한(또는 적어도 사용 가능한) 암석이 알려지지 않았기 때문에, 화석이라는 직접적인 증거를 바탕으로 삼는 한, 현재로서는 더 이상 과거로 추적해 들어갈 수 없다. 그 대신 신문의 일면을 장식할 만한 또 하나의 기삿거리로 주의를 돌리기로 하자. 그것은 메타노겐이 세균이 아니라 모네라(세균과 남조류)와는 구별되는 새로운 '계'를 대표하는지도 모른다는 문제 제기이다. 그런데 그들의 보고서 내용은 크게 왜곡되어 전달되고 있다. 특히 1977년 11월 11일자 《뉴욕 타임스》의 사설은 가장 두드러진 경우이다. 그 사설은 식물과 동물이라는 기본적인 이분법이 무너졌다고 선언하고 있다. "어린아이들은 모두 생물이 동물 아니면 식물이라는 식의, 포유류 동물이 모두 수컷과 암컷으로 나뉘어지는 것만큼이나 보편적인 이분법을 배운다. 그런데 …… 지금 우리는 지구상에 '제3의 계', 즉 동물도 식물도 아닌 전혀 다른 범주에 속하는 생물에 대해 알게 된 것이다." 그러나 실제로 생물학자들은 이러한 '기본적인 이분법'을 이미 오래전에 폐기했다. 오늘날 생물학자들 중에서 단세포 생물을 그동안 전통적으로 복잡한 생명체로 인정되어 온 이 2대 집단에 포함시키려는 무모한 시도를 벌이는 사람은 아무도 없다. 요즈음 가장 흔하게 사용되는 것은 식물, 동물, 균류, 원생생물(핵, 미토콘드리아, 그밖의 세포 기관을 갖춘 아메바와 짚신벌레를 포함하는 단세포 진핵 생물), 그리고 원핵생물인 모네라의 다섯 가지 계로 이루어진 분류 체계이다. 만약 메타노겐의 중요성이 조금 더 널리 인정된다면 제6의 계를 이루어, 모네라계와 함께 '원핵생물'이라는 '초계(超界, superkingdom)'를 구성할 것이다. 오늘날 대부분의 생물학자들은 동물이냐 식물이냐가 아니라 원핵생물이냐 진핵 생물이냐의 구분이 생명계를 나누는 가장 근본적인 칸막이라고 생각하고 있다.

그런데 칼 리처드 워스(Carl Richard Woese, 1928~2012년)의 연구진(Fox, et al., 1977 참조)은 비교를 위해 10개의 메타노겐과 3개의 모네라로부터 공통의 RNA를 분리해 냈다. (DNA가 RNA를 만들고, RNA는 단백질 합성의 원형이 된다.) DNA와 마찬가지로 한 가닥의 RNA는 연속되는 뉴클레오티드로 이루어진다. 4개의 뉴클레오티드 중 어느 하나가 특정한 위치를 차지하면, 3개의 뉴클레오티드로 이루어지는 각 집단이 하나의 아미노산을 결정한다. 그리고 단백질은 서로 연결된 사슬 모양으로 배열된 아미노산으로 완성된다. 한마디로 말해서 이것이 바로 '유전 암호'인 것이다. 오늘날 생화학자들은 RNA의 염기 서열을 결정하는 단계, 즉 RNA 가닥에 있는 각각의 뉴클레오티드 배열 전체를 순차적으로 해독할 수 있는 단계까지 발전했다.

원핵생물(메타노겐, 세균, 그리고 남조류)은 최초의 생명이 탄생할 무렵에 틀림없이 공통 선조를 가졌을 것이다. 그렇다면 원핵생물은 모두 과거의 어느 한 시점에 같은 RNA 염기 배열을 가지고 있었던 셈이다. 따라서 현재 발견되는 차이는 모두 원핵생물의 계통수의 줄기가 여러 갈래 가지로 갈라진 후에 이 공통 선조의 염기 서열에서 방산하여 발생했기 때문이다. 만약 분자 수준의 진화가 일정한 속도로 이루어졌다면, 현재 어느 두 종류 사이에 나타나는 차이의 정도는 그들 계통이 공통의 선조,

즉 두 종류가 같은 RNA 배열을 공유하고 있는 가장 최근의 선조에서 각각 다른 모습으로 분열하는 데 걸린 시간의 길이를 직접 기록하고 있을 것이다. 예를 들어 어떤 두 종류의 생물이 동일한 위치에서 10퍼센트 차이를 가진다면 뉴클레오티드는 10억 년 전에 분기했음을 말해 주고, 그 차이가 20퍼센트라면 20억 년이라는 식으로 갈라져 나온 시간 길이를 말해 준다는 것이다.

워스와 그의 연구진은 10종류의 메타노겐와 3종류의 모네라에서 각각 한 쌍의 종을 선택해 RNA 차이를 측정함으로써 계통수를 세웠다. 이 계통수는 2개의 큰 가지로 나뉜다. 하나는 메타노겐 전체, 다른 하나는 모네라 전체이다. 그들은 가장 큰 차이를 나타내기 위해 그 집단 중에서(예를 들어, 대장균 대 자유 생활 남조류 같은 식으로) 3종의 모네라를 선택했다. 그럼에도 불구하고 각 모네라끼리는 모네라와 가장 흡사한 일부 메타노겐과의 유사점보다 더 큰 유사성을 띠고 있었다.

이러한 결과에서 얻을 수 있는 가장 단순한 해석은 메타노겐와 모네라가 공통 선조로부터 나온 별개의 진화 집단이라는 것이다. (그 이전까지 메타노겐은 세균으로 분류되었다. 즉 이들은 통일성 있는 하나의 실체로 인식되지 않았고, 각각의 메타노겐은 각각 독립적인 계통, 즉 메탄을 생성하는 능력을 향해 수렴 진화해 온 각각 다른 진화적 사건들의 집합으로 간주되어 왔다.) 이러한 해석은 메타노겐이 모네라와 별개이며, 제6의 계로 인정되어야 한다는 워스의 주장을 뒷받침해 주고 있다. 생존 가능한 모네라가 34억 년 전 또는 더 오래전 피그 트리 통의 시대에 이미 진화했다면, 메타노겐과 모네라의 공통 선조는 그 이전에 나타났어야 한다. 따라서 생명의 기원은 지구 자체의 시발점을 향해 더 멀리까지 거슬러 올라갈 수 있을 것이다.

워스와 그의 연구팀도 인정했듯이, 이 단순한 사고 방식이 그들의 연구 결과에 대한 유일하게 가능한 해석은 아니다. 우리는 그 해석과 똑같은 정도로 그럴듯한 가설을 두 가지 더 세울 수 있다. ① 그들이 사용한 3종의 모네라는 그 집단 전체를 충분히 대표하지 않을 수도 있다. 어쩌면 다른 모네라의 RNA 배열은 모든 메타노겐이 서로 다른 것과 마찬가지로 이 3종의 모네라와 다를지도 모른다. 그렇다면 메타노겐을 모든 모네라와 함께 단일한 대집단에 포함시킬 수 없다. ② 진화 속도가 거의 일정했다는 가정이 옳지 않을 수도 있다. 어쩌면 메타노겐은 모네라의 주류 집단이 공통 선조로부터 분기한 훨씬 후에 모네라의 어느 한 가지에서 파생된 것인지도 모른다. 그렇다면 이러한 초기의 메타노겐은 이후 모네라의 각 집단이 서로에게서 분기하는 속도보다 훨씬 빨리 진화했을지도 모른다. 만약 그렇다면 어떤 메타노겐과 모네라의 RNA 배열에서 큰 차이가 나타나는 것은 초기의 메타노겐이 빠른 속도로 진화했음을 기록할 뿐이지, 모네라 자체가 그것보다 작은 여러 하부 집단으로 분열하기 전에 모네라와 메타노겐의 공통 선조가 있었음을 기록하는 것은 아니라는 뜻이다. 진화가 어느 정도 일정한 생화학적 속도로 진행되기만 하면, 생화학적 차이의 총량은 분기가 일어난 시기를 정확히 기록해 줄 것이다.

그러나 또 다른 관점에서 보면 워스의 가설을 매력적인 면이 있고 강력하게 지지하고 싶게 만든다. 메타노겐이라는 생물은 혐기성(嫌氣性)으로 산소가 있는 곳에서는 살 수 없다. 그러므로 오늘날 메타노겐은 산소를 남김없이 소모한 소택지 밑바닥이나 옐로스톤 국립 공원에 있는 깊은 온천 바닥처럼 특이한 환경에서만 서식한다. (메타노겐은 수소를 산화시켜 이산화탄소를 메탄으로 환원시키는 과정을 통해 살아간다. 메타노겐이라는 이름도 그 때문에 붙여진 것이다.) 오늘날 초기 지구와 그 대기에 대한 연구에서 견해 차이를 좁히지 못하고 있는 가운데 한 가지 일반적 합의에 도달한 내용이 있다. 최초의 대기에는 산소가 없었고 이산화탄소가 풍부했으며, 이런 조건에서 메타노겐이 급속도로 널리 퍼지게 되었고, 그런 조건 때문에 지구상 최초의 생명체가 진화할 수 있었다는 것이다. 오늘날의 메타노겐은 원래 지구 표면의 전반적인 조건에 부합하도록 진화했지만, 그 후 대기 중에 산소가 증가하면서 지금은 극히 제한된 환경으로 내몰리게 된 지구상 최초의 생물상일까? 우리는 현재 대기 중에 있는 유리 산소(free oxygen)가 대부분 생물의 광합성 작용의 산물이라고 생각하고 있다. 그런데 피그 트리 통의 생물은 이미 활발하게 광합성을 하고 있었다. 따라서 메타노겐의 황금 시대는 피그 트리 통의 모네라가 나타나기 훨씬 전에 이미 지나 버렸는지도 모른다. 이 추측이 사실로 입증된다면, 생명은 피그 트리 통의 시대보다도 훨씬 이전에 발생한 셈이 된다.

요약하자면 지금 우리는 가장 오래된 암석에서 생명의 직접적인 증거를 보고 있는 셈이다. 그리고 상당히 확실한 추론에 따라 메타노겐의 광범위한 생태적 분포는 광합성을 하는 모네라류보다 먼저 이루어졌다고 생각할 만하다. 분명 생명은 지구가 그것을 지탱할 수 있을 정도로 냉각한 직후에 발생했을 것이다.

어쩔 수 없이 내 개인적 편견을 반영하고 있을 결론적인 생각이 두 가지 있다. 첫째, 나는 주체 문제를 포함하지 않는 대주제인(이 점에서는 오직 신학만이 우리를 능가할 수 있을 것이다.) 우주 생물학(exobiology)의 열렬한 팬이기 때문에, 지금까지 우리가 상상해 온 이상으로 지구와 같은 크기, 위치, 구성을 가지는 다른 행성들에 생명이 존재할지도 모른다는 생각에 열광한다. 나는 지구의 생명계가 유일무이하지 않다는 개념에 큰 확신을 가지고 있으며, 전파 망원경을 이용해 다른 행성의 문명을 탐색하는 데 더 많은 노력이 경주되기를 바라고 있다. 이것을 위해 해결해야 할 어려움은 무수히 많지만, 만약 긍정적인 결과가 얻어진다면 그것은 인류 역사에서 가장 위대한 발견이 될 것이다.

둘째, 오늘날에는 신뢰를 잃었지만 그전까지 정설로 받아들여졌던 주장, 즉 생명이 서서히 발생했다는 주장이 그처럼 강고하게 전체적 합의를 얻은 이유는 도대체 무엇일까? 그 관점이 그만큼 합리적으로 보인 이유는 무엇일까? 그 주장을 뒷받침해 주는 직접적인 증거는 전혀 없다.

이 책 이외의 여러 글에서 되풀이 주장했듯이, 나는 과학이 진리를 향하도록 설계된 객관적인 기계가 절대 아니며, 열정과 갈망, 문화적 편견 등으로부터 영향을 받는 뭇 인간 활동의 전형이라는 관점을 강력히 지지한다. 문화에 얽매인 사고의 전통은 과학 이론에도 짙은 그림자를 드리우고 있으며, 특히 (지금 우리가 문제 삼고 있는 주제처럼) 상상이나 선입견을 제약하는 데이터가 거의 존재하지 않을 때 억측이라는 방향으로 끌려가는 경우가 종종 있다. 나 자신의 영역에 관해서 말하자면(17장, 18장 참조), 나는 점진론이 "*Natura non facit saltum*." 즉 "자연은 결코 비약하지 않는다."라는 오래된 모토를 통해 고생물학에 가해 온 강력하고 불행한 영향에 깊이 각인되었다. 점진론, 즉 변화란 완만하고 착실하게 일어나는 것이라는 개념을 암석에서 직접 판독할 수 있는 경우는 결코 없다. 그것은 공통된 문화적 편견이거나, 또 부분적으로는 혁명의 소용돌이에 휘말린 세계에 대한 19세기 자유주의의 반응을 반영할 뿐이다. 그러나 그것은 대개 객관적이라 생각되는 우리의 생명 역사 읽기를 지속적으로 왜곡시키고 있다.

그렇다면 점진론적인 가정을 통해서 생명의 기원에 관한 그밖의 어떤 해석을 내릴 수 있을까? 지구의 원시 대기의 성분에서 DNA 분자까지는 거쳐야 할 엄청난 단계가 가로놓여 있다. 그러므로 수십억 년에 걸쳐 한 번에 한 걸음씩 나아가는 식으로 무수한 중간 단계를 건너며 힘들게 진행되어 왔다는 설명이 제공된 것이다.

그러나 내가 읽는 생명의 역사는 일련의 안정적인 상태들이, 급속하게 발생하면서 다음 안정기를 수립하는, 큰 사건들로 인해 이따금씩 단속되는 것이다. 원핵생물은 캄브리아기의 '대폭발'이 있기까지 30억 년 동안 지구를 지배했다. 캄브리아기 폭발 이후 약 1000만 년 이내의 기간 동안 다세포 생물의 가장 중요한 설계들이 나타났다. 그 후 약 3억 7500만 년이 지난 다음, 무척추동물에 속하는 약 절반의 과가 수백만 년이라는 기간을 거치면서 멸종해 버렸다. 지구 역사는 잘 변하지 않는 완고한 계가 하나의 안정된 상태에서 다음 안정된 상태로 나아가면서 이따금씩 맥동하는 일련의 움직임으로 모형화할 수 있다.

물리학자들은 원소들이 대폭발(big bang)이 일어난 최초의 수분 동안 한꺼번에 생성되었을 가능성이 있으며, 그 후 수십억 년의 기간은 이 격변적인 창조의 산물들을 다시 섞는 과정에 지나지 않는다고 말한다. 생명은 그 정도로 급격하게 발생한 것은 아니지만, 나는 그 후 계속된 기간에 비한다면 극히 짧은 시간 동안 발생했을 것이라고 생각한다. 그러나 그 후에 일어난 DNA의 뒤섞임과 진화 과정은 최초의 산물을 단순히 재순환한 것에 불과하다고만은 할 수 없다. 그 과정은 경외로운 무언가를 만들어 냈기 때문이다.

22장

늙은 미치광이, 랜돌프 커크패트릭

악명(惡名)을 남기지도 못한 채 망각 속으로 사라지는 것이 괴짜에게 주어진 흔한 운명이다. 만약 이 책의 독자(해면동물을 전공하는 전문 분류학자가 아닌 독자)들 중에 랜돌프 커크패트릭(Randolph Kirkpartick, 1863~1950년)이 누구인지 아는 사람이 있다면 나는 조금 놀랄 것이다.

표면적으로 커크패트릭은 남 앞에 나서기 꺼려하고 언행이 온화하고 헌신적이지만 얼마쯤은 편벽하다고 할 만한 전형적인 영국인 자연학자였다. 그는 1886년부터 1927년에 은퇴할 때까지, 대영 박물관에서 '하등(lower)' 무척추동물의 부(副)관리관으로 근무했다. (나는 항상 간단명료하고 정확한 어휘를 사용하려는 영국인의 기호, 예를 들어 미국인들이 좋아하는 엘리베이터(elevator)나 어파트먼트(apartment)라는 말 대신에 리프트(lift)나 플랫(flat)을 사용하는 기호에 감탄해 왔다. 미국에서는 박물관 소장품 관리자를 부를 때 라틴 어 명칭을 그대로 사용해서 큐레이터(curator)라고 부르지만, 영국인들은 그냥 '키퍼(keeper)'라고 부른다. 그러나 가을을 나타내는 말로 영국인들이 '오텀(autumn)'을 쓰는 데 비해, 미국인들은 '폴(fall)'이라는 말을 계속 지키고 있다는 점에서 조금 더 낫다.) 커크패트릭은 처음에 의학으로 연구 경력을 시작했지만 여러 차례 질병과 씨름을 벌인 후 자연학의 세계에서 '비교적 평탄한 생애'를 보내기로 결심했다. 그는 표본을 찾아 세계를 두루 여행하면서 87세까지 살았다. 그런 점에서 그는 현명한 선택을 한 셈이다. 그가 세상을 떠나던 해인 1950년의 마지막 수개월 동안에도 그는 런던의 번화가에서 자전거 페달을 밟고 있었다.

커크패트릭은 연구 경력 초기에 해면동물에 대한 분류를 주제로 한 매우 탄탄한 연구 결과를 발표했지만, 제1차 세계 대전 이후에 발간된 학술 잡지에서 그의 이름은 거의 찾아보기 힘들다. 그의 후계자들은 추도문에서 커크패트릭이 중도에 연구를 그만둔 원인을 "이상적인 공무원"으로서 행동하기 위해서였다고 보고 있다. "그는 극단적일 정도로 겸손하고 친절하고 관대했고, 동료와 외국에서 온 교환 연구원들에게도 협조를 아끼지 않았다. 그가 자신의 연구를 완성하지 못한 것은 아마도 다른 사람들의 연구를 도와주기 위해서라면 언제라도 자신이 하던 일을 기꺼이 중단할 정도로 지나치게 친절했기 때문일 것이다."

그러나 커크패트릭의 이야기는 그렇게 단순하지도, 그리고 전해지는 것처럼 전혀 오점이 없는 것도 아니다. 실제로 그는 1915년에 자신의 연구에 대한 발표를 중단하지 않았다. 그는 모든 학술지가 게재를 거부한 자신의 일련의 연구 결과를 자비로 출판하기로 방침을 바꾸었을 뿐이다. 커크패트릭은 20세기에 한 전문 자연학자(커크패트릭에 뒤지지 않을 만큼 중후한 대영 박물관 관리관)가 발표했고 오늘날에는 완전히 상식이 되어 버린 학설 중에서도 가장 주변적인 이론을 전개하는 데 자신의 연구 생활의 나머지 기간을 몽땅 쏟아부은 것이다. 나는 그의 '화폐석 생물권(貨幣石生物圈, nummulosphere)' 이론에 가해지는 이러한 일반적인 평가에 반론을 제기할 생각은 없지만 그의 입장을 강하게 변호하고자 한다.

1912년, 커크패트릭은 모로코 서부의 마데이라 군도에 속한 포르토 산토 섬 앞바다에서 해면류를 채집하고 있었다. 어느 날 한 친구가 해발 300미터 고도의 산 정상에서 주운 몇 개의 화산암 조각을 그에게 건넸다. 커크패트릭은 훗날 자신의 대발견에 대해 이렇게 기술했다. "그 암석들을 확대경으로 주의 깊게 조사한 결과 놀랍게도 모든 암석에서 화폐석의 흔적이 발견되었다. 이튿날 나는 암석 파편이 발견된 장소에 직접 가 보았다."

오늘날 화폐석(Nummulite, 신생대 제3기에 속하는 고등 유공충의 화석 — 옮긴이)은 지금까지 생존한 유공충(아메바와 근연 관계인 단세포 생물로 단단한 껍데기를 갖기 때문에 화석으로 발견되는 경우가 많다.) 중에서 가장 큰 것으로 알려져 있다. 화폐석은 그 이름에서 알 수 있듯이 동전과 비슷하다. 그 껍데기는 지름 2.5~5센티미터의 평평한 원반이다. 이 원반은 일렬로 배열된 다수의 소실(小室, 동식물 체내에 있는 공동(空洞) — 옮긴이)로 이루어져 있고, 그 열은 전체적으로 소용돌이 모양으로 단단하게 감겨진 형상을 하고 있다. (그래서 이 껍데기는 동그랗게 감은 밧줄을 그대로 축소한 모습처럼 보인다.) 화폐석은 신생대 제3기 초기(약 5000만 년 전)에는 지구상에 번성했기 때문에 이 생물의 껍데기로만 이루어진 암석도 있을 정도였다. 이런 암석을 '화폐석 석회암'이라고 부른다. 카이로 부근에는 화폐석이 지면에 흩어져 있는 지역이 있어서, 고대 그리스의 지리학자 스트라본(Strabon, 기원전 63/64~기원후 24년)은 이 화폐석을 대피라미드를 건설하던 노예들이 급식으로 먹다 남긴 렌즈콩이 석화(石化)된 것이라고 추측하기도 했다.

그 후 커크패트릭은 마데이라로 돌아갔고 그곳의 화성암에서도 화폐석을 '발견'했다. 지구의 구조에 관해서 이것보다 더 과격한 주장은 상상하기조차 힘들다. 화성암은 화산 분화로 만들어지거나 지구 내부에서 용융한 마그마가 냉각되어 형성된다. 따라서 화성암에 화석이 들어 있을 수는 없다. 그런데 커크패트릭은 마데이라와 포르토 산토 화성암이 화폐석을 함유하고 있을 뿐만 아니라 거의 화폐석으로 구성되어 있다고까지 주장했다. 그렇다면 '화성암'은 지구 내부에서 나온 용융된 물질로부터 만들어진 것이 아니라, 해저에 침전된 퇴적물이어야 하는 셈이다. 그는 이렇게 쓰고 있다.

> 포르토 산토 섬 거의 전체, 즉 건물, 포도즙 짜는 기구, 토양, 그밖의 대부분이 화폐석을 함유하고 있다는 사실을 발견한 후 나는 문득 '에오조온 포르토산툼(*Eozoon portosantum*)'이라는 학명이 이 화석에 어울릴 것이라는 생각이 들었다. (다음 장에 에오조온에 대한 설명이 나온다. 그 뜻은 '여명(黎明)의 동물'이다. ― 굴드) 마데이라의 화성암 역시 화폐석으로 이루어져 있다는 사실을 알게 되었을 때, 나는 에오조온 아틀란티쿰(*Eozoon atlanticum*)이라는 이름이 더 어울릴 것이라고 생각했다.

이제 그 무엇도 커크패트릭을 막을 수 없었다. 그는 세계 여러 지방에서 채취한 화성암을 조사하고 싶어 안달이 나서 황급히 런던으로 돌아왔다. 모두 화폐석으로 이루어져 있다! "어느 날 아침, 나는 북극 지방의 화산암을 에오조온을 함유한 암석에 추가했고, 같은 날 오후에는 태평양, 인도양, 그리고 대서양의 화산암을 그 목록에 덧붙였다. 자연스럽게 에오조온 오르비스테라룸(*Eozoon orbis-terrarum*)이라는 명칭이 떠올랐다." 마지막으로 운석을 조사한 후 그는 모든 것이 화폐석이라고 추측하게 되었다.

커크패트릭이 자비 출판한 『화폐석 생물권(*The Nummulosphere*)』의 표지. 이 표지에 대해서 그는 이렇게 설명하고 있다. "표지 디자인은 둥근 물의 구 위에 올라탄 넵튠을 나타내고 있다. 그의 삼지창의 한 창날은 원반형 화폐석 모양을 한 화산암 덩어리를 뚫고 있고, 오른손에는 운석을 들고 있다. 이러한 상징은 넵튠의 영토가 땅을 다스리는 주피터뿐만 아니라 하늘을 다스리는 주피터의 영역까지 확장되었으며, 주피터의 권위를 상징하던 번개가 실제로는 넵튠에게 속한다는 것을 의미한다. …… 넵튠의 번개는 그의 영유권의 정당성에 감히 반기를 드는 경솔하고 무지한 작자들의 머리 위로 내려칠 모든 준비를 마쳤다."

만약 에오조온이 전 세계를 손에 넣은 후, 정복할 더 넓은 세계를 찾지 못해 한숨을 쉬었다면 그 운명은 알렉산드로스 대왕을 능가했을 것이다. 왜냐하면 알렉산드로스 대왕과는 달리 그 염원이 실현되었기 때문이다. 화폐석의 제국이 우주 공간으로 확장되었다는 사실이 판명되었을 때, 마지막으로 그 학명을 에오조온 우니베르숨(*Eozoon universum*)으로 바꿀 필요가 분명해졌다.

커크패트릭은 명쾌한 결론, 즉 지구 표면에 있는 모든 암석(우주에서 날아온 것까지를 포함해서)이 화석으로 이루어졌다는 결론을 내리는 데 조금도 주저하지 않았다. "이 암석들이 원래 생물적 본성을 가지고 있었다는 것은 내게 너무도 자명하다. 왜냐하면 나는 거기에서 유공충의 구조를 발견할 수 있기 때문이다. 때로는 그 구조가 대단히 명료하게 나타나기도 한다." 커크패트릭은 저배율 확대경으로 화폐석을 발견할 수 있다고 주장했지만, 지금까지 그의 주장에 동의한 사람은 아무도 없었다. "화성암을 비롯해서 그밖의 모든 종류의 암석에 관한 내 견해에 많은 사람들이 의혹을 품었지만, 그것은 전혀 놀랄 일이 아니다."라고 그는 썼다.

내가 어느 정도 확실하게 커크패트릭이 조금쯤 착각에 빠져 있었다고 말하더라도, 이미 제도권에 자리잡은 독단론자로 나를 배격하지 않기를 바란다. 그는 자신의 이론을 지키기 위해 상당한 노력을 기울여야 했다고 고백한다. "때로는 앞에서 이야기한 세부 사항들을 실제로 보았다는 사실을 스스로에게 확신시키기 위해 몇 시간씩 암석 파편을 면밀히 조사해야 했다."

그렇다 하더라도 도대체 그는 지구의 역사를 어떻게 생각했기에 지각이 완전히 화폐석으로 이루어져 있다는 이론에 도달하게 된 것일까? 커크패트릭은 생명계의 역사 초기에 화폐석이 껍데기를 갖춘 최초의 생물로 출현했다고 주장했다. 그가 그 생물에 대해 에오조온이라는 학명을 사용한 것은 바로 그런 이유 때문이었다. 실제로 에오조온이라는 이름은, 1850년대에 캐나다의 대지질학자 존 윌리엄 도슨(John William Dawson, 1820~1899년)이 지구상 가장 오래된 암석에서 발견된 화석 생물에 처음 붙인 이름이었다. (오늘날 에오조온은 흰 방해석과 녹색 사문석이 번갈아 층을 이룬 무기 구조물로 알려져 있다. 더 자세한 내용은 23장을 참조하라.)

커크패트릭은 생명 탄생의 초기에 해당하는 이 시기에는 해저의 거의 전 지역에 화폐석 껍데기가 두텁게 퇴적되어 있었던 것이 틀림없다고 추측했다. 왜냐하면 바다에는 그것들을 소화하는 포식자가 없기 때문이다. 그리고 지구 내부에서 발생한 열이 이것들을 녹여 껍데기 속으로 규토가 흘러 들어갔다고 보았다. (순수한 화폐석이 탄산칼슘으로 되어 있는 데 비해 화성암이 규산염인 이유는 무엇인가 하는 골치 아픈 문제는 이 설명으로 해결된다.) 화폐석이 압축되어 녹아내릴 때 그 일부는 위쪽으로 밀려 올라가 우주 공간으로 방출되었고, 이것들이 훗날 화폐석을 함유한 운석이 되어 지상에 떨어졌다는 것이다.

> 때로는 암석이 화석을 함유하는 것과 함유하지 않는 것으로 분류되지만, 실제로는 모든 암석이 화석을 함유하고 있다고 할 수 있다. …… 따라서 일반적으로 말하면 암석에는 한 가지 종류만 있는 셈이다. …… 지각은 실제로는 규산질화된 단일한 화폐석권인 것이다.

그러나 커크패트릭은 여기에서 만족하지 않았다. 그는 자신이 훨씬 더 근본적인 무언가를 발견했다고 생각했다. 지각이나 운석만으로는 만족하지 못하고, 그는 화폐석의 소용돌이 형태가 생명의 본질을 나타내며 그 형태야말로 생명 자체의 구조라는 생각에 도달하게 되었다. 결국 그는 자신의 주장을 극한에까지 확대시키는 억지를 부렸다. 다시 말해 그는 암석이 화폐석이라고 말해서는 안 되며, 오히려 암석이나 화폐석, 그밖의 모든 생물이 '생명 물질의 기본 구조', 즉 모든 존재의 나선 형태의 표현이라고 말해야 온당하다고 주장했다.

머리가 이상해진 것일까? 분명 그랬을 것이다. (만약 그가 DNA의 이중 나선 구조를 직감하고 있었던 게 아니라면 말이다.) 아니면 영감이 떠오른 것일까? 틀림없이 그랬던 것 같다. 광기(狂氣)에 빠진 것일까? 역시 그랬을 것이다. 이것이 가장 중요한 대목이다. 커크패트릭은 화폐석 생물권 이론의 틀을 세우는 과정에서도 항상 자신의 과학 연구의 동기가 되었던 절차를 충실히 따랐다. 그는 통합에 대한 맹목적인 열정, 그리고 본질적으로 전혀 다른 사실들을 하나로 결합시키라고 그를 강요하는 마치 충동과도 같은 상상력을 겸비한 인물이었다. 외형적으로 유사하다는 것이 반드시 공통의 근원을 의미하는 것은 아니라는 오랜 진리를 무시하고, 그는 전통적으로 다른 범주로 분류되어 왔던 것들 사이에 나타나는 기하학적 형태의 유사성을 줄기차게 찾아 헤맸다. 또한 그는 관찰을 통해서가 아니라 자신의 희망을 기반으로 그러한 유사성을 구축했다.

물론 통합을 목표로 한 경솔한 탐구가 진지한 과학자들이 전혀 생각해 내지 못한 진정한 관련성을 폭로할 수도 있다. (경우에 따라서는 이러한 과학자들이 다른 사람들로부터 최초의 착상을 얻어 이러한 관련성에 주목하는 경우도 있지만.) 커크패트릭과 같은 과학자들은 대개 잘못을 저지르기 때문에 비싼 대가를 지불하게 마련이다. 그러나 그들의 생각이 옳을 때에는 괄목할 만한 진리에 도달할 수도 있다. 왜냐하면 그들의 통찰이 일반 학자들이 보통의 방법으로 하는 견실한 연구를 무력하게 만들 수도 있기 때문이다.

다시 커크패트릭에 대한 이야기로 돌아가서, 그가 1912년에 운명적인 발견을 했을 때 왜 그가 마데이라와 포르토 산토에 있었는가 하는 물음을 제기해 보자. 그는 이렇게 쓰고 있다. "1912년 9월, 나는 기묘한 해면 조류(藻類, sponge-alga)인 메를리아 노르마니(*Merlia normani*)에 대한 연구를 완성하기 위해서 마데이라를 지나 포르토 산토로 여행했다." 그 전 해인 1900년에 조지프 잭슨 리스터(Joseph Jackson Lister, 1857~1927년)라는 분류학자가 태평양의 리푸 섬과 푸나푸티 섬에서 특이한 해면동물을 발견했다. 그것은 규산질의 침상부(spiculum)를 갖고 있었고, 그밖에도 산호의 일부 종과 놀랄 만큼 흡사한 석회질 골격을 가지고 있었다. (침상부란 대부분의 해면동물의 골격을 구성하는 작은 바늘 모양의 구조물을 말한다.) 냉정한 판단력의 소유자였던 리스터는 규산과 방해석의 '잡종(hybrid)'을 용인할 수 없었다. 그는 침상부가 어딘가 다른 곳에서 온 해면동물 속으로 들어간 것으로 추정했다. 그러나 커크패트릭은 더 많은 표본을 채집해서 해면 자체가 침상부를 분비했다고 정확하게 결론지었다. 그 후 1910년에 커크패트릭은 마데이라에서 메를리아 노르마니를 발견했다. 이것은 규산질 침상부와 보완적인 석회질 골격을 가진 두 번째 해면동물이었다.

이제 상황은 피할 수 없는 국면으로 치달았다. 메를리아를 통합하려는 커크패트릭의 정열은 걷잡을 수 없이 분출되었다. 그리고 그는 문제의 석회질 골격이 보통은 산호류로 분류되는 몇 개의 의심스러운 화석 집단, 특히 스트로마토포로이드와 카에테티드류의 상판을 가진 산호와 흡사하다는 사실을 알아냈다. (다른 사람들에게는 그리 대단치 않은 사실로 보일지 모르지만, 나는 그것이 고생물학 분야의 모든 전문가들에게 매우 중대한 관심사임을 보증할 수 있다. 스트로마토포로이드와 카에테티드류는 화석에서 흔히 발견되는 것으로, 태고의 일부 퇴적물에서 암초를 이루고 있다. 이것들이 가지는 분류학상의 지위는 고생물학에서 고전적인 수수께끼의 하나로 많은 뛰어난 학자들이 그 연구에 평생을 바칠 정도였다.) 그런데 커크패트릭은 이 두 그룹과 그밖의 수수께끼의 화석들이 모두 해면동물에 속한다고 결론지었다. 그리고 그는 해면동물과 유연 관계를 가진다는 확실한 징후로, 그 화석들 속에서 침상부를 찾기 시작했다. 그의 생각은 옳았다. 그것들은 모두 침상부를 가지고 있었던 것이다. 그러나 어떤 면에서는 커크패트릭이 다시 착각과 망상에 빠진 것도 분명하다. 의문의 여지가 없을 만큼 분명한 이끼벌레인 몬티쿨리포라(*Monliculipora*) 속까지도 자기 식의 '해면동물'의 범주에 포함시켰기 때문이다. 어쨌든 커크패트릭은 곧 자신의 화폐석 생물권설에 몰두했다. 그러나 그는 메를리아 속에 대해 계획하던 주요 논문을 발표하지 않았다. 화폐석 생물권이 그를 과학의 부랑아로 만들었고, 산호 모양의 해면류에 관한 그의 연구는 거의 잊혀지고 말았다.

커크패트릭은 화폐석을 연구할 때나 산호 모양 해면류를 연구할 때에도 항상 같은 방법을 사용했다. 즉 아무도 하나로 결합하려고 하지 않았던 몇 가지 사실에서 공통의 근원을 추론해 내기 위해 추상적인 기하학적 형태의 유사성에 호소하고, 마지막에는 분명히 존재하지 않은 곳에서조차 자신이 기대한 형태를 실제로 '보았을' 정도의 열정을 기울여 자신의 이론을 추구한 것이다. 그러나 나는 이 두 가지 연구 사이에 나타나는 한 가지 중요한 차이점을 지적하지 않을 수 없다. 그 차이점이란 해면류에 관한 한 그의 입장이 옳았다는 것이다.

자메이카의 디스커버리 만 해양 연구소(Discovery Bay Marine Laboratory)의 토머스 프리츠 고로(Thomas Fritz Goreau, 1924~1970년)는 1960년대에 암초가 많은 서인도 제도의 신비스러운 환경에 대한 조사에 착수했다. 그곳의 갈라진 균열과 틈새, 동굴 등은 지금까지 알려지지 않은 중요한 동물상을 숨기고 있다. 고로와 그의 동료인 제러미 잭슨(Jeremy Jackson) 그리고 윌러드 하트먼(Willard D. Hartman)이 이 서식지에 '살아 있는 화석(living fossil)'들이 무수히 많다는 사실을 밝혀낸 것은 최근 20년 동안 이루어진 가장 흥미로운 동물학적 발견들 중 하나라고 할 수 있을 것이다. 이 숨겨진 군집은 그것보다 더 새로운 종류가 진화함에 따라 점차 그림자가 열어진 하나의 생태계 전체를 남김없이 드러내는 것처럼 보인다. 이 생태계는 (우리 눈에는) 드러나지 않을지 모르지만, 그 구성원들은 멸종하지도 않았고 희귀하지도 않다. 동굴이나 갈라진 틈의 안쪽 표면은 오늘날 암초의 주요 부분을 이루고 있다. 단지 스쿠버 다이빙이 등장할 때까지 과학자들이 이러한 장소에 출입할 수 없었던 것뿐이다.

이러한 숨겨진 동물상에는 두 가지 동물이 지배적인 지위를 차지하고 있다. 완족류와 커크패트릭이 발견한 산호 모양 해면류가 그것이다. 고로와 하트먼은 자메이카의 암초 앞쪽의 경사면에서 6종의 산호 모양 해면을 발견하고 기록했다. 이 종들은 경해면류(硬海綿類, Sclerospongiae)라는 해면류의 새로운 강으로 분류된다. 그들은 연구를 진행하는 과정에서 커크패트릭의 논문을 재발견했고, 산호 모양의 해면류와 수수께끼의 화석인 스트로마토포로이드와 카에테티드의 근연 관계에 관한 커크패트릭의 견해를 연구했다. 그들은 이렇게 쓰고 있다. "커크패트릭의 견해에 따라 우리는 앞에서 기술한 산호 모양 해면류와 화석 기록으로 알려진 몇몇 생물군의 대표를 비교했다." 그들은 내게는 충분히 설득력이 있는 방식으로 이 화석들이 실제로 해면류라는 것을 증명했다. 동물학상 매우 중요한 발견이 고생물학의 큰 문제를 해결해 준 것이다. 그런데 늙은 미치광이 랜돌프 커크패트릭은 이미 그것을 알고 있었던 것이다.

커크패트릭을 조사하기 위해 하트먼에게 편지를 썼을 때, 하트먼은 해면류에 관한 커크패트릭의 분류학적 연구는 매우 견실한 것이므로 화폐석 생물권에 대한 이론을 빌미로 그를 지나치게 폄하해서는 안 된다고 충고해 주었다. 그러나 나는 해면류 연구와 불가사의한 화폐석 생물권에 대한 커크패트릭의 연구 모두를 존중한다. 어떤 사람의 동기를 이해하려는 진지한 시도를 한바탕 비웃고 미친 학설이라는 식으로 일축하기는 무척 쉽다. 화폐석 생물권 이론은 사실 미친 이론이었다. 그러나 나는 상상력이 풍부한 인물들 중에서 주목할 만한 가치가 없는 사람은 거의 없다고 생각한다. 물론 그들의 생각이 틀렸을 수도 있고, 심지어는 어리석기 짝이 없는 경우도 있을 것이다. 그렇지만 그들이 취한 방법을 진지하고 세심하게 조사하는 과정에서 보상을 얻는 경우가 많다. 진정한 열정이 일관성에 대한 타당한 인식과 주목할 만한 변칙적 가치를 갖지 않는 경우란 좀처럼 없기 때문이다. 남과 다른 식으로 드럼을 치는 특이한 드러머가 풍부한 결실을 맺는 새로운 박자를 치는 일이 자주 있으니까 말이다.

23장

바티비우스와 에오조온

토머스 헨리 헉슬리가 "우리의 기쁨이자 즐거움"이라고까지 표현하며 극진히 사랑했던 아들을 성홍열로 잃었을 때, 찰스 킹즐리(Charles Kingsley, 1819~1875년)는 영혼의 불멸에 관한 긴 이야기를 해 주며 그를 위로하려고 했다. 그러나 자신의 감정을 표현하는 데 '불가지론'이라는 신조어를 만들었던 헉슬리는 킹즐리가 자신을 걱정해 준 것에는 감사했지만, 그의 위로에 대해서는 아무런 근거도 없다는 이유로 거절했다. 적절한 행동을 위한 좌우명으로 많은 과학자들에게 받아들여진 한 유명한 구절에서 헉슬리는 이렇게 쓰고 있다. "내 임무는 사실을 자신이 바라는 바에 따라 짜 맞추는 것이 아니라 스스로의 바람이 사실과 일치하도록 자신을 가르치는 것이다. …… 어린아이처럼 사실 앞에 겸허하게 앉아 모든 선입견을 버릴 준비를 하고 자연이 이끄는 곳이라면 설령 그곳이 깊은 낭떠러지라 하더라도 겸손하게 따라가는 것이다. 그렇지 않으면 그 무엇도 배울 수 없을 것이다." 헉슬리의 기상은 고상하고 그의 고뇌는 애절하다. 그러나 그는 자신의 좌우명을 실행하지 않았고, 창조적인 과학자들 중에서 이 좌우명을 실천에 옮긴 사람은 단 한 사람도 없다.

뛰어난 사상가는 사실을 앞에 두었을 때 결코 수동적이지 않다. 그들은 겸손하게 자연이 이끄는 대로 따라가는 것이 아니라 자연에 질문을 던진다. 그들은 자신들 나름의 바람과 직관을 가지고 있으며, 자신의 관점에 따라 세계를 구성하려고 열심히 시도한다. 걸출한 사상가들이 큰 실수를 저지르는 경우가 종종 있는 것은 바로 그 때문이다.

생물학자들은 과학자들이 저지른 주요 실수 목록에서 특히 이채롭고도 긴 하나의 장을 장식했다. 이론적으로 분명 존재한다고 생각된 가상의 동물이 바로 그것이다. 오래전에 볼테르가 "만약 신이 없다면, 신을 발명해 내기라도 해야 할 것이다."라고 빈정거린 것은 정곡을 찌른 표현이었다.

실제로 서로 관계가 있고 교차하는 두 종류의 공상적 괴물(chimera)이 진화론이 등장한 지 불과 얼마 안 된 시기에 나타난 것이다. 그러나 이 두 종류의 괴물은 다윈주의의 판단 기준에서 생각하면 결코 존재할 수 없는 것이었다. 토머스 헨리 헉슬리는 두 괴물 중 하나에 이름을 붙여 주었다.

대부분의 창조론자들에게 생물과 무생물의 차이는 특별한 문제가 되지 않는다. 그들은 신이 생물을 암석이나 화학 물질보다 분명히 진보하고 뚜렷하게 다른 존재로 만들었다고 생각한다. 반대로 진화론자들은 생물과 무생물 사이의 간격을 줄이기 위해 노력한다. 독일에서 다윈 이론이 지지를 얻는 데 가장 큰 역할을 한 사람이며 초기 진화론자들 중에서 가장 사변적이고 상상력이 풍부했던 에른스트 헤켈은 진화의 흐름을 단절시키는 공백을 메울 만한 가상의 생물을 상상했다. 하등 생물인 아메바는 최초의 생명체 모형으로는 적절하지 않았다. 그 내부가 핵과 세포질로 분화했다는 사실이 원시적인 무정형성(formlessness)으로부터 이미 상당히 진전했음을 말해 주기 때문이다. 따라서 헤켈은 조직되지 않은 원형질만으로 이루어진 하등한 생물인 '모네라(Monera)'라는 유기체의 존재 가능성을 주장했다. (어떤 의미에서 그는 옳았다. 오늘날 우리는 핵이나 미토콘드리아를 갖지 않은 생물 — 물론 헤켈적인 의미에서는 무정형이라고 말할 수 없지만 — 즉 세균과 남조류로 이루어진 집단에 그가 만든 명칭을 붙여 '모네라계'라고 부르고 있기 때문이다.) (1956년 이래 원핵생물 전체를 지칭하던 모네라계는 세균과 고세균을 개별계로 분류하기 시작한 1970년대 후반 이래 잘 쓰이지 않게 되었다. — 옮긴이)

헤켈은 자신이 상상한 모네라를 "완전히 균질하고 구조가 없는(무구조) 물질이고, 영양과 생식이 가능한 알부민(albumin, 단백질의 일종)으로 이루어진 살아 있는 입자"라고 정의했다. 그는 무생물과 생물의 중간 지대에 위치하는 존재로 모네라를 든 것이다. 그는 무기물로부터 생명이 기원한다는 골치 아픈 문제를 이런 방법으로 해결할 수 있으리라 기대했다. 진화론자에게는 가장 복잡한 화학 물질과 가장 단순한 생물 사이에 가로놓인 커다란 간격만큼 설명하기 어려운 문제는 없다고 생각되었기 때문이며, 반대로 창조론의 입장에서는 이만큼 강력하게 자신들의 입장을 뒷받침해 주는 근거를 찾기 힘들었기 때문이다. 헤켈은 이렇게 쓰고 있다. "모든 진핵생물은 이미 두 가지 다른 부분, 즉 핵과 세포질의 분리를 나타내고 있다. 이러한 구조가 자연 발생적으로 직접 만들어진다고 보기는 어렵다. 그에 비해 모네라의 무구조 알부민 몸체처럼 완전히 균질한 유기 물질이 자연적으로 발생했다는 것은 훨씬 납득하기 쉽다."

그러한 이유로 1860년대에 다윈 지지자에게는 모네라를 찾는 것이

최우선 과제였다. 따라서 모네라는 구조가 없을수록, 그리고 더 단순할 수록 바람직했다. 헉슬리는 킹슬리에게 자신은 사실을 좇아 무정형의 심연 속으로 들어갈 것이라고 비유적으로 이야기했다. 그런데 1868년에 정작 진짜 심연을 조사할 때 헉슬리를 이끈 것은 (사실이 아니라) 그의 희망과 기대였다. 그는 그 10년 전에 아일랜드 북서부 해저에서 끌어올린 침니 표본을 조사한 적이 있었다. 그는 그 표본에서 미발달의 불완전한 젤라틴 물질을 찾아냈다. 그 속에는 코콜리스(coccoliths, 백악이나 심해의 연니 중에서 발견되는 석회석의 작은 조각 — 옮긴이)라는 원반 모양의 작은 석회질 판이 파묻혀 있었다. 헉슬리는 이 젤리 물질을 그동안 예견만 되어 왔을 뿐 실제로 찾아낼 수 없었던 무구조의 모네라라고 생각했고, 코콜리스를 그것의 원시 골격이라고 판단했다. (오늘날 코콜리스는 해조류의 골격 파편으로 플랑크톤을 생산하던 기관이 죽은 후에 해저에 가라앉아 형성된 것임이 밝혀졌다.) 그는 모네라의 존재를 예견한 헤켈을 기리기 위해 그것을 '바티비우스 헤켈리(*Bathybivs Haeckelii*)'라고 명명했다. 그는 헤켈에게 보낸 편지에서 "저는 귀하께서 귀하의 이름이 붙은 이 대자(代子)를 수치스럽게 여기시지 않기 바랍니다."라고 썼다. 그러자 헤켈은 자신이 "매우 자랑스럽게 생각합니다."라는 답장을 보냈고, 당시 자신이 쓴 노트를 "모네라, 만세!"라는 구절로 끝냈다.

예견된 발견만큼 큰 설득력을 가지는 것은 없기 때문에 바티비우스는 도처에서 나타났다. 찰스 위빌 톰슨(Charles Wyville Thomson, 1830~1882년) 경은 대서양의 심해저에서 끌어 올린 표본을 조사한 후 이렇게 썼다. "그 진흙은 정말 살아 있었다. 그것은 달걀의 흰자위가 엉긴 것처럼 덩어리져 있었다. 그 흰자위와 닮은 덩어리를 현미경으로 조사한 결과 살아 있는 육질충(Sarcodina)이라는 사실이 판명되었다. 헉슬리 교수는 …… 그것에 바티비우스라는 이름을 붙였다." (덧붙여 말하자면 육질충이란 아메바 같은 단세포 원생동물의 일종이다.) 헤켈은 평소의 경향을 유감없이 발휘해서 즉각 이 사실을 일반화하기 시작했다. 헤켈은 해저(1500미터까지) 전체가 살아 있는 바티비우스의 맥동하는 막으로 덮여 있고, 청년 시절 헤켈의 우상이었던 낭만주의 자연 철학자들(괴테도 그중 한 사람이었다.)이 이야기하는 "원점액(原粘液, Urschleim)"으로 덮여 있다고 추정했다. 헉슬리는 평소의 침착성을 잃고 1870년에 행한 한 강연에서 다음과 같이 단언했다. "바티비우스는 해저에 살아 있는 얇은 막을 형성해 수천 제곱킬로미터에 걸쳐 퍼져 있습니다. …… 분명 그것은 지구의 전 표면을 둘러싼 살아 있는 물질의 연속된 얇은 층을 형성하고 있을 것입니다."

바티비우스가 공간적으로 더 이상 확장될 수 없는 한계에 다다르자 남아 있는 또 하나의 영역인 시간을 정복하기 시작했다. 그리고 이 과정에서 우리가 다루려는 두 번째 괴물이 탄생하게 된다.

때를 만난 또 하나의 생물은 '에오조온 카나덴세(*Eozoon canadense*)'로, 이 말은 '캐나다에서 기원한 동물'이라는 뜻이다. 다윈에게 화석 기록은 즐거움보다 괴로움을 주는 고민거리였다. 모든 복잡한 동물의 설계가 지

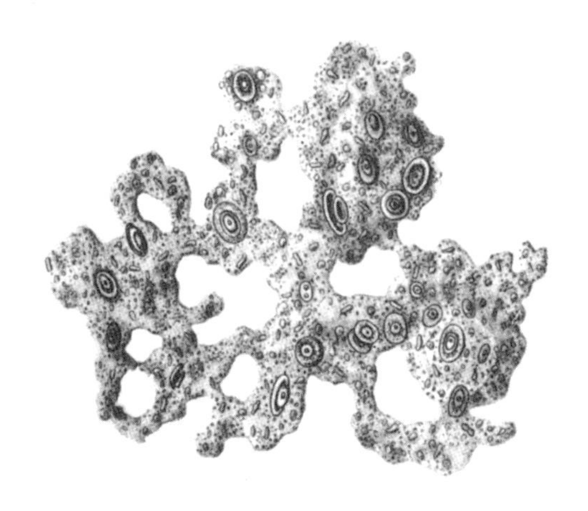

헤켈이 직접 그린 '바티비우스'. 원반 모양의 구조물은 젤라틴 덩어리에 들어 있는 코콜리스이다.

구 역사의 기원에 가까운 시기가 아니라 지구 역사의 6분의 5 이상이 지난 후인 이른바 캄브리아기의 대폭발 시기에 동시다발적으로 등장했다는 사실만큼 그를 난처하게 만든 것도 없었다. 학문적으로 그와 다른 견해를 가졌던 사람들은 이 사건을 창조의 순간이라고 해석했다. 캄브리아기 이전의 생명체의 흔적은 다윈이 『종의 기원』을 쓴 시점에는 단 하나도 발견되지 않았기 때문이다. (오늘날 이러한 태고의 암석에서 광범위한 모네라계 생물의 흔적이 발견되고 있다. 21장 참조) 따라서 선캄브리아기의 화석 생물만큼 학자들에게 환영받은 것은 없었다. 또한 단순하고 무정형일수록 더 큰 환영을 받았다.

그런데 1858년에 캐나다 지질 조사국에서 일하던 한 채집원이 세계에서 가장 오래된 암석에서 기묘한 것들을 몇 가지 찾아냈다. 그것들은 사문석(蛇紋石, 주성분은 규산염)과 탄산칼슘이 동심원 모양으로 교차하는 얇은 층으로 이루어져 있었다. 조사국장인 윌리엄 로건(William Logan, 1798~1875년) 경은 그것이 화석일 가능성이 있다고 생각하고 여러 분야의 과학자들에게 보여 주었다. 그러나 그의 생각을 지지하는 답은 거의 얻지 못했다.

로건은 1864년에 오타와 인근 지역에서 더 나은 표본을 몇 개 발견했다. 그는 그 표본들을 당시 캐나다의 저명한 고생물학자이자 맥길 대학교 학장이었던 존 윌리엄 도슨에게 가지고 갔다. 도슨은 방해석에서 일종의 도관계(導管系)를 포함하는 '유기적인' 구조를 발견했다. 그는 동심원 모양의 층을 이룬 이 구조에 대해, 현존하는 친척 종과 비교해 다소 구조가 산만하지만 수백 배나 더 큰 거대 유공충의 골격이라고 판정했다. 그리고 그는 그것을 '에오조온 카나덴세'라고 명명했다.

다윈은 이 사실에 무척 기뻐했다. "그것이 생물에서 유래한 것이라는 데에는 아무런 의심의 여지가 없다."라는 그의 확고한 찬사와 함께 에오조온의 이름은 『종의 기원』 4판에 수록되었다. (공교롭게도 도슨 자신은 독실한 창조론자였고, 아마도 진화론에 맞서서 마지막까지 저항한 학자들 중 한 사람이었을 것이다. 훗날 1897년에 도슨은 『원시 생명의 유물(*Pelics of Primeval Life*)』이라는 에오조온에 관한 책을 저술했다. 그 책에서 그는 구조가 단순한 유공충류가 긴 지질 시대를 거치며 생존을 계속해 왔다는 사실이야말로 자연 선택설에 대한 반증이라고 주장했다. 만약 어떤 식으로든 생존 투쟁이 있었다면, 이러한 저급한 생물은 더 고급한 생물에 의해 대체될 수밖에 없었을 것이기 때문이다.)

그러나 바티비우스와 에오조온은 하나로 결합될 수밖에 없는 운명이었다. 이들은 무정형성이라는 특성을 공유하고 있으며, 단지 에오조온이 분명한 골격을 가지고 있다는 점에서 바티비우스와 차이가 날 뿐이었다. 에오조온이 그 껍질을 잃고 바티비우스가 되었거나 아니면 이들 두 종류의 원시 생물이 서로 가까운 유연 관계를 맺으며 생존했든가 어느 한쪽이었을 것이다. 이 둘을 모두 옹호했던 뛰어난 생리학자였던 윌리엄 벤저민 카펜터(William Benjamin Carpenter, 1813~1885년)는 다음과 같이 썼다.

> 바티비우스가 …… 스스로 조개 껍데기와 비슷한 외피를 만들 수 있었다면, 그 외피는 에오조온의 그것과 아주 흡사했을 것이다. 더욱이 헉슬리 교수가 깊이뿐만 아니라 온도의 측면에서도 매우 폭넓게 바티비우스가 존재한다는 사실을 입증했듯이, 모든 지질 시대에 걸쳐 심해저에 계속 생존해 왔을 가능성을 배제할 수 없다. …… 나는 에오조온과 바티비우스가 모두 전 지질학적 시대에 걸쳐 살아남았다고 믿을 준비가 되어 있다.

이 생각이야말로 모든 진화론자들을 흥분시키는 하나의 환상이었다! 예상했던 대로 무정형의 유기체가 발견되었으며, 그것이 모든 시간과 공간으로 확대되어 신비로운 태고의 해저를 덮고 있었다는 것이다.

이 두 생물이 멸종한 연대에 대해 이야기하기 전에, 일찍이 어떠한 과거의 문헌에서도 옹호되거나 언급되지 않은 편견을 지적하고자 한다. 이 논쟁에 가담한 모든 사람들은 가장 원시적인 생물은 균질하고 무정형이고 산만하고 일정한 체제를 갖지 않았을 것이라는 '명백한' 진리를 추호의 의심도 없이 받아들였다는 것이다.

카펜터는 바티비우스를 두고 "'덜 분명하기' 때문에 해면류보다도 더 하등한 유형"이라고 썼다. 또한 헤켈은 "여기에서 육질충은 가장 단순하고 원시적인 형태로 존재했을 것이다. 다시 말해 거의 명확한 형태를 띠지 않고 아직까지는 거의 개체화되지 않았을 것이다."라고 단언했다. 헉슬리에 따르면 세포핵처럼 내적 복잡성을 갖지 않는 생물은, 유기체의 조직이 무한의 생명력에서 발생하는 것이며 역은 성립하지 않는다는 사실을 입증하는 셈이다. 헉슬리는 바티비우스가 "핵에 아무런 신비로운 힘도 없다는 것을 증명하고, 또한 생명은 생체 물질의 여러 가지 분자가 나타내는 속성이며 신체 조직은 생명의 결과일 뿐 생명이 신체 조직의 결과가 아니라는 사실을 말해 주고 있다."라고 말했다.

그렇지만 이런 사실들을 고려할 때, 왜 우리는 무정형과 원시성을 같은 것으로 간주해야 하는 것일까? 오늘날의 생물들은 이러한 사고 방식을 뒷받침해 주지 않는다. 우선 바이러스는 형태의 규칙성과 반복성을 가지고 있기 때문에 이러한 예로 적합하지 않다. 가장 단순한 세균도 분명한 형태를 갖추고 있다. 끊임없이 유동하는 무조직의 원형이라 할 수 있는 아메바를 포함하는 분류군에는 모든 규칙적인 생물들 중에서 가장 아름답고 가장 복잡하게 조각된 방산충류(放散蟲, Radiolaria)도 포함되어 있다. 더구나 DNA는 조직화의 기적이라고 할 수 있다. 왓슨과 크릭은 아주 정교한 팅커토이(Tinkertoy, 집짓기 모형의 상표명 — 옮긴이) 비슷한 모형을 만들어 모든 부분이 정확하게 들어맞는다는 사실을 확인함으로써 DNA 구조를 밝혀냈다. 그렇지만 나는 규칙적인 형태가 신체의 모든 구조의 기반을 이룬다는 신비주의적인 피타고라스의 개념을 역설할 생각은 없다. 또한 원시성과 무정형을 동일한 것으로 보는 관념의 뿌리가 이미 시대에 뒤떨어진 진보주의자들의 은유에서 기원한다고 주장할 생각도 없다. 진보주의자들은 생명계의 역사를 무에서 시작해 단순성에서 복잡성을 향한 무수한 단계를 거쳐 필연적으로 인간 자신의 고귀한 형태에 도달하는 사다리라고 보는 경향이 있다. 자부심을 가지는 것은 분명 좋은 일이지만, 우리가 살고 있는 세계의 윤곽을 그리는 토대로서는 그리 바람직하지 않다.

어쨌든 바티비우스든 에오조온이든 그 어느 것도 빅토리아 여왕보다 오래 살지는 못했다. 바티비우스를 "실제로 살아 있는 …… 흰자위와 같은 덩어리"라고 말한 찰스 위빌 톰슨 경은 1870년대에 챌린저 호가 실시한 해양 조사의 수석 과학자가 되었다. 이 조사는 전 세계 해양에 대한 과학적인 조사 항해 중에서 가장 유명한 것이다. 챌린저 호의 연구원들은 깊은 해저의 진흙에 들어 있는 신선한 표본에서 바티비우스를 찾기 위해 여러 차례 반복적으로 노력을 기울였지만 끝내 성공을 거두지 못했다.

과학자들이 나중에 분석하기 위해 진흙 표본을 저장할 때 대개 유기물을 보존할 목적으로 알코올을 섞어 놓고는 했다. 헉슬리가 처음 찾아낸 바티비우스는 10년 이상 알코올로 보존되어 온 표본 속에서 발견된 것이었다. 그런데 챌린저 호의 조사원 중 한 사람이 신선한 진흙 표본에 알코올을 가할 때마다 바티비우스가 나타난다는 사실을 발견했다. 그 후 조사단에 속한 한 화학자가 바티비우스를 분석했고, 그 결과 바티비우스는 진흙이 알코올과 반응을 일으켜 발생하는 황산칼슘의 콜로이드

성 침전물에 불과하다는 사실이 판명되었다. 톰슨은 헉슬리에게 편지를 썼고, 헉슬리는 한마디의 불평도 없이 자신의 과오를 인정했다. (또는 그의 표현에 따르면 굴욕을 감내했다.) 예상대로 헤켈은 훨씬 더 완고했지만, 그럼에도 불구하고 바티비우스는 조용히 퇴색해 갔다.

다른 한편 에오조온은 좀 더 생명을 부지했다. 도슨은 지금까지 과학자가 쓴 것 중에서 가장 신랄한 몇 편의 평론을 썼다. 그 글들을 통해 그는 문자 그대로 죽을 때까지 에오조온을 고수했다. 한 독일의 비판자에 대해서 그는 1897년에 이렇게 평하고 있다. "나는 모비우스가 특수하고 제한된 관점에서 최선을 다했다는 점을 의심하지 않는다. 그러나 공정성이나 적절함과는 거리가 먼 논문을 과학 자료로 발표하고 발간한다는 것은 과학이 간단히 용서하거나 잊어서는 안 될(특히 그의 글을 실은 독일의 잡지 편집자들의 경우) 하나의 범죄 행위이다." 도슨은 당시에도 고독한 저항을 계속하고 있었다. (그럼에도 불구하고 훗날 커크패트릭은 더 기묘한 형태로 에오조온을 부활시켰다. 22장 참조) 지금까지 과학자들은 모두 에오조온이 무기물(높은 열과 압력에 의한 변성 작용의 산물)이라는 데에 의견이 같이 했다. 실제로 에오조온은 화석이 발견되기에는 전혀 부적당한 장소인 고도로 변성된 암석(변성암)에서만 발견되었다. 더 많은 증거가 필요하다면 이탈리아의 베수비오 화산이 분출한 석회암 덩어리에서 에오조온이 발견된 사건이 그 증거를 제공해 줄 것이다. 이 발견으로 마침내 모든 진실이 밝혀진 것은 1894년의 일이었다.

그 후 과학계에서 바티비우스와 에오조온은 한바탕의 헛소동 정도로 간주되었다. 음모가 놀랄 정도의 성공을 거둔 것이다. 현대의 생물학자들 중에서 단 1퍼센트라도 이 두 가지 기이한 이야기를 들어본 사람이 있다면 나는 무척 놀랄 것이다. 과학이란 오류를 끊임없이 제거하면서 진리를 향해 나아간다는 오랜 전통(오늘날에는 무효가 되었다.) 속에서 자란 역사가들도 계속 침묵을 지켰다. 그렇다면 우리는 이 잘못으로부터 유쾌한 웃음이나 숱한 '금지 조항'에 갇힌 틀지워진 훈계 이외에 무엇을 얻을 수 있는 것일까?

오늘날의 과학사가들은 이처럼 영감에 기인한 오류에 과거 사람들보다 훨씬 더 큰 의미를 부여한다. 그러한 잘못은 각각의 시대에 나름대로 의미를 가졌다. 그리고 그런 오류들이 지금은 아무 의미도 갖지 않는다는 생각은 잘못이다. 우리가 살고 있는 시대가 모든 시대의 표준이 되는 것은 아니다. 시대를 막론하고 과학은 그 시대에 널리 퍼져 있는 문화, 개인적인 기행, 경험으로부터 오는 제약 등과 상호 작용하며 형성되는 것이다. 1970년대에 들어 바티비우스와 에오조온이 그 이전 시기보다 더 큰 관심을 불러 모으는 것은 바로 그런 이유 때문이다. (이 글을 쓰면서 나는 처음 발간되었던 자료들, 에오조온에 관한 C. F. 오브라이언(C. F. O'Brien)의 논문, 그리고 바티비우스에 관한 N. A. 루프케(N. A. Rupke)와 P. F. 레보크(P. F. Rehbock)의 논문으로부터 많은 도움을 받았다. 그중에서도 특히 레보크의 논문은 철저하고 풍부한 통찰력을 가지고 있었다.)

과학계에서 완전한 바보란 좀처럼 찾아보기 어렵다. 잘못의 전후 배경을 정확하게 살피고, 오늘날 우리가 가진 '진리'에 대한 인식을 토대로 판단을 내리는 오류를 범하지만 않는다면, 잘못은 항상 그 나름대로의 이유를 가지고 있게 마련이다. 잘못이 분명해진다는 것은 전후 상황이 변화했다는 신호이기 때문에, 대개 잘못은 사람들을 당황시키기보다는 통찰력을 주는 경우가 많다. 뛰어난 사상가들은 자신들의 생각을 체계화할 수 있는 상상력의 소유자들이고, 모든 점에서 '그렇다.'라고 긍정할 수 없는 이 복잡한 세계에 자신들의 머릿속에서 만들어 낸 환상이 떠돌게 만들 정도로 모험적(또는 자기 중심적)이다. 영감으로 인해 발생한 오류를 깊이 따지고 드는 것은 오만이라는 죄를 훈계하기 위해서가 아니다.

그 과정에서 우리는 위대한 통찰력과 엄청난 오류가 실은 동전의 양면에 불과하다는 사실을 깨닫게 된다. 그리고 우리는 양자를 관통하는 공통 특성이 탁월함이라는 사실을 올바로 인식해야 하는 것이다.

분명 바티비우스는 영감이 가져다준 오류였다. 그것은 진화론을 진전시킨 보다 큰 진리에 기여했다. 또한 그것은 원시 생명체가 모든 시간과 공간에 걸쳐 확산되었다는 매혹적인 환상을 제공했다. 레보크가 이야기하고 있듯이, 그것은 원생동물의 가장 하등한 형태, 세포의 기본 단위, 모든 생물을 진화시킨 선구, 화석 기록에 나타나는 최초의 생물 형태, 현대 해저 퇴적물의 중요한 요소(코콜리스), 또한 영양분이 빈약한 심해에서 고등 동물에게 영양분을 제공하는 먹이원 등 지나칠 정도로 많은 역할을 동시에 담당했다. 바티비우스가 퇴색한 후에도 그것이 밝혔던 여러 가지 문제는 결코 사라지지 않았다. 바티비우스는 풍부한 결실을 맺을 수 있도록 많은 과학 연구에 큰 자극을 주었고, 우리가 직면한 중요한 문제들의 윤곽을 밝혀낼 수 있도록 초점을 제공했다.

정통 교의는 종교에서와 마찬가지로 과학에서도 매우 완강할 수 있다. 틀에 박히지 않은 연구에 영감을 주고, 동시에 영감에 의해 오류를 저지를 수 있는 엄청난 가능성을 그 자체에 품고 있는 왕성한 상상력에 의하지 않고 어떻게 정통 학설들을 흔들 수 있을까? 나는 다른 방법을 잘 알지 못한다. 이탈리아의 뛰어난 경제학자 빌프레도 파레토(Vilfredo Pareto, 1848~1923년)는 이렇게 썼다. "자체 교정력으로 싹이 틀 수 있는 씨앗들이 가득 들어 있는 풍성한 오류라면 언제든 내게 주게. 물론 당신은 불모의 진리를 계속 품고 있을 수도 있지만 말이야." 비탄의 극심한 고통을 겪고 있을 때가 아니거나, 교회 비판의 현장에 있지 않을 때, "비합리적으로 신봉된 진리는 사유를 기초로 한 오류보다 더 유해하다."라고 주장한 토머스 헨리 헉슬리의 이름을 굳이 들먹일 필요는 없을 것이다.

24장

해면 세포의 안쪽

1979년 12월 31일, 나는 1970년대의 마지막 주말을 한 무더기의《뉴욕 선데이》를 읽으면서 보냈다. 연말 연시라는 인간이 만든 인위적인 이행기의 침체 무드에는 항상 그렇듯이, 그 신문에서 유독 눈길을 끄는 것은 "1970년대에 보물처럼 여겨지던 것들이 1980년대에는 배격될 것인가?", "1970년대에는 무시되던 것들이 1980년대에 재발견될 것인가?"와 같은 1970년대와 1980년대의 경계면에서 새로 유입되고 탈락되는 것들에 대한 잡다한 예언 목록이었다.

오늘날 이런 식의 추측이 만발하기 때문에, 나는 19세기에서 20세기로 넘어가는 이행기를 돌아보고, 이처럼 큰 척도에서 생물학 분야의 '유입과 탈락'을 회고해 보고 싶다. 19세기 생물학의 가장 뜨거운 주제들은

20세기에 들어선 후 너무도 자명한 몰락을 겪었다. 그러나 나는 가끔 그런 주제들에 계속 강한 집착을 가지고는 한다. 그리고 새로운 연구 방법이 나타나 20세기의 나머지의 기간에 그런 주제들을 중요한 문제로 부활시킬 것이라고 믿는다.

다윈 혁명의 결과 당시 자연학자들은 생물 계통수를 재구축하는 것이 진화를 연구하는 데에 가장 중요한 작업이라고 생각하게 되었다. 야심찬 사람들은 대담하게 새로운 길을 개척하는 과정에서 계통상의 작은 곁가지(예를 들어 사자와 호랑이의 유연 관계)나 그것보다 더 큰 가지(예를 들어 새조개와 홍합의 관계) 등으로 초점을 좁게 맞추지 않았다. 오히려 그들은 줄기 자체의 근원을 문제 삼아 식물과 동물이 어떤 관계를 가지는지, 척추동물은 어떤 근원에서 나온 것인지 등의 문제를 주제로 삼았다. 한마디로 그들은 중요한 큰 가지를 밝혀내려 했던 것이다.

이러한 잘못된 관점을 토대로 이 자연학자들 역시 결함투성이의 데이터로부터 각자가 찾고 있는 해답을 자유롭게 이끌어 낼 수 있는 방법을 가지고 있었다. 왜냐하면 헤켈의 '생물 발생의 원리(개체 발생은 계통 발생을 반복한다는 원리)'에 따르면, 모든 동물은 각각의 발생 과정을 통해 자신의 계통수를 기어오른다고 설명되었기 때문이다. 동물의 배아를 관찰하면, 선조의 성체가 일정한 순서로 잇달아 나타나는 것을 볼 수 있다. (물론 문제는 그처럼 단순하지 않다. 반복론자들은 발생의 여러 단계 중에는 선조의 흔적이 아니라 직접적인 적응을 말해 주는 단계가 존재한다는 사실을 알고 있었고, 또한 각 기관 사이의 발생 속도가 동일하지 않기 때문에 발생의 여러 단계가 뒤섞이거나 심지어는 그 전후가 역전되기조차 한다는 사실을 이해하고 있었다. 그러나 그들은 이러한 '표면적인' 변형을 확실히 식별하고 제거하면, 선조 형태의 행렬은 모두 그대로 남을 것이라고 생각했다.) 미국의 동물학자 에드윈 그랜트 콘클린(Edwin Grant Conklin, 1863~1952년)은 훗날 '계통화'를 비판하는 입장에 섰지만, 사람을 현혹시키는 헤켈 원리의 매력을 이렇게 회상했다.

> 땅속에 파묻힌 태고의 유물을 발굴하는 것 이상으로 중요한 과거의 비밀 — 실로 그것은 지구상에 서식하는 모든 다양한 생명 형태를 포함하는 완전한 계통수이다. — 을 드러내 준다.

그러나 세기의 전환기는 반복설의 붕괴도 선포했다. 반복설이 설득력을 잃은 것은 1900년에 멘델 유전학이 재발견됨으로써 반복설의 토대가 되어 왔던 여러 전제가 더 이상 성립하지 않게 되었기 때문이다. ('성체의 행렬'이 계속되려면 선조 동물의 개체 발생 과정의 끝에 새로운 단계가 추가되는 방식을 통해서만 진화가 일어나야 한다. 그런데 만약 유전자가 새로운 특성을 제어하고, 그 유전자가 수정의 순간에 반드시 존재해야 한다면, 그 새로운 특성이 배아의 발생이나 이후 성장 과정의 모든 단계에서 발현하지 않는 이유는 무엇인가 하는 문제가 생긴다.) 그러나 실제로 이 이론은 훨씬 이전부터 광채를 잃고 있었다. 선조의 희미한 기억이 새롭게 나타난 배아 단계의 적응과 분명히 구별될 수 있다는 가정은 지지를 받지 못했다. 지나치게 많은 단계가 누락되어 있고, 그밖에도 많은 단계들이 갈피를 잡을 수 없을 만큼 뒤엉켜 있었다. 따라서 헤켈의 법칙을 적용하는 것은 의심의 여지 없이 분명한 생물의 계통수를 만들어 내기는커녕 끝없이 계속되고 해결할 수 없고 아무런 성과도 없는 주장을 낳을 뿐이었다. 계통수를 구축하려는 사람들 중 일부는 척추동물의 유래를 극피동물에서 찾으려 하고, 다른 사람들은 환형동물에서 이끌어 내려고 하며, 또 다른 사람들은 투구게에서 그 기원을 설명하려고 했다. 사변적인 계통 발생 복원을 대체할 수 있는 '엄밀한' 실험적 방법을 주창했던 에드먼드 비처 윌슨은 1894년에 이렇게 한탄했다.

여러 가지 이론들의 상대적 유효성을 평가할 만한 명확한 가치 기준이 없음에도 불구하고, 형태학자들의 학문이 이처럼 많은 계통 발생에 관한 억측과 가설(그 대부분은 상호 배타적이다.)이라는 무거운 짐을 짊어져야 한다는 사실이야말로 형태학자들을 비난하는 근거이다. 그 연구가 너무도 자주 과학의 이름에 걸맞지 않은 조잡한 억측으로 이어져 온 것이 …… 사실이다. 따라서 오늘날의 연구자들, 특히 엄밀한 과학적 방법으로 훈련받은 연구자들이 형태학의 계통 발생론적인 측면을 진지하게 주목할 가치가 없는 사변적인 현학에 불과하다고 간주한다고 해도 그다지 놀라운 일이 아니다.

이렇게 해서 계통 발생론을 복원하려는 시도는 연구자들 사이에서 전반적으로 인기를 잃었지만, 여러분은 본질적으로 흥미로운 이 주제에 관심을 끊을 수 없을 것이다. (나는 지금 높은 수준, 즉 줄기와 큰 가지에서의 계통 발생에 대해 이야기하는 것이다. 좀 더 많은 적절한 증거가 있는 더 확실한 가지와 잔가지에 대한 연구는, 흥미는 그것보다 덜하지만, 항상 빨리 진전되었다.) 계보가 사람들 사이에 독특한 매력을 가진다는 사실을 상기하기 위해 굳이 그 '뿌리'를 추적할 필요까지는 없을 것이다. 먼 증조부의 흔적을 다른 나라의 작은 마을에서 발견하는 정도로도 큰 만족을 얻을 수 있다면, 조상의 발걸음을 아프리카의 유인원이나 파충류, 어류, 아직 알려지지 않은 척추동물의 선조, 단세포 생물의 조상, 그리고 생명의 기원 그 자체에까지 거슬러 조사하는 일은 실로 외경스럽기까지 할 것이다. 그러나 조금 짓궂게 이야기하자면, 애석하게도 더 멀리 과거로 거슬러 올라갈수록 우리는 더 깊이 매료되지만, 그만큼 아는 것은 적어진다. 이 장에서 나는 계통 발생에 관한 하나의 고전적인 문제를 영원히 사라지지 않을, 그리고 우리에게 기쁨과 좌절을 모두 안겨 주는 주제의 예로서 이야기해 보고 싶다. 그 주제란 동물의 다세포성(multicellularity)의 기원이다.

이론적으로 말하자면, 우리는 이 문제에 대한 간단하고 경험적인 해결책을 끝까지 주장할 수도 있을 것이다. 과연 원생생물(단세포성 선조 생물)과 후생동물(다세포성 후손 생물) 사이에서 모든 의문을 해소해 줄 만한 완벽한 중간 단계의 화석을 찾을 수 있을까? 그렇게 되면 우리는 다음과 같은 희망을 간단히 지워 버릴 수 있을지도 모른다. 그 희망이란 문제의 이행이, 약 6억 년 전 캄브리아기의 대폭발에서 명료한 화석 기록이 시작되기 훨씬 전에 화석이 될 수 없는 부드러운 몸을 가진 생물에게서 일어났으리라는 것이다. 원생생물과의 유사성이라는 측면에서 최초의 후생동물의 화석은 현존하는 가장 원시적인 후생동물보다 나을 것이 없다. 우리는 아직도 선조의 고유한 특성을 유지하고 있는 생물이 있을지 모른다는 기대를 품고 현존 생물들에게 눈을 돌려야만 한다.

계보를 재구축하는 방법에는 어떤 신비로움도 없다. 이 방법은 친척으로 생각되는 생물들 사이의 유사성을 해석하는 데에 그 기반을 두고 있다. 그러나 애석하게도 '유사성'은 전혀 단순한 개념이 아니다. 유사성은 근본적으로 다른 두 가지 원인에 의해 각기 독자적으로 발생한다. 진화적인 계통수를 수립하기 위해서는 이 두 가지를 엄격히 구별할 필요가 있다. 둘 중 하나는 계통을 보여 주지만, 다른 하나는 우리를 엉뚱한 방향으로 잘못 인도하기 때문이다. 두 종의 생물이 공통 선조로부터 유래했다면 그 생물들은 동일한 특징을 계속 유지할 수 있다. 이러한 유사성이 '상동(相同, homologous)'이라 불리는 것으로, 다윈의 말을 빌자면 "혈통의 근친성(propinguity of descent)"을 암시한다. 대부분의 교과서에서는 인간, 돌고래, 박쥐, 말 등이 공통으로 가지는 앞다리를 상동의 고전적인 예로 들고 있다. 그것들은 얼핏 보기에 전혀 다른 것처럼 보이고 실제로 다른 기능을 하고 있지만, 동일한 뼈로 구성되어 있다. 아무리 뛰어난 기술자라도 매번 원점에서 출발해서 동일한 부품으로 이처럼 전혀 닮지 않은 구조물을 만들어 낼 수는 없을 것이다. 그러므로 이러한 부분들은 지금 그것들로 이루어진 특정한 구조물이 나타나기 전에 이미 존재하고 있었던 것이다. 한마디로 그것들은 공통 선조로부터 대물림된 것이다.

한편 어떤 두 종의 생물이 각기 독립적인 계통을 따라 매우 흡사한 진화적 변화를 일으켜 공통의 특징을 가지는 경우가 있다. 이런 종류의 유사성을 '상사(相似, analogous)'라고 부르는데, 매우 비슷해 보여 가까운 친척으로 착각하게 만들기 때문에 계통을 연구하는 학자들에게 상사는 마치 도깨비와도 같다. 예를 들어 새, 박쥐, 나비 등의 날개가 상사의 좋은 보기로 많은 교과서에 실려 있다. 이들 중 어느 두 종의 생물에게도 날개를 가진 공통 선조는 없다.

생물 계통수의 줄기와 큰 가지의 위치를 설정할 때 겪는 어려움은 방법에 관한 사고 방식의 혼란에서 기인하는 것이 아니다. 헤켈 이후의(또는 그 이전부터의) 주요 자연학자들은 그들의 작업 절차를 정확하게 이야기하고 있다. 그 절차란 모두 상동의 유사성과 상사의 유사성을 구별해서 상사를 버리고 상동만으로 계통을 재현하는 것이다. 애석하게도 부정확했지만, 개체 발생이 계통 발생을 반복한다는 헤켈의 법칙도 상동성을 인식하기 위한 하나의 절차였다. 이처럼 그 목표는 충분히 명확했고 지금도 그러하다.

넓은 의미에서 이야기하자면, 우리는 상동을 식별하는 방법을 알고 있다. 상사에는 한계가 있다. 상사는 유연 관계가 없는 두 계통에 외면적, 기능적으로 현저한 유사성을 만들어 낼 수는 있지만, 수천 개나 되는 복잡하고 독립적인 부분들을 모두 동일한 방식으로 변형시키지는 못한다. 따라서 그 정확성이 어느 수준 이상이면 그 유사성은 상동임에 틀림없다. 그러나 애석하게도 필요한 수준까지 도달했다고 확신할 만큼 충분한 정보가 있는 경우는 좀처럼 없다. 원시적인 후생동물과 가까운 친척뻘이라고 생각되는 여러 원생생물들을 비교할 때, 어떤 대비를 하든 공통된 소수의 특징들(상동임을 확인하기 위해서는 너무도 적다.)을 기초로 작업하는 경우가 많다. 게다가 작은 유전적 변화가 성체의 외부 형태에 큰 영향을 미치는 경우도 흔히 있다. 따라서 한 차례 이상 일어나기에는 너무 복잡하고 불가사의해 보이는 유사성은 실제로 단순하고 반복 가능한 변화를 나타내는 것인지도 모른다. 여기에서 가장 중요한 사실은 우리가 실제로 그 생물들을 비교하는 것이 아니라, 그 생물들의 희미한 그림자만을 비교하고 있을 따름이라는 사실이다. 원생생물에서 후생동물로의 이행은 6억 년도 전에 일어났다. 모든 실제 선조와 원래의 후손들도 아득한 과거에 사라져 버렸다. 그들을 식별하는 데 필요한 중요 특징들이 일부 현생 종에 그대로 남아 있기를 바라는 것 말고는 다른 도리가 없다. 그런데 그런 특징들이 유지되었다고 하더라도, 그것들은 분명 변형되었을 것이고 너무도 많은 특화된 적응 형태들 속에 묻혀 있을 것이다. 그렇다면 우리는 어떻게 새로운 적응을 통해 발생한 나중의 변형에서 원래의 구조를 식별할 수 있을까? 지금까지 확실하게 우리를 안내할 지침을 발견한 사람은 아무도 없다.

후생동물이 원생생물에서 기원했다는 생각을 뒷받침할 수 있는 시나리오는 단 두 가지이다. 첫째는 '융합(amalgamation)'이라 불리는 것으로, 일군의 원생생물 세포들이 하나로 결합해서 군체로 살아가기 시작해서 각 세포와 부분 사이에서 기능 분화가 일어나고 마침내 하나의 통합된 구조를 형성하게 되었다는 시나리오이다. 두 번째는 분열(division) 시나리오로, 하나의 원생생물의 세포 내부에 칸막이가 형성되었다는 생각이다. (세포 분열이 계속되는 과정에서 딸세포가 분리할 기회를 놓치는 일이 반복적으로 일어났기 때문이라는 제3의 시나리오도 있지만, 오늘날 이 견해를 받아들이는 학자는 거의 없다.)

그러나 탐구의 첫머리부터 부딪치게 되는 것은 바로 상동의 문제이다. 다세포성 자체는 어떠한가? 다세포화는 단 한 차례만 일어난 것일까? 가장 원시적인 형태에서 그것이 일어난 과정을 해명하기만 하면 모든 동물에서 다세포화를 설명할 수 있을까? 아니면 여러 차례 일어난 것일까? 바꿔 말하면 여러 동물의 계통에서 다세포성은 상동인가 상사인가?

흔히 후생동물들 중에서 가장 원시적인 것으로 간주되는 해면동물은 융합이라는 첫 번째 시나리오를 통해 발생한 것이 분명하다. 실제로 현생 해면류는 편모를 가진 원생생물들이 느슨히 결합된 연합체와 흡사하다. 일부 해면류의 세포들은 섬세한 비단옷을 입고 스쳐 지나듯이 결합되어 하나의 덩어리를 이룬 경우도 있다. 이 세포들은 각기 독립적으로 이동해서 더 작은 덩어리로 분화하고, 다시 원래 형태의 새로운 해면을 재생한다. 만약 모든 동물이 해면류에서 발생한 것이라면, 다세포성은 우리가 속한 전체 동물계에서 상동이며 융합을 통해 나타난 것이 된다.

그러나 대부분의 생물학자들은 해면류를 이후 계통이 없는 진화적인 막다른 골목에 해당하는 생물로 간주한다. 결국 다세포성은 여러 차례 독립적으로 일어난 진화 현상의 가장 유력한 제1후보인 것이다. 다세포성은 상사의 유사성이 가지는 두 가지 기본 특성을 갖추고 있다. 첫째 다세포성은 비교적 용이하게 달성된다. 둘째, 다세포성은 고도로 적응적이며 그것으로 인한 이익에 도달할 수 있는 유일한 경로이다. 타조 알과 같은 경우를 제외하고 동물의 단일 세포는 일정 크기 이상으로 커질 수 없다. 한편 지구상의 물리 환경에는 단일 세포 크기의 최대 한도보다 큰 생물만이 이용할 수 있는 서식지들이 무수히 많다. (개체의 표면에 작용하는 다른 여러 힘에 비해 중력이 압도적으로 작용할 만큼 몸집이 커졌을 때 얻을 수 있는 안정성을 생각해 보라. 부피에 대한 표면적의 비율은 성장과 함께 감소하기 때문에 중력이 더 크게 작용하기 위해서는 크기를 늘려야 한다.)

다세포성은 생물의 가장 큰 세 가지 계(식물, 동물, 균류)에서 각기 따로 따로 진화해 왔을 뿐만 아니라 각각의 집단 안에서도 여러 차례 일어났을 것이다. 대부분의 생물학자들은 식물과 균류의 다세포성은 모두 융합을 통해 발생했으며, 이 생물들은 원생생물 군체의 후손일 것이라는 데 견해를 같이하고 있다. 따라서 그들은 해면류도 융합을 통해 나타났다고 본다. 그렇다면 우리는 다세포성이 3개의 계 사이에서 그리고 각각의 계에서 모두 상사였음에도 불구하고 매번 같은 방식으로 진화했다는 결론으로 이 문제를 매듭지을 수 있을까? 현존하는 원생생물 중에는 규칙적인 세포 배열과 초기의 분화 상태를 모두 나타내는 군체 형태도 있다. 여러분은 고등 학교 생물 교실에서 본 볼복스(*Volvox*, 녹조류)의 군체를 기억하는가? 사실 나도 기억하지 못한다. 나는 스푸트니크 인공 위성이 쏘아 올려지기 직전에 뉴욕의 공립 고등 학교에 다녔던 것이다. 그 학교에는 실험실이라고는 하나도 없었는데, 내가 졸업하자마자 번개처럼 생겨났다. (미국은 1957년 소련이 스푸트니크 인공 위성 발사에 성공하자 이른바 '스푸트니크 충격'으로 갑작스레 과학 교육을 강조했다. 저자는 그 점을 비꼬고 있다. — 옮긴이) 일부 볼복스는 규칙적으로 배열된 일정 수의 세포로 이루어진 군체를 형성한다. 이 세포들은 크기가 저마다 달라서 생식 기능은 어느 한쪽 끝에 위치한 세포들에 국한되어 있을 수 있다. 이 상태에서 해면류까지 진화하는 데 그렇게 큰 걸음을 떼어놓아야 했는가?

동물에 국한하자면, 또 하나의 시나리오에 대한 좋은 예를 발견할 수 있다. 인간 자신을 포함해서 동물 중에 분열을 통해 발생한 것이 있을까? 이 의문은 동물학에서 가장 오래된 다음의 수수께끼를 풀지 않는 한 해결하기 어렵다. 그 수수께끼란 자포동물문(phylum Cnidaria, 산호와 그

동류, 그리고 아름답고 투명한 빗해파리류와 유즐동물 등이 여기에 포함된다.)의 지위에 대한 것이다. 대부분의 연구자들은 자포동물문이 융합을 통해 생겨났다고 생각한다. 그러나 이 동물들과 다른 문의 유연 관계가 딜레마이다. 왜냐하면 지금까지 제기된 모든 설명 체계들이 나름대로의 근거를 갖기 때문이다. 다시 말해 자포동물류를 해면동물의 후손일 뿐 다른 무엇의 선조가 아니라고 보는 견해, 자포동물류가 후손이 없는 하나의 가지라고 보는 견해, 자포동물류를 모든 '보다 고등한' 동물문의 선조라고 보는 견해(이것은 19세기의 고전적인 관점이다.), 그리고 다른 어떤 고등한 문에서 퇴화한 후손으로 보는 견해 등 여러 가지 의견들이 나름대로의 합리성을 가지고 있다. 마지막 두 견해 중 어느 하나가 사실로 입증된다면, 우리의 문제, 즉 모든 동물이 융합을 통해 필경 두 차례에(한 번은 해면류, 다른 한 번은 그밖의 모든 동물들에) 걸쳐 제각기 발생했으리라는 문제는 해결되는 셈이다. 그러나 만약 '더 고등한' 동물문이 자포동물류와 유연 관계에 있지 않다면, 또한 만약 이들이 동물계 중에서 다세포화가 일어난 제3의 다른 진화 과정을 나타내는 것이라면 분열이라는 시나리오를 진지하게 다시 검토할 필요가 있다.

고등 동물들이 각기 별개로 진화했다고 생각하는 사람들은 일반적으로 편형동물문이 선조 계통일 가능성이 높다고 보는 경우가 많다. 웨슬리안 대학교의 생물학자 얼 도체스터 핸슨(Earl Dorchester Hanson, 1927~1993년)은 고등 동물의 편형동물 기원설과 분열의 시나리오 양쪽을 모두 주장했다. 그의 인습 타파적인 관점이 승리를 거둔다면 인간을 포함한 고등 동물은 아마도 융합이 아니라 분열을 통한 유일한 다세포성의 산물이 될 것이다.

핸슨은 섬모충류(우리가 잘 알고 있는 짚신벌레가 여기에 속한다.)라고 불리는 원생생물 한 군과 편형동물의 '가장 단순한' 종류인 무장목(無腸目, Acoela,

체강을 발달시키지 않았기 때문에 붙은 이름이다.)의 유사성을 조사한 뒤에 독자적인 관점을 제기했다. 상당수의 섬모충류는 하나밖에 없는 세포 안에 여러 개의 핵을 가지고 있다. 만약 핵과 핵 사이에 세포 칸막이가 나타났다면, 그 결과로 발생하는 생물은 상동성을 주장하는 설을 뒷받침할 수 있을 만큼 충분히 무장목과 흡사할까?

핸슨은 다핵성 섬모충류와 무장목 사이의 폭넓은 유사성을 상세히 기록했다. 무장목은 작은 해양성 편형동물의 하나이다. 그중 일부 종류는 헤엄칠 수 있고, 다른 종류는 깊이 250미터 정도의 물밑에서 생활하기도 한다. 그러나 대부분은 얕은 바다의 해저를 기어 다니면서 바위 밑이나 모래와 진흙에서 생활하고 있다. 그들의 크기는 다핵성 섬모충류와 비슷한 정도이다. (후생동물이 어떤 원생생물보다도 크다는 것은 사실이 아니다. 섬모충류는 몸길이가 100분의 1밀리미터와 3밀리미터 사이인 데 비해, 무장목은 몸길이가 1밀리미터 이하의 것도 있다.) 섬모충류와 무장목의 내부 구조가 서로 유사한 것은 일차적으로 그들이 단순하다는 공통 특성에서 유래한다. 전형적인 후생동물과는 달리 무장목은 체강이 없고 체강(낭)과 연결된 기관도 없다. 그들은 영구적인 소화 기관이나 배설 기관, 호흡 기관도 가지고 있지 않다. 섬모충류와 마찬가지로 이 동물은 일시적인 식포(食胞)를 형성해서 그 속에서 먹이를 소화시킨다. 섬모충류와 무장목 모두, 그 신체는 크게 안층과 바깥층으로 구성되어 있다. 섬모충류는 외부 원형질(바깥층)과 내부 원형질(안층)을 유지하고 있으며, 다수의 핵은 내부 원형질에 모여 있다. 무장목은 안쪽 영역은 소화와 생식 기능에 할당하고, 바깥쪽 영역은 이동과 방어, 그리고 먹이 포획에 사용하고 있다.

또한 이 두 집단은 여러 가지 두드러진 차이점을 나타낸다. 무장목은 신경망과 생식 기관을 갖추고 있으며, 그 기관들은 꽤 복잡한 형태를 띠기도 한다. 예를 들어 어떤 종류는 음경(陰莖)을 가지고 있어 마치 피하

주사처럼 체벽을 관통해 다른 개체를 수정시킨다. 그리고 수정 후에 배아 발생을 일으킨다. 그것에 비해 섬모충류는 조직적인 신경계를 갖추고 있지 않다. 그들은 분열을 통해 둘로 분리되고 접합이라는 과정으로 생식 행위를 하지만, 발생 과정은 거치지 않는다. (접합이 일어날 때는 두 개체의 섬모충이 하나로 결합해서 유전 물질을 교환한다. 그 후 이들은 분리되고 각기 분열해 두 개체의 후손이 된다. 거의 모든 후생동물에서 서로 불가분의 관계를 맺고 있는 성과 생식이 섬모충류에서는 별개의 과정인 것이다.) 물론 가장 두드러진 차이는 무장목이 다세포성인 데 비해 섬모충류는 그렇지 않다는 점이다.

이러한 차이가 있다고 해서 이 두 그룹이 가까운 계통 관계라는 가설이 성립되지 않는 것은 아니다. 결국 앞에서 말했던 것처럼 현생 섬모충류와 무장목은 그들의 공통 선조라 추정되는 생물로부터 5억 년 이상 시간적 거리가 있다. 둘 중 어느 것도 다세포성의 기원을 설명해 줄 만한 이행기 형태를 나타내지 않는다. 대신 논쟁은 유사성이 상동인지 상사인지를 둘러싼 가장 오래되고 가장 기본적인 문제에 집중된다.

핸슨은 무장목의 단순성은 편형동물의 선조의 상태이고, 대체로 이 단순성의 결과인 섬모충류와 무장목의 유사성이 서로 계통상 연결되어 있음을 보여 준다고 주장한다. 핸슨의 이 견해에 따르면 이 유사성은 상동인 셈이다. 이 설에 대한 반대자들은 무장목의 단순성이 그것보다 복잡한 편형동물로부터 그들이 '퇴화적(regressive)' 진화를 겪은 2차적 결과, 즉 무장목에서 몸이 현저히 작아진 결과로 발생한 것이라고 반박한다. 이보다 큰 와충강(渦蟲綱, Turbellaria, 무장류를 포함하는 편형동물의 한 그룹)은 장과 배설 기관을 가지고 있다. 만약 무장목의 단순성이 와충강에서 파생된 상태라면, 그 단순성이 섬모충류의 줄기에서 직접 이어진 것을 투영하는 사실이 될 수 없다.

불행하게도 핸슨이 증거로 삼은 유사점들은 '상동 대 상사'를 둘러싼 해결 불가능한 논쟁을 촉발시키는 계기가 되었다. 그 특성들은 상동을 확실히 보증할 수 있을 만큼 엄밀하지도 않고 그 수도 그다지 많지 않다. 특성의 대부분은 무장목이 복잡성을 결여한다는 데 기반하고 있으며, 진화 과정에서 상실이 반복적으로 쉽게 일어나는 데 비해 복잡하고 정교한 구조들이 독립적으로 발생할 가능성은 높지 않은 것 같다. 게다가 무장목의 단순성은 몸의 크기가 작다는 사실로부터 예상할 수 있다. 그것은 계통 발생상의 관계를 나타내는 것이 아니라, 나중에 그들과 같은 몸 크기 범위 안에 들어온 한 그룹이 섬모충류의 설계로 기능적으로 수렴한 것인지도 모른다. 그리고 여기서도 다시 표면적과 부피의 관계가 문제가 된다. 호흡이나 소화, 배설 등 여러 가지 생리 기능은 몸의 표면을 통해 진행되며 몸의 전체 부피에 기여한다. 몸집이 큰 대형 동물은 몸의 부피에 대한 표면적의 비율이 작기 때문에 내부 기관을 발달시켜 내부 표면적을 크게 하지 않으면 안 된다. (기능적으로 허파는 기체 교환에 쓰이는 표면이 있는 자루와 같으며, 장은 소화해야 할 먹이를 통과시키기 위한 표면을 가지는 관과도 같다.) 다른 한편 소형 동물은 부피에 대한 표면적의 비율이 크기 때문에 외부 표면만을 통해 호흡, 먹이 섭취, 배설 등을 할 수 있다. 편형동물보다 복잡한 동물 문 중에서 가장 작은 종류들 역시 체내 기관을 가지지 않는다. 예를 들어 달팽이 중에서 가장 작은 종류인 시컴(Caecum)은 체내에 호흡 기관을 전혀 가지지 않으며, 체외 표피만으로 산소를 받아들인다.

햅슨이 제기하고 있는 그밖의 유사점들은 상동을 뒷받침할 수도 있지만, 다른 생물에서도 널리 관찰될 수 있는 것이다. 따라서 그러한 유사점들은 계통 발생의 특정 경로를 보여 주는 것이 아니라 모든 원생생물과 모든 후생동물 사이의 보다 폭넓은 유연 관계를 말해 줄 뿐이다. 중요한 의미를 가지는 상동은 어떤 계통의 후손에게 공유되면서 동시에 파생된 형질에만 국한되어야 한다. (파생된 형질은 그 특성을 공유하는 두 집단의 공통 선조로부터만 고유하게 진화한 것이기 때문에 그 계통을 구별짓는 특징이 된다. 그것에 비해 공유되는 원시적 형질은 어느 한 계통만의 특징이 아니다. 섬모충류와 무장목 모두에 DNA가 존재한다는 사실은 이 두 그룹에 관해 아무것도 말해 주지 않는다. 왜냐하면 모든 원생생물과 후생동물이 DNA를 가지고 있기 때문이다.) 따라서 핸슨은 "섬모충류와 무장목에 공통적으로 의미심장하게 유지되고 있는 항구적인 형질"로서의 "완전한 섬모(纖毛)"를 언급했다. 그러나 섬모는 상동이라고 하더라도 다른 여러 그룹들이 공유하는 원시적 형질이다. 다시 말해 자세포류를 포함하는 다른 많은 그룹들이 같은 특성을 가지고 있다. 다른 한편 섬모의 완전함은 섬모충류와 무장목에서는 상사에 지나지 않을지도 모르는 '쉬운' 진화상의 사건을 말해 주고 있다. 또한 외부 표면으로 인해 발생할 수 있는 섬모의 최대수는 한정되게 마련이다. 부피에 대한 표면적의 비율이 큰 소형 동물의 경우에는 섬모를 이용해 이동할 수도 있지만, 대형 동물은 상대적으로 작은 몸 표면에 그 몸을 움직일 수 있을 정도로 많은 섬모를 발생시킬 수 없다. 무장목이 완전한 섬모를 갖추고 있다는 사실은 작은 몸 크기에 대한 부차적인, 적응적인 변화를 반영하는 것일 수도 있다. 몸이 작은 '시컴'도 섬모 운동으로 추진력을 얻는다. 이것보다 몸집이 큰 근연종들은 근육을 수축해 이동한다.

물론 핸슨은 형태와 기능에 관한 고전적인 증거를 이용해서 자신의 매력적인 가설을 증명할 수 없다는 사실을 잘 알고 있었다. 그는 이렇게 결론지었다. "우리가 말할 수 있는 최선은 (편모충류와 무장목 사이에) 시사적인 유사성이 꽤 있지만, 그들 사이에 엄격하게 규정할 만한 상동 관계는 없다는 것이다." 이 문제를 풀 수 있는 다른 방법은 없을까? 아니면 영원히 끝나지 않을 논쟁을 계속해야 하는 것인가? 만약 충분히 많고 비교 가능하고 복잡한 새로운 특성들을 제시할 수 있다면, 우리는 자신 있게 상동 관계를 수립할 수 있을 것이다. 왜냐하면 상사로는 무수한 상호 독립적인 항목들에 대해 부분 대 부분의 상세한 설명을 줄 수 없으며, 수학적 확률의 법칙이 그것을 허용하지 않을 것이기 때문이다.

다행스럽게도 오늘날 우리는 이러한 잠재적인 정보원을 가지고 있다. 그것은 바로 유사한 단백질들의 DNA 배열이다. 모든 원생생물과 후생동물들은 많은 상동 단백질을 공유하고 있다. 각각의 단백질은 아미노산의 긴 연쇄로 이루어져 있으며, 아미노산은 DNA에 들어 있는 3개의 뉴클레오티드의 배열로 부호화되어 있다. 따라서 각각의 단백질의 DNA 부호에는 분명한 순서를 가진 수천 개의 뉴클레오티드들이 들어 있다.

진화는 이러한 뉴클레오티드들의 배열을 바꾸는 과정으로 진행된다. 두 그룹이 공통 조상으로부터 갈라진 이후, 그들의 뉴클레오티드 배열은 변화를 거듭한다. 대략 그 변화의 빈도수는 최소한 분기 이후 경과된 시간에 비례할 것이다. 따라서 상동 단백질의 뉴클레오티드 배열에 나타나는 전반적인 유사성은 계통적인 분리의 정도를 측정하는 척도가 될 수 있을 것이다. 그런 의미에서 뉴클레오티드 배열은 상동을 연구하는 학자들의 꿈이다. 왜냐하면 그 배열이 잠재적으로 수천 개가 되는 독립적인 변화들을 나타내기 때문이다. 각각의 뉴클레오티드의 위치는 앞으로 일어날 수 있는 잠재적인 변화의 자리(site)인 셈이다.

오늘날 뉴클레오티드의 배열을 확인할 수 있는 기술이 개발되고 있다. 앞으로 10년 후면 지금 문제가 되고 있는 모든 섬모충류와 후생동물의 상동 단백질을 추출해서 그 배열을 결정하고 두 생물 사이의 유사성을 측정해서 이 해묵은 계통학의 수수께끼를 풀 수 있는 좀 더 결정적인 통찰을(심지어는 그 해결책까지도) 얻을 수 있으리라고 믿는다. 만약 무장목이 체내에 세포막을 진화시켜서 다세포성을 획득했다고 생각되는 원생생물의 군들과 유연 관계가 가장 가깝다면, 핸슨의 주장이 옳았음이 입증될 것이다. 그러나 만약 무장목이 군체 속에서 통합되어 다세포성에 도달할 수 있었던 원생생물에 가장 가깝다면, 고전적인 견해가 승리를 거둘 것이고 모든 후생동물은 융합의 산물로 나타나게 되었을 것이다.

20세기 들어 계통학 연구는 적응 현상에 대한 분석 때문에 부당하게 그 빛을 잃었지만, 학자들을 매료시키는 힘은 여전하다. 핸슨의 시나리오가 우리와 그밖의 다세포 생물들 사이의 관계에 대해 함축하는 내용을 생각해 보라. 동물학자들 중에서 모든 고등 동물들이 편형동물과 같은 방식으로 다세포성을 얻었다는 사실에 의문을 제기하는 사람은 거의 없다. 만약 무장목이 어떤 섬모충이 다세포화되면서 진화한 것이라면, 우리의 다세포성 신체는 원생생물의 하나의 세포와 상동인 셈이다. 또한 만약 해면류, 자세포류, 식물, 그리고 균류가 융합으로 발생한 것이라면, 그들의 몸은 원생생물의 군체와 상동이다. 그리고 섬모충의 세포가 원생생물의 군체를 만든 개별 세포와 상동이기 때문에, 우리는 인간의 몸 전체가 해면이나 산호, 또는 식물 몸의 하나의 세포와 상동이라고 (이것은 수사적 표현이 아니라 문자 그대로의 의미이다.) 결론내리지 않을 수 없다.

상동성의 기묘한 경로는 훨씬 더 과거까지 거슬러 올라간다. 원생생물의 세포 자체는 그보다 더 단순한 여러 개의 원핵생물(세균, 남조류) 세포가 서로 공생하는 과정에서 진화한 것인지도 모른다. 미토콘드리아와 엽록체는 원핵생물의 세포 전체와 상동인 것처럼 보인다. 따라서 원생생물 각각의 세포와 후생동물 몸체 각각의 세포는 계통적으로 볼 때, 원핵생물의 통합된 군체라고 할 수 있을지도 모른다. 그렇다면 우리는 자신의 몸을 세균의 군체 덩어리, 또는 해면이나 양파의 얇은 껍질의 하나의 세포와 상동이라고 보아야 하지 않을까? 앞으로 당근 조각을 삼키거나 버섯을 얇게 자를 때 이 점을 생각해 보라.

7부

무시되고 과소 평가된 동물들

25장

과연 공룡은 우둔했는가

무하마드 알리(Muhammad Ali, 1942년~)가 미국 육군의 지능 검사를 통과하지 못했을 때, 그는 다음과 같은 재치 있는 말로 궁지를 모면했다. "나는 가장 위대하다고 말했지 가장 똑똑하다고 말한 적은 없다." 우리가 알고 있는 은유와 우화에는 종종 몸집은 거대하고 강한 반면에 지능이 매우 낮아서 나름대로 공평한 거인들이 등장한다. 꾀는 몸집이 작은 사람들에게 항상 자신의 부족한 부분을 극복할 수 있게 해 주는 좋은 수단이 되어 왔다. 디즈니 만화 영화에 나오는 꾀 많은 토끼와 우둔한 곰, 돌팔매로 골리앗을 쓰러뜨린 다윗의 이야기, 콩나무를 베어 거인을 물리친 잭의 이야기 등을 생각해 보라. 우둔하고 어리석음은 거인의 비극적 결함인 것이다.

19세기 공룡의 발견은 크기와 지능은 서로 반비례한다는 전형적인 생각을 증명해 주었다. (또는 그런 것으로 생각되었다.) 공룡들은 콩만 한 작은 뇌와 거대한 몸집을 가졌기 때문에 우둔함의 상징처럼 여겨졌다. 공룡이 멸종했다는 사실은 그 몸의 설계에 결함이 있음을 입증하는 것으로 여겨졌다.

공룡에게는 위대한 육체적 용맹함이라는, 흔히 거인에게 붙어 다니는 위로조차도 용납되지 않았다. 신은 이 거대한 동물의 뇌에 관해서는 분별있게 침묵을 지켰지만, 그 강력한 힘에 대해서는 분명히 경탄했다. "그것의 힘은 허리에 있고, 그 뚝심은 배의 힘줄에 있고 그것이 꼬리 치는 것은 백향목이 흔들리는 것 같고 …… 그 뼈는 놋관 같고 그 뼈대는 쇠 막대기 같으니." (「욥기」 40장 16~18절) 한편 공룡은 언제나 움직임이 느리고 신경이 무딘 동물로 그려져 왔다. 공룡 시대를 복원한 그림에서 브론토사우루스는 소택지의 물속에 잠겨 있는데, 그 까닭은 땅 위에서는 자신의 몸무게를 지탱할 수 없다고 생각되었기 때문이다.

초등 학교 교과 과정에 사용되는 그림들은 정통설에 입각한 묘사를 제공한다. 나는 뉴욕 시 퀸스 구립 제26초등학교에서 훔친(그렇게밖에는 생각할 수 없다.), 버사 모리스 파커(Bertha Morris Parker)의 『과거의 동물들(*Animals of Yesterday*)』이라는 3학년용 책(1948년판)을 지금도 가지고 있다. (매키너니 선생님, 미안합니다.) 그 책에서 주인공 소년은 쥐라기의 세계로 순간 이동해 브론토사우루스와 우연히 만나게 된다.

> 이 동물은 엄청나게 크다. 그 작은 머리를 보면 그 동물이 무척 우둔했으리라는 것을 알 수 있을 것이다. …… 이 거대한 동물은 먹이를 먹으면서 아주 느리게 어슬렁거린다. 움직임이 그처럼 느려도 이상한 일은 아니다! 커다란 발은 굉장히 무겁고, 굵은 꼬리는 이리저리 끌고 다니기도 쉽지 않다. 여

러분은 이 브론토사우루스가 물의 부력으로 무거운 몸무게를 지탱하기 위해 물에 머무는 것을 좋아했다는 사실을 알아도 이상하게 생각하지 않을 것이다. …… 거대한 공룡들은 한때 지구를 지배한 주인이었다. 그런데 그들이 종적을 감춰 버린 이유는 무엇일까? 여러분은 그 대답 중 일부를 추측할 수 있을 것이다. 즉 몸이 뇌에 비해 지나치게 컸기 때문이다. 만약 몸이 더 작고 뇌가 더 컸다면, 그들은 더 오래 살아남았을지도 모른다.

오늘날 너도나도 공룡을 좋아하는 시대가 되면서 공룡들은 힘차게 되살아났다. 최근 대부분의 고생물학자들 사이에서 공룡을 정력적이고 활동적이고 유능한 동물이었다고 보려는 경향이 강해졌다. 브론토사우루스는 한 세대 전만 해도 늪에서 뒹굴고 있었지만, 요즘에는 땅 위를 뛰어다니고 있다. 때로는 두 마리의 수컷이 암컷에게 접근하기 위한 정교

브라키오사우루스, 그레고리 폴(Gregory S. Paul)의 그림.

한 성적 다툼으로 긴 목을 상대의 목에 꼬고 있는 것처럼 묘사되기도 한다. (마치 기린들이 목으로 씨름을 하듯이.) 최근 이루어진 해부학적 복원은 공룡의 강력함과 민첩함을 보여 주고 있으며, 오늘날 많은 고생물학자들은 공룡이 온혈 동물이었다고 생각하게 되었다. (26장 참조)

공룡이 온혈 동물이었다는 생각은 일반 대중의 상상력을 사로잡아 신문과 잡지에 자주 보도되었다. 그것에 비해 공룡의 능력에 대한 또 하나의 옹호는 거의 주목받지 못했다. 그러나 나는 그 주장이 온혈 동물 가설과 같은 정도로 중요하다고 생각한다. 그것은 우둔함과 몸 크기의 거대함 사이의 상관 관계에 대한 것이다. 내가 이 글에서 수정주의적 해석을 지지하는 것은 공룡을 지성의 전당에 올리기 위해서가 아니라, 공룡들이 특별히 작은 뇌를 가진 것이 아니라는 점을 말하고 싶었기 때문이다. 그들은 여러 가지 크기의 몸을 가진 파충류로서 저마다 '적정 크기'의 뇌를 가지고 있었을 뿐이다.

나는 주관적이고 불균형적인 관점을 적용해 거대한 몸집의 스테고사우루스가 편평하고 작은 뇌를 가지고 있다는 사실을 부정할 생각은 없다. 내가 주장하고자 하는 것은 공룡에게 다른 동물들 이상의 무엇을 기대해서는 안 된다는 것이다. 우선 첫째로, 몸집이 큰 동물은 친척뻘인 작은 동물에 비해 상대적으로 작은 뇌를 가지고 있다. 동족의 동물들(예를 들어 파충류 전체나 포유류 전체)에서 뇌 크기와 몸 크기와의 상관 관계는 매우 규칙적이다. 소형 동물에서 대형 동물로, 예를 들어 생쥐에서 코끼리, 또는 작은 도마뱀에서 코모도왕도마뱀(인도네시아 코모도 섬에 서식하는 세계 최대의 도마뱀 — 옮긴이)으로 이동할수록 뇌 크기는 차츰 늘어나지만 몸 크기만큼 급격하게 증가하지는 않는다. 다시 말해 몸이 뇌보다 빨리 커지기 때문에 대형 동물의 몸무게에 대한 뇌 무게의 비율은 작다는 것이다. 실제로 뇌가 커지는 속도는 몸이 늘어나는 속도의 3분의 2에 불과하다. 대형 동물이 소형의 근연 동물보다 반드시 우둔하다고 생각할 이유가 없기 때문에, 우리는 대형 동물이 그보다 작은 동물과 마찬가지로 상대적으로 작은 뇌만으로도 충분히 살아갈 수 있다고 결론내려야 할 것이다. 이 관계를 올바로 인식하지 못하면 아주 큰 동물, 특히 공룡의 지능을 과소 평가하기 쉽기 때문이다.

두 번째, 뇌와 몸 크기의 관계가 척추동물의 모든 집단에서 같은 것은 아니다. 뇌 크기가 상대적으로 줄어드는 비율은 모든 동물에서 마찬가지이지만, 소형 포유류는 몸무게가 같은 소형 파충류보다 훨씬 큰 뇌를 가지고 있다. 이 불일치는 몸무게가 아무리 무거워도 그대로 유지된다. 왜냐하면 뇌 크기는 어느 쪽 집단에서도 같은 비율(몸 크기가 늘어나는 속도의 3분의 2)로 증가하기 때문이다.

이 두 가지 사실을 정리하면 대형 동물은 모두 상대적으로 작은 뇌를 가지며, 같은 몸무게라도 파충류는 포유류보다 훨씬 뇌가 작다는 결론을 얻을 수 있다. 그러면 보통의 대형 파충류에서는 어떤 현상을 기대할 수 있을까? 이 물음에 대한 답은 물론 가장 적절한 크기의 뇌를 가지고 있다는 것이다. 현생 파충류 중에는 몸의 부피가 중간 크기의 공룡 정도인 것도 없기 때문에 오늘날 공룡의 모형으로 삼을 만한 기준은 없다.

다행히도 우리가 가진 화석 기록이 불완전하기는 하지만, 뇌에 관한 데이터 공급원으로서는 그리 실망스럽지는 않다. 많은 공룡의 종에서 보존 상태가 훌륭한 머리뼈가 발견되었고, 그 머리뼈를 통해 뇌 용적을 측정할 수 있었던 것이다. (파충류의 경우 뇌가 머리뼈를 완전히 채우지 않기 때문에, 머리뼈 속의 빈 공간을 기준으로 뇌 크기를 추정하려면, 터무니없는 것은 아니지만, 약간의 교묘한 변환 과정이 필요하다.) 이러한 데이터를 사용하면 공룡이 우둔했다는 평범한 가설을 명쾌하게 검증할 수 있다. 우선 우리는 파충류의 기준이 유일하고 적절한 기준이며, 공룡의 뇌가 사람이나 고래에 비해 작다는 생각은 실로 터무니없다는 데에 동의해야 한다. 우리는 현생 파충류의 뇌와 몸 크기의 관계에 관한 많은 데이터를 가지고 있다. 우리는 현생 종에서는 소형에서 대형으로 갈수록 뇌가 몸의 3분의 2의 비율로 커진다는 사실을 알고 있기 때문에, 이 비율을 공룡의 크기로 외삽해서, 현생 파충류가 공룡만큼 커진다면 그것의 뇌 크기는 어느 정도일까를 예상해 공룡의 실제 뇌 크기가 그와 일치하는지의 여부를 조사할 수 있다.

해리 제리슨(Harry Jerison)은 10종의 공룡의 뇌 크기를 조사한 결과 그것들이 파충류의 외삽 곡선상에 위치한다는 것을 밝혀냈다. 따라서 공룡이 유별나게 작은 뇌를 가진 것은 아니었다. 그들은 각기 고유의 크기를 가지는 파충류로서 적정 크기의 뇌를 가진 셈이다. 더욱이 공룡의 멸종에 대한 파커 부인의 설명은 그야말로 터무니없는 소리이다.

그러나 제리슨은 여러 종류의 공룡들을 따로 구분하려는 시도를 하지 않았다. 주요 여섯 그룹에 걸쳐 10종만 조사한 것으로는 비교를 위한 적절한 기반을 제공했다고 말할 수 없을 것이다. 그런데 최근 시카고 대학교의 제임스 앨런 홉슨(James Allen Hopson, 1935년~)이 더 많은 데이터를 수집해서 괄목할 만한 발견을 이루었다.

우선 홉슨은 모든 공룡에 대한 공통의 척도를 얻으려고 했다. 따라서 그는 각 종의 공룡 뇌와, 몸무게에 따른 파충류의 뇌 크기 평균값을 비교했다. 만약 어떤 공룡의 수치가 표준 파충류 곡선 위에 놓인다면 그 공룡의 뇌는 1.0이라는 값(같은 몸무게의 표준 파충류에 예상되는 뇌와 실제 공룡의 뇌 비율을 나타내는 것으로, 흔히 대뇌화 지수(大腦化指數, encephalization quotient, EQ)라고 불리는 것)을 갖게 된다. 이 곡선보다 위에 있는 공룡(같은 몸무게의 표준 파충류에서 예상되는 것보다 큰 뇌를 가진 공룡)은 1.0 이상의 값을 가지며, 이 곡선보다 밑에 있는 공룡은 1.0 이하가 된다.

홉슨은 EQ의 평균값의 증대에 따라 대표적인 공룡 집단들을 순서대로 배열할 수 있음을 알아냈다. 그 등급은 운동 속도, 민첩함, 먹이를 찾는 섭식 행동(또는 먹이가 되지 않게 피해 다니는 행동)의 복잡성 등과 완전히 일치한다. 거대한 용각류의 하나였던 브론토사우루스와 그 동류의 EQ는 0.20~0.35라는 가장 작은 값을 가진다. 그들은 아주 느린 속도로 이동했고, 기동성도 그다지 높지 않았던 것이 틀림없다. 아마도 그들은 오늘날의 코끼리와 마찬가지로 오로지 큰 덩치 덕분에 먹이가 될 운명을 모면했을 것이다. 그다음에 EQ 0.52~0.56의 집단으로는 갑옷을 두른 안킬로사우루스와 스테고사우루스가 있다. 이들은 튼튼한 갑옷을 갖추고 있었기 때문에 주로 수동적인 방어에 의존했을 것이라고 추측되지만, 안킬로사우루스의 곤봉 모양의 꼬리와 스테고사우루스의 스파이크가 돋은 꼬리는 어느 정도 적극적인 투쟁성과 행동상의 복잡성 증대를 암시하고 있다.

다음으로 약 0.7~0.9에 각룡류(角龍類, ceratopsian)가 있다. 홉슨은 이렇게 쓰고 있다. "뿔이 돋은 거대한 머리를 가진 대형 각룡아목은 적극적인 방위 전략에 의존했고, 포식 동물의 공격을 막거나 같은 종끼리 싸움을 벌일 때에 꼬리를 무기로 삼는 어떤 종류보다도 민첩했을 것이다. 또한 뿔을 갖지 않은 소형의 각룡아목은 예민한 감각과 빠른 속도에 의존해서 포식자의 공격을 피했을 것이다." 조각류(鳥脚類, ornithopod, 오리너구리공룡과 그 동류)의 EQ는 0.85~1.5로 초식성으로는 가장 머리가 좋은 동물군이었다. 그들은 육식 동물을 피할 때 "예민한 감각과 비교적 빠른 속도"에 의존했다. 그러나 하늘을 날기 위해서는 땅 위에서 방어할 때보다 한층 더 민첩하고 예민해야 했을 것이다. 각룡류 중에서 작고 뿔을 갖지 않았고 빠른 속도로 달렸으리라고 생각되는 프로토케라톱스(Protoceratops)는 3개의 뿔을 가진 대형 트리케라톱스(Triceratops)보다 EQ가 높다.

트리케라톱스, 그레고리 폴 그림.

오늘날의 척추동물과 마찬가지로 육식 동물은 초식 동물보다 EQ가 높다. 재빠르게 도망치거나 완강하게 저항하는 먹이를 사냥하려면 적당한 식물을 뜯어먹는 것에 비해 훨씬 높은 지능이 필요하기 때문이다. 거대한 수각룡(獸脚龍, 뒷다리로 걸어 다니는 육식 공룡, 티라노사우루스와 그 동류들)의 EQ는 1.0에서 2.0에 가까운 정도였다. 그리고 가장 높은 꼭대기에, 작은 크기에 어울리게 EQ가 5.0이 넘는 소형 코엘루로사우루스(Coelurosaurus)인 스테노니코사우루스(Stenonychosaurus)가 있다. 소형 포유류와 조류처럼 민첩하게 돌아다니는 먹잇감을 찾아내 사냥하려면 티라노사우루스가 트리케라톱스를 사냥할 때보다 훨씬 큰 도전에 직면했을 것이다.

나는 여기에서 뇌의 크기가 지능과 일치한다는, 또는 행동 범위와 민첩함에 대응한다는 천진난만한 주장을 하려는 것은 아니다. (인간에게 지능이 무엇을 의미하는지도 모르는데 이미 멸종한 파충류의 한 집단에 대해 그것을 알 리가 없지 않은가.) 같은 종에서 뇌 크기의 편차와 지력 사이에는 아무런 관계도 없다. (사람은 뇌 크기가 900~2,500세제곱센티미터까지 큰 차이를 보이지만 모두 잘 살아가고 있다.) 그러나 그 차이가 클 경우 다른 종과의 비교는 의미가 있는 것 같다. 나는 사람이 EQ 수치에서 코알라(나는 이 동물을 매우 좋아한다.)를 훨씬 능가한다는 사실이 그동안 인류가 이룬 번영과 무관하다고 생각하지 않는다. 또한 여러 종류의 공룡들에 대한 합당한 서열 매김은 뇌의 크기라는 거친 척도도 어느 정도 의미가 있음을 말해 주고 있는 것이다.

행동의 복잡함이 지력으로 인해 발생하는 것이라면 우리는 협동, 단결, 상호 인지 등을 필요로 하는 사회 행동의 일부 징후들이 공룡 화석에서 발견되리라고 기대할 수 있다. 그리고 실제로 그러한 징후들이 발견되고 있다. 또한 사람들이 공룡을 우둔하다고 잘못 평가하던 시대에 그런 징후가 눈에 띄지 않은 것은 전혀 우연이 아니다. 20마리가 넘는 공룡들이 같은 방향으로 함께 이동했음을 말해 주는 많은 화석들이 발견되었다. 이런 종류의 공룡들은 무리를 지어 생활했던 것일까? 대븐포트 랜치(Davenport Ranch)에 있는 용각류들이 자주 지나다녀 다져진 길에는 작은 발자국들이 중앙에 나 있고 그 양옆으로 큰 발자국들이 남겨져 있다. 그렇다면 이 공룡은 오늘날 일부 고등한 초식성 포유류 무리처럼, 몸집이 큰 공룡이 어린 동물들을 가운데 놓고 둘러싸 보호하면서 이동했던 것일까?

덧붙여 이야기하자면, 과거의 고생물학자들에게는 가장 기괴하고 아무 소용도 없어 보이던 구조물, 즉 하드로사우루스(Hadrosaurus)의 정교한 볏, 각룡류의 뿔과 목주름, 파키케팔로사우루스(Pachycephalosaurus)의 뇌를 둘러싸고 발달한 두께 20센티미터의 단단한 뼈 등이 오늘날에는 성적 과시와 투쟁에 사용한 장치로 다시 설명되고 있다. 파키케팔로사우루스는 그 튼튼한 이마로 오늘날의 산양처럼 박치기를 하면서 암컷을 둘러싸고 경쟁을 벌였을지도 모른다. 일부 하드로사우루스의 볏은 훌륭한 구조의 공명실(共鳴室)이기도 했다. 그렇다면 그들은 누가 더 큰 소리로 울 수 있는지 경쟁을 벌였을까? 또한 각룡류의 뿔과 주름은 짝을 쟁취하기 위한 싸움에서 칼이나 방패 역할을 했을지도 모른다. 이러한 행동은 그 자체가 복잡할 뿐만 아니라 정교한 사회 체제가 존재했음을 암시하기 때문에, 낮은 지능 수준을 간신히 벗어난 동물 집단에서는 찾아보기 힘들었을 것이다.

그러나 공룡의 능력을 가장 잘 말해 주는 것은 흔히 공룡에게 부정적인 것으로 들먹여지는 사실, 즉 그들의 멸종이다. 대다수의 사람에게 멸종은 비교적 최근까지도 '섹스'라는 행위에 따라다니는 것과 비슷한 함의를 가지고 있다. 다시 말해 빈번하게 일어나기는 하지만, 그 누구도 자랑스럽게 생각하지 않고 드러내 놓고 토론되지도 않는 불명예스러운 사건으로 여겨지는 것이다. 그러나 멸종은 섹스와 마찬가지로 생명계가 피해 갈 수 없는 것이다. 멸종은 모든 생물의 궁극적 숙명이며, 운이 나쁘거나 잘못 설계된 생물만의 운명이 아니다. 그것은 결코 실패의 징후가 아니다.

공룡에서 특히 주목해야 할 점은 그들이 멸종했다는 것이 아니고, 오히려 그들이 아주 오랫동안 지구에서 군림했다는 사실이다. 그들은 약 1억 년 동안이나 세상을 지배했다. 그 기간 동안 포유류는 소형 동물로서 공룡들의 세계에 나 있는 작은 틈새에서 생활했다. 우세한 지위를 차지한 지 7000만 년이 지난 오늘날 포유류는 뛰어난 업적을 이루었고 미래의 전망도 밝지만, 이제부터 우리는 공룡과 같은 지구력을 발휘하지 않으면 안 된다.

이러한 기준에서 보면 사람은 언급할 가치도 없을 정도이다. 오스트랄로피테쿠스 이래 약 500만 년 동안 우리 자신이 속한 호모 사피엔스가 살아온 기간은 고작 5만 년에 불과하다. 그러면 이제 우리의 가치 체계에서 최후의 검증을 해 보자. "호모 사피엔스가 브론토사우루스보다 오랫동안 살아남을 것이다."라는 명제에 대해, 아주 유리한 조건이라도 상당한 금액을 내기에 걸 사람이 있을까?

26장

비밀을 밝혀 주는 차골

네 살 무렵 나의 장래 희망은 쓰레기를 수거하는 청소부가 되는 것이었다. 나는 깡통들이 딸그랑거리는 소리와 압축기가 돌아가는 소리를 무척 좋아했다. 게다가 나는 뉴욕 주의 모든 쓰레기를 한 대의 대형 트럭에 압축해 넣을 수 있으리라는 생각에 매혹되었다. 얼마 후 다섯 살이 되었을 때, 아버지가 나를 미국 자연사 박물관으로 데리고 가 티라노사우루스를 구경시켜 주셨다. 그 화석 동물을 쳐다보고 있을 때 한 남자가 큰소리로 재채기를 했다. 나는 너무 놀라 간이 콩알만 해졌고 나도 모르게 '셰마 이스라엘(Shema Yisrael, 유대인들의 신앙 고백 — 옮긴이)'이 흘러나올 뻔했다. 그러나 그 거대한 동물의 장대한 뼈는 꿈쩍도 하지 않고 늠름하게 서 있었다. 그곳을 떠나면서 나는 이다음에 크면 고생물학자가 되리라고 선언했다.

벌써 먼 옛날이 된 1940년대 말에는 어린 소년이 고생물학에 흥미를 갖게 할 만한 것들이 별로 없었다. 내가 기억해 낼 수 있는 것들로는 「판타지아(Fantasia)」(디즈니의 1940년작 만화 영화로 공룡 멸종에 대한 이야기를 다루고 있다. ─ 옮긴이), 「앨리 웁(Alley Oop)」(1933년작 미국 만화. 선사 시대와 현대를 오가는 혈거인 이야기 ─ 옮긴이), 그리고 박물관 매점에 진열되어 있던 금속으로 만든 모조 골동품 조각이 고작이었다. 그 가짜 골동품은 내가 사기에는 너무 비싼 데다가 별로 사고 싶은 생각이 들지 않을 정도로 조잡했다. 그러나 나는 책에서 받았던 강한 인상을 기억한다. 땅 위에서는 몸무게를 지탱할 수 없기 때문에 소택지의 물에 잠겨 일생을 지냈다는 브론토사우루스, 싸울 때에는 잔인하지만 움직임이 서투르고 미련스러웠다는 티라노사우루스 등이 내 관심을 끌었다. 한마디로 이들은 모두 느리고 육중한 걸음걸이로 돌아다니며 마치 콩처럼 작은 뇌를 가진 냉혈 동물로 묘사되었다. 그리고 그들은 자신들의 불완전함을 말해 주는 궁극적인 증거로 백악기의 대멸종기에 모두 전멸하지 않았는가?

이러한 전통적인 사고 방식에 들어 있는 한 가지 요소가 늘 나를 괴롭혔다. 이런 결함을 가진 공룡들이 그토록 훌륭하게, 또한 그처럼 오랫동안 번성한 이유는 무엇인가? 포유류의 선조였던 수궁류(獸弓類)에 속하는 파충류는 공룡이 번성하기 전에 벌써 여럿으로 분화했고 수도 늘어나 있었다. 그렇다면 공룡이 아니라 수궁류가 지구의 지배권을 물려받지 않은 이유는 무엇인가? 포유류 자체는 공룡과 거의 같은 시기에 진화해서, 비범한 소형 동물로 약 1억 년 동안 생존했다. 공룡이 그처럼 느려빠지고 우둔하고 비효율적이었다면, 포유류가 곧바로 공룡을 압도하지 않은 이유는 무엇인가?

1970년대에 여러 고생물학자들이 이 문제에 놀라운 해답을 제안했다. 그들의 주장에 따르면 공룡은 민첩하고 활발했으며 온혈 동물이었다는 것이다. 게다가 공룡이 완전히 사라진 것도 아니었다. 공룡의 큰 계통 하나가 지금까지 살아남아 있다. 우리는 그것을 조류라고 부른다.

원래 나는 이 에세이에서 온혈 공룡에 대한 이야기는 쓰지 않을 작정이었다. 이 새로운 복음은 텔레비전, 신문, 잡지, 그밖의 일반 대중을 대상으로 한 서적 등에서 충분히 확산되었기 때문이다. 우리 글을 읽는 독자층인 지적인 일반인들은 벌써 귀가 아플 정도로 그 이야기를 들었을 것이다. 그러나 나는 몇 가지 충분한 근거로 처음의 생각을 바꾸었다. 끝없이 계속될 것 같은 논쟁 속에서 나는 문제의 핵심이 되는 두 가지 주장, 즉 공룡이 온혈 동물이었다는 주장과 공룡이 조류의 선조였다는 주장의 관계에 대해 널리 확산된 오해가 있다는 것을 알게 되었다. 또한 나는 공룡과 조류의 관계는 잘못된 이유로 대중의 관심을 불러일으켰으며, 그것에 비해 조류의 선조와 공룡의 온혈성을 깔끔하게 묶어 줄 만한 타당한 이유는 그다지 중시되지 않았다는 사실도 알게 되었다. 그리고 이 결합이 가장 과격한 주장, 즉 공룡을 파충류에서 분리하고 전통적으로 별도의 강으로 분류되었던 조류의 지위를 끌어내려 공룡류와 조류를 하나로 통합한 새로운 공룡강(Dimosauria)을 만들어 척추동물의 분류 체계를 재편성하자는 주장을 뒷받침해 준다. 이렇게 되면 육생 척추동물은 두 냉혈성 집단인 양서강과 파충강, 그리고 2개의 온혈성 집단인 공룡강과 포유강이라는 4개의 강으로 분리된다. 나는 이 새로운 분류 방식을 어떻게 받아들일지 아직 입장을 정하지 못했지만, 그 주장의 독창성과 매력은 존중하고 싶다.

조류의 선조가 공룡이라는 주장은 처음 들었을 때만큼 충격적이지는 않다. 그것은 계통수에서 가지 하나의 위치를 바꾸는 정도일 뿐이다. 최초의 새였던 시조새(*Archaeopteryx*)와 소형 공룡 코엘루로사우루스의 한 그룹의 유연 관계가 극히 가깝다는 데에는 의심의 여지가 없다. 토머스 헨리 헉슬리와 19세기 대부분의 고생물학자들은 공룡과 조류가 직계 혈통이며 조류의 선조가 공룡이었다고 주장했다.

그런데 20세기에 들어 헉슬리의 관점은 겉보기에는 타당한 어떤 단순한 이유로 인기를 잃었다. 진화 과정에서 일단 한 번 완전히 상실된 몸의 복잡한 구조가 다시 동일한 형태로 나타나는 일은 없다. 이것은 진화에서 어떤 방향을 지시하는 신비스러운 힘에 호소하려는 것이 아니라 단지 수학적인 확률에 근거한 사실일 뿐이다. 몸의 복잡한 부분은 생명체의 발생 기구 전체와 복잡한 방식으로 상호 작용하는 다수의 유전자에 의해 만들어진다. 만약 이러한 체계가 진화의 결과로 상실되었다면, 그것이 다시 조금씩 형성되는 것이 가능할까? 헉슬리의 주장이 배격된 것은 쇄골이라는 단 하나의 뼈 때문이었다. 시조새를 포함해서 조류에서는 좌우 양측의 쇄골이 중앙에서 결합되어 차골(叉骨, V자 모양의 뼈)을 이룬다. 차골은 커널 샌더스(Colonel Sanders, 1890~1980년, 켄터키 프라이드 치킨 사의 창업주. 이 상점 앞에 서 있는 흰 머리에 흰 옷을 입은 사람이 바로 커널 샌더스이다. — 옮긴이)의 단골 손님들에게는 '위시본(wishbone)'이라는 이름으로 더 잘 알려져 있을 것이다. (새 요리를 먹을 때 이 뼈의 양끝을 둘이서 잡아당겨 긴 쪽을 가진 사람의 소원이 이루어진다는 속설에서 이 '위시본'이라는 명칭이 유래했다고 한다. — 옮긴이) 그런데 모든 공룡에서 쇄골이 사라진 것처럼 보였다. 그러므로 그들이 조류의 직접적인 선조일 수는 없을 것이다. 이것이 사실이라면 나무랄 데 없는 주장일 테지만 말이다. 그러나 부정적인 논거가 후세에 이루어진 발견으로 인해 무효가 되는 일은 비일비재하다.

그런데 헉슬리의 반대자들도 시조새와 코엘루로사우루스류 사이에 나타나는 구조상의 유사점을 부정할 수 없었다. 따라서 그들은 조류와 공룡의 유연 관계로 가장 가능성이 높은 쪽을 골랐다. 즉 조류와 공룡이 모두 아직 쇄골을 가지고 있는 파충류의 한 집단에서 갈라져 나왔고, 그 후 한쪽 계통(공룡)에서는 쇄골이 사라지고, 다른 한쪽 계통(조류)에서는 그것이 강화되어 서로 결합했다는 생각이다. 공통 선조로 가장 유력한 후보는 트라이아스기의 조치목(Thecodontia) 파충류에 속하는 의사악어류(pseudosuchians)였다.

대다수 사람들은 조류가 지금까지 살아남은 공룡의 한 계통이라는 이야기를 들으면, 그러한 충격적인 주장은 지금까지 인정되어 온 척추동물의 유연 관계에 관한 교의를 혼란시킬 뿐이라고 생각할 것이다. 그런데 실제로는 그렇지 않다. 고생물학자들은 누구나 공룡과 조류가 가까운 관계라는 주장을 옹호한다. 최근 이 분야에서 이루어지는 논쟁의 핵심은 계통 발생의 분기점을 약간 움직이는 것에 대한 것이다. 즉 조류가 의사악어류에서 분리된 후손인지 아니면 의사악어류의 후손이었던 공

시조새, 그레고리 폴 그림.

룡 코엘루로사우루스로부터 분리된 것인지를 둘러싼 문제이다. 예를 들어 조류가 의사악어류 단계에서 분기했다면, 그들은 공룡류의 후손이라고는 말할 수 없다. (당시 공룡류는 아직 등장하지 않았기 때문이다.) 또한 만약 조류가 코엘루로사우루스로부터 진화했다면 그들은 공룡류의 줄기에서 살아남은 유일한 가지가 되는 셈이다. 의사악어류와 원시 공룡은 무척 닮았기 때문에 실제 분기점은 조류 생물학에서 그다지 중요하지 않다. 벌새가 스테고사우루스나 트리케라톱스에서 진화했다고 주장하는 사람은 아무도 없다.

이런 식으로 설명을 계속하면 많은 독자들은 그다지 흥미를 느끼지 못할 것이다. 그러나 나는 곧 (다른 이유로) 실제로는 그렇지 않다는 주장을 펼 작정이다. 나는 계통수의 이런 작은 가지의 문제가 실제로 전문적인 고생물학자들에게는 가장 큰 관심사라는 사실을 강조하고자 한다. 고생물학자들은 무엇이 무엇으로부터 갈라져 나왔는가에 큰 관심을 가지고 있다. 왜냐하면 생명계의 역사를 복원하는 것이 고생물학자의 임무이고, 고생물학자는 사람들이 자기 가족에게 가지는 애착심과 같은 정도로 자신들이 좋아하는 생물을 소중히 여기기 때문이다. 대부분의 사람들은 만약 자신의 사촌 형제가 실제로는 자신의 부친이라는 사실을 안다면, 설령 그 발견으로 자신의 생물학적 형성 과정에 대한 이해가 깊어지지 않는다 하더라도, 그 사실 자체만으로 큰 충격을 받을 것이다.

그런데 최근에 예일 대학교의 고생물학자 존 오스트롬(John Ostrom, 1928~2005년)이 '공룡설'을 부활시켰다. 그는 지금까지 발견된 시조새의 5개 표본을 모두 재조사했다. 우선 그는 공룡을 조류의 선조라고 보는 것에 반대하는 주된 반대론을 반박했다. 두 종류의 코엘루로사우루스가 쇄골을 가지고 있었다는 사실이 밝혀졌고, 따라서 더 이상 이들이 조류 선조의 후보에서 제외되는 사태는 없게 되었다. 두 번째로 오스트롬은 시조새와 코엘루로사우루스 사이에 구조상 현저한 유사성이 있음을 매우 자세히 입증했다. 시조새와 코엘루로사우루스의 공통 특성의 대부분은 의사악어류에서는 발견되지 않기 때문에, 그 특성들은 각기 따로 두 번 발생했거나(의사악어류가 조류와 공룡 모두의 선조인 경우), 아니면 한 번 발생해서 조류가 선조인 공룡으로부터 그러한 특성을 계승했다는 것이다.

같은 특성이 따로따로 발생하는 경우는 진화 과정에서 아주 흔한 일이기 때문에 우리는 그 현상을 병행 진화(parallelism), 또는 수렴 진화라고 부른다. 두 그룹의 생물들이 같은 생활 양식을 공유할 때, 우리는 비교적 단순하고 명백히 적응적인 소수의 구조를 향해 수렴이 일어나리라고 예상한다. 남아메리카에 생존했던 검치를 가진 유대류 육식 동물과 태반을 가진 검치호를 생각하면 좋을 것이다. (28장 참조) 그러나 세부 구조에서 적응적 필연성이 명백히 드러나지 않는데도 불구하고 부분과 부분이 서로 대응성을 가진 경우, 이 두 집단이 공통 선조로부터 진화했기 때문에 그 유사성을 공유하고 있다고 결론내리지 않을 수 없다. 따라서 나는 오스트롬의 공룡설 부활에 찬성한다. 공룡을 조류의 선조로 보지 못하게 가로막았던 유일한 큰 장애는 일부 코엘루로사우루스에서 쇄골이 발견되면서 이미 제거되었다.

조류는 공룡에서 진화했다. 그렇다고 과연 그 말이, 통속적인 표현을 인용하자면, 공룡이 아직 살아 있다는 뜻일까? 좀 더 실제적인 질문을 하자면, 공룡과 살아남은 그 유일한 대표격인 조류를 같은 그룹으로 분류해야 할까? 미국의 고생물학자 로버트 토머스 배커(Robert Thomas Bakker, 1945년~)와 피터 말콤 골턴(Peter Malcolm Galton, 1942년~)이 조류와 공룡을 함께 수용하는 공룡강이라는 척추동물의 새로운 강을 제창했을 때, 그들은 바로 이러한 관점을 채택한 것이다.

따라서 이 질문에 어떤 답을 하는가에 실제로는 분류학의 철학이 들어 있는 것이다. (이처럼 뜨거운 주제와 관련해서 전문적인 이야기를 하게 되어 미안하지만, 분류학상의 형식에 관한 문제와 신체의 구조와 생리에 관한 생물학적 주장을 분명히 구별해서 생각하지 않으면 중대한 오해를 불러일으킬 우려가 있다.) 분류학자들 중에는 오직 계통 분기의 패턴에 의거해서만 생물을 분류해야 한다고 주장하는 사람들이 있다. 다시 말해 어떤 선조 계통이 두 계통으로 갈라져 각각의 계통이 후손 계통을 가지지 않는다면(공룡과 조류처럼), 그 경우 이 두 계통은 형식적인 분류에서 둘 중 어느 한쪽이, 이 두 그룹과는 다른 공통 선조를 가지는 계통과 같은 강으로 통합되기(이를테면 공룡과 다른 파충류가 하나로 통합되는 것처럼) 전에 유연 관계가 더 가까운 동류로 통합되어야 한다는 것이다. 분류학에서 이야기하는 이른바 분기론(分岐論, cladistic)의 입장에서는 조류가 파충류가 아닌 것처럼 공룡 역시 파충류가 될 수 없다. 그리고 이 규칙에 따르면 조류가 파충류가 아니면, 공룡과 조류는 하나의 새로운 강이 되는 것이다.

반면, 다른 분류학자들은 계통의 분기점은 분류의 유일한 기준이 아니라고 주장한다. 그들은 구조상의 적응 방산(適應放散, adaptive divergence)의 정도를 분기점과 같은 비중으로 평가한다. 분기론에 따르면 소(牛)와 폐어(肺魚)는 폐어와 연어보다도 가까운 유연 관계를 가진다. 그 이유는 육기아강(肉鰭魚綱, Sarcopterygii, 폐어를 포함하는 집단)의 어류가 아주 오랜 옛날에 조기아강(條鰭魚綱, actinopterygian, 연어를 포함하는 보통의 경골 어류 집단)에서 분리된 후에 육생 척추동물의 선조가 조기아강에서 분기했기 때문이다. 그것에 비해 전통 이론의 분류 방법에서는 분기 패턴과 생물학적 구조를 함께 고려하기 때문에 폐어와 연어를 모두 어류로 분류한다. 그것은 양자가 모두 수생 척추동물의 특징을 공유하기 때문이다. 소는 양서류에서 파충류를 거쳐 포유류에 이르기까지 엄청난 진화적 변화를 겪었다. 그러나 폐어는 정체 상태를 유지해 2억 5000만 년 전과 큰 차이가 없는 외관을 가지고 있다. 언젠가 유명한 철학자가 말했듯이 물고기는 역시 물고기인 것이다.

전통적인 분류 체계에서는 분기한 후에 나타나는 진화 속도의 차이를 분류 기준으로 삼는다. 때로는 어떤 집단이 큰 방산을 나타내 독립된 지위를 부여받는 경우도 있다. 따라서 전통적인 체계에서 포유류는 독립된 한 그룹이 되고, 폐어는 그밖의 어류와 함께 분류되는 것이다. 같은 방식으로 인간은 별개의 한 그룹이 되고, 침팬지와 오랑우탄은 함께 분류된다. (인간과 침팬지가 침팬지와 오랑우탄이 분리된 것보다 최근에 분기했어도 말이다.) 마찬가지로 조류가 공룡으로부터 분기했다고 하더라도, 조류 역시 독립된 한 집단이 되며 공룡류는 파충류에 포함된다. 만약 조류가 공룡으로부터 분리된 후에 엄청난 성공을 이룰 수 있었던 해부학적 특징을 진화시킨 것이라면, 또한 공룡이 기본적인 파충류의 설계로부터 멀리 벗어나지 않았다면, 조류는 독립적으로 분류되고 공룡은 그 계통 분기의 역사와 무관하게 파충류와 함께 분류되어야 한다는 것이다.

따라서 이제야 우리는 마침내 원래의 핵심 문제로 돌아오게 되었다. 그리고 지금까지 언급한 분류학의 전문 주제들을 공룡이 온혈이었는가라는 주제와 하나로 묶게 되었다. 조류는 그 기본 특징을 공룡으로부터 직접 이어받은 것일까? 만약 그렇다면 현대의 거의 모든 조류가 대부분의 공룡들과는 전혀 다른 생활 양식(날기와 작은 크기)을 가지고 있음에도 불구하고, 우리는 배커와 골턴이 주장한 공룡강이라는 분류를 받아들여야 하는 것일까? 결국 박쥐도 고래도 아르마딜로(남아메리카산 야행성 포유류 — 옮긴이)도 모두 포유류인 것과 마찬가지이다.

조류의 경우 하늘을 날기 위한 적응적인 기반을 제공하는 두 가지 핵심 특성을 생각해 보자. 몸을 부상시키고 추진력을 주는 깃털, 그리고

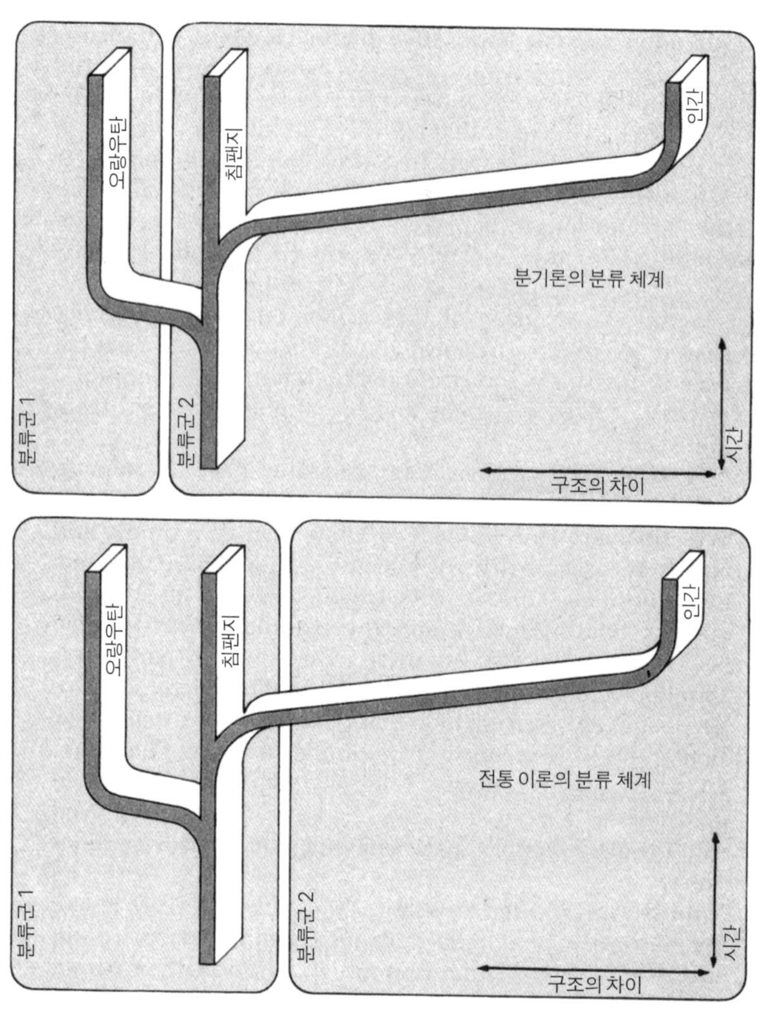

비밀을 밝혀 주는 차골. 《내추럴 히스토리》 1977년 11월호의 내용을 허락을 얻어 전재했다. © American Museum of Natural History, 1977.

비행이라는 격렬한 활동에 필요한 높은 물질 대사를 유지하기 위한 온혈성이 그것이다. 시조새는 이러한 특성을 선조인 공룡으로부터 어떻게 이어받을 수 있었을까?

배커는 공룡이 온혈 동물이었음을 주장하는 매우 뛰어난 보고서를 제출했다. 그의 논쟁적인 주장은 크게 네 가지 근거를 기반으로 삼고 있다.

1. **뼈의 구조에 관해서**. 냉혈 동물은 체온을 일정 수준으로 유지할 수 없다. 냉혈 동물의 체온은 외부 온도에 따라 변한다. 따라서 계절이 뚜렷한 지역, 즉 추운 겨울과 더운 여름이 있는 지역에서 사는 냉혈 동물은 뼈의 표층에 있는 조밀한 조직에 동심원 모양의 성장 고리(여름의 빠른 성장과 겨울의 느린 성장이 번갈아 나타나는 층상 구조)가 발달한다. (나무의 나이테도 이와 비슷한 패턴을 나타낸다.) 반면 온혈 동물은 내부 체온이 계절 변화와 무관하게 항상 일정하기 때문에 이러한 층상 구조가 나타나지 않는다. 계절 변화가 뚜렷했던 지역에서 발견된 공룡 화석의 뼈에서도 이러한 성장 고리가 관찰되지 않는다.

2. **지리적 분포에 관해서**. 대형 냉혈 동물은 겨울의 짧은 낮에 체온을 충분히 올릴 수 없고 동면을 할 수 있는 안전한 장소를 찾기에는 몸집이 너무 크기 때문에, 적도에서 멀리 떨어진 고위도 지방에는 살지 않았다. 그런데 일부 대형 공룡들은 극북 지역에 살았기 때문에 햇볕이 전혀 없는 긴 겨울을 견뎌야 했다.

3. **화석 생태학에 관해서**. 온혈 육식 동물은, 체온을 일정하게 유지하기 위해 같은 크기의 냉혈 육식 동물보다 먹이를 많이 섭취해야 한다. 따라서 포식자와 피식자의 몸 크기가 거의 같은 경우 냉혈 동물 사회에서는 온혈 동물 사회보다 포식자 수가 상대적으로 많다. (한 마리당 먹이의 수가 훨씬 적기 때문이다.) 피식자에 대한 포식자의 비율이 냉혈 동물 사회에서는 40퍼센트에 이르는 데 비해, 온혈 동물 사회에서는 3퍼센트를 넘지 않는다. 공룡 동물상의 경우 포식자 수가 적으며, 포식자의 상대적 크기는 오늘날의 온혈 동물 사회에서 예상되는 크기와 같다.

4. **공룡의 몸의 구조에 관해서**. 일반적으로 공룡류는 느린 속도로 움직이는 대형 동물로 묘사되지만, 최근 이루어진 복원 작업은 대부분의 대

형 공룡이 그 운동 기관의 구조와 사지(四肢)의 비율에서 빠르게 달렸던 포유류와 흡사하다는 것을 보여 주고 있다. (25장 참조)

그렇다면 현생 조류의 깃털은 공룡에서 물려받은 것일까? 브론토사우루스 중에는 공작처럼 깃털로 뒤덮인 종류가 없었던 것은 확실하다. 왜 시조새는 깃털로 덮인 것일까? 비행을 위해서라면 깃털은 조류에게만 속하는지도 모른다. 지금까지 하늘을 나는 공룡을 상상한 사람은 아무도 없었다. (하늘을 날았던 익룡은 별개의 분류군에 속한다.) 그러나 오스트롬의 해부학적 복원은 시조새가 하늘을 날 수 없었음을 강력히 암시하고 있다. 날개가 돋아 나온 아래팔(사람의 팔뚝에 해당하는 부분 — 옮긴이)은 팔이음뼈에 연결되어 날개치기를 하기에는 전혀 적절하지 않은 구조였다. 오스트롬은 깃털이 두 가지 기능을 가졌다고 주장한다. 즉 소형 온혈 동물에서 열의 발산을 막는 단열 작용을 했고, 날아다니는 곤충이나 그밖의 먹이를 낚아챌 때 먹이를 완전히 품듯이 잡을 수 있도록 일종의 바구니와 같은 기능을 해 주었다는 것이다.

시조새는 소형 동물이었다. 몸무게는 450그램 이하였고 서 있을 때의 키는 가장 작은 공룡보다 30센티미터나 작았다. 몸집이 작은 동물은 부피에 대한 표면적의 비율이 크다. (29장과 30장 참조) 열은 전신에서 발생해서 그 표면으로 방출된다. 소형 온혈 동물은 열이 상대적으로 넓은 몸 표면에서 계속 발산되기 때문에 체온을 일정하게 유지하는 데 특별한 문제를 안고 있다. 뒤쥐는 체모가 난 모피로 덮여 단열되지만, 체내에서 계속 열을 발생시키기 위해서는 항상 먹이를 먹어 대야 한다. 그것에 비해 대형 동물은 체적에 대한 표면적의 비율이 작기 때문에 단열물을 가지지 않고도 체온을 일정하게 유지할 수 있다. 그렇지만 공룡 또는 그 후손들이 소형화됨에 따라 온혈성을 계속 유지하기 위해서는 단열물을 필요로 하게 되었을 것이다. 따라서 깃털은 소형 공룡이 체온을 일정하게 유지하기 위한 일차적인 적응 수단으로 기능했을지도 모른다. 배커는 작은 코엘루로사우루스가 대부분 깃털을 가지고 있었을지 모른다고 주장했다. (깃털의 모습이 보존되어 있는 화석은 극히 적다. 시조새는 깃털의 흔적이 정교하게 남아 있는 무척 희귀한 예에 속한다.)

처음에 단열물로 발달한 깃털은 곧 비행에서 다른 기능을 가지게 되었다. 사실 깃털이 비행 말고는 아무런 효용이 없었다면, 깃털이 계속 진화하게 된 까닭은 설명할 수 없다. 조류의 선조는 분명 하늘을 날 수 없었을 것이다. 따라서 깃털이 한꺼번에 완전한 형태로 나타나지는 않았을 것이다. 어떻게 자연 선택이 깃털을 필요로 하지 않은 선조 동물들을 통해 몇 차례의 중간 단계를 거치면서 하나의 적응 구조를 만들어 낼 수 있었겠는가? 그러나 단열이라는 일차 기능을 가정하면, 온혈 공룡이 작은 크기라는 생태학적 유리함에 접근할 수 있는 장치로서 깃털을 이해할 수 있다.

조류가 코엘루로사우루스 공룡의 후손이라는 오스트롬의 주장은 공룡의 온혈성이나 깃털의 단열재 기능 등을 토대로 삼지 않는다. 그대신 그의 주장은 비교 해부학의 고전적 방법, 즉 대부분의 뼈에서 나타나는 유사성과, 그러한 현저한 유사성이 수렴이 아니라 공통 선조를 반영하는 것임에 틀림없다는 생각을 기초로 한다. 나는 공룡의 온혈성을 둘러싼 뜨거운 논쟁이 어떻게 결론나더라도 오스트롬의 주장은 유효하다고 생각한다.

그러나 일반 대중은 조류가 깃털과 온혈성이라는 일차적인 적응을 공룡으로부터 직접 대물림한 경우에만 조류가 공룡에서 유래했다는 이론을 설득력 있게 받아들일 것이다. 만약 조류가 분기한 후에 이러한 적응을 발달시킨 것이라면 공룡은 그 생리적 특징에서 훌륭한 파충류이며, 따라서 그들은 거북, 도마뱀, 그리고 그밖의 동류와 함께 파충강으로 분류되어야 하는 것이다. (내 분류학적 관점에 따르면, 나는 분기론보다 전통 이론에 더 가깝다.) 그렇지만 만약 공룡이 정말 온혈 동물이었다면, 그리고 깃털이 작은 몸으로 온혈성을 유지하기 위한 방법이었다면 조류가 번성할 수 있었던 기반은 공룡이 물려준 셈이 된다. 그리고 만약 공룡이 그 생리적 특징에서 다른 파충류보다 조류에 가까웠다면, 조류와 공룡류를 정식으로 '공룡강'이라는 새로운 강으로 분류해야 한다는 고전적인 구조적 관점을(계통에 관한 주장이 아니라) 지지하는 근거를 얻는 셈이다.

배커와 골턴은 이렇게 쓰고 있다. "조류의 방산은 공룡이 지닌 기본 생리와 구조를 공중 생활에 이용한 것이다. 그것은 박쥐의 방산이 포유류가 지닌 기본적이고 원시적인 생리를 공중 생활에 이용한 것과 마찬가지이다. 우리는 단지 하늘을 난다는 이유만으로 박쥐를 독립된 강으로 분류하지 않는다. 그러므로 우리는 조류가 하늘을 난다거나 다양한 종을 가지고 있다는 사실만으로 그들을 공룡으로부터 분리된 독자적인 강으로 분류할 수 없다고 생각한다." 이달 하순에 차골을 뜯을 기회가 있다면 꼭 티라노사우루스를 생각하라. (11월 마지막 주 목요일의 추수감사절 때 미국인들이 칠면조 고기를 먹는 것을 뜻한다. — 옮긴이) 그리고 아주 먼 옛날 모든 공룡의 대표였고, 우리에게 공포의 대상인 티라노사우루스에게 감사하라.*

---

* 이 글은 원래 《내추럴 히스토리》 1977년 11월호에 게재되었다.

27장

자연계의 기묘한 결합

자연의 사슬 중에서 10번째 고리를 끊든
1만 번째 고리를 끊든 자연의 사슬은 파괴되고 만다.

— 알렉산더 포프, 『인간론(*An Essay On Man*)』(1733년)

포프의 이 2행 연구는 조금 과장되기는 했지만 생태계의 생물들 사이의 상호 관계가 어떠한 개념인지 잘 표현하고 있다. 그러나 생태계는 하나의 종이 멸종했다고, 냉전의 화려한 비유인, 도미노처럼 연쇄적으로 멸종할 만큼 불안정한 균형을 이루지 않는다. 사실 그렇게 될 수도 없다. 멸종은 모든 생물 종의 공통의 숙명이기 때문이다. 한 생물 종이 (멸종과 함께) 그들의 생태계를 모조리 가지고 갈 수도 없다. 종들은 흔히 헨리 워즈워스 롱펠로(Henry Wadsworth Longfellow, 1807~1882년)가 묘사한 "어두운 밤에 서로를 지나치는 배들"처럼 서로에게 크게 의존하고 있다. 뉴욕 시는 개가 없더라도 유지될 수 있을 것이다. (바퀴벌레가 없는 뉴욕 생활이 가능할 수 있을지는 확신할 수 없지만, 한번 시험해 보는 것도 좋을 듯하다.)

상호 의존하는 짧은 연쇄는 더 흔하다. 서로 다른 종에 속하는 생물과 생물 사이에 나타나는 기묘한 결합은 일반인들을 대상으로 자연학에 대한 글을 쓰는 사람들에게는 좋은 소재가 되어 왔다. 조류(藻類)와 균류(菌類)가 지의류를 형성하고, 광합성을 하는 미생물이 초(礁)를 형성하는 산호의 조직에 살고 있다. 자연 선택은 기회주의를 그 본질로 삼는다. 다시 말해 생물을 그때그때 환경에 부합하도록 만들기는 하지만 결코 미래를 예상할 수는 없다. 한 생물 종이 다른 종에 대해 끊을 수 없는 의존 관계를 진화시키는 일은 종종 있다. 변덕스러운 세계에서는 이러한 유용한 결합이 그 생물의 운명을 좌지우지하기도 한다.

내 박사 학위 논문은 버뮤다 제도의 화석 달팽이를 주제로 한 것이었다. 해안을 따라 걷노라면 커다란 소라게(이 소라게는 커다란 집게발을 가지고 있다.)가 어울리지 않게 갈고둥(갈고둥에는 유명한 '이빨고둥'이 포함된다)의 작은 껍데기에 마치 쑤셔 박히듯 들어가 있는 모습을 자주 볼 수 있다. 왜 소라게는 그 불편한 숙소에서 좀 더 편안한 숙소로 옮기지 않는 것일까? 나는 이런 의문이 들었다. 이런 소라게를 능가하는 것은 빈번하게 부동산 시장을 출입하는 오늘날의 기업 경영자들뿐일 것이다. 그런던 어느 날 적당한 크기의 숙박 시설을 가진 소라게 한 마리를 보았다. 그 숙박 시설은 서인도 제도 일대에서 주식으로 쓰는 '웰크(*Cittarium pica*, 식용으로 쓰이는 쇠고둥류의 일종 — 옮긴이)'라 불리는 대형 고둥 껍데기였다. 그러나 그 껍데기는 아주 오래된 모래 언덕 속에서 무수히 씻겨진 화석이다. 그 껍데기는 현재 거주자의 선조가 12만 년 전에 그 모래 언덕으로 운반해 온

웰크 껍데기에 들어가 있는 소라게. 1900년에 애디슨 베릴이 그린 그림.

것이다. 나는 그 후 수개월 동안 소라게와 그 껍데기를 주의 깊게 관찰했다. 대부분의 소라게들은 갈고둥 껍데기에 억지로 들어가 살았지만, 소수는 웰크 껍데기에 살았다. 그 껍데기는 항상 화석이었다.

나는 그 이유를 알아내기 위해 문헌을 조사했다. 그 결과 1907년에 이미 애디슨 에머리 베릴(Addison Emery Verrill, 1839~1926년)이 나를 앞질러 이 사실을 발견했음을 알게 되었다. 베릴은 루이 아가시의 제자로 예일 대학교에 재직하던 분류학자였고, 버뮤다의 박물지를 공들여 기록한 사람이기도 했다. 베릴은 살아 있는 웰크에 대한 자료를 얻기 위해 버뮤다의 역사 기록들을 뒤졌고, 그 섬에 인간이 정주한 초기에는 웰크가 아주 풍부했다는 사실을 알아냈다. 예를 들어 존 스미스(John Smith, 1580~1631년) 선장은 1614~1615년의 대기근 기간 동안 한 뱃사람의 운명을 기록으로 남겼다. "살아남은 사람 중 한 명은 수풀에 숨어 수개월 동안 웰크와 통통하게 살찐 참게만을 먹고 지냈다." 또 다른 선원은 웰크의 껍데기를 태워 얻은 석회를 거북의 기름으로 개서 배의 갈라진 틈을 메우는 시멘트를 만들었다고 말했다. 베릴이 남긴 현생 웰크에 관한 최후의 기록은 전쟁이 한창이던 1812년에 버뮤다에 주둔하던 영국군 취사장에서 기어 나온 살아 있는 웰크에 대한 것이다. 그의 보고에 따르면 최근에는 한 마리도 발견되지 않았고, "그 지방의 가장 나이 많은 노인들의 기억을 더듬어도 살아 있는 웰크가 잡힌 일이 있다는 이야기를 듣지 못했다."라고 한다. 지난 70년 동안 웰크가 버뮤다에서 멸종했다는 베릴의 결론을 뒤집을 만한 이야기는 나오지 않았다.

베릴의 기록을 읽었을 때 나는, 케노비타 디오게네스(*Cenobita diogenes*, 대형 소라게의 적절한 명칭이다.)가 처한 딱한 처지가 인간 이외의 생물들이 감당해야 하는 부당하기 짝이 없는 인간 중심적 행위 때문이라는 양심의 가책을 금할 수 없었다. 이 소라게가 버뮤다에서 서서히 사라진 것이 자연의 숙명이라는 사실을 깨달았기 때문이다. 갈고둥 껍데기는 너무 작아서 소라게의 새끼나 성체 중에서 아주 작은 놈만 들어갈 수 있을 정도였다. 다른 소라게에게는 갈고둥 껍데기가 적당하지 않은 것처럼 보인다. 따라서 소라게가 다 자란 후에 살아가기 위해서는 점차 줄어드는 소중한 필수품(쇠고둥 껍데기)을 찾아 소유해야만 한다. (탈취하는 일도 자주 벌어진다.) 그러나 쇠고둥 껍데기는 현재의 버뮤다 제도에서는, 요즘 유행어를 쓰자면, '회복 불가능한 자원'이기 때문에 소라게들은 여전히 몇 세기 전의 껍데기를 재활용할 수밖에 없다. 이 껍데기는 두껍고 튼튼하지만 언제까지나 파도나 암석을 견뎌 낼 수는 없다. 그러므로 공급은 계속 줄어들 수밖에 없다. 매년 모래 언덕에서 소수의 '새로운' 껍데기가 굴러 떨어진다. 그 새로운 껍데기는 먼 옛날에 언덕 위로 껍데기를 운반해 올린 선조들이 남긴 귀중한 유산이다. 그러나 이런 껍데기들로는 수요를 충당할 수 없다. 따라서 이들은 미래 세계를 그린 영화나 시나리오에 흔히 등장하는 염세적 관점(완전히 지친 생존자들이 최후의 한 조각의 먹이를 찾아 사투를 계속한다는 식의 이야기)을 만족시키도록 운명지어진 것처럼 보인다. 이 대형 소라게를 명명한 학자는 정말 멋진 이름을 붙여 준 셈이다. 키니코스 학파(견유학파)의 디오게네스는 정직한 사람을 찾기 위해 등을 밝히고 아테네 거리를 헤맸지만 단 한 사람도 찾지 못했다. 케노비타 디오게네스도 자기에게 맞는 껍데기를 찾아 헤매다가 차츰 사라져 간 것이다.

대형 소라게에 얽힌 이 가슴 아픈 이야기는, 최근 이것과 흡사한 이야기를 들었을 때 내 마음 깊은 곳에서 갑자기 떠올랐다. 첫 번째 이야기에서는 소라게와 웰크가 진화적인 의존 관계를 형성했다고 했다. 두 번째 이야기에서는 도도라는 새와 씨앗이 훨씬 있을 법하지 않은 조합을 이룬다. 그런데 이번 이야기는 해피 엔드로 끝난다.

19세기의 지질학자들 중에서 격변설을 주장한 대표 학자였던 윌리엄 버클랜드는 생명의 역사를 하나의 도표에 요약했다. 이 도표는 여러 겹으로 접혀서 『지질학과 광물학에 대한 자연 신학적 고찰(*Geology and Mineralogy Considered with Reference to Natural Theology*)』이라는 제목의 당시 유명한 저서에 실렸다. 그 도표는 대멸종 당시 희생되었던 동물들을 멸종한 시대별로 정리해 놓았다. 그리고 큰 동물들을 한데 모아 놓았다. 어룡, 공룡, 암모나이트, 익룡 등이 한 무리를 이루었고, 매머드, 긴털코뿔소, 거대한 동굴곰 등이 또 한 무리를 이루었다. 맨 오른쪽에는 현대의 동물로 우리 시대에 기록된 최초의 멸종 생물인 도도가 혼자 서 있다. 몸집이 크고 날 수 없었던 도도(이 새의 몸무게는 11킬로그램이 넘었다.)는 인도양의 모리셔스 섬에 상당수 서식하고 있었다. 그러나 15세기에 처음 발견된 후 채 200년도 지나지 않아 멸종하고 말았다. 맛이 뛰어난 도도의 알을 남획한 인간들과 선원들이 일찍부터 모리셔스 섬에 들여온 돼지가 주범이었다. 1681년 이후 살아 있는 도도는 단 한 마리도 목격되지 않았다.

그런데 1977년 8월에 위스콘신 대학교의 야생 동물 생태학자 스탠리 템플(Stanley A. Temple, 1946년~)이 다음과 같은 신기한 이야기를 보고했다. (그 후에 일어난 논쟁은 이 글에 첨부된 「후기」를 참조하라.) 그는, 그리고 그 이전의 다른 사람들은 칼바리아 마요르(*Calvaria major*)라는 거목이 모리셔스 섬에서 거의 멸종 상태에 처해 있다는 사실을 알아차렸다. 1973년에 그는 남아 있는 원시림에서 겨우 13그루의 "과성숙했고 고사하고 있는 노목"을 찾아낼 수 있었다. 모리셔스 섬의 경험 많은 삼림 관리인들은 이 거목의 수령을 300년 이상으로 추측했다. 이 나무들은 매년 겉으로 보기에는 수정된 것처럼 보이는 완전한 형태의 씨앗을 만들지만 실제로는 단 하나의 씨앗도 발아하지 않으며, 따라서 어린 나무는 한 그루도 찾아볼 수 없다. 인공적으로 적합한 기후를 갖춘 종묘장에서 그 씨앗들을 발아시키려고 했지만 모두 실패로 끝났다. 그러나 과거에는 모리셔스 섬에 칼바리아가 아주 흔했던 것으로 보이며, 과거의 삼림 관리 기록에 따르면 이 나무가 매우 넓은 지역에 걸쳐 벌목되었음을 알 수 있다.

지름이 5센티미터 정도 되는 칼바리아의 열매에는 단단한 핵(核)으로 덮인 두께 약 1.2센티미터의 씨앗이 들어 있었다. 이 핵은 수분이 많은 과육질 층으로 둘러싸여 있고, 그 바깥쪽에 얇은 외피가 덮여 있다. 템플은 견고한 핵이 "내부에 있는 배아가 팽창하는 것을 기계적으로 방해하기" 때문에 씨앗이 발아하지 못한다고 추론했다. 그렇다면 먼 옛날에는 어떻게 발아한 것일까?

템플은 두 가지 사실을 하나로 묶었다. 초기의 탐험자들은 도도가 삼림 속의 거대한 나무의 열매와 씨앗을 주식으로 삼았다는 기록을 전하고 있다. 실제로 칼바리아 핵의 잔해가 도도의 유해에서 발견되기도 했다. 도도는 견고한 먹이를 깰 수 있을 만큼 자갈이 많이 들어 있는 튼튼한 모래주머니를 가지고 있었다. 덧붙여 지금까지 살아 있는 칼바리아 나무의 수령이 도도가 멸종한 시기와 일치한다는 사실은 이 두 종이 매우 밀접한 관계를 가진 것처럼 보이게 했다. 도도는 약 300년 전에 종적을 감추었고, 그 후에 발아한 칼바리아 나무의 씨앗은 하나도 없다는 것이다.

따라서 템플은 도도의 모래주머니에서 파괴되지 않기 위한 적응 전략으로 칼바리아가 아주 두꺼운 핵이 씨앗을 둘러싸도록 진화시켰다고 주장했다. 그러나 다른 한편으로 이 나무는 스스로의 번식을 도도에게 의존하게 되었다. 하나를 얻은 대신 다른 하나를 내준 꼴이다. 도도의 모래주머니에서도 살아남을 수 있는 핵은 배아가 스스로의 힘으로 발아하기에는 지나치게 두꺼웠다. 이처럼 일찍이 씨앗을 위협하던 모래주머니가 이제는 칼바리아가 번식하는 데 없어서는 안 될 요소가 된 것이다. 이제는 씨앗이 발아하기 위해서 두꺼운 핵이 마멸되고 그 표면이 깎일 필요가 있었던 것이다.

오늘날에도 여러 종류의 작은 동물들이 칼바리아의 열매를 먹는다. 그러나 그들은 단지 수분이 많은 육질부를 갉아먹을 뿐, 중심부에 있는 핵은 건드리지 않는다. 반면에 도도는 이 열매를 통째로 삼킬 수 있을 정도로 컸다. 도도는 과육을 소화한 후 핵을 뱉거나, 모래주머니에서 핵을 벗겨 낸 다음 똥과 함께 배설했을 것이다. 템플은 씨앗이 동물의 소화관을 통과한 후 발아율이 현저히 높아진 여러 사례를 인용했다.

그런 다음 템플은 여러 종류의 현생 조류의 몸무게와 모래주머니에서 발생하는 힘 사이의 관계를 그래프로 나타내 도도의 모래주머니가 가지는 파괴력을 추정해 보았다. 여기에서 얻은 곡선을 도도의 몸무게까지 연장한 결과, 칼바리아의 핵은 파괴에 저항할 정도로 충분히 두껍다는 결론을 얻게 되었다. 실제로 가장 두꺼운 핵은 마멸로 인해 30퍼센트 정도 줄어들지 않는 한 으깨지지 않았다. 도도는 그 이전 상태에서 씨앗을 토해 내거나 장으로 보냈을 것이다. 템플은 오늘날 살아 있는 새

중에서 도도와 가장 비슷한 칠면조를 선택해 한 번에 하나씩 강제로 칼바리아의 핵을 먹였다. 칠면조의 모래주머니에서 17개의 씨앗 중 7개가 부서졌고, 나머지 10개는 칠면조가 토해 냈거나 상당히 마모되어 배설물과 함께 배출되었다. 템플은 이 씨앗들을 심었고, 그 결과 3개의 씨앗이 발아했다. 그는 "이것들이 지난 300년이 넘는 기간 동안 처음 발아한 칼바리아의 씨앗일지 모른다."라고 썼다. 어쩌면 인공적으로 마모시킨 씨앗을 뿌리는 방법으로 멸종 위기에 놓인 칼바리아를 구할 수 있을지도 모른다. 이번에는 이처럼 풍부한 상상력과 날카로운 관찰력, 그리고 실험이 결합해서 자연 파괴가 아니라 환경 보전으로 이어지는 일이 일어난다.

나는《내추럴 히스토리》의 연재 에세이가 5년째에 접어들 무렵 이 이야기를 썼다. 처음에 나는 자연학에 관한 대중적 읽을거리를 쓰는 지금까지의 상투적인 방식에서 벗어나겠다고 스스로에게 다짐했다. 다시 말해 자연에 관한 재미있는 이야기를 하는 것에 만족하고 싶지 않았다. 나는 무언가 특별한 이야기를 진화론의 일반 원리에 결부시키고 싶었다. 판다와 바다거북을 진화의 증거로서 불완전한 점들과 결부시키고, 암컷 세균을 비례 증감의 여러 원리에 결부시키고, 몸속에서 어미를 먹는 진드기를 성비에 관한 피셔의 이론과 결합시키는 식으로 말이다. 그러나 이번 글은 복잡한 세계에서 사물들이 모두 다른 사물과 관계를 맺고 있다는, 그리고 국소적 붕괴(local disruption)가 일어나더라도 그 여파는 훨씬 멀리에까지 미친다는 단순한 교훈 이외에 아무런 목표도 갖고 있지 않다. 이 글에서 서로 연관이 있는 두 가지 이야기를 언급한 것은 단지 그 이야기들이 한편으로는 가슴 아프고, 다른 한편으로는 감미롭게 나를 감동시켰기 때문이다.

후기

자연학에 얽힌 이야기 중에는 널리 받아들여지기에는 너무 아름답고 복잡한 것들이 있다. 템플의 보고는 곧 신문 등을 통해 널리 알려졌다. (제일 먼저 《뉴욕 타임스》를 비롯한 주요 일간지에 보도되었고, 그로부터 2개월 후에 내 논문에 인용되었다.) 그리고 이듬해(1979년 3월 30일)에, 모리셔스 섬 삼림국의 A. W. 와달리(A. W. Owadally) 박사가 학술지 《사이언스》(템플의 첫 논문이 발표된 잡지이기도 하다.)에 발표한 전문 논평에서 몇 가지 의문을 제기했다. 다음에 소개한 글은 와달리 박사의 논평과 그것에 대한 템플의 반박을 원문 그대로 수록한 것이다.

. . .

나는 식물과 동물 사이에 공진화가 존재한다는 사실, 또한 일부 씨앗이 동물의 장을 통과함으로써 발아에 도움을 받는다는 주장 자체를 반박하려는 것이 아니다. 그러나 유명한 도도와 칼바리아의 '상리 공생(相理共生, mutualism)'이 공진화를 보여 주는 하나의 예[1]라는 주장은 다음과 같은 이유로 지지할 수 없다.

1. 칼바리아 마요르는 강우량이 연간 2,500~3,800밀리미터인 모리셔스 섬의 고지 다우림 지역에서 자란다. 반면 네덜란드 인들의 자료에 따르면 도도는 북부 평지, 그리고 네덜란드 인들이 최초의 거류지를 마련한 장소인 동부의 그랜드 포트 지구의 구릉 지역, 즉 비교적 건조한 삼림에 출몰했다. 따라서 도도와 칼바리아 마요르가 동일한 생태적 지위를 가졌다고 생각하기는 매우 힘들다. 실제로 지금까지 저수지와 배수구 등을 만들기 위해 고지에서 광범위한 굴착 작업을 벌였을 때 도도의 뼈는 발견되지 않았다.

2. 일부 저자들은 마르 오 손주(Mare aux Songes)에서 목본 식물의 작은 씨

앗들이 발견된 사실, 그리고 도도를 비롯한 다른 새들이 그 씨앗들의 발아를 도왔을 가능성에 대해 이야기하고 있다. 그러나 이 씨앗들이 칼바리아 마요르가 아니라 시데록실론 롱기폴리움(*Sideroxylon longifolium*)이라는 저지에 서식하는 다른 종이라는 사실이 최근에 밝혀졌다.

3. 삼림국은 최근 수년에 걸쳐 조류의 도움 없이 칼바리아 마요르의 씨앗을 발아시키는 방법을 연구해서 큰 성과를 얻었다.[2] 발아율은 다소 낮지만 최근 수십 년에 걸쳐 번식률이 현저하게 저하된 다른 많은 토착종의 발아율만큼 낮지는 않다. 그 번식률 저하는 이 자리에서 설명하기에는 너무 복잡한 여러 요인에 기인한 것이다. 그중에서 가장 중요한 요인은 원숭이에 의한 약탈과 외래 식물의 침입이다.

4. 1941년에 R. E. 본(R. E. Vaughan)과 P. O. 위에(P. O. Wiehe)[3]가 고지에 있는 최고 강우림 지역을 조사한 결과, 확실히 75년 이상 100년 이하라고 생각되는 어린 칼바리아의 상당히 큰 군집이 존재한다는 사실이 밝혀졌다. 그런데 도도가 멸종한 것은 1675년 무렵이다!

5. 칼바리아 마요르 씨앗이 발아하는 방식은 A. W. 힐(A. W. Hill)이 기술하고 있다.[4] 그는 배아가 어떻게 단단한 목질 내과피(內果皮)를 뚫고 나올 수 있는지를 밝혀냈다. 이것은 팽창한 배아가 씨앗의 밑부분 절반을 명료한 파열대를 따라 가른 것이다.

카발리아 마요르와 도도의 '신화'를 깨뜨리고, 고지 평원에 돋아 나오는 이 거대한 나무의 수를 늘리려는 모리셔스 삼림국의 노력을 제대로 인정할 필요가 있다.

1978년 3월 28일

모리셔스 큐파이프 삼림국

A. W. 와달리

참고 문헌과 주

1) S. Temple, *Science* 197, 885 (1977).

2) 수령 9개월 또는 그 이상의 칼바리아 마요르의 어린 나무를 큐파이프에 있는 종묘장에서 볼 수 있다.

3) R. E. Vaughan and P. O. Wiehe, *J. Eol.* 19, 127(1941).

4) A. W. Hill, *Ann. Bot.* 5, 587 (1941).

. . .

도도와 칼바리아 마요르 사이에 있었던 것으로 생각되는 동식물 사이의 상리 공생은 도도가 멸종한 이상 실험적으로 입증할 수 없다. 내가 지적하려는 것은 그러한 관계가 있었을 가능성이고, 따라서 그 가능성이 칼바리아 마요르의 낮은 발아율을 설명해 줄 수 있으리라는 것이었다.[1] 나는 역사적 복원에 잘못이 있었을지도 모른다는 점을 인정한다.

그러나 나는 도도와 칼바리아가 지리적으로 격리되어 있었다는 와달리의 주장에는 동의할 수 없다.[2] 모리셔스 섬의 고지에서는 실제로 도도의 뼈나 다른 어떤 동물의 뼈도 발견되지 않았지만, 그 이유는 동물들이 거기에 없었기 때문이 아니라 섬의 지형상 충적층이 고지에 형성되지 않았기 때문이다. 저지에서 물이 고이는 분지에는 주위의 고지에서 씻겨 내려온 동물의 뼈들이 많이 쌓여 있다. 하치스카(蜂須賀)[3]가 요약한 초기 탐사자들의 기록에는 도도가 고지에서 발견되었다는 사실이 분명히 적혀 있지만, 그는 도도가 해안에서만 살았다는 오해를 푸는 데 중점을 두고 있었다. 모리셔스의 과거 임업 기록은 칼바리아가 고지의 평원에서뿐만 아니라 저지에서도 발견된다는 사실을 보여 주고 있다.[4] 오늘날 원시림은 고지에만 남아 있지만, 살아남은 칼바리아 나무 중 하나는 겨우 해발 150미터에 있다. 따라서 도도와 칼바리아 사이에서 상리 공생 관계가 발생할 수 있는 동소적(同所的, sympatric) 분포가 나타났을 가능성이 있다.

인도양 일대에 분포하는 사포타과(sapotaceous, 감나무목에 속하는 쌍떡잎식물 — 옮긴이) 식물의 분류 전문가들이 마르 오 손주의 습지[5]에 있는 충적층 퇴적물에서 시데록실론 롱기폴리움의 작은 씨앗과 칼바리아 마요르의 씨앗을 식별하고 있지만, 이것은 상리 공생의 문제와 거의 관계가 없다. 상리 공생하는 종이 반드시 함께 화석화하지는 않을 테니까 말이다.

모리셔스 삼림국은 아주 최근에야 처음으로 칼바리아의 씨앗을 발아시키는 데 성공했다. 그러나 내가 그들의 최근의 성공에 대해 언급하지 않은 이유는 그들의 성공이 상리 공생설을 강화시켜 주기 때문이다. 다시 말해 그들이 성공을 거둔 것은 씨앗을 심기 전에 핵을 기계로 마모시켰기 때문이다.[6] 도도의 소화관은 모리셔스 삼림국의 실무자들이 씨앗을 심기 전에 인공적으로 가공한 것처럼 자연스러운 방법으로 칼바리아의 내과피를 마모시킨 것에 지나지 않는다.

와달리가 살아남은 칼바리아의 수령에 관해 인용하고 있는 문헌은 의심스럽다.[7] 그런 식으로 정확히 나이를 측정할 수 있는 간편한 방법이 없기 때문이다. 마침 와달리가 인용한 논문의 공저자인 위에는 300년 이상으로 추정되는 살아남은 나무의 수령에 관해서 내가 인용한 문헌의 저자이기도 했다. 1930년대에는 현재보다 살아남은 나무가 많았다는 주장에는 동의하지만, 그것은 칼바리아 마요르가 쇠퇴하고 있는 종이고 또한 1681년 이래 그 경향이 계속되었다는 관점을 한층 더 강력하게 지지한다.

내가 힐을 인용하지 않은 것은 잘못이었다.[8] 그러나 힐은 어떤 조건에서 그리고 어떻게 씨앗이 발아하게 만들었는지를 기술하지 않았다. 그 자세한 설명이 없는 한, 그의 기술은 상리 공생의 문제와 아무런 관계도 없다.

위스콘신 대학교 야생 생태학 교실
스탠리 템플

참고 문헌과 주

1) S. A. Temple, *Science* 197, 885 (1977).

2) A. W. Owadally, *ibid.* 203, 1363 (1979년)

3) M. Hachlsuka, *The Dodo and Kindred Birds* (Witherby, London, 1953).

4) N. R. Brouard, *A History of the Woods and Forests of Mauritius* (Government Printer, Mauritius, 1963).

5) F. Friedmann, 개인적 교신.

6) A. M. Gardner, 개인적 교신.

7) R. E. Vaughan and P. O. Wiehe, *J. Ecol* 19, 127 (1941).

8) A. W. Hill, *Ann. Bot.* 5, 587 (1941).

나는 템플이 와달리가 처음에 제기한 세 가지 논점에 적절히 그리고 훌륭하게 응답했다고 생각한다. 고생물학자로서 나는 고지에서 화석이 잘 발견되지 않는 점에 대한 그의 주장을 인정한다. 고지의 동물상에 관해서 우리가 가진 화석 기록은 지극히 불충분하다. 우리가 가진 표본은 일반적으로 저지의 퇴적물에서 발견된 것으로, 높은 곳에서 흘러 내려오는 과정에서 많이 마모되고 씻겨졌기 때문이다. 삼림국이 칼바리아의 씨앗을 발아시키기 전에 씨앗의 내과피를 마모시켰다는 사실을 와달리가 언급하지 않은 것은 분명한 잘못이다. 마모의 필요성이 템플의 가설의 핵심이기 때문이다. 그러나 템플도 그 자신의 발견보다 훨씬 앞선 모리셔스 현지인들의 노력을 인용하지 않은 점에서 마찬가지로 부주의했다.

그렇지만 와달리의 네 번째 논점은 템플의 주장에 대한 반증을 내포하고 있다. 만약 칼바리아의 "상당히 큰 군집"의 수령이 1941년에 100세 이하였다면, 도도가 그 나무들의 발아를 도울 수 없었다. 템플은 이처럼 젊은 나무의 존재가 확인된 것을 부정하고 있고, 나 자신도 이 결정적인 의문을 해결할 수 있는 통찰력을 가지고 있지 못하다.

지금까지 소개한 논쟁은 과학 이야기를 일반 대중에게 전달할 때 사람들을 혼란시키는 요소가 어떤 것인지를 잘 보여 주고 있다. 여러 매체들이 템플의 최초 논문을 인용해 왔다. 그러나 그 후에 나타난 의문점에 대해 언급한 매체는 단 한 곳도 없었다. 대부분의 '훌륭한' 이야기들은 대개 허위이거나 적어도 과장된 것임이 밝혀지지만, 그런 사실을 폭로하는 것은 흥미로운 가설만큼 매력적이지 않기 때문이다. 자연학의 '고전'이라 불리는 이야기들은 대부분 틀렸지만, 교과서에 나와 있는 이런 잘못된 도그마만큼 삭제에 꿋꿋이 저항하는 것도 찾아보기 힘들 것이다.

와달리와 템플의 논쟁은 현 단계에서 판정하기 힘들만큼 호각지세(互角之勢)이다. 나는 템플을 지지하지만, 만약 와달리의 네 번째 주장이 옳다면 이 도도 가설은 토머스 헨리 헉슬리의 멋진 표현대로 "역겹고 추악하고 사소한 사실에 의해 기각된 아름다운 이론"이 되는 셈이다.

28장

유대류를 옹호하며

나는 나와 같은 종의 탐욕 때문에 살아 움직이는 도도를 영원히 볼 수 없게 되었다는 사실에 몹시 분개하고 있다. 칠면조만 한 비둘깃과 새라면 무언가 색다른 특징이 있었을 것이기 때문이다. 곰팡내 나는 박제된 표본이 있지만 그것으로는 전혀 실감을 느낄 수 없다. 자연의 다양성을 마음껏 즐기고 모든 생물들로부터 교훈을 얻으려는 사람들은 호모 사피엔스에게 백악기의 대멸종 이래 가장 큰 재앙이라는 낙인을 찍고 싶을 것이다. 그러나 나는 약 200만 년 전과 300만 년 전 사이에 일어난 파나마 지협의 융기가 비교적 최근에 일어난 생물계의 비극 중에서 가장 파괴적인 사건이라고 생각한다.

남아메리카는 제3기(즉 대륙 지역이 빙하에 뒤덮이기 시작하기 전까지의 7000만 년) 동안 내내 하나의 섬으로 이루어진 대륙이었다. 그리고 오스트레일리아와 마찬가지로 이 대륙에는 매우 특이한 두 종류의 포유류가 살고 있었다. 오스트레일리아는 남아메리카가 폭넓고 다채로운 생물 형태들을 가지고 있었던 것에 비하면 무척 침체된 편이었다. 파나마 지협이 형성된 후 북아메리카에서 몰려온 동물들의 맹습을 받았지만 많은 생물 종들이 살아남았다. 그중 일부는 그 이전보다 더 넓은 지역으로 확산되고 번성했다. 주머니쥐는 북아메리카에서 캐나다까지 이르렀고, 아르마딜로는 북쪽으로 계속 진출했다.

소수의 종이 계속 살아남은 반면, 다채로운 남아메리카의 생물 종들이 멸종한 것은 남북아메리카 양 대륙의 포유류들이 접촉하면서 우점종이 지배하는 현상이 나타났기 때문이다. 이 과정에서 두 목이 완전히 사라져 버렸다. (현존하는 포유류는 약 25목으로 분류된다.) 다양하고 거대한 생물군이었던 초식 포유류들이 오늘날까지 살아남았다면 우리의 동물원이 얼마나 풍부해졌을지 상상해 보라. 거기에는 찰스 다윈이 비글 호로부터 상륙 허가를 얻어 처음 그 화석을 발견한 코뿔소 크기의 전치류(箭齒類)에서 티포테리움(typotherium)과 헤게토테리움(hegetotherium)에 속하는 토끼나 설치류와 닮은 종류에 이르기까지 여러 가지가 있었다. 또한 2개의 작은 생물군, 즉 크고 긴 목을 가진 낙타와 흡사한 마크라우케니아(macrauchenia), 그리고 가장 괄목할 만한 집단으로서 말과 닮은 프로테로테리움(proterotherium)으로 이루어진 활거목(滑距目, litoptern)을 생각해 보라. (프로테로테리움은 진짜 말과 비슷한 진화적 경로를 부분적으로 반복한 생물군이다. 예를 들어 3개의 발가락을 가진 디아디아포루스(Diadiaphorus)에 이어 하나의 발가락을 가진 토아테리움(Thoatherium)이 나타났음은 이를 잘 증명해 준다. 토아테리움은 양쪽의 흔적 손가락이 오늘날의 말도 흉내 낼 수 없을 정도로 퇴화해 있다는 점에서 맨 오 워(Man'O War, 미국 경주마 사상 최고의 경주마로 꼽히는 말의 이름 — 옮긴이)를 능가할 지경이다.) 이들은 모두 지협의 융기로 시작된 남아메리카 동물상의 붕괴에 휩쓸려 영원히 사라지고 말았다. (남제류(Notoungulates)와 활거목 중 일부는 빙하 시대까지 살아남았다. 어쩌면 그들은 초기 인간 사냥꾼들에 의해 최후의 일격을 받았을지도 모른다. 그래도 나는 만약 남아메리카가 섬 대륙으로 계속 남아 있었다면 그중 다수가 지금까지도 살아남았을 것이라고 확신한다.)

이 남아메리카의 초식 동물들을 먹이로 삼던 토착 육식 동물들도 함께 완전히 자취를 감추었다. 재규어와 그 동류에 해당하는 남아메리카의 현생 육식 동물들은 모두 북아메리카에서 온 침입자들이다. 믿거나 말거나지만 남아메리카의 토착 육식 동물은 모두 유대류였다. (그러나 놀랍게도 일부 육식 동물 중에는 거대한 몸집의 포로라코스 과(phororhacids)라는 멸종한 새의 집단이 있었다.) 북반구의 여러 대륙에 있는 태반을 가진 육식 동물만큼 다양하지는 않지만, 유대류 육식 동물도 상당히 작은 동물에서 곰 크기 동물에 이르기까지 꽤 많은 종류가 있었다. 그중 한 계통은 북아메리카의 검치호와 놀랄 만큼 흡사한 진화를 이루었다. 즉 유대류인 틸라코스밀루스(Thylacosmilus)는 먹이를 찌르는 긴 윗턱 송곳니와 이 송곳니를 뒤편에서 지탱하는 듯한 테두리가 아래턱뼈에 발달했다. 이 모습은 라 브레아(로스앤젤레스 근교)의 타르 늪에 보존되어 있는 스밀로돈(Smilodon, 검치호의 가장 대표적인 종류 — 옮긴이)과 똑같다.

잘 알려져 있지는 않지만, 오늘날 남아메리카에서 유대류의 상태는 그다지 나쁘지 않다. 북아메리카에 버지니아 어포섬(주머니쥐의 일종 — 옮긴이) 정도가 서식하는 반면(실제로는 남아메리카에서 이주한 것이지만), 남아메리카의 주머니쥐는 약 65종에 이를 만큼 다양한 집단을 이루고 있다. 게다가 '어포섬 랫(opossum rats)'이라 불리는 새도둑주머니쥣과(caenolestids)의 주머니 없는 유대류가 전형적인 주머니쥐와 유연 관계가 먼 별개의 생물군을 이루고 있다. 그러나 남아메리카의 유대류 중에 세 번째로 큰 생물군인 육식성 보르하이에나(borhyaena, 아르헨티나 마이오세 지층에서 발견된 하이에나와 비슷한 남아메리카의 육식성 유대류)는 완전히 사라졌고, 북방에서 온 고양잇과 동물들이 그 자리를 대신했다.

전통적 관점(내가 이 글을 쓰는 이유는 바로 이 관점에 반대하기 위해서이다.)에 따르면, 육식성 유대류가 멸종한 것은 주머니를 가진 유대류가 태반을 가진 포유류에 비해 전반적으로 열등하기 때문이라고 한다. (유대류와 난생 오리너구리와 바늘두더지를 제외하면 현생 포유류는 모두 태반을 가지고 있다.) 이 관점은 여간해서는 깨뜨리기 어려워 보인다. 유대류는 태반을 가진 대형 육식동물이 아직 자리를 잡지 못한 오스트레일리아와 남아메리카라는 고립된 섬 대륙에서만 번성했다. 제3기 초기에 북아메리카의 유대류는 태반을 가진 포유류가 다양한 발전을 이루자 곧 종적을 감추었다. 다른 한편 남아메리카의 유대류는 북아메리카와 남아메리카를 연결하는 중앙 아메리카를 통해 태반을 가진 북방의 포유류가 남쪽으로 이주할 수 있게 되자 큰 타격을 받았다는 것이다.

생물 지리학과 지질학사에 기초를 둔 이러한 주장은 유대류가 태반을 가진 포유류에 비해 해부학적으로나 생리학적으로 뒤떨어진다는 종전의 사고 방식을 뒷받침하는 것처럼 보인다. 또한 분류학 용어 자체도 이러한 편견을 강화하고 있다. 포유류는 세 군으로 나뉜다. 난생의 단공류(單孔類, monotremes)는 '원수아강(原獸亞綱, Prototheria, 포유류 중에서 가장 하등한 단계로 오리너구리, 바늘두더지 등이 여기에 속한다. — 옮긴이)', 또는 원시 포유류(premammal)라고 불린다. 그에 비해 태반을 가진 포유류는 '진수하강(眞獸下綱, Eutheria)', 즉 진정한 포유류라는 영예로운 명칭으로 불린다. 마지막으로 유대류는 '후수아강(後獸亞綱, Metatheria)', 즉 중간 단계의 불완전한 포유류로 냉대받고 있다.

유대류가 다른 포유류보다 구조적으로 열등하다는 주장은 주로 유대류와 유태반류의 생식 방식의 차이에 그 근거를 두고 있으며, '우리와 다른 것은 나쁜 것'이라는 오만한 가정에 기반하고 있다. 우리가 잘 알고 있고 실제로 경험했듯이 태반을 가진 포유류의 배아는 어미와 밀접하게 연결되어서 어미로부터 혈액을 공급받으며 발생한다. 예외적인 경우를 제외하고 이들의 갓 태어난 새끼는 생활력을 갖춘 거의 완전한 상태로 태어난다. 그것에 비해 유대류의 태아는 어미의 몸 속에서 크게 성장하는 데 필수적인 책략을 개발하지 않았다. 우리 몸은 외부에서 들어온 조직을 식별해서 거부하는 신비한 능력을 가지고 있다. 이것은 질병에 대항하는 데 필수적인 방어 수단인 반면, 최근에는 피부와 심장 이식 같은 의학 처치를 어렵게 하는 장애물이 되고 있다. 어머니의 사랑에 대해 귀가 따가울 정도로 많이 듣고, 50퍼센트의 어머니 유전자가 아이에게 전달됨에도 불구하고 배아는 여전히 이질적인 조직임에 틀림없다. 따라서 거부 반응을 막기 위해서는 어미의 면역계를 차단할 필요가 있다. 태반을 가진 포유류의 태아는 그 방법을 '배운 데' 비해 유대류의 태아는 배우지 않은 것이다.

유대류의 임신 기간은 매우 짧다. 보통 주머니쥐의 경우 12~13일에 불과하며, 그 후 새끼 주머니쥐는 체외 주머니에서 60~70일 동안 발육을 계속한다. 게다가 모체 내에서의 발육도 모체와 밀접한 결합을 이루며 진행되는 것이 아니고 모체로부터 차단된 상태에서 진행된다. 임신 기간의 3분의 2는 림프구의 침입을 막는 모체의 기관이자 면역계의 '병사'라고 할 수 있는 '난각막(shell membrane)'에서 진행된다. 그 후 수일간, 일반적으로는 난황낭(卵黃囊)을 통하여 태반과 접촉한다. 이 기간 동안 모체는 면역 체계를 작동시키고, 그리고 곧이어 태아가 태어난다. (더 정확하게 말하자면 어미의 몸에서 추방된다.)

갓 태어난 유대류 새끼는 발육 정도에서 볼 때 태반을 가진 포유류의 초기 배아에 해당한다. 머리와 앞다리는 비교적 빨리 발생하지만, 뒷다리는 대개 미분화된 맹아와 같은 상태에 불과하다. 태어난 후 이 새끼는 위험한 여행을 해야만 한다. 젖꼭지가 있는 모체의 주머니까지 꽤 긴 거리를 천천히 이동해야 하는 것이다. (여기에서 우리는 잘 발달한 앞다리가 왜 필요한지 이해할 수 있다.) 그것에 비하면 태반을 갖춘 자궁에서 진행되는 우리의 태아기 생활은 훨씬 편안하고 확실히 더 나은 것처럼 보인다.

그러면 유대류의 열등성을 주장하는 생물 지리학과 몸의 구조에 대한 설명을 어떤 식으로 반박할 수 있을까? 내 동료 존 커시(John A. W. Kirsch)는 최근 여러 가지 주장을 정리했다. 그는 P. 파커(P. Parker)의 논문을 인용해 유대류의 생식 양식이 하등한 것이 아니며, 다만 다른 적응 양식을 따랐을 뿐이라고 말하고 있다. 사실 유대류의 태아는 모체의 면역 체계의 작동을 정지시켜서 자궁 속에서 완전히 발생할 수 있는 메커니즘을 진화시키지 않았다. 그러나 이른 출생 역시 하나의 적응 전략일 수 있다. 또한 태아에 대한 모체의 거부 반응이 반드시 설계의 실패나 진화적 기회의 상실을 의미하는 것은 아니다. 그것은 살아남기 어려운 조건에 적응하기 위해 아주 먼 옛날부터 발전시킨 좀 더 완벽한 접근 방식을 반영하는 것인지도 모른다. 파커의 주장은 개체가 자신의 번식률을 극대화하기 위해, 즉 자신의 유전자가 미래 세대에 발현될 기회를 증가시키기 위해 분투하는 것이라고 말한 다윈의 주장에 곧바로 귀착한다. 이 목적을 (무의식적으로) 추구하는 데에는 서로 다르지만, 모두 똑같이 성공적인 여러 가지 전략을 취할 수 있다. 태반을 가진 포유류의 어미는 새끼가 태어나기 전까지 막대한 시간과 에너지를 투입한다. 이렇듯 시간과 에너지를 들이면 새끼가 잘 자라날 가능성이 높아지지만, 어미 자신은 상당한 모험을 하는 셈이다. 만약 어미가 그 새끼를 잃기라도 한다면, 어미는 아무런 진화적 이득도 얻지 못한 채 생애의 일정 기간으로 제한되어 있는 생식적 노력의 상당 부분을 돌이킬 수 없이 낭비해 버리는 셈이 된다. 태어난 새끼가 죽는 숫자가 훨씬 많기 때문에 유대류의 어미는 큰 희생을 치르는 셈이지만 생식에 지출한 비용은 작다. 임신 기간이 아주 짧기 때문에 어미는 같은 번식기에 다시 한번 새끼를 가질 기회를 얻을 수 있을지도 모른다. 게다가 작은 태아는 모체의 에너지원을 크게 소모시키지 않으며, 쉽고 빠른 출산은 모체에게 거의 위험을 주지 않는다.

다시 생물 지리학적인 사실로 눈을 돌리면, 커시는 오스트레일리아와 남아메리카가 북반구 유태반류의 세계에 발을 붙일 수 없었던 열등 동물들의 피난처였다는 견해에 이의를 제기한다. 그는 이 동물들이 남반구에서 다양하게 번성한 것은 주변부에서 이루어진 미미한 노력의 결과가 아니라, 그 선조들의 고향에서 이룬 성공을 반영하는 것이라고 보았다. 이 주장은 보르하이에나와 태즈매니아주머니늑대(thylacines, 오스트레일리아의 육식성 유대류) 사이에 밀접한 계통 관계가 있다는 M. A 아처(M. A. Archer)의 견해를 기반으로 삼고 있다. 지금까지 분류학자들은 이 두 그룹을 진화적 수렴(앞에서 설명했듯이 유대류와 태반이 있는 검치호에서 일어나는 것처럼 유사한 적응적 특징이 따로따로 발달하는 것)의 예로 간주해 왔다. 실제로 분류학자들은 유대류가 오스트레일리아와 남아메리카로 확산된 것이 북반구 대륙에서 밀려난 원시 유대류가 양 대륙에 각기 따로따로 침입함으로써 나타난 서로 전혀 관계없는 사건으로 생각해 왔다. 그러나 만약 보르하이에나와 태즈매니아주머니늑대가 밀접한 유연 관계에 있다면, 남쪽의 양 대륙은 아마도 남극 대륙을 통해서 그들의 거주 생물 가운데 일부를 교환했을 것이다. (대륙 이동에 관한 최근의 지질학적 관점에 따르면, 남반구의 여러 대륙은 공룡 멸종 후 포유류가 번성할 무렵에는 지금보다 훨씬 가까웠다고 한다.) 좀 더 인색한 관점에 따르면, 유대류는 남아메리카를 두 번에 걸쳐 따로 침입한(보르하이에나의 선조는 오스트레일리아에서, 그밖의 모두는 북아메리카에서) 것이 아니라, 원래는 유대류가 오스트레일리아에서 기원했는데 단지 태즈매니아주머니늑대가 진화한 후에 남아메리카로 확산된 것이라고 상상된다. 경이로울 만큼 복잡한 우리의 세계에서 가장 단순한 설명이 옳다고 확신할 수는 없다. 그러나 커시의 주장은 유대류의 고향이 발상지가 아닌 피난처에 불과하다는 일반적인 사고 방식에 매우 중요한 의문을 제기한다.

그렇지만 나는 이처럼 몸의 구조와 생물 지리학이라는 양면에서 유대류를 옹호하는 것이 앞에서 소개한 기초적인 사실, 즉 파나마 지협의 융기, 태반을 가진 육식 동물의 침입, 유대류 육식 동물의 급속한 쇠락, 그 후 유태반류의 번성과 같은 기초적 사실 앞에서는 기가 꺾인다는 사실을 인정하지 않을 수 없다. 이러한 여러 사실들은 북아메리카의 유태반 육식 동물이 경쟁에서 확실한 우위를 점했음을 말해 주는 것이 아닐까? 기발한 추측을 내세워 이 불유쾌한 사실들로부터 살짝 도망칠 수도 있지만, 지금은 그 사실을 인정하는 쪽을 선택하겠다. 그렇다면 나는 어떻게 유대류가 태반을 가진 포유류와 대등하다는 주장을 계속 옹호할 수 있을까?

보르하이에나가 싸움에서 진 것은 사실이지만, 그들이 유대류였기 때문에 패배했다는 근거는 어디에도 없다. 나는 유대류이든 태반을 가진 포유류이든 간에 남아메리카의 토착 육식 동물에 어려운 시기가 있었으리라고 예측하는 생태학적 주장을 더 선호한다. 그리고 그 희생자가 유대류였을 뿐이다. 그러나 그것은 어디까지나 다른 원인에 따른 것이었지 분류학적 사실과는 거리가 멀다. 단지 이 두 사실이 우연히 일치했을 따름이다.

배커는 제3기의 육식성 포유류의 역사를 연구해 왔다. 몇 가지 새로운 개념과 기존에 축적된 지혜를 한데 종합한 결과, 그는 북방의 태반을 가진 육식 동물들이 두 가지 진화적 '검증(test)'을 받았다는 사실을 알아냈다. 그들은 단기간으로 끝난 대멸종을 두 차례 경험했다. 따라서 그 뒤에 등장한 새로운 생물군들은 더 큰 적응적인 유연성을 가졌을 것이다. 번성을 계속하던 시기에 다양한 포식자와 피식자는 심한 경쟁, 섭식(빠른 먹이 섭취와 효율적인 분쇄)과 이동 능력(매복형 포식자는 빠른 가속성, 장거리형 포식자는 지구력) 등을 향상시키는 강한 진화적 경향을 낳았다. 그런데 남아메리카와 오스트레일리아의 육식 동물은 어떠한 검증도 받은 적이 없었다. 그들은 대량 멸종을 경험하지 않았고, 최초의 거주자가 계속 자리를 지켰다. 그곳의 동물들은 결코 북반구만큼 다양하게 번식하지 못했고, 경쟁도 그다지 심하지 않았다. 배커는 그 동물들이 달리기나 섭식에 관한 형태상의 분화에서 같은 시기에 북쪽에 살던 육식 동물보다 훨씬 수준이 낮았다고 지적하고 있다.

뇌의 크기에 관한 해리 제리슨의 연구도 인상적인 확증을 제공한다. 북반구 여러 대륙에서는 태반을 가진 포식자와 피식자가 모두 제3기에 조금씩 뇌를 크게 진화시켰다. 그러나 남아메리카에서는 육식성 유대류와 그 피식자였던 유태반류 모두 뇌의 무게가 같은 몸 크기의 평균적인 현생 포유류의 약 50퍼센트밖에 되지 않는다. 유대류와 유태반류의 해부학적 특성은 큰 차이가 나지 않는 것으로 생각된다. 따라서 진화적인 도전에 각기 대응해 온 상대적인 역사가 결정적인 역할을 한다. 이를테면 우연히 북쪽의 육식 동물이 유대류였고 남쪽의 육식 동물이 유태반류였다고 해도, 나는 지협을 통한 교류의 결과로 남아메리카 쪽이 역시 참패했을 것이라고 생각한다. 북아메리카의 동물상은 대량 멸종과 격렬한 경쟁 등 엄중한 시련으로 항상 검증받아 왔지만, 남아메리카의 육식 동물은 심각한 도전을 받은 적이 거의 없었다. 파나마 지협이 해면 위로 모습을 드러냈을 때 그들은 처음으로 진화의 저울에 달린 셈이다. 그리고 다니엘의 왕처럼 그들은 무게가 부족하다는 사실을 깨닫게 되었다.

(신바빌로니아 멸망을 다룬 「다니엘」 5장 27~31절을 빗댄 것이다. — 옮긴이)

8부

크기와 시간

29장

우리에게 할당된 수명

에드가 로런스 닥터로(Edgar Lawrence Doctorow, 1931~2015년)의 소설 『래그타임(*Ragtime*)』에 존 모건과 헨리 포드가 대화를 나누는 장면이 있다. 대화에서 모건은 컨베이어 시스템은 자연의 지혜를 충실히 옮겨놓은 것이라고 극구 칭찬한다.

당신이 고안한 컨베이어 시스템은 천재 산업가의 뛰어난 업적일 뿐만 아니라 생물의 진리를 투영한 것이라는 생각이 들지 않습니까? 결국 부품이 교환 가능하다는 것은 자연 법칙의 하나입니다. …… 모든 포유류는 같은 방식으로 번식하고, 같은 형태로 설계된 영양 섭취 체계를 가지고 있으며, 동일한 소화기와 순환기를 가지고 있습니다. 또한 그들은 같은 감각을 향유

합니다. …… 공통의 설계 덕분에 분류학자들은 포유류를 포유류로 분류할 수 있는 것입니다.

실업계의 오만한 거물이라면 모호한 얼버무림에 만족하지 않을 것이다. 그래도 나는 모건의 말에 대해 "그럴 수도 있고 아닐 수도 있다."라는 애매한 답을 할 수밖에 없다. 만약 모건이 컨베이어 시스템을 대형 포유류와 소형 포유류의 기하학적인 복제라고 생각했다면, 그는 틀렸다. 코끼리는 생쥐에 비하면 상대적으로 작은 뇌와 굵은 다리를 가지고 있지만, 이러한 차이가 의미하는 것은 개개 동물의 특수성이 아니라 포유류 몸의 설계를 지배하는 일반 법칙인 것이다.

그러나 만약 모건이 대형 동물은 같은 분류군에 속하는 소형 동물과 본질적으로 비슷하다고 한다면 그의 말은 옳았다. 그러나 유사성이란 변하지 않는 형태에 있는 것이 아니다. 기하학의 기본 법칙대로라면 동물들이 제각기 다른 크기를 가지면서 동일한 방식으로 기능하기 위해서는 그 형태를 바꾸지 않을 수 없다. 갈릴레오 갈릴레이(Galileo Galilei, 1564~1642년)는 1638년에 고전 법칙의 한 예를 수립했다. 즉 동물 다리의 강도는 그 횡단면의 넓이(길이×길이)의 함수이며, 양 다리가 지탱해야 하는 몸무게는 그 동물의 부피(길이×길이×길이)에 따라 변한다. 만약 어떤 포유류가 몸이 커짐에 따라 다리의 굵기도 상대적으로도 증가시키지 않으면 그 포유류는 곧 내려앉고 말 것이다. (몸무게는 사지가 지탱할 수 있는 무게의 한계보다 훨씬 높은 비율로 증대하니까.) 기능적인 측면에서 동일한 상태를 유지하기 위해서 동물들은 그 형태를 바꿀 필요가 있다.

이러한 형태 변화에 대한 연구를 '축척 이론(scaling theory)'이라고 한다. 그 연구 덕분에 포유류의 몸무게가 생쥐에서 고래에 이르기까지 무려 2500만 배로 증가하는 동안 그 형태도 뚜렷한 규칙성에 따라 변화한다는 사실이 밝혀졌다. 모든 포유류에서 몸무게에 대한 뇌 무게의 관계를 이른바 '생쥐-코끼리 곡선'(또는 뒤쥐-고래 곡선)으로 그려 보면, 일반 법칙을 나타내는 하나의 곡선에서 벗어나는 종이 거의 없다는 것을 알 수 있다. 소형 포유류에서 대형 포유류로 옮겨 감에 따라 뇌의 무게는 몸무게가 늘어나는 속도의 3분의 2의 속도로 증대하는 데 그친다. (사람은 병코돌고래와 함께 그 곡선의 위쪽으로 가장 크게 벗어나는 영예를 차지한다.)

우리는 물체의 기초 물리학에서 이러한 규칙성을 자주 예측할 수 있다. 예를 들어 심장은 펌프이다. 포유류의 심장은 종류를 불문하고 본질적으로 똑같은 방식으로 작동하기 때문에 작은 심장은 큰 심장보다 빠르게 박동한다. (대장간에서 사용하는 풀무와 비교해 손가락 정도 크기의 장난감 풀무가 어느 정도 빨리 움직일 수 있는지를 생각해 보면 좋을 것이다.) 포유류의 '생쥐-코끼리 곡선'을 보면 소형 포유류에서 대형 포유류로 가면서 심장 박동 시간은 몸무게가 늘어나는 비율의 4분의 1에서 3분의 1의 비율로 증대한다. 이러한 결론은 거미 심장 박동 속도의 축척에 관한 제임스 캐럴(James E. Carrel)과 R. D. 히스코트(R. D. Heathcote)의 흥미로운 최근 연구에서도 확인되었다. 그들은 레이저광으로 휴식 중인 거미의 심장을 쬐기 시작해서, 몸무게의 약 1,000배의 범위에 걸친 18종을 대상으로 '게거미(길이가 1센티미터 정도에 불과한 작은거미 — 옮긴이)-타란툴라거미(대형 독거미의 일종 — 옮긴이) 곡선'을 그렸다. 이 곡선에서도 심장 박동 시간은 몸무게의 약 5분의 2의 비율(엄밀하게는 0.409배의 비율)로 증대한다.

우리는 심장에 관한 이러한 연구 결과를 확장시켜서 소형 동물과 대형 동물의 생활 속도에 관한 일반 공식을 이끌어 낼 수 있다. 소형 동물은 대형 동물보다 빠르게 일생을 보낸다. 소형 동물의 심장은 훨씬 빠르게 움직이고, 그들은 더 자주 호흡하고, 맥박은 훨씬 빠르게 박동한다. 그런데 가장 중요한 사실은 이른바 생명의 불(火)이라는 신진 대사 비율이 포유류의 경우 몸무게가 늘어나는 속도의 4분의 3의 비율로 늘어나는 데 그친다는 점이다. 생존을 계속하기 위해 대형 포유류는 소형 동물과 같은 정도의 단위 부피당 열을 발생시킬 필요가 없다. 몸집이 작은 뒤쥐는 미친 듯이 돌아다니면서 포유류 중 가장 빠른 속도로 신진 대사의 불을 계속 지피기 때문에 눈을 뜨고 있는 동안에는 거의 언제나 먹이를 먹고 있다. 그것에 비해 위엄 있게 물속을 미끄러지듯 헤엄치는 흰긴수염고래의 심장은 온혈 동물 중 가장 느린 리듬으로 박동한다.

축척 이론의 관점에서 보면 포유류의 수명처럼 비교하기 힘든 데이터를 흥미롭게 종합할 수 있다. 우리는 다양한 크기의 포유류 애완 동물을 통해 작은 포유류가 일반적으로 수명이 짧다는 사실을 경험적으로 알고 있다. 실제로 포유류의 수명은 심장 박동이나 호흡의 길이와 비슷한 비율로, 즉 소형 동물에서 대형 동물로 갈수록 몸무게가 증가하는 속도의 4분의 1에서 3분의 1의 비율로 길어진다. (호모 사피엔스는 이러한 일반 원칙에서 벗어나는 아주 특수한 동물이다. 우리는 비슷한 크기의 다른 포유류보다 훨씬 오래 산다. 9장에서 나는 인간이 '유형 성숙'이라는 진화 과정(우리의 선조인 영장류의 유아기 특징을 나타내는 외관이나 성장 속도가 성인이 될 때까지 유지되는 것)을 통해 진화했다고 말했다. 그리고 나는 인간의 수명이 긴 원인도 유형 성숙에 있다고 생각한다. 다른 포유류와 비교해 인간 일생의 각 단계는 '너무도 느리게' 온다. 인간은 긴 임신 기간을 거쳐 무력한 태아의 형태로 태어나 긴 유년기를 보낸 다음에야 겨우 성인이 된다. 그리고 운이 좋으면 아주 큰 온혈 동물이나 누릴 수 있는 나이까지 산다.)

대개 우리는 기껏해야 1년이나 2년의 생애를 끝내고 죽는 애완용 생쥐나 게르빌루스쥐(작고 배 부분이 흰 애완용 쥐 — 옮긴이)를 불쌍히 여긴다. 사람이 1세기 가까이 사는 데 비하면 그들의 일생은 얼마나 짧은가! 나는 이 장의 중심 주제로 우리가 이런 동정심을 품는 것을 터무니없는 일(물론 우리가 품는 개인적인 슬픔은 전혀 다른 문제이다. 그리고 그것은 과학의 대상도 아니다.)

이라고 주장하고자 한다. 「래그타임」에서 모건이 소형 포유류와 대형 포유류가 본질적으로 같다고 말한 것은 옳았다. 그들의 수명은 각각의 생활 속도의 축척에 따라 증감하며, 따라서 모든 동물은 거의 같은 길이의 생물학적 시간을 살아가는 셈이다. 소형 포유류는 빠르게 움직이며 생명의 불을 급속하게 태우고 짧은 기간을 산다. 반면 대형 포유류는 느린 속도로 장기간 생존한다. 그들 자신의 체내 시계로 측정하면, 서로 다른 크기의 포유류들은 결국 모두 같은 시간을 사는 셈이다.

우리에게 위안을 주는 이 중요한 개념을 정확하게 이해하지 못하도록 방해하는 것은 우리의 마음속 깊이 박혀 있는 서양식 사고 습관이다. 우리는 아주 어린 시절부터 뉴턴의 절대 시간을 유일한 척도로 간주하도록 훈련받아 왔다. 그리고 우리는 일정한 속도로 똑딱거리는 벽에 걸린 시계를 모든 사물에 들씌운다. 우리는 생쥐의 민첩함에 혀를 내두르고, 하마의 느린 움직임을 지루하다고 느낀다. 그러나 모든 동물은 자신의 생물 시계에 적절하게 보조를 맞추며 살아가고 있을 뿐이다.

그렇다고 해서 절대적인 천문학적 시간이 생물에 대해 가지는 중요성을 부정할 생각은 없다. (31장 참조) 동물들은 살아남기 위해 절대 시간을 측정하지 않을 수 없다. 사슴은 언제 자신의 뿔을 재생시켜야 할지, 새는 언제 이동을 시작할지 알아야만 한다. 동물들은 각기 자신의 일주기성(日週期性) 리듬으로 낮과 밤의 주기를 반복한다. 우리가 비행기를 타고 장거리를 이동할 때 시차로 인해 고통 받는 것은 자연의 의도보다 훨씬 빠르게 지구 표면을 이동한 데 대해 우리가 지불하는 대가인 것이다.

그렇지만 절대적인 시간은 생물학적 시간을 측정하기에 적절한 잣대가 아니다. 혹등고래의 장엄한 노래를 생각해 보라. 에드워드 오스본 윌슨(Edward Osborne Wilson, 1929년~)은 이러한 발성이 가지는 경외로운 효과에 대해 이렇게 쓰고 있다. "그 음조는 사람의 귀에는 왠지 등골이 오싹

하면서도 무척 아름답게 느껴진다. 중저음의 신음 소리와 거의 알아들을 수 없을 정도로 높은 소프라노 음이 갑작스럽게 음조가 오르내리는 비명과 반복되며 교차한다." 우리는 이 노래가 어떤 기능을 하는지 모른다. 어쩌면 혹등고래는 그 노래로 서로를 찾아 매년 대양을 가로질러 이동하는 동안 함께 지낼 수 있는지도 모른다. 아니면 구애하는 수컷이 짝을 부르는 연가인지도 모른다.

이 고래들은 제각기 특징 있는 노래를 부르며, 그 노래에서는 매우 복잡한 패턴이 아주 정확하게 몇 차례 되풀이된다. 내가 지난 10년 동안 알게 된 수많은 과학 사실 중에서 한 마리의 고래가 부르는 노래가 30분 이상 계속된다는 로저 설 페인(Roger Searle Payne, 1935년~)의 보고만큼 감명 깊은 것은 없다. 나는 나 단조 미사곡 첫머리에 나오는 약 5분간의 기도문도 제대로 기억하지 못한다. (그렇다고 내 노력이 모자란 것은 절대 아니다.) 어떻게 한 마리의 고래가 30분 동안 울고, 그 후 정확하게 그 곡조를 반복할 수 있는 것일까? 30분가량의 반복 주기는 도대체 어떤 용도를 가진 것일까? 그것은 우리의 관점에서는 너무 긴 노래이다. 우리는 (페인 기록 장치를 이용해 데이터를 충분히 조사하지 않는 한) 그것을 한 곡의 노래로 파악하는 것도 불가능할 지경이다. 그러나 이 대목에서 나는 고래의 신진 대사 비율을 떠올렸다. 사람과 비교해 고래의 생활 속도는 엄청나게 느리다. 고래가 30분이라는 기간 동안 무엇을 지각하는지에 대해 과연 우리는 무엇을 알고 있는가? 혹등고래는 자신의 신진 대사 속도에 맞춰 세계를 측정하고 있는지도 모른다. 만약 그렇다면 혹등고래에게 30분의 노래는 우리의 1분 길이의 왈츠에 해당하는지도 모른다. 어떤 관점에서 보더라도 그 노래는 경이롭다. 그것은 지금까지 모든 동물에서 발견된 단일한 과시 중에서 가장 정교한 것이다. 나는 단지 고래의 관점을 온당하게 평가하고 싶을 따름이다.

모든 종류의 포유류가 평균적으로 대개 동일한 생물학적 시간을 산다는 주장을 뒷받침하기 위해 수치적 엄밀함을 제공할 수도 있다. W. R. 스탈(W. R. Stahl)과 B. 귄터(B. Günther), 그리고 E. 구에라(E. Guerra)가 1950년대 말부터 1960년대 초에 걸쳐 고안한 방법은 몸무게와 같은 축척으로 증감하는 여러 생물학적 성질을 대상으로 '생쥐-코끼리' 방정식을 구한다. 예를 들어 귄터와 구에라는 포유류의 몸무게에 대한 호흡 시간(숨의 길이)과 박동 시간(심장 박동 1회의 길이)의 관계를 나타내는 다음과 같은 방정식을 세웠다

$$\text{호흡 시간} = 0.0000470 \times \text{몸무게}^{0.28}$$

$$\text{심장 박동 시간} = 0.0000119 \times \text{몸무게}^{0.28}$$

(수학이라면 절레절레 고개부터 흔드는 독자라도 이런 수식에 기가 질릴 필요는 없다. 이 방정식은 호흡 시간과 심장 박동 시간이 소형 포유류에서 대형 포유류로 가면서 몸무게의 약 0.28배의 비율로 증가한다는 이야기에 지나지 않으니까.) 이 2개의 방정식을 양변으로 나누면 몸무게는 모두 같은 비율로 증가하기 때문에 약분할 수 있다.

$$\frac{\text{호흡 시간}}{\text{심장 박동 시간}} = \frac{0.0000470\cancel{\text{몸무게}}^{0.28}}{0.0000119\cancel{\text{몸무게}}^{0.28}} = 4.0$$

이것은 포유류의 크기가 얼마이든 심장 박동 시간에 대한 호흡 시간의 비율은 4.0이라는 뜻이다. 다시 말해 포유류는 크기와 무관하게 모두 심장이 네 번 박동할 때 한 번꼴로 호흡을 하는 셈이다. 소형 포유류는 대형 포유류보다 호흡과 심장 박동이 빠르지만, 동물의 몸집이 커짐에 따라 호흡과 심장 박동은 같은 상대적인 비율로 느려진다.

또한 수명은 몸무게와 같은 비율로 비례 증감한다. (소형 포유류에서 대형

포유류로 이동함에 따라 0.28배의 비율로.) 이것은 호흡 시간과 심장 박동 시간의 수명에 대한 비율이 모든 크기의 포유류에서 일정하다는 의미이다. 앞에서 했던 것과 같은 계산을 해 보면, 포유류는 크기와 무관하게 일생 동안 약 2억 회의 호흡을 한다는 사실을 알 수 있다. (따라서 심장 박동은 8억 회가량이 되는 셈이다.) 소형 포유류는 빨리 호흡하는 대신 짧은 기간밖에 살지 못한다. 그러나 그들 심장의 체내 시계와 호흡 리듬으로 측정하면 모든 포유류는 같은 기간 동안 사는 셈이다. (눈치가 빠른 독자라면 자신의 호흡 회수와 맥박을 계산해 보고 자신이 훨씬 전에 이미 죽었어야 한다는 계산을 했을지도 모른다. 그러나 호모 사피엔스는 지능이 발달했다는 사실 이외에도 여러 측면에서 비정상적인 포유류이다. 우리의 수명은 같은 크기의 포유류에게 '할당된' 수명의 약 3배나 되지만, 호흡은 '정상적인' 비율로 하기 때문에 우리와 같은 크기의 보통의 포유류에 비해 일생 동안 약 3배나 호흡을 더한다. 나는 이러한 여분의 수명이 유형 성숙이 가져다준 고마운 결과라고 생각한다.)

하루살이는 성충이 되고 나서 단 하루밖에 살지 못한다. 아마도 이 곤충은 우리가 평생을 사는 것처럼 그 하루를 경험할 것이다. 그러나 이 세상의 모든 것이 상대적이지는 않다. 하루살이처럼 세계를 짧은 시간 동안만 흘낏 본다면, 보다 긴 시간에 걸쳐 일어나는 사건을 해석할 때 왜곡이 일어날 것이다. 다윈 이전의 진화론자였던 로버트 체임버스(Robert Chambers, 1802~1871년)는 1844년에 개구리로 변태하는 올챙이를 바라보는 하루살이의 이야기를 썼다

4월의 어느 날 태어나 웅덩이 위를 날고 있는 하루살이가 물속에 있는 올챙이를 지켜보고 있다고 하자. 하루살이가 늙어 버린 오후, 그 정도로 긴 시간이 지났는데도 올챙이에게 아무런 변화도 일어나지 않았기 때문에, 하루살이는 올챙이의 아가미가 퇴화하고 몸 안쪽의 폐가 아가미를 대체하고, 뒷다리가 자라나기 시작하고, 꼬리가 사라지면서 이윽고 육상의 주민이 되는

것을 상상할 수 없을 것이다.

지질학적 시계로 재면 인간의 의식은 밤 12시가 되기 약 1분 전에 발생한 셈이 된다. 그럼에도 불구하고 인간이라는 하루살이들은 긴 역사에 묻혀 있는 메시지는 알지도 못한 채 태고의 세계를 마음대로 구부려 자신들의 의도에 맞추려 애쓰고 있다. 인류라는 하루살이가 살고 있는 지금이 우리의 4월 어느 날 이른 아침이기를 기원하자.

30장

자연의 인력: 세균, 새, 그리고 꿀벌

"여자들 가운데 가장 복되시며"라는 유명한 말은 천사 가브리엘이 마리아에게 성령으로 수태되었음을 알릴 때 한 말이다. 중세와 르네상스기의 회화에 등장하는 가브리엘은 대개 정성스레 그린 새의 날개를 넓게 펼치고 있다. 작년에 피렌체를 방문했을 때 나는 이탈리아 거장들이 그린 가브리엘 날개에 대한 '비교 해부학'에 몰두했다. 마리아와 가브리엘의 얼굴은 정말 아름다웠고 의미심장한 몸짓을 취하고 있었다. 그러나 프라 안젤리코(Fra Angelico, 1387~1455년)와 시모네 마르티니(Simone Martini, 1284~1344년)가 그린 날개는 복잡하고 아름다운 깃털을 달고 있었지만 어딘지 굳어 있고 생기가 없는 것처럼 보였다.

그런 다음 나는 레오나르도 다 빈치(Leonardo da Vinci, 1452~1519년)가 그

린 그림을 보았다. 그가 그린 가브리엘의 날개는 너무도 부드럽고 우아해서 나는 그 아름다움에 매료되어 가브리엘의 얼굴을 조사하거나, 그가 마리아에게 준 충격을 생각할 겨를도 없을 지경이었다. 그리고 곧 나는 레오나르도가 그린 그림이 왜 그처럼 차이가 나는지 깨달았다. 새를 연구했고 날개의 공기 역학을 올바르게 이해했던 레오나르도는 실제로 작동 가능한 날개를 가브리엘의 등에 그려 넣었던 것이다. 그 날개는 아름다운 동시에 기능적이었다. 날개의 방향이나 휘어짐이 제대로 묘사되었을 뿐만 아니라 깃털의 결도 정확하게 배열되어 있었다. 가브리엘이 조금만 더 가벼웠다면 신의 인도 없이도 혼자서 하늘을 날 수 있을 듯했다. 그것에 비해 다른 화가들이 그린 가브리엘은 결코 실제로 작동할 수 없는 약하고 서툰 장식물을 짊어지고 있었다. 나는 심미적인 아름다움과 기능적인 아름다움이 손에 손을 잡고(이 경우에는 날개와 날개를 잡고) 서로를 떠받쳐 준다는 말을 상기했다.

자연의 아름다움을 보여 주는 뛰어난 예(질주하는 치타, 사력을 다해 도망치는 가젤, 하늘로 솟구치는 독수리, 이리저리 헤엄치는 참치, 그리고 심지어는 미끄러지듯 기어가는 뱀이나 느릿느릿 이동하는 자벌레 등)에서 우리가 아름다운 형태로 인식하는 것은 동시에 물리 문제에 훌륭한 해결책을 주기도 한다. 진화 생물학에 등장하는 적응의 개념을 설명할 때 우리는 흔히 생물이 물리학을 무의식적으로 '알고' 있음을(생물은 먹이를 섭취하고 이동할 수도 있는 매우 능률적인 기계로 진화해 왔다는 것을) 보여 주려는 경우가 많다. 마리아가 가브리엘에게 어떻게 자신이 수태할 수 있었는지 궁금해 하면서, "저는 아직 남자를 알지 못하는데, 어떻게?"라고 묻자 천사는 "신에게는 불가능한 일이 없습니다."라고 대답했다. 그러나 자연이 할 수 없는 일은 무수히 많다. 그렇지만 자연이 (신보다) 훨씬 뛰어난 일을 하는 경우도 종종 있다. 뛰어난 설계는 어떤 생물의 형태와 공학자의 청사진이 일치하는 사례로 표현되는 경우가 많다.

최근 나는 훨씬 더 충격적인 뛰어난 설계를 우연히 발견했다. 그것은 자신의 몸속에 직접 정교한 기계를 만드는 생물이다. 그 기계란 자석이고, 그 생물은 '하등한' 세균이다. 가브리엘이 떠난 후 마리아는 자신처럼 성령의 도움으로 수태한 엘리사벳을 방문했다. 마리아의 방문을 받은 엘리사벳의 아기(훗날 세례자 요한이 된다.)는 "복중에서 뛰놀았다."(「누가복음」 1장 41절 — 옮긴이) 그리고 마리아는 "*et exaltavit humilis*"('비천한 자를 높이셨고', 「누가복음」 1장 52절 — 옮긴이)라는 1행을 포함하는 성모 송가(훗날 바흐가 비할 데 없이 아름답게 작곡했다.)를 불렀다. 모든 생물 중에 가장 단순한 구조를 가지고 있고, 전통적인 (그리고 그릇된) '생명의 사다리'의 첫 번째 계단을 이루고 있는 미세한 크기의 세균은 다른 생물이라면 그것을 나타내는 데 수미터가 필요했을 뛰어난 경이와 아름다움을 겨우 수미크론(micron)으로 표현하고 있다.

1975년에 뉴햄프셔 대학교의 미생물학자 리처드 블레이크모어(Richard P. Blakemore)가 매사추세츠 주의 우즈홀 근처의 퇴적물에서 '주자성(走磁性, magnetotactic)' 세균을 발견했다. (주지성(走地性, geotactic) 생물이 중력이 작용하는 방향을 향하고, 주광성(走光性, phototactic) 생물이 빛이 오는 방향으로 이동하는 것과 마찬가지로, 주자성 세균은 자기장 속에서 특정한 방향을 따라 정렬한다.) 그 후 블레이크모어는 1년 동안 일리노이 대학교의 미생물학자 랠프 울프(Ralph S. Wolfe, 1921년~)와 함께 주자성 세균의 순수한 계통을 분리 배양하는 데 성공했다. 그런 다음 블레이크모어와 울프는 자기 물리학의 전문가인 매사추세츠 공과 대학교 국립 자기 연구소의 리처드 프랭클(Richard B. Frankel)에게 도움을 청했다. (나는 자신의 연구를 인내심 깊고 명쾌하게 설명해 준 프랭클 박사에게 깊은 감사를 드린다.)

프랭클과 그의 동료들은 그 세균이 각 균체 안에 한 변이 약 500옹스트롬인 정육면체에 가까운 형태의 불투명한 미소 입자 약 20개로 이루어진 자석을 가지고 있다는 사실을 발견했다. (1옹스트롬은 1밀리미터의 1000만분의 1이다.) 이 미소 입자들은 천연 자석이라고도 불리는 자철광(Fe_3O_4)이라는 자성 물질로 이루어져 있다. 그 후 프랭클은 세균 1개당 자기 모멘트의 총량을 계산해서, 각 균체가 브라운 운동(Brownian motion)의 방해 작용을 이겨 내고 지구의 자기장 속에서 스스로의 방향을 잡기에 충분한 자철광을 함유하고 있음을 발견했다. (우리의 몸을 안정시키는 중력이나 곤충 정도의 중간 크기 물체에 작용하는 표면 장력 등에 영향을 받지 않을 만큼 작은 입자들은 그것들이 부유하고 있는 매질의 열에너지에 의해 임의적인 방식으로 서로 충돌한다. 이것을 '브라운 운동'이라고 부른다. 창문으로 비치는 햇빛 속에서 먼지 입자들이 '춤추는' 것처럼 보이는 것이 브라운 운동의 한 예이다.)

주자성 세균은 극미한 몸속에 나침반으로 기능할 수 있는 실질적으로 유일한 조성을 이용해서 놀라운 기계를 만든 것이다. 프랭클은 왜 자철광이 미소 입자로 배열되어야 하는지, 또한 그 미소 입자는 왜 한 변의 길이가 약 500옹스트롬이어야 하는지를 설명해 주었다. 유효한 나침반으로 작용하기 위해 자철광은 이른바 단자구(單磁區, single domain) 입자(북쪽과 남쪽을 가리키는 양극을 가진 단일 자기 모멘트를 가지는 작은 자석 조각)로 존재하지 않으면 안 된다. 이 세균은 자기 모멘트의 N극이 이웃의 S극에 접하는 식으로, 프랭클의 말을 빌리면 "서커스의 마지막 장면에서 코끼리들이 머리를 서로의 엉덩이에 대고 동그랗게 원을 그리듯이" 일렬로 나란히 선 입자의 고리를 이루고 있다. 이런 식으로 고리 전체는 북쪽과 남쪽을 가리키는 양극을 가진 자기 쌍극자로 기능하는 것이다.

만약 입자의 크기가 더 작다면(한 변이 400옹스트롬 이하), 그 입자들은 '초상자성(超常磁性, 상온에서의 열에너지가 그 입자 내부에서 자기 모멘트의 방향을 바꾸는 성질)'을 가질 것이다. 반면 만약 입자의 한 변의 길이가 1,000옹스트

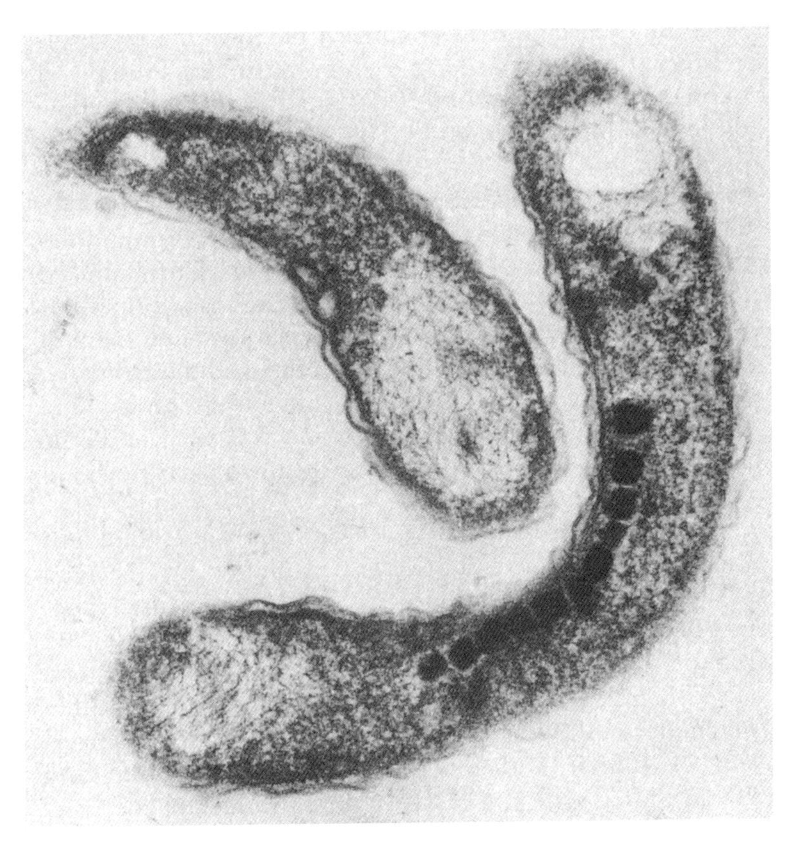

작은 자성 고리를 가지고 있는 자성 세균(4,000배 확대한 모습).

롬보다 크면, 제각기 다른 방향을 가리키는 개별적인 자구들이 그 입자 내부에 형성될 것이다. 그리고 이러한 '경쟁'이 그 입자 전체의 자기 모멘트를 줄어들게 하거나 상쇄시킬 것이다. 따라서 프랭클은 "이 세균은 나침반으로 작동하기에 가장 적절한 크기인 500옹스트롬의 자철광 소립자를 만들어 물리학적으로 흥미로운 문제를 해결한 것"이라고 결론지었다.

그러나 진화 생물학은 주로 '왜(why)'를 다루는 과학이기 때문에, 이렇게 작은 생물이 자석을 이용해서 애당초 무엇을 하려 했는가 하는 물음을 제기하지 않을 수 없다. 1개의 세균이 몇 분의 생존 기간 동안 활동하는 범위는 수센티미터 정도에 불과하므로 북쪽이나 남쪽을 향하는 운동이 어떤 적응적인 움직임이라고 생각하기는 힘들다. 그렇다면 세균이 선호하는 운동 방향이 어떤 차이를 가져오는 것일까? 프랭클은 이런 세균에게는 이동 능력이 가장 중요할 것이라고 주장했다. 내 생각에도 그것은 매우 설득력 있는 설명이었다. 아래쪽은 수중 환경에서 퇴적물이 가라앉는 방향이고, 또한 세균이 좋아하는 산소 압력에 도달하는 방향이기 때문이다. 그렇다면 이 경우 '비천한 자'는 자신의 지위를 더 낮추기를 바라는 셈이 된다. (「누가복음」 1장 52절 "제왕들을 끌어내리시고 비천한 사람을 높이셨습니다."에 빗댄 표현이다. — 옮긴이)

그러나 세균은 어느 쪽이 아래를 향한 방향인지 어떻게 알 수 있을까? 우리의 오만함과 편견에 비추어 본다면 이런 물음은 한낱 어리석은 질문처럼 생각될 수도 있다. 세균은 모든 움직임을 멈추고 가만히 있기만 하면 아래로 떨어질 테니까 말이다. 그러나 실제로는 전혀 그렇지 않다. 우리가 위에서 밑으로 떨어지는 것은 중력이 작용하기 때문이다. 그리고 중력이 우리에게 영향을 미치는 까닭은 우리의 몸이 크기 때문이다. 우리는 서로 경쟁하는 여러 가지 힘들이 한데 어우러진 세계에 살고 있고, 그 힘들의 상대적인 세기는 일차적으로 그 힘이 작용하는 물체의 크기에 따라 달라진다. 육안으로 볼 수 있는 크기를 가지며 우리에게 친숙한 생물들에서는 부피에 대한 표면적의 비율이 가장 중요하다. 그리고 생명체가 크면 클수록 이 비율은 작아진다. 면적은 길이의 제곱에 비례하고, 부피는 길이의 세제곱에 비례해서 증가하기 때문이다. 곤충과 같은 작은 생물은 몸 표면에 작용하는 여러 힘들의 지배를 받는다. 어떤 곤충은 수면 위를 걸을 수 있고, 또 어떤 곤충은 천장에 거꾸로 매달려 걷기도 한다. 그것은 표면 장력이 강한 반면 천장에서 이 곤충을 떼어놓으려는 중력은 아주 약하기 때문이다. 중력은 부피에 대해(더 정확히 말하자면 일정한 중력장에서 부피에 비례하는 질량에 대해) 작용한다. 사람은 부피에 대한 표면적의 비율이 작기 때문에 중력의 지배를 받는다. 그러나 곤충은 중력으로 인해 어려움을 겪는 경우가 거의 없으며 세균의 경우에는 그런 일이 전혀 없다.

세균의 세계는 인간의 세계와는 전혀 다르므로 우리는 사물의 존재 방식과 작동 방식에 대한 기존의 고정 관념을 모두 버리고 완전히 새롭게 생각해야 한다. 다음에 여러분이 텔레비전에서 「마이크로 결사대(Fantastic Voyage)」를 볼 기회가 있다면, 주연을 맡은 여배우 라켈 웰치(Raquel Welch, 1940년~)와 포식성 백혈구 등에서 잠깐 눈을 돌리고 현미경으로나 관찰할 수 있는 극미한 크기로 변한 탐사자들이 인체 안에서 과연 여행을 할 수 있을지 생각해 보라. (영화에서 그들은 마치 보통 사람처럼 행동한다.) 우선 그들은 브라운 운동의 영향을 받기 때문에 무작위로 움직이는 얼룩으로 인해 시야가 뿌옇게 흐려진다. 또한 아이작 아시모프(Isaac Asimov, 1920~1992년)가 지적하듯이 이 정도 척도의 세계에서는 혈액의 점성이 너무 강하기 때문에 그들의 탐사선은 프로펠러를 돌려 추진할 수 없을 것이다. 따라서 아시모프는 그 탐사선이 세균처럼 편모를 추진 수단으로 사용해야 한다고 말했다.

갈릴레오 이래 축척 이론의 제1인자였던 다시 톰프슨은 세균의 세계를 이해하려면 모든 선입견을 버려야 한다고 역설했다. 그의 뛰어난 저서 『성장과 형태에 관해서』(1942년에 초판이 발간되었지만, 아직도 절판되지 않았다.)에서 그는 「크기에 관하여」라는 장을 다음과 같은 명문으로 끝맺고 있다.

생명계의 크기 범위는 물리학이 다루는 크기에 비하면 실로 좁다. 그렇지만 생명계는 인간, 곤충, 세균이 살아가면서 나름의 역할을 담당하는 서로 다른 세 가지 조건을 모두 포괄할 수 있을 만큼 폭넓다. 인간은 중력의 지배를 받으며, 어머니 대지를 발판으로 삼아 살아간다. 물방개는 수면을 사활의 터전으로, 즉 위험하기 짝이 없는 혼란스러운 현장이자 동시에 그것 없이는 살아갈 수 없는 지지대로 삼고 살아간다. 세균이 생활하는 제3의 세계에서 중력은 잊혀지고, 액체의 점성, 조지 가브리얼 스토크스(George Gabriel Stokes, 1819~1903년, 영국의 물리학자로 그 이름이 점성의 단위로 사용된다. — 옮긴이)의 법칙이 지배하는 저항, 브라운 운동에 의한 분자의 충돌, 그리고 이온화한 매질의 전하 등이 물리 환경을 구축하며 생물에게 강력하고 직접적인 영향을 미친다. 그곳에서 우세한 여러 요인은 우리의 척도에서는 더 이상 영향을 발휘하지 못한다. 우리는 지금까지 그 누구도 경험한 적이 없는 세계, 모든 선입견을 근본에서부터 뜯어고치지 않고는 결코 이해할 수 없는 세계의 가장자리에 서 있는 것이다.

그렇다면 세균은 어떻게 어느 쪽이 밑이라는 것을 알 수 있을까? 우리는 자석을 오직 평면에서 방향을 정할 때에만 쓰기 때문에, 지구의 자기장에 수직 방향의 성분도 있으며 그 세기가 위도에 따라 달라진다는 사실을 잊고는 한다. (실제로 나는 대부분의 사람들이 이런 사실을 모르고 있으리라고 생각한다. 우리는 수직 방향에는 관심이 없기 때문에 나침반은 수직 방향의 흔들림이 생기지 않도록 제작되어 있다. 인간은 중력의 지배를 받는 대형 생물이기 때문에 어느 쪽이 아래인지를 알고 있다. '어느 쪽이 위인지' 모른다고 말하면 바보 취급을 당하는 것은 우리가 살아가는 거시 규모에서뿐이다.) 나침반의 바늘은 지구의 자기력선의 방향을 가리킨다. 적도상에서 자기력선은 지구 표면에 대해 수평이다. 그러나 양극으로 갈수록 자기력선은 차츰 지구의 내부를 향해 기울어진다. 그리고 자기극에 다다르면 자침은 바로 아래쪽을 가리킨다. 지금 내가 있는 보스턴의 위도에서는 실제로 수직 성분이 수평 성분보다 강하다. 자유롭게 움직이는 자침인 세균이 북쪽을 향해 헤엄칠 때, 그 세균은 우즈홀에서는 아래쪽을 향해 헤엄치는 것이다.

세균의 나침반에 이러한 기능이 있으리라는 것은 아직까지는 순전히 추측에 지나지 않는다. 그러나 만약 세균이 아래쪽을 향해 헤엄치기 위해 그 자석을 사용하는 것이라면(서로 다른 세균을 찾기 위한 목적이거나, 또는 우리에게는 낯선 그들만의 세계에서 오직 신만이 알 수 있는 어떤 일을 하기 위한 목적이 아니라면) 검증 가능한 몇 가지 예측을 할 수 있다. 즉 적도 부근의 생활에 적응해 자연적인 개체군을 형성한 동일 종의 구성원들은 자석을 만들지 않을 것임을 예측할 수 있는 것이다. 왜냐하면 그곳에서는 자침이 수직 성분을 갖지 않기 때문이다. 또한 남반구에서는 주자성 세균이 역전된 극성을 나타내고, 자남극(磁南極)을 찾아 헤엄칠 것이다.

자철광이 그것보다 몸집이 큰 여러 동물들의 몸을 이루는 구성 요소라는 사실도 발견되었다. 그런데 이 동물들의 경우 자철광은 모두 수평면상에서 방향을 찾는 역할을 한다. 다시 말해 사람 정도의 크기를 가진 생물들은 우리에게 익숙한 방식으로 나침반을 사용하는 것이다. 대합조개, 고둥과 유연 관계가 가깝고 8개의 패각을 가진 대합조개와 딱지조개(chiton)는 주로 열대 지역의 해수면 가까운 높이의 바위에 서식한다. 이들은 치설이라는 긴 막대 비슷한 기관으로 바위에서 먹이를 얻는다. 이 치설의 끝부분은 자철광으로 이루어져 있다. 상당수의 딱지조개는 자신들이 사는 장소에서 꽤 멀리까지 여행하기도 하지만, 여행이 끝난 다음에는 정확히 원래의 장소로 '귀향'한다. 여기에서 그들이 방향을 찾는 데 자철광을 사용할지도 모른다는 생각이 자연스럽게 떠오른다. 그러나 지금까지는 그런 사실을 뒷받침할 만한 아무런 증거도 확보되지 않았다. 심지어는 딱지조개가 지구의 자기장을 감지할 수 있을 정도로 충분한 자철광을 가지고 있는지조차 확실하지 않다. 프랭클은 이들이 가지고 있는 자철광 입자들 대부분이 단자구의 상한을 넘어서고 있다고 말한다.

꿀벌에도 복부에 자철광을 가진 종류가 있다. 그리고 우리는 꿀벌이 지구 자기장의 영향을 받는다는 사실을 잘 알고 있다. (이 주제에 대해서는 참고 문헌 목록에 나와 있는 J. L. 굴드(J. L. Gould, 나와는 아무런 관계도 없는 사람이다), J. L. 커시빙크(J. L. Kirschvink), 그리고 K. S. 드페이스(K. S. Defeyes)의 글을 참조하라.) 꿀벌은 수직면을 이루고 있는 벌집 표면에서 그 유명한 춤을 춘다. 꿀벌은 이 춤으로 태양과의 관계에서 먹이가 있는 장소까지 날아갈 방향을 중력에 대해 춤춘 각도로 변환시키고 있는 것이다. 만약 벌집이 눕혀져서 꿀벌이 수평면상에서 춤춰야 된다면, 그들은 중력과의 관계에서 방향을 나타낼 수 없기 때문에 처음에는 방향을 제대로 잡을 수 없다. 그러나 수주일이 지나면 그들은 마침내 그들의 춤을 나침반과 같은 방향으로 맞출 수 있게 된다. 게다가 방향에 대한 아무런 암시도 얻을 수 없는 텅 빈 벌통 속에 꿀벌의 한 무리를 옮겨 놓으면, 원래의 벌통과 같은 자기력선의 방향에 맞춰 새로운 벌집을 짓는다. 집을 찾아가는 데에는 역시 선수인 비둘기들은 뇌와 머리뼈 사이에 자철광으로 이루어진 구조를 가지고 있다. 이 자철광이 단자구로 존재하기 때문에 하나의 자석과 같은 기능을 수행할 수 있다. (참고 문헌의 C. Walcott et al., 1979 참조)

이 세계는 우리가 감지하지 못하는 신호들로 가득 차 있다. 작은 생물들은 우리에게 친숙하지 않은 힘들로 가득 찬 세계에 살고 있다. 우리와 비슷한 크기의 많은 생물들도 우리에게 익숙한 감각의 범위를 훨씬 넘어서는 능력을 갖는다. 박쥐는 우리가 들을 수 없는(극소수의 사람들은 들을 수 있지만) 주파수로 음파를 발사하는 방법으로 방해물을 피해 간다. 많은 곤충은 자외선을 볼 수 있으며, 꽃의 '보이지 않는' 안내선을 따라 그들이 먹이로 삼는 꿀로 인도되며, 이 과정에서 다른 꽃으로 꽃가루를 옮겨 수정을 돕는다. (식물들은 곤충에게 편의를 제공하기 위해서가 아니라 자신들의 이익을 위해 이러한 방향을 지시하는 색 줄무늬를 사용하는 것이다.)

이런 점들을 생각한다면 인간이 얼마나 형편없는 지각력을 가지고 있는지 실감할 수 있을 것이다. 그처럼 매력적이고 생생한 신호들에 둘러싸여 있으면서도 인간은 자연에서 보지(듣지, 냄새 맡지, 촉감으로 느끼지, 맛을 느끼지) 못하고 있다. 따라서 평범한 마술사들의 묘기도 우리의 지각 범위를 넘어서 영혼의 세계를 흘낏 들여다보는 새로운 힘이라도 되는 양 쉽사리 속아 넘어간다. 비일상적인 것은 환상일 수 있다. 그리고 돌팔이들의 피난처가 될 수 있다. 그러나 '초인적'인 지각 능력은 새, 꿀벌, 세균처럼 우리에게 친숙한 생물들 속에 실제로 존재한다. 그리고 우리는 우리가 직접 지각할 수 없는 것을 느끼고 이해하기 위해서 과학이 만들어 낸 도구들을 사용할 수 있다.

후기

세균이 자신의 체내에 자석을 만든 이유가 무엇인가 하는 물음에 대해서, 프랭클은 이 작은 생물에게는 북쪽으로 헤엄치는 것이 아무런 의미도 없지만, 아래쪽으로 헤엄치는 것(그것은 북반구의 중위도나 고위도 지방에서 나침반을 가진 생명체들에게 또 다른 중요성을 가진다.)은 매우 중요한 의미를 가진다고 추측했다. 그의 추측에 고무되어 나는 프랭클의 설명이 옳다면 남반구의 자성 세균은 아래쪽으로 헤엄치기 위해서 남쪽 방향으로 헤엄칠 것이라고, 다시 말해 그들의 자극성이 북반구에 있는 같은 종류의 세균과 반대일 것이라고 예상했다.

1980년 3월에 프랭클은 동료 블레이크모어와 A. J. 칼마인(A. J. Kalmijn)과 함께 쓴 논문을 보내 주었다. 그 논문은 아직 출간되기 전의 것이었다. 그들 두 사람은 뉴질랜드와 태즈메이니아로 가서 남반구의 자성 세균의 자극성을 조사했다. 그 결과 실제로 그 세균이 모두 남쪽으로, 그리고 아래쪽으로 헤엄친다는 사실을 알았다. 이 발견으로 프랭클의 가설과 내 글의 기본 입장은 명쾌하게 입증되었다.

또한 그들은 매우 흥미로운 실험을 통해 또 다른 확증을 얻을 수 있었다. 우선 그들은 매사추세츠 주 우즈홀에서 자성 세균을 채집해 북쪽으로 헤엄치는 세포들의 표본을 두 무리로 나누었다. 그들은 그중 한 무리를 보통의 극성을 가진 실험실에서 수세대에 걸쳐 배양하고, 나머지 한 무리는 남반구의 상태를 모의 실험하기 위해 반대 극성을 갖는 실험실에서 증식시켰다. 수주일이 지나자 보통의 극성을 가진 실험실에서는 북쪽으로 헤엄치는 세포가 여전히 지배적인 데 비해, 반대의 암컷을 가지는 실험실에서는 남쪽으로 헤엄치는 세포가 다수를 차지했다. 세균의 세포는 일생 동안 극성을 바꿀 수 없기 때문에 이 극적인 변화가 나타난 것은 아마도 아래쪽으로 헤엄치는 능력에 대해 자연 선택이 강하게 작용했기 때문일 것이다. 어느 쪽 실험실에서도 북쪽으로 헤엄치는 세포와 남쪽으로 헤엄치는 세포가 나타날 수 있지만, 자연 선택이 아래쪽으로 헤엄칠 수 없는 개체들을 신속하게 제거할 것이다.

프랭클은 내게 이제는 적도에서, 즉 자기장에 아래로 향하는 성분이 전혀 없는 장소에서 어떤 일이 벌어지는지를 조사할 계획이라고 이야기해 주었다.

31장

시간의 장구함

1979년 1월 1일 오전 2시.

나는 아르투로 토스카니니(Arturo Toscanini, 1867~1957년)의 마지막 연주회를 결코 잊지 못할 것이다. 그날 밤, 고금을 통해 가장 위대한 거장이었고, 서양 음악의 모든 것을 무오류의 기억 속에 담고 있는 이 거인이 수초 동안 머뭇거리면서 자신이 지휘하던 부분을 잊어먹었던 것이다. (악보를 모두 외우기로 유명했던 토스카니니도 1954년 4월 4일 87세의 고령에 마지막 「탄호이저」 연주를 지휘하다가 잠시 기억 장애를 일으켜 연주가 중단된 적이 있다. 이 사건을 가리킨다. — 옮긴이) 만약 영웅이 불사신이라면 어떻게 그들이 우리 같은 평범한 사람들의 관심을 끌 수 있겠는가? 지그프리트는 어깨에, 아킬레우스는 발뒤꿈치에 급소를 가져야 했고, 슈퍼맨은 크립토나이트라는 약점을 가지고 있어야 했다.

카를 마르크스는 모든 역사적인 사건은 두 번, 첫 번째는 비극으로 두 번째는 우스운 익살극으로 일어난다고 말했다. 토스카니니의 실수가 비극적인 것이었다면(영웅적이었다는 의미에서), 나는 바로 2시간 전에 그 익살극을 목격한 셈이다. 나는 가이 롬바르도(Guy Lombardo, 1902~1977년, 미국의 경음악 지휘자. 그가 이끄는 악단은 매년 1월 1일이 시작되는 순간에 「올드 랭 사인」을 연주했다. — 옮긴이)의 유령이 박자를 틀리게 지휘한 것을 들었다. 신만이 알고 있을 긴 세월 동안 처음으로 그 부드러운 소리, 새해를 맞이하는 저 안온한 소리가 어떤 신비로운 일순간에 갑자기 산산이 부서졌다. 그 후에 알게 된 사실이지만, 누군가가 깜빡 잊고 1978년의 마지막 1분이 특별히 61초로 이루어진다는 사실을 지휘자인 가이 롬바르도에게 이야기해 주지 않았다는 것이다. 따라서 그는 너무 일찍 연주를 시작했고, 사람들이 알아차리지 못하게 자신의 실수를 바로잡지 못했다.

원자 시계와 천문학적 시계의 보조를 맞추기 위해 1초를 더하게 되었다는 소식은 신문을 통해 널리 보도되었지만, 대개의 기사는 반은 농담조로 그 내용을 다루었다. 사실 그러지 못할 이유도 없지 않은가. 요즘 들어 즐거운 소식을 찾아보기란 하늘에 별따기만큼이나 어려우니 말이다. 더구나 대개의 신문들이 똑같은 주제를 다루었다. 모든 기사들은 극도의 엄밀함에 매달리는 과학자들을 조롱했다. 그러니까 겨우 1초라는 시간이 뭐 그리 대수냐는 투였다.

그래서 나는 1년에 5만분의 1초라는 다른 숫자를 떠올렸다. 1초라는 거대한 짐승 앞에 선 한 마리의 개미와도 같은 이 숫자는 조수(潮水)의 마찰로 인해 생긴 지구 자전 시간의 연간 감속률이다. 여기에서 나는 이처럼 '중요하지 않은' 수치가 지질학적 시간의 장구함 속에서 어떻게 중요한 의미를 가지는지에 대해 말하고자 한다.

지구의 자전이 조금씩 느려진다는 사실은 오래전부터 알려졌다. 유명한 혜성에게 이름을 지어 준 대부이며 18세기 초에 영국 왕립 천문대장을 지낸 에드먼드 핼리(Edmund Halley, 1656~1742년)는 과거에 식(蝕)이 일어난 실제 위치에 대한 기록과, 그가 살던 시대의 지구 자전 속도를 기초로 예측된 가시 면적 사이에 규칙적인 불일치가 나타난다는 사실을 알아차렸다. 그의 계산 결과 만약 과거에 자전 속도가 더 빨랐다고 가정하면 그 불일치를 해결할 수 있을 것으로 보였다. 핼리의 계산은 그 후 몇 번이나 더 수정되고 다시 해석되었다. 그 결과 식의 기록을 통해 과거 2000~3000년 동안 1세기에 약 2밀리초(1밀리초는 1000분의 1초 — 옮긴이)의 비율로 자전이 느려졌다는 사실을 알게 되었다.

핼리 자신은 이 감속에 대해 적절한 해답을 제시하지 못했다. 18세기 말 이 현상을 설명한 사람은 다재 다능한 천재였던 독일의 철학자 임마누엘 칸트(Immanuel Kant, 1724~1804년)였다. 그는 달을 설명에 끌어들여 조수로 인한 마찰이 지구의 자전을 느리게 했다고 주장했다. 달이 지구의 바닷물을 자기 쪽으로 끌어당기는 만조에는 해수면이 높아지며, 높아진 해수면은 계속 달을 향하게 된다. 그러나 지구가 자전을 하고 있기 때문에 지구상에서 관찰하는 우리 눈에 만조는 지구 주위를 서쪽으로 천천히 돌아가는 것처럼 보인다. 이 만조는 육지와 바다를 가로질러 연속적으로(육상의 수역에서도 소규모의 조석이 일어난다.) 이동하기 때문에 그 과정에서 엄청난 마찰이 생긴다. 천문학자인 로버트 재스트로(Robert Jastrow, 1925~2008년)와 말콤 톰슨(Malcolm H. Thompson)은 이렇게 쓰고 있다. "매일 막대한 양의 에너지가 낭비되고 있다. 만약 이 에너지를 유용한 목적을 위해 회수할 수 있다면, 전 세계 전력 필요량의 몇 배에 해당하는 엄청난 에너지를 공급할 수 있을 것이다. 그러나 실제로 이 에너지는 연안 해수를 불안스럽게 휘몰아치게 하고, 지각의 암석을 약간 데우는 과정에서 사라진다."

조수로 인한 마찰은 우리의 일상 생활에서는 드러나지 않지만 지구의 장구한 역사에서는 주요한 요소로 작용한다. 이 마찰이 회전하는 지구에 브레이크로 작용했고, 1세기에 약 2밀리초, 즉 1년에 5만분의 1초라는 느린 비율로 지구의 자전을 느리게 만든 것이다.

조석 마찰로 인한 제동은 서로 연관된 두 가지 흥미로운 효과를 일으킨다. 하나는 1년의 일수가 시간이 흐르면서 줄어든다는 것이다. 1년의 길이는 공식적인 세슘 원자 시계와 비교할 때 거의 일정한 것처럼 보인다. 그 불변성은 경험, 즉 천문학적인 측정과 이론의 양면에서 모두 확인되었다. 다른 한편 우리는 달의 인력으로 생긴 조석 작용이 지구의 자전을 느리게 하는 것과 마찬가지로 태양의 인력으로 생긴 조석 작용이 지구의 공전을 감속시킬 것이라고 예측할 수 있다. 그러나 태양에 의한 조석 효과는 아주 미약하고, 우주 공간을 빠른 속도로 돌진하는 지구는 엄청난 관성 모멘트를 가지고 있기 때문에 1년의 길이가 10억 년마다 겨우 3초씩 늘어나는 데 그친다. 따라서 우리는 그 숫자가 무시해도 좋은 정도라고 생각한다. 다시 말해 지구가 탄생한 시점에서 앞으로 약 50억 년 뒤 태양이 팽창해서 지구가 소멸할 때까지(약 100억 년 동안) 느려지는 시간은 고작 30초 정도밖에 되지 않는다!

둘째, 지구는 감속됨에 따라 각운동량을 잃지만 달은 지구와 달로 이루어진 계의 각운동량 보존 법칙에 따라 지구가 잃은 만큼의 운동량을 얻게 된다. 달은 운동량 증가로 지구를 공전하는 동안 지구와의 거리를 차차 늘려 가고 있다. 다시 말해 달은 지구에서 조금씩 멀어지고 있는 것이다.

10월의 맑은 날 밤, 달이 지평선 위로 막 얼굴을 내밀어 (하늘에 떠 있을 때보다) 크게 보일 때, 당신은 5억 5000만 년 전에 삼엽충이 보고 있던 달의 모습을 보고 있는 셈이다. 달이 점차 멀어진다는 생각을 처음 제기한 사람은 찰스 다윈의 차남이자 유명한 천문학자였던 조지 하워드 다윈(George Howard Darwin, 1845~1912년)이다. 그는 달이 태평양에서 떨어져 나갔다고 생각했고, 그 돌발적 탄생 시기를 산출할 때 현재 달의 후퇴 속도를 과거로 거슬러 올라가는 방법을 사용했다. (그 방법은 적절한 것이었지만, 오늘날에는 판 구조론 덕분에 태평양이 항구적으로 존재했던 것이 아니라, 특정한 지질학적 시기에 형성된 지형이라는 사실이 밝혀졌다.)

요약하자면 달로 인해 발생한 조석 마찰이 오랜 시간에 걸쳐 두 가지 결과를 일으킨다는 것이다. 그것은 서로 밀접한 관련을 가지는 현상으로, 1년의 일수가 줄어들며 지구 자전이 감속하는 현상, 그리고 지구와 달의 거리가 늘어나는 현상이다.

천문학자들은 오래전부터 이러한 현상을 이론적으로 알고 있었고, 지질학적 시간 척도에서는 수밀리초에 불과한 짧은 기간 동안 실제로 그 현상을 측정하기도 했다. 그러나 장구한 지질학적 시간에 걸쳐 그 효과를 측정하는 방법은 최근까지 거의 알려지지 않았다. 과거의 감속률로 현재의 감속률을 추정하는 방법만으로는 불충분할 것이다. 왜냐하면 제동의 세기가 대륙과 해양의 지형이나 구성에 따라 달라지기 때문이다. 제동 효과는 조석이 얕은 바다에 파급될 때 가장 커지고, 깊은 바다와 육지에 비교적 경미한 마찰을 일으키면서 이동할 때 가장 작아진다. 얕은 바다는 현재 지구의 지형에서는 그다지 두드러지지 않지만, 과거 여러 시대에는 수백만 제곱킬로미터라는 광대한 면적을 차지하고 있었다. 그러한 시대에 일어난 큰 조석 마찰은 다른 시대, 특히 모든 대륙이 하나로 결합되어 하나의 초대륙 '판게아'를 이루고 있던 시대의 대단히 낮은 감속률과 대조적이었을지도 모른다. 따라서 시간이 흐름에 따라 자전이 느려지는 패턴은 천문학적이라기보다는 오히려 지질학적인 문제인 셈이다.

나는 내가 연구하는 지질학이라는 분야가, 비록 모호하지만 필요한 정보를 제공한다는 이야기를 할 수 있는 것을 기쁘게 생각한다. 그 정보란 몇 개의 화석 자료가 그 성장 패턴 속에 기록하고 있는 태고의 천문학적 리듬이다. 거만한 수학자들이나 현대의 지구 물리학 실험가들은 비천한 화석의 의미를 제대로 평가하려 들지 않는 경우가 많다. 그래도 지구의 자전을 전공하는 한 뛰어난 연구자는 이렇게 쓰고 있다. "고생물학이 지구 물리학자들을 구원해 줄 것 같다."

100년 이상 전부터 고생물학자들은 화석 단면에 규칙적인 간격을 가진 성장선이 나타난다는 사실에 이따금씩 주의를 기울였다. 일부 학자들은 그러한 성장선이 나무의 나이테와 마찬가지로 일, 월, 년 등의 천문학적 주기를 나타낼지 모른다고 주장하기도 했다. 그러나 실제로 그런 관찰을 한 사람은 아무도 없었다. 1930년대에 마팅잉(馬廷英, 1899~1979년)이라는 조금 비현실적일 정도로 공상적이지만 매우 흥미로운 중국의 고생물학자가 태고의 적도 위치를 밝히기 위해 화석 산호에 나타나는 나이테를 조사한 적이 있었다. (온도가 거의 일정한 적도 부근에 서식하는 산호에는 계절적인 성장선이 나타나지 않지만, 위도가 높아지면 성장선이 분명히 나타난다.) 그러나 하나의 나이테에 성장선이 수백 개나 포함되어 있는 미세한 층상 구조를 연구한 사람은 아무도 없었다.

1960년대 초에 코넬 대학교의 고생물학자 존 웨스트 웰스(John West Wells, 1907~1994년)는 이처럼 극히 미세한 줄무늬가 각기 하루의 기록이라는 사실을 깨달았다. (나무에서 겨울의 느린 성장과 여름의 빠른 성장이 교대로 나타나 나이테가 형성되듯이, 산호에서는 밤의 느린 성장과 낮의 빠른 성장이 교차된다.) 그는 굵은(약 1년 동안의) 성장대와 미세한 성장선을 모두 가진 현생 산호를 조사해서, 하나의 성장대 속에서 평균 약 360개의 미세한 선을 셀 수 있었다. 그리고 미세한 선이 하루에 하나씩 만들어진다고 결론지었다.

그런 다음 웰스는 자신이 수집한 화석들 중에서 보존 상태가 양호해 미세한 성장선을 모두 그대로 가지고 있다고 추정되는 산호 화석을 찾았다. 극히 소수의 표본밖에 발견되지 않았지만, 그는 그것들을 이용해 고생물학의 역사상 가장 흥미롭고 중요한 연구 중 하나를 수행할 수 있었다. 즉 약 3억 7000만 년 전의 한 무리의 산호에서 하나의 굵은 성장대당 평균 약 400개의 미세한 성장선을 관찰해 낸 것이다. 따라서 이 산호들에게 1년은 약 400일로 이루어져 있었던 셈이다. 이렇게 해서 아주 오래된 천문학 이론을 뒷받침할 수 있는 직접적인 지질학적 증거가 발견된 것이다.

그러나 웰스의 산호는 이 이야기의 절반, 즉 지질학적 시대가 바뀜에 따라 하루의 길이가 늘어난다는 사실을 확인해 준 것에 불과하다. 나머지 절반, 즉 달이 차츰 지구에서 멀어진다는 주장을 입증하기 위해서는 일(日) 성장대와 월(月) 성장대를 모두 가진 화석이 필요하다. 만약 먼 옛날에 달이 지구에 더 가까웠다면, 달은 지금보다 훨씬 짧은 시간에 지구 주위를 공전했을 것이기 때문이다. 과거에 사용하던 태음월은 29.53태양일인 현재의 태음월보다 적은 일수를 가졌을 것이기 때문이다.

웰스가 1963년에 「산호의 성장과 지질 연대 측정법(Coral growth and geochronometry)」이라는 유명한 논문을 발표한 이래, 달의 공전 주기성에 관한 몇 가지 주장이 제기되었다. 가장 최근에 프린스턴 대학교의 고생물학자 피터 칸(Peter G. K. Kahn)과 콜로라도 주립 대학교의 물리학자 스티븐 폼피(Stephen M. Pompea)가 달의 역사를 이해하는 열쇠는 모든 사람이 좋아하는 앵무조개에 들어 있다고 주장했다. 앵무조개의 껍데기는 '격벽(隔壁, septa)'이라는 규칙적인 칸막이로 나뉜 여러 개의 작은 방으로 구분되어 있다. 미국의 생리학자이자 시인이기도 한 올리버 웬델 홈스

(Oliver Wendel Holmes, 1809~1894년)는 이처럼 아름다운 형태와 구조에 매료되어 이 비유를 들어 사람들에게 각자의 내적 삶을 고양하라고 권하기도 했다.

> 자신을 위해 더 위엄 있는 저택을 지으라, 우리의 영혼이여,
> 계절은 쏜살같이 흘러가고!
> 당신에게는 낮은 천정을 남기고 떠나간다!
> 지금까지 살았던 어떤 집보다도 고귀한 새로운 전당에서,
> 보다 큰 돔으로 하늘로부터 당신을 가리라.
> 드디어 당신이 자유의 몸이 되는 날까지,
> 그리고 삶이라는 쉼 없는 바다에 이미 비좁아진 너의 껍데기를 띄워 보내라.

그런데 나는 앵무조개의 격벽이 홈스가 정신의 불멸성에 대한 명상에 사용한 것이나, 극작가 유진 글래드스턴 오닐(Eugene Gladstone O'Neil, 1888~1953년)이 희곡 제목에 무단으로 차용한 것보다 훨씬 큰 유용성을 가졌다는 이야기를 해야겠다. 칸과 폼피는 앵무조개 껍데기의 외면에 나타나는 미세한 성장선의 수를 세어 각각의 작은 방(격벽과 격벽 사이의 공간)에 평균 약 30개의 미세한 선이 들어 있으며, 그 숫자는 서로 다른 앵무조개의 껍데기에서, 그리고 같은 껍데기의 모든 방에서 거의 일정하다는 사실을 발견했기 때문이다. 태평양 일대의 심해에 사는 앵무조개는 태양의 주기에 따라 매일 부침하기 때문에(밤이 되면 해수면으로 떠오른다.) 칸과 폼피는 하나의 미세한 선이 하루를 기록한다고 주장했다. 격벽의 생성은 달의 주기에 맞추어 이루어졌는지도 모른다. 사람을 포함한 상당수의 동물은 대개 생식과 결부된 월주기를 가진다.

앵무조개류는 화석으로 흔하게 발견된다. (현생 앵무조개는 무척 다양했던 집단 중에서 유일하게 생존해 남은 종류이다.) 칸과 폼피는 4억 2000만 년 전과 2500만 년 전 사이에 살았던 25개의 앵무조개를 조사해 하나의 작은 방에 들어 있는 가느다란 선의 수를 셌다. 그리고 현생 종에서는 선의 수가 약 30개, 가장 새로운 화석에서는 약 25개, 가장 오래된 화석에서는 겨우 9개인 것으로 볼 때 연대가 오래될수록 규칙적으로 그 수가 줄어든다는 사실을 밝혀냈다. 만약 달이 4억 2000만 년 전에(당시 하루는 21시간이었다.) 약 9태양일에 지구 주위를 공전했다면, 달은 현재보다 훨씬 가까운 곳에 있었을 것이다. 칸과 폼피는 몇 가지 방정식을 푼 결과 먼 옛날의 앵무조개류는 지구로부터 현재 거리의 5분의 2 정도 떨어져 있는 달을 보고 있었다고 결론지었다. (실제 그들은 눈을 가지고 있었다.)

이 대목에서 나는 화석의 성장 리듬에 관한 많은 데이터에 대해 나 자신이 상반된 느낌을 받고 있음을 고백하지 않을 수 없다. 그 연구 방법은 아직 해결되지 않은 여러 문제들에 둘러싸여 있다. 그 성장선들이 어떤 주기성을 나타내는지 어떻게 알 수 있을까? 예를 들어 미세한 선의 경우를 생각해 보자. 이 선은 일반적으로 태양일을 기록하고 있는 것으로 간주된다. 그렇지만 그 선들이 조석 주기(지구의 자전과 달의 공전 모두를 포함하는 주기성)에 대한 반응이라고 하자. 만약 달이 먼 옛날에는 지금보다 훨씬 짧은 시간에 공전했다면, 태고의 조석 주기는 현재와 같은 태양일에 가깝지 않았을 것이다. (여기에서 앵무조개의 가느다란 성장선이 조석의 영향보다 오히려 수직 방향의 밤낮 주기를 나타내는 것이라는 폼피의 주장(직접적인 증거는 없지만)의 중요성을 이해할 필요가 있다. 실제로 그들은 세 가지 예외적인 경우를 들면서, 그 앵무조개들이 얕은 연안 수역에 살았으며, 따라서 조석을 기록하고 있는지도 모른다고 주장한다.)

그렇지만 설령 성장선이 태양의 주기에 대한 반응이라 하더라도, 먼 옛날의 1개월 또는 1년이 며칠이었는지를 어떻게 추정할 수 있을까? 단순한 셈으로는 이 물음에 대한 답을 얻을 수 없다. 동물들이 하루를 건너뛰는 경우는 종종 있지만, 지금까지 알려진 바에 따르면, 하루에 2개의 성장선을 만들 수는 없기 때문이다. 실제로 성장선을 세어 보면 실제 일수보다 적은 숫자가 나온다는 것을 알 수 있다. (현생 산호에서는 1년에 365개의 성장선이 아니라 평균 360개의 성장선이 나타난다. 아주 흐린 날에는 낮이라고 해도 밤보다 크게 빠른 성장을 보이지 않으므로 성장선이 생기지 않을지도 모른다고 주장한 웰스의 처음 연구를 상기하라.)

게다가 가장 근본적인 의문을 제기하면, 성장선이 천문학적 주기성을 반영한다는 사실을 어떻게 확인할 수 있단 말인가? 성장선이 일, 월, 년을 기록할 것이라고 가정하게 만드는 근거는 그것들의 기하학적 규칙성 외에는 없다. 그러나 동물은 규칙적인 성장 속에 천문학적 주기를 성실하게 기록하는 수동적인 기계가 아니다. 동물들은 그밖에도 체내 시계를 가지고 있다. 그 시계는 날, 조석, 계절 등 천문학적 시간과 아무런 관련도 없어 보이는 물질 대사 리듬에 맞춰 돌아가는 경우가 많다. 예를 들어 거의 모든 동물들은 나이를 먹으면서 차츰 성장률이 저하된다. 그럼에도 불구하고 많은 경우 성장선은 일정한 속도로 계속해서 증가한다. 또한 앵무조개의 격벽과 격벽 사이의 거리는 일생 동안 항상 규칙적으로 넓어진다. 격벽은 정말 한 달에 하나씩 규칙적으로 만들어지는 것일까, 아니면 나중에 만들어진 것은 더 긴 시간에 걸쳐 만들어진 것이 아닐까? 앵무조개는 보름달이 뜰 때마다 격벽을 하나씩 만든 것이 아니라, 연체 부위가 규칙적으로 늘어나는 작은 방의 용적을 가득 채울 때마다 격벽을 만들었을지도 모른다. 주로 이런 이유 때문에 나는 칸과 폼피의 결론에 매우 회의적인 입장이다.

시간적으로 잘 일치하지 않은 데이터가 많은 까닭은 이러한 여러 문제가 아직까지 해결되지 못했기 때문이다. 우리의 문헌에는 불행하게도 아직까지 일치하지 않는 부분이 남아 있다. 산호에 남아 있는 달의 주기성을 대상으로 수행한 한 연구는 3억 5000만 년 이전에는 한 달의 길이가 칸과 폼피가 생각하는 일수의 3배에 달한다는 사실을 시사할 정도이다.

그럼에도 불구하고 나는 두 가지 이유에서 이러한 시도에 만족하며 아울러 낙관하고 있다. 첫째, 내용적으로는 전혀 일치하지 않아도 모든 연구가 동일한 기본 패턴(1년당 일수가 시간이 흐름에 따라 감소하는 패턴)을 보여주고 있다는 점이다. 둘째, 모두가 무비판적으로 열광하던 최초의 시기가 지나자 고생물학자들은 성장선이 정말로 무엇을 나타내는지 알아내기 위해 필수적이지만 무척 힘든 작업(통제된 조건에서 현생 동물을 대상으로 실험적 연구를 하는 것)에 착수했다. 이제 곧 화석 데이터에서 나타나는 불일치를 해결할 수 있는 기준을 얻게 될 것이다.

지질학과 관련해서 이처럼 매혹적이고 흥미진진한 문제들이 얽혀 있는 경우는 매우 드물다. 그러면 다음과 같은 점들을 생각해 보자. 만약 식의 데이터에서 추정되는 최근 달의 후퇴를 과거로 거슬러 올라가 연장해 보면, 달은 약 10억 년 전에 로슈 한계(Roche limit, 어떤 천체의 중심과 인접한 다른 천체가 접근할 수 있는 한계 거리 — 옮긴이)에 다다르게 된다. 로슈 한계 내에는 큰 물체가 존재할 수 없다. 만약 거대한 물체가 외부에서 그 속으로 들어온다면 그 결과는 분명하지 않지만 매우 흥미로울 것이다. 그렇게 되면 거대한 조석이 지구 위를 휩쓸고 달 표면은 융해될 것이다. 그러나 아폴로 우주선이 채집해 온 월석의 데이터에서 분명히 알 수 있듯이, 과거에 그런 일은 절대 일어나지 않았다. (그리고 현재의 데이터를 기초로 추정되는 후퇴 속도(1년에 5.8센티미터)는 칸과 폼피가 주장한 평균 속도(1년에 94.5센티미터)보다 훨씬 작다.) 따라서 달은 그 표면이 40억 년 이상 전에 굳어진 이래, 10억 년 전에도 그 후에도 지구에 그 정도로 가깝게 접근한 적이 한 번도 없었던 것이 분명하다. 달의 후퇴 속도는 지구 역사의 초기에는 훨씬 느렸다가 갑자기 변화해서 뒤로 물러났거나, 아니면 지구가 형성된 훨씬 뒤에 달이 현재의 궤도에 들어왔을 것이다. 어쨌든 과거에 달은 지구와 훨씬 더 가까웠다. 그리고 이처럼 달라진 상호 관계는 두 천체의 역사에 중대한 영향을 미쳤을 것이다.

지구의 경우 펀디 만의 위험한 조수와는 비교도 안 될 정도의 엄청난 조수가 있었음을 보여 주는 초기의 퇴적암에서 그러한 징후를 조심스럽게 찾아볼 수 있다. 달의 경우에는 칸과 폼피가 흥미로운 주장을 제기하고 있다. 먼 옛날 달이 지구와 더 가까웠을 때 지구의 인력이 지금보다 더 강했다는 사실이 오늘날의 월면의 바다가 우리가 볼 수 있는 쪽에 집중되어 있는 이유이거나(달의 바다는 액체 상태 마그마의 거대한 분출이 있었음을 암시한다.), 달의 질량 중심이 지구 가까운 쪽에 편중되어 있다는 사실과 연관될 가능성이 있다는 것이다.

지질학이 우리에게 주는 교훈 중에서 시간의 장구함만큼 중요한 것은 없다. 우리는 이 문제에 관한 우리의 결론을 다른 사람들과 교류하는 데 아무런 어려움도 겪지 않는다. 우리는 아주 쉽게 지구의 나이가 45억 년이라고 말한다. 그러나 지적으로 아는 것과 그 실체를 인식하는 것은 전혀 다른 문제이다. 숫자 그 자체로 볼 때, 45억이라는 숫자는 그리 쉽게 이해하기 힘들다. 따라서 지구가 얼마나 오랫동안 존재해 왔는지, 그리고 우리의 일생이 우주의 연령에 비하면 순간에 불과하다는 사실을 굳이 언급하지 않더라도, 인류가 진화해 온 기간이 얼마나 짧은지를 강조하기 위해 은유나 상징에 호소하지 않을 수 없다.

지구의 역사를 설명하는 데 자주 쓰이는 은유는 인류 문명이 최후의 수초에 해당하는 24시간짜리 시계라는 은유이다. 그러나 나는 그것보다는 인간 생활의 척도에서 볼 때 전혀 무의미한 미세한 힘이 가진 매력을 더 강조하고 싶다. 조금 전에 우리는 또 1년을 보냈고, 지구의 자전은 5만분의 1초만큼 더 느려졌다. 그래서 도대체 어쨌다는 것인가? 지금까지 당신이 읽은 내용이 그 답이다.

1998년판 옮긴이 후기

자연은 뛰어난 땜장이이다

판다의 엄지는 사람처럼 다른 손가락들과 마주 볼 수 있다는 놀라운 구조를 가지고 있다. 그런데 판다의 손가락을 자세히 살펴보면 더 흥미로운 사실을 하나 발견할 수 있다. 엄지를 제외한 나머지 손가락의 수가 4개가 아니라 5개인 것이다. 그렇다면 판다의 엄지는 어떻게 생긴 것일까? "판다의 실제 엄지는 다른 역할에 할당되어 별도의 기능을 갖기에는 지나치게 특수화되어 있었기 때문에, 물건을 붙잡을 수 있도록 서로 마주볼 수 있는 손가락으로 변하는 것은 불가능했다. 그래서 판다는 손에 있는 다른 부분을 활용하지 않을 수 없었고, 손목뼈를 확장시켜 엄지로 이용한다는 조금 꼴사납지만 일단 도움이 되는 해결 방법에 만족할 수밖에 없었다." 판다의 엄지는 '뛰어난 신발명이 아닌 임시변통의 처방'이었던 셈이다.

난초에 대한 다윈의 연구에서도 잘 나타나듯이 자연에서 우리는 이런 식의 임시변통적 장치들을 무수히 찾아볼 수 있다. 공학자가 생각해 내는 가장 뛰어난 고안물도 역사의 힘에는 당해 낼 재간이 없기 때문이다. 판다의 엄지는 자연이 "뛰어난 땜장이이기는 하지만 성스러운 공장(工匠)은 아니"라는 사실을 일러 준다. 이 책 『판다의 엄지』의 저자 스티븐 제이 굴드는 판다의 엄지라는 불완전하고 기이한 사례를 통해 진화의 진짜 모습을 우리에게 보여 주고 있다. 굴드는 얼핏 보면 그다지 중요하게 보이지 않는 현상을 제기하면서 우리를 중요한 질문으로 이끄는 놀라운 재주를 지녔다. 우리는 그의 이야기에 빨려 들어가면서 자연스럽게 '땜장이식 임시변통도 그리 나쁘지는 않은데? 이것을 굳이 임시변통이라고 부를 까닭이 있을까?'라는 의문을 품게 된다. 그리고 마침내 완전한 원래의 설계라는 것이 따로 있는가 하는 생각을 하게 된다. 결국 우리는 필자가 우리에게 하려고 했던 말, "진화란 어떤 목적을 향해 한 걸음 한 걸음 점진적으로 나아가는 완전한 무엇이 아니다."라는 깨달음을 얻는 것이다.

이러한 인식은 진화를 바라보는 인간들의 관점, 즉 진화론에도 마찬가지로 적용된다. 굴드는 현대의 종합설이 진화를 어떤 틀에 가두어 놓는다고 생각한다. 다시 말해 '국지적인 개체군에서 일어나는 점진적이고 적응적인 변화'라는 다윈주의의 기본 관점에 귀착시키려 한다는 것이다. 굴드는 자연이 훨씬 복잡하고 다양하며 진화는 여러 수준에서 이루어지고 있음을 지적한다. 진화란 누적적이고 점진적이라는 생각 또한 마찬가지이다. 필자와 엘드리지는 진화의 '단속 평형 모형'을 주장한 것으로 유명하다. 단속 평형설이란 '대부분의 계통이 각각의 역사 대부분의 기간 동안은 거의 변화하지 않지만, 이따금 급격하게 일어나는 종 분화라는 사건에 의해 그 평형이 단속되는 것, 그리고 진화란 이러한 단속의 전개와 생존이 뒤섞여 교차하면서 진행되는 것'이라는 주장이다. 이 논쟁은 아직까지 확실한 결말이 나지 않았지만, 최근 복잡성(complexity)을 연구하는 과학자들이 컴퓨터 모형으로 생물의 진화 과정을 모의 실험한 결과는 단속 평형설이 사실에 가깝다는 사실을 보여 주고 있다.

이 책이 우리에게 큰 감동을 주는 이유는 필자가 진화나 진화론에 대해 새로운 관점이나 풍부한 사고를 주기 때문만은 아니다. 굴드는 우리 사회, 우리 삶의 여러 굽이굽이에 고여 있고 굳어 있는 수많은 것들을 판다의 엄지로 흔들고 휘저으면서 그 속에서 드러나는 숱한 문제점들을 우리에게 보여 주고 있다. 인종주의를 뒷받침했던 뇌 계측학, 그리고 IQ 검사를 비롯한 숱한 그 현대판들. 객관적이라고 믿어지는 과학에 들씌워져 있는 숱한 인간들의 감정과 희망, 그리고 이해 관계들. '멍청한 공룡'이라는 인간들의 편견이 보여 주는 인간 중심주의. 사람이나 동물의 몸이란 유전자를 나르는 용기에 지나지 않는다는 견해로 비약한 도킨스의 환원주의와 유전자 결정론……. 더욱이 그는 오늘날 복잡성 과학이나 체계 이론의 접근 방식을 자신의 연구 분야에 훌륭하게 수용하고 있다. 그는 '역사적 과학'이라는 접근 방식을 통해 "생물은 유전자들의 융합 이상의 무엇이며, 생물은 역사라는 중대한 요소를 가지고 있고, 그 몸의 여러 부분은 복잡한 상호 작용을 한다."라는 관점으로 환원론, 결정론, 원자론을 단호히 배격한다. 역사는 수많은 것들을 포함한다. 역사는 판다의 엄지를 만들어 내고, 완벽한 설계처럼 보이는 것을 순식간에 멸종시키기도 한다. 그리고 우리가 객관적이라고 생각하는 과학 자체도 역사의 산물이다.

스티븐 제이 굴드는 저명한 학자이자 탁월한 과학 저술가이다. 그는 진화 생물학, 고생물학, 동물 행동학 등의 전문 분야에 한정되지 않고 과학사, 과학 사회학 등의 폭넓은 안목으로 과학의 중요 주제들에 뛰어난 통찰을 주고 있다. 그는 섣부른 주장을 펴기보다 독자들에게 풍부한 사실을 제시하고, 여러 가지 견해를 공평하게 제기해 독자들이 스스로 판단을 내리고 깨달음을 얻게 해 주는 보기 드문 재주를 가진 인물이다. 그런 면에서 굴드는 과학 글쓰기에서 한 지평을 열었다 해도 과언이 아니다.

스티븐 제이 굴드의 문장은 숱한 은유로 가득 차 있고, 여러 의미로 해석될 수 있는 여지를 간직하고 있다. 이 책을 번역하면서 가능한 한 그 의미들을 살리려 노력했지만, 필자의 의도를 얼마나 올바로 전달했는지 무척 의심스럽다. 제대로 의미가 파악되지 않는 부분이 있다면 그것은 전적으로 옮긴이의 책임임을 밝혀 둔다. 좋은 책을 낼 수 있도록 허락해 주신 세종서적과 까다로운 옮긴이의 주문에도 불평하지 않고 여러 차례 원고를 다듬어 준 편집부에게 깊은 감사의 마음을 전한다.

2016년판 옮긴이 후기

결코 바래지 않을 굴드의 주장

『판다의 엄지』를 처음 번역해서 출간한 것이 1998년이니 벌써 18년이 지난 셈이다. 이 책은 내가 굴드와 인연을 맺은 첫 번째 책이라서 유독 마음이 간다. 그 무렵 나는 40대 초반이었고 늦게 대학원에 입학해 과학 기술학(Science & Technology Studies, STS)이라는 새로운 학문을 접하고 나름 정력적으로 글도 쓰고 번역도 했다. 되짚어보니 그후 2003년에 굴드의 *Mismeasure of Man*을 『인간에 대한 오해』라는 제목으로, 이듬해인 2004년에 *Wonderful Life*를 『생명, 그 경이로움에 대하여』로 번역했다. 2008년에는 『레오나르도가 조개화석을 주운 날』을 후배인 손향구 선생과 함께 번역했고, 2014년에 『힘내라 브론토사우루스』를 출간했다. 지금도 굴드 평전 번역을 마무리하고 있으니 지난 20년 가까이 굴드와의 연을 놓지 않았던 셈이다.

그동안 많은 일들이 있었다. 우선 글쓴이인 굴드가 2002년 5월에 세상을 떠났다. 이미 여러 차례 이런 저런 글을 통해 밝혔지만, 나는 굴드에게 큰 빚을 졌다. 비단 나뿐만이 아니라 지적 유행에 민감하고 특정 저자나 관점에 대한 편향이 강한 우리의 지적 풍토에서 그의 책들은 우리에게 과학, 사회, 역사, 진화, 그리고 생명을 보는 깊은 통찰을 제공해 주었다.

지난 2004년에서 2005년까지 우리 사회를 뒤흔들었던 황우석의 과학 사기 사건은 우리 사회가 과학과 생명을 어떻게 인식하고 다루는지 여실히 보여 준 일대 사건이었다. 그 속에는 논문 저자 표기, 난자 매매, 논문 조작, 위계적인 실험실 문화, 과학의 국가주의와 과도한 정치화, 스타 과학자의 확성기로 전락한 언론 등 숱한 문제점들이 들어 있어서, 최근 서구에서 나오는 과학 사회학이나 과학 윤리 교과서들은 아예 이 사례 하나(Hwang's affair)로 과학 부정 행위를 모두 설명할 지경이다.

굴드가 『판다의 엄지』에서 다룬 필트다운인 조작 사례는 황우석 사건을 겪은 우리에게 많은 것을 시사한다. 필트다운인 사건은 네안데르탈인과 크로마뇽인 등 풍부한 화석과 유물로 축복받은 프랑스에 비해 고인류 화석이 없었던 영국에서 20세기 초에 벌어진 희대의 화석 조작 사건이었다. 자존심이 상한 영국인들은 화석을 갈망했고, 아직도 밝혀지지 않은 누군가가 머리뼈와 아래턱뼈를 오래된 것처럼 조작하고 동물의 이빨을 줄로 갈아 조합한 것이다. 본인도 밝혔듯이, 굴드가 이 사건을 깊이 다룬 까닭은 아직도 밝혀지지 않은 범인이 누구인가라는 궁금증 때문이 아니라, 과학 연구라는 실행(practice)의 본질을 드러내고 신화를 벗겨내려는 의도였다. 그는 왜 빤하고 엉성한 조작을 영국 최고의 고생물학자들이 한 사람도 남김없이 그토록 쉽게 받아들였는지 물음을 제기한다. 황우석 사건 당시에도 굴드와 똑같은 물음을 제기할 수 있다. 실험 노트 하나 없는 엉성하고 빤한 사기극에 한국 최고의 과학자들이 그토록 쉽게 넘어간 이유는 무엇인가?

굴드는 이 조작극이 과학에 대한 흔한 신화, 즉 "사실은 견고하고 모든 것에 선행하며, 과학적 이해는 가장 작은 정보까지 끈기 있게 수집하고 조사하는 과정에서 차츰 증대된다는 믿음"이 사실이 아니며, 오히려 "과학이 개인의 희망이나 문화적 편견, 영예에 대한 욕구 등을 통해서도 추진될 수 있으며, 실수나 잘못으로 인해 엉뚱한 경로를 거치는 과정에서 자연에 대한 한층 깊은 이해에 도달하기도 하는 인간 활동의 하나"라는 것을 보여 준다고 말한다. 황우석 사건은 있어서는 안 되는 것이었지만, 그 과정에서 부정적인 면만 있었던 것은 아니다. 우리의 젊은 과학자들이 논문 조작을 밝혀냈고, 생명 윤리학계를 비롯해서 우리 사회가 자정 능력을 가지고 있다는 것을 입증했기 때문이다. 급진 과학 운동으로 잘 알려진 힐러리 로즈와 스티븐 로즈는 『급진 과학으로 본 유전자, 세포, 뇌(*Genes, Cells, and Brains*)』(김명진, 김동광 옮김, 바다출판사, 2015년)에서 우리 생명 윤리학계가 윤리 규정을 만들고, 논문을 철회시키는 등 "한국 학계는 본보기가 될 만한 방식으로 행동했다."라고 높이 평가했다. 그 후 여러 기회로 젊은 연구자들과 면접 조사를 하는 과정에서 나는 비록 우리가 엉뚱한 경로를 거쳤지만 그 과정에서 과학과 윤리, 사회 등에 대한 인식이 높아졌다는 것도 알 수 있었다.

또 하나 언급해야 할 일은 다윈 연합 학술 대회와 뒤이은 사회 생물학 심포지엄 개최이다. 2009년은 다윈 탄생 200주년이자 진화론 발간 150주년으로 전 세계에서 다윈 학술 대회가 줄을 이었고, 우리나라에서도 내가 속한 한국 과학 기술학회를 비롯해서 10개 학회가 공동으로 "다윈 진화론과 인간-과학-철학"이라는 주제로 연합 학술 대회를 열었다. 그리고 이 대회를 계기로 같은 해 11월에 사회 생물학을 주제로 한 본격적인 심포지엄이 "부분과 전체; 다윈, 사회 생물학, 그리고 한국"이라는 제목으로 이화 여자 대학교에서 열렸다. 다윈 연합 학술 대회에서 몇 사람이 사회 생물학을 주제로 깊이 있는 토론이 필요하다는 데 합의해서 서울 대학교 사회 과학 연구원과 이화 여자 대학교 통섭원, 그리고 한국 과학 기술학회의 공동 주최로 아침 9시부터 저녁 6시까지 열띤 토론을 벌였다. 이날 에드워드 윌슨의 『사회 생물학』을 번역하고 우리나라에 사회 생물학을 소개하는 데 중요한 역할을 한 이병훈의 발표 "한국의 사회 생물학에 대한 회고"가 토론의 장을 열어서 무척 뜻 깊었다. 주제는 "사회 생물학과 환원주의"(장대익, 김환석 발표), "사회 생물학과 문화"(진중환, 이정덕 발표), 그리고 "한국의 통섭 현상과 사회 생물학"(최정규, 김동광 발표)이었다. 하루의 심포지엄은 사회 생물학을 둘러싼 쟁점들을 충분히 다루기에 턱없이 부족했지만, 처음 진지한 토론이 이루어졌고 우리 사회에서 가지는 함의를 다루었다는 점에서 나름대로 의미를 찾을 수 있었다. 이날의 발표와 토론은 2011년에 『사회 생물학 대논쟁』(김동광, 김세균, 최재천 엮음, 이음)으로 묶여 나왔다.

이 심포지엄이 의미를 가지는 이유 중 하나는 사회 생물학, 또는 최근 개명한 진화 생물학이 우리 사회에 미치는 높은 영향력에 비해 그런 관점들의 사회적 함의에 대한 논의가 상대적으로 부족하기 때문이다. 사회 생물학은 대중 과학 출판에서 상대적으로 높은 비중을 차지한다. 리처드 도킨스의 『이기적 유전자』는 자연 과학 분야 스테디셀러 자리를 놓치지 않고 있고, 사회 생물학의 창시자인 에드워드 윌슨의 책은 출간되자마나 앞 다투어 국내에 번역되고 있다. 반면 사회 생물학에 대해 비판적인 입장을 취하는 굴드나 리처드 르원틴과 같은 학자들의 책은 충분히 소개되지 못했고, 출간되어도 큰 반향을 얻지 못했다.

이미 잘 알려져 있듯이 굴드는 1975년에 윌슨의 『사회 생물학』이 발간된 직후, '사회 생물학 연구 그룹'을 만들었고, 《뉴욕 리뷰 오브 북스(*New York Review of Books*)》에 서신을 보내 "사회적 행동의 생물학적 기초를 확립하려는 모든 가설은 현상 유지와 일부 집단에서의 계급, 인종, 성에 따른 특권을 유전적으로 정당화하는 경향이 있다. 역사적으로 강대국과 지배 집단들은 그들의 권력을 유지하거나 확장하기 위한 지지를 이러한 과학자들의 연구 결과로부터 얻어 냈다."라고 주장했다. 최근 우리 사회에서 생명과 질병 등을 유전자로 모두 환원시켜서 이해하려는 이른바 유전자 중심의 사고 편향이 매우 강력하며, 범죄자 식별을 위한 유전자 데이터베이스 구축 등 사회 문제를 과도하게 생물학적으로 해결하려는 경향이 높아지고 있다. 물론 유전자에 대한 인식의 확장은 우리가 생명을 좀 더 풍부하게 이해하는 데 크게 기여했다. 그 점을 부정하는 사람은 아무도 없을 것이다. 그렇지만 유전자가 모든 것을 결정한다거나, 그동안 철학이나 사회학이 인간과 사회에 대한 설명에서 실패했으니 생물학의 하위 분과로 들어와야 한다는 식의 주장이 팽배한다면 그 결과는 매우 심각해질 것이다.

굴드는 역사를 통해 사회가 유전자를 비롯한 생물학적 특성이 인간, 사회, 도덕, 종교를 모두 설명할 수 있다는 신념으로 치달을 때 어떤 부작용이 발생했는지, 그리고 그런 믿음이 과연 누구에게 도움을 주고 누구에게 더 큰 피해를 주었는지 이야기하고 있다. 그는 『판다의 엄지』에서 이렇게 말했다. "나는 과학이 진리를 향하도록 설계된 객관적인 기계가 절대 아니며, 열정과 갈망, 문화적 편견 등으로부터 영향을 받는 뭇 인간 활동의 전형이라는 관점을 강력히 지지한다. 문화에 얽매인 사고의 전통은 과학 이론에도 짙은 그림자를 드리우고 있으며, 상상이나 선입견을 제약하는 데이터가 거의 존재하지 않을 때 억측이라는 방향으로 끌려가는 경우가 종종 있다."

이번에 『판다의 엄지』 개정판을 준비하며 딴에는 꼼꼼히 잘못된 부분을 고치며 얼굴이 뜨뜻해졌던 때가 한두 번이 아니었다. 지금도 책상 한 켠에는 『생명, 그 경이로움에 대하여』가 수정을 재촉하며 나를 흘겨보고 있다. 내가 저지른 일이니 시간이 허락하는 대로 그동안 냈던 굴드 번역서들을 다시 손봐서 조금이라도 나은 모습으로 다시 낼 작정이다. 개정판을 내도록 허락해 준 ㈜사이언스북스의 여러분에게 감사드린다.

2016년

굴드의 기일을 앞두고

김동광

참고 문헌

Agassiz, E. C. 1895. *Louis Agassiz: His Life and Correspondence*. Boston: Houghton, Mifflin.

Agassiz, L. 1850. The diversity of origin of the human races. *Christian Examiner* 49: 110-145.

Agassiz, L. 1962 (originally published in 1857). *An Essay on Classification*. Cambridge, Mass.: Belknap Press of Harvard University Press.

Baker, V. R., and Nummedal, D. 1978. *The Channeled Scabland*. Washington: National Aeronautics and Space Administration, Planetary Geology Program.

Bakker, R. T. 1975. Dinosaur renaissance. *Scientific American*, April, 58-78.

Bakker, R. T., and Galton, P. M. 1974. Dinosaur monophyly and a new class of vertebrates. *Nature* 248: 168-172.

Bateson, W. 1922. Evolutionary faith and modern doubts. *Science* 55: 55-61.

Berlin, B. 1973. Folk systematics in relation to biological classification and nomenclature. *Annual Review of Ecology and Systematics* 4: 259-271.

Berlin, B.; Breedlove, D. E.; and Raven, P. H. 1966. Folk taxonomies and biological classification. *Science* 154:273-275.

Berlin, B.; Breedlove, D. E.; and Raven, P. H. 1974. *Principles of Tzeltal Plant Classification: An Introduction to the Botanical Ethnography of a Mayan Speaking People of Highland Chiapas.* New York: Academic Press.

Bourdier, F. 1971. Georges Cuvier. *Dictionary of Scientific Biography* 3: 521-528. New York: Charles Scribner's Sons.

Bretz, J. Harlen. 1923. The channeled scabland of the Columbia Plateau. *Journal of Geology* 31: 617-649.

Bretz, J. Harlen. 1927. Channeled scabland and the Spokane flood. *Journal of the Washington Academy of Science* 17: 200-211.

Bretz, J. Harlen. 1969. The Lake Missoula floods and the channeled scablands. *Journal of Geology* 77: 505-543.

Broca, P. 1861. Sur le volume et la forme du cerveau suivant les individus et suivant les races. *Bullétin de la Société d'Anthropologie de Paris* 2: 139-207, 301-321, 441-446.

Broca, P. 1873. Sur les crânes de la caverne de l'HommeMort (Lozère). *Revue D'anthropologie* 2: 1-53.

Bulmer, R., and Tyler, M. 1968. Karam classification of frogs. *Journal of the Polynesian Society* 77: 333-385.

Carr, A., and Coleman, P. J. 1974. Sea floor spreading theory and the odyssey of the green turtle. *Nature* 249: 128-130.

Carrel, J. E., and Heathcote, R. D. 1976. Heart rate in spiders: influence of body size and foraging energetics. *Science.*

Chambers, R. 1844. *Vestiges of the Natural History of Creation.* New York: Wiley and Putnam.

Cuénot, C. 1965. *Teilhard de Chardin.* Baltimore: Helicon.

Darwin, C. 1859. *On the Origin of Species.* London: John Murray.

Darwin, C. 1862. *On the Various Contrivances by Which British and Foreign Orchids are Fertilized by Insects.* London: John Murray.

Darwin, C. 1871. *The Descent of Man.* London: John Murray.

Darwin, C. 1872. *The Expression of the Emotions in Man and Animals.* London: John Murray.

Davis, D. D. 1964. The giant panda: a morphological study of evolutionary mechanisms. *Fieldiana* (Chicago Museum of Natural History) *Memoirs* (Zoology) 3: 1-339.

Dawkins, R. 1976. *The Selfish Gene.* New York: Oxford University Press.

Diamond, J. 1966. Zoological classification system of a primitive people. *Science* 151: 1102-1104.

Down, J. L. H. 1866. Observations on an ethnic classification of idiots. *London Hospital*

Reports, 259-262.

Eldredge, N., and Gould, S.J. 1972. Punctuated equilibria: an alternative to phyletic gradualism. In *Models in Paleobiology*, ed. T. J. M. Schopf, 82-115. San Francisco: Freeman, Cooper and Co.

Elbadry, E. A., and Tawfik, M. S. F. 1966. Life cycle of the mite *Adactylidium sp.* (Acarina: Pyemotidae), a predator of thrips eggs in the United Arab Republic. *Annals of the Entomological Society of America* 59: 458-461.

Finch, C. 1975. *The Art of Walt Disney*. New York: H.N. Abrams.

Fine, P. E. M. 1979. Lamarckian ironies in contemporary biology. *The Lancet*, June 2, 1181-1182.

Fluehr-Lobban, C., 1979, Down's syndrome (Mongolism): the scientific history of a genetic disorder, unpublished manuscript.

Fowler, W. A. 1967. *Nuclear Astrophysics*. Philadelphia: American Philosophical Society.

Fox, G. E.; Magrum, L. J.; Balch, W. E.; Wolfe, R. S.; and Woese, C. R. 1977. Classification of methanogenic bacteria by 16S ribosomal RNA characterization. *Proceedings of the National Academy of Sciences* 74: 4537-4541.

Frankel, R. B.; Blakemore, R. P.; and Wolfe, R. S. 1979. Magnetite in freshwater magnetotactic bacteria. *Science* 203: 1355-1356.

Frazzetta, T. 1970. From hopeful monsters to bolyerine snakes. *American Naturalist* 104: 55-72.

Galilei, Galileo. 1638. *Dialogues Concerning Two New Sciences*. Translated by H. Crew and A. DeSalvio. 1914, New York: MacMillan.

Goldschmidt, R. 1940. *The Material Basis of Evolution*. New Haven, Conn.: Yale University Press.

Gould, S. J. 1977. *Ontogeny and Phylogeny*. Cambridge, Mass.: Belknap Press of Harvard University Press.

Gould, S. J., and Eldredge, N. 1977. Punctuated equilibia: the tempo and mode of evolution reconsidered. *Paleobiology* 3: 115-151.

Gould, J. L.; Kirschvink, J. L.; and Defeyes, K.S. 1978. Bees have magnetic remanence. *Science* 201: 1026-1028.

Gruber, H. E., and Barrett, P. H. 1974. *Darwin on Man*. New York: Dutton.

Gunther, B., and Guerra, E. 1955. Biological similarities. *Acta Physiologica Lationoamerica* 5: 169-186.

Haldane, J. B. S. 1956. Can a species concept be justified? In *The Species Concept in*

Paleontology, ed. P.C. Sylvester-Bradley, 95-96. London: Systematics Association, Publication no. 2.

Hamilton, W. D. 1967. Extraordinary sex ratios. *Science* 156: 477-488.

Hanson, E. D. 1963. Homologies and the ciliate origin of the Eumetazoa. In *The Lower Metazoa*, ed. E. C. Dougherty et al., 7-22. Berkeley: University of California Press.

Hanson, E. D. 1977. *The Origin and Early Evolution of Animals*. Middletown, Connecticut: Wesleyan University Press.

Hopson, J. A. 1977. Relative brain size and behavior in archosaurian reptiles. *Annual Review of Ecology and Systematics* 8: 429-448.

Hull, D. L. 1976. Are species really individuals? *Systematic Zoology* 25: 174-191.

Jackson, J. B. C. and G. Hartman. 1971. Recent brachiopod-coralline sponge communities and their paleoecological significance. *Science* 173: 623-625.

Jacob, F. 1977. Evolution and tinkering. *Science* 196: 1161-1166.

Jastrow, R., and Thompson, M. H. 1972. *Astronomy: Fundamentals and Frontiers*. New York: John Wiley.

Jerison, H. J. 1973. *Evolution of the Brain and Intelligence*. New York: Academic Press.

Johanson, D. C., and White, T. D. 1979. A systematic assessment of early African hominids. *Science* 203: 321-330.

Kahn, P. G. K., and Pompea, S. M. 1978. Nautiloid growth rhythms and dynamical evolution of the earth-moon system. *Nature* 275: 606-611.

Keith, A. 1948. *A New Theory of Human Evolution*. London: Watts and Co.

Kirkpatrick, R. 1913. *The Nummulosphere. An Account of the Organic Origin of So-called Igneous Rocks and of Abyssal Red Clays*. London: Lamley and Co.

Kirsch, J. A. W. 1977. The six-percent solution: second thoughts on the adaptedness of the Marsupialia. *American Scientist* 65: 276-288.

Knoll, A. H., and Barghoorn, E. S. 1977. Archean microfossils showing cell division from the Swaziland System of South Africa. *Science* 198: 396-398.

Koestler, A. 1971. *The Case of the Midwife Toad*. New York: Random House.

Koestler, A. 1978. *Janus*. New York: Random House.

Leakey, L. S. B. 1974. *By the Evidence*. New York: Harcourt Brace Jovanovich.

Leakey, M. D., and Hay, R.L. 1979. Pliocene footprints in the Laetolil Beds at Laetoli, northern Tanzania. *Nature* 278: 317-323.

Long, C. A. 1976. Evolution of mammalian cheek pouches and a possibly discontinuous origin of a higher taxon (Geomyoidea). *American Naturalist* 110: 1093-1097.

Lorenz, K. 1971 (originally published in 1950). Part and parcel in animal and human societies. In *Studies in Animal and Human Behavior*, vol. 2, 115-195. Cambridge, Mass.: Harvard University Press.

Lurie, E. 1960. *Louis Agassiz: a Life in Science*. Chicago: University of Chicago Press.

Lyell, C. 1830-1833. *The Principles of Geology*. 3 vols., London: John Murray.

Ma, T. Y. H., 1958. The relation of growth rate of reef corals to surface temperature of sea water as a basis for study of causes of diastrophisms instigating evolution of life. *Research on the Past Climate and Continental Drift* 14: 1-60.

Majnep, I., and Bulmer, R. 1977. *Birds of My Kalam Country*. London: Oxford University Press.

Mayr, E. 1963. *Animal Species and Evolution*. Cambridge, Mass.: Belknap Press of Harvard University Press.

Merton, R. K. 1965. *On the Shoulders of Giants*. New York: Harcourt, Brace and World.

Montessori, M. 1913. *Pedagogical Anthropology*. New York: F.A. Stokes.

Morgan, E. 1972. *The Descent of Woman*. New York: Stein and Day.

O'Brian, C. F. 1971. On *Eozoön Canadense*. *Isis* 62: 381-383.

Osborn, H. F. 1927. *Man Rises to Parnassus*. Princeton, New Jersey: Princeton University Press.

Ostrom, J. 1979. Bird flight: how did it begin? *American Scientist* 67: 46-56.

Payne, R. 1971. Songs of humpback whales. *Science* 173: 587-597.

Pietsch, T. W., and Grobecker, D.B. 1978. The compleat angler: aggressive mimicry in an antennariid anglerfish. *Science*. 201: 369-370.

Raymond, P. 1941. Invertebrate paleontology. In *Geology, 1888-1938. Fiftieth Anniversary Volume*, pp. 71-103. Washington, D.C.: Geological Society of America.

Rehbock, P. F. 1975. Huxley, Haeckel, and the oceanographers: the case of *Bathybius haeckelii*. *Isis* 66: 504-533.

Rupke, N. A. 1976. *Bathybius Haeckelii* and the psychology of scientific discovery. *Studies in the History and Philosophy of Science* 7: 53-62.

Russo, F., s.j. 1974. Supercherie de Piltdown: Teihard de Chardin et Dawson. *La Recherche* 5: 293.

Schreider, E. 1966. Brain weight correlations calculated from the original result of Paul Broca. *American Journal of Physical Anthropology* 25: 153-158.

Schweber, S. S. 1977. The origin of the *Origin* revisited. *Journal of the History of Biology* 10: 229-316.

Stahl, W. R. 1962. Similarity and dimensional methods in biology. *Science* 137: 205-212.

Teilhard de Chardin, P. 1959. *The Phenomenon of Man*. New York: Harper and Brothers.

Temple, S. A. 1977. Plant-animal mutualism: coevolution with dodo leads to near extinction of plant. *Science* 197: 885-886.

Thompson, D. W. 1942. *On Growth and Form*. New York: Macmillan.

Verrill, A. E. 1907. The Bermuda Islands, part 4. *Transactions of the Connecticut Academy of Arts and Sciences* 12: 1-160.

Walcott, C.; Gould, J. L.; and Kirschvink, J.L. 1979. Pigeons have magnets. *Science* 205: 1027-1029.

Wallace, A. R. 1890. *Darwinism*. London: MacMillan.

Wallace, A. R. 1895. *Natural Selection and Tropical Nature*. London: MacMillan.

Waterston, D. 1913. The Piltdown mandible. *Nature* 92: 319.

Wells, J. W. 1963. Coral growth and geochronometry. *Nature* 197: 948-950.

Weiner, J. S. 1955. *The Piltdown Forgery*. London: Oxford University Press.

White, M. J. D. 1978. *Modes of Speciation*. San Francisco: W. H. Freeman.

Wilson, E. B. 1896. *The Cell in Development and Inheritance*. New York: MacMillan.

Wilson, E. O. 1975. *Sociobiology*. Cambridge, Mass.: The Belknap Press of Harvard University Press.

Wynne-Edwards, V. C. 1962. *Animal Despersion in Relation to Social Behavior*. London: Oliver and Boyd.

Zirkle, C. 1946. The early history of the idea of the inheritance of acquired characters and pangenesis. *Transactions of the American Philosophical Society* 35: 91-151.

찾아보기

THE PANDA'S THUMB

나

다

라

마

바

사

아

자

차

카

타

파

하

옮긴이 **김동광**

고려 대학교 독문학과를 졸업하고 같은 대학교 대학원 과학 기술학 협동 과정에서 과학 기술 사회학을 공부했다. 과학 기술 민주화를 위해 노력하는 시민 단체 '시민 과학 센터'에서 활동하면서 《시민 과학》을 펴냈고, 과학 기술과 사회, 대중과 과학 기술, SF와 과학 커뮤니케이션 등을 주제로 연구하고 글을 쓰면 번역을 하고 있다. 한국 과학 기술학회 회장, 고려 대학교 BK21 플러스 휴먼웨어 정보 기술 사업단 연구 교수를 역임했다. 현재 가톨릭 대학교 생명 대학원 겸임 교수이다. 저서로는 『사회 생물학 대논쟁』(공저), 『한국의 과학자 사회』(공저), 『시민의 과학』(공저) 등이 있고, 옮긴 책으로 스티븐 제이 굴드의 『생명, 그 경이로움에 대하여』, 『인간에 대한 오해』, 『레오나르도가 조개 화석을 주운 날』, 『힘내라 브론토사우루스』가 있고, 그 외에도 『원소의 왕국』, 『DK 대백과사전 인간』, 『이런, 이게 바로 나야』 등이 있다.

사이언스 클래식 29

판다의 엄지

1판 1쇄 펴냄 2016년 5월 20일
1판 3쇄 펴냄 2022년 1월 15일

지은이 스티븐 제이 굴드
옮긴이 김동광
펴낸이 박상준
펴낸곳 (주)사이언스북스

출판등록 1997. 3. 24.(제16-1444호)
(06027) 서울특별시 강남구 도산대로1길 62
대표전화 515-2000, 팩시밀리 515-2007
편집부 517-4263, 팩시밀리 514-2329
www.sciencebooks.co.kr

ISBN 978-89-8371-778-8 03470